Meß-, Steuerungs- und Regelungstechnik

Die neue Meisterprüfung

Meß-, Steuerungs- und Regelungstechnik

für Installateure und Heizungsbauer

Dipl.-Ing. Christian Reinhold

Vogel Buchverlag
Zentralverband Sanitär Heizung Klima

Dipl.-Ing. CHRISTIAN REINHOLD
Jahrgang 1958. Nach der Lehre zum Meß-, Steuerungs- und Regelungstechniker absolvierte er ein Studium der Elektrotechnik mit Spezialisierung auf Informationtstechnik, anschließend ein postgraduales Studium für Fachschulpädagogik.
Seit 1985 folgten Tätigkeiten als Fachdozent an der Ingenieurschule Glauchau, später an der Staatlichen Studienakademie Glauchau, Studienrichtungsleiter Technische Informatik/Informationstechnik.
Er hält Meisterkurse an der Fachschule für Technik der Steinbeis-Stiftung in Glauchau.

Die Deutsche Bibliothek – CIP-Einheitsaufnahme

Meß-, Steuerungs- und Regelungstechnik / Christian Reinhold. –
Würzburg : Vogel, 1999
(Vogel-Fachbuch : Die neue Meisterprüfung)
ISBN 3-8023-1761-0

ISBN 3-8023-1761-0
1. Auflage. 1999

Printed in Germany

Umschlaggrafik: Icon, Veitshöchheim
Satz: Fotosatz-Service Köhler GmbH, Würzburg

Geleitwort

Mit Inkrafttreten der Novelle zur Handwerksordnung am 1. April 1998 ist mit dem *Installateur und Heizungsbauer* ein Handwerk entstanden, dessen Tätigkeitsgebiete den gesamten Bereich der Ver- und Entsorgungsanlagen in der Gebäudetechnik umfassen.

Absolventen der Meisterprüfung in diesem neuen Handwerk werden nach dem Willen des Gesetzgebers Kenntnisse über alle Arbeitsgebiete des Berufsbildes nachweisen müssen. Dies wird einen neuen Zuschnitt der Prüfungsfächer und damit auch eine Neugestaltung der Vorbereitungsmaßnahmen auf die Prüfung bedeuten. Dabei sind vor allem die vielfachen Überschneidungen zu berücksichtigen, die in einzelnen Technikgebieten zwischen den bisherigen Einzelberufen Gas- und Wasserinstallateur bzw. Zentralheizungs- und Lüftungsbauer bereits bestanden.

Im Vorgriff auf die zur Zeit in Arbeit befindliche neue Meisterprüfungsverordnung hat der Vogel Verlag in Abstimmung mit dem Zentralverband Sanitär Heizung Klima eine Lehrbuchreihe konzipiert, die diesen ganzheitlichen Prüfungsansatz bereits berücksichtigt. In dieser Buchreihe, die sowohl zur Vorbereitung auf die Meisterprüfung als auch als Nachschlagewerk dienen kann, ist der Stoff bereits nicht mehr nach einzelberuflicher Sichtweise, sondern nach übergreifenden Technikgebieten geordnet.

Die vorgesehene Abstimmung der Inhalte mit den Vorgaben des bundeseinheitlichen Rahmenplans des ZVSHK für die Vorbereitung auf die Meisterprüfung wird nach unserer Auffassung wesentlich zu einem gleichmäßig hohen Niveau der Sachkunde zukünftiger Meister im Installateur- und Heizungsbauerhandwerk beitragen.

St. Augustin
Zentralverband Sanitär Heizung Klima

Vorwort

Die rasante Entwicklung in der Elektronik und Informationstechnik beeinflußte in den letzten Jahren auch sehr stark den Bereich der Meß-, Steuerungs- und Regelungstechnik. Durch eine zunehmende Verschmelzung der einzelnen Gebiete ergeben sich damit aber auch neue Möglichkeiten, um die Forderungen nach betriebstechnischen Anlagen mit hoher Zuverlässigkeit, geringem Wartungsaufwand, hohem Komfort und vor allem auch wirtschaftlicher Betriebsweise erfüllbar zu machen. Besonders durch die zunehmenden Energiekosten sowie auch durch das gewachsene Umweltbewußtsein werden immer neue Anforderungen an Anlagen gestellt, die außerdem durch den Gesetzgeber in Form von Erlässen untermauert werden.

Jeder, der mit Planung, Erstellung, Betrieb und Wartung von Heizungs- und Lüftungsanlagen beschäftigt ist, muß daher neben den erforderlichen Kenntnissen seines eigentlichen Fachgebietes auch ein Grundwissen an regelungstechnischen Zusammenhängen besitzen. Bereits bei der Planung können bei Nichtbeachtung solcher sicherheits- und regelungstechnisch relevanten Anforderungen Probleme entstehen, die dem Ziel einer funktionsfähigen Anlage mit wirtschaftlichem Betrieb im Wege stehen. Die Anforderungen werden in den nächsten Jahren speziell auf diesem Gebiet weiter wachsen.

Mit dem vorliegenden Buch wird der Leser in die Lage versetzt, die Funktionszusammenhänge bei der Steuerung und Regelung der von ihm geplanten, gebauten oder zu wartenden Anlagen zu verstehen. Es umfaßt die meßtechnischen Prinzipien und Verfahren zur Messung der in dem Fachgebiet dominierenden Prozeßgrößen wie beispielsweise Temperatur, Druck, Feuchte, aber auch die verbrauchte Wärmemenge oder den Schall. Weiter wird die Steuerungs- und Regelungstechnik mit der Darlegung der wichtigsten Begriffe sowie der Einordnung der erforderlichen Geräte und Komponenten besprochen. Schwerpunkte bilden dabei in der Praxis konkret vorkommende Anwendungsfälle.

Das Buch eignet sich wegen seiner ausführlichen Darstellung und entsprechenden Querverweisen sowohl für das Selbststudium als auch als unterrichtsbegleitendes Material. Durch seinen Praxisbezug wendet es sich speziell an Schüler und Studenten an den Meister- und Technikerschulen, ist aber darüber hinaus auch für Studenten an Berufsakademien und Fachhochschulen sicherlich ein guter Wegbegleiter bei der Aneignung von Kenntnissen der MSR-Technik auf dem Gebiet der Heizungs-, Lüftungs- und Sanitärtechnik.

Glauchau — Christian Reinhold

Inhaltsverzeichnis

1 Grundlagen der Meßtechnik

- ❑ Meßtechnische Grundbegriffe

Für die Realisierung von Steuerungs- bzw. Regelungsfunktionen sowie die Gewährleistung entsprechender Sicherheitsfunktionen in Anlagen der Heizungs-, Lüftungs- und Klimatechnik ist die Erfassung der zu beeinflussenden Größen von größter Bedeutung. Ohne meßtechnische Erfassung dieser Größen ist eine weitere Verarbeitung nicht möglich. Dem Thema Meßtechnik kommt damit eine grundlegende Bedeutung zu.

Auch für die vertragsrechtliche Abrechnung von verbrauchten Medien ist eine Messung unerläßlich.

Oberstes Gebot in der Meßtechnik ist die Aussage:

> Messen Sie nie so genau wie möglich, sondern immer so genau wie nötig.

Die vielfältigen Begriffe, die in der Meßtechnik Anwendung finden, sind in der DIN 1319 Teil 1 bis 4 dargelegt. Es sollen an dieser Stelle einige wichtige Begriffe erläutert werden.

Meßtechnische Grundbegriffe

Unter **Messen** versteht man den experimentellen Vorgang, durch den ein spezieller Wert einer physikalischen Größe als Vielfaches einer Einheit ermittelt wird.

Die **Meßgröße** ist dabei diejenige physikalische Größe, der die Messung gilt. Aus dem Bereich der Heizungs-, Lüftungs- und Klimatechnik sind dies z. B. die Temperatur, Feuchte, Druck u. a.

Als **Meßobjekt** wird der Träger der physikalischen Größe bezeichnet. Meßobjekte können Körper, Vorgänge oder Zustände sein. So ist bei der Messung einer Lufttemperatur die Luft (Körper) selbst das Meßobjekt.

Ein **Meßgerät** stellt die Einrichtung zur Ermittlung der Meßgröße dar. Es liefert oder verkörpert auch die Verknüpfung mehrerer unabhängiger Werte. Es werden Geräte mit direkter Ausgabe (z. B. anzeigendes ❶ **MG**, registrierendes MG) und übertragende Meßgeräte (Meßverstärker, Meßumformer) unterschieden.

❶ *Meßgerät*

Werden mehrere zusammenhängende Meßgeräte mit zusätzlichen Geräten (Hilfsgeräte) kombiniert, so spricht man von einer **Meßeinrich-**

Bild 1.1
Aufbau einer Meßeinrichtung als Meßkette

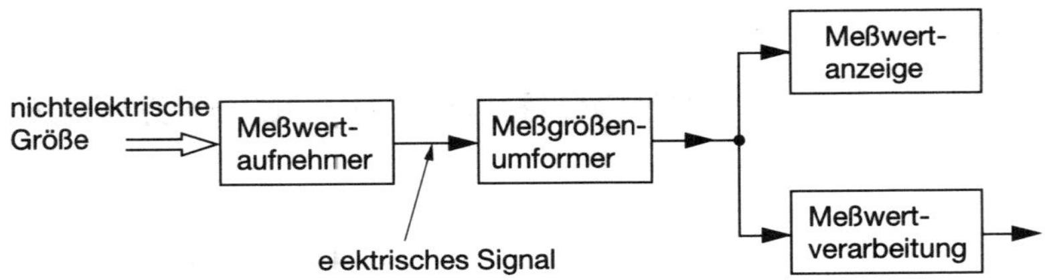

tung. Ihre wesentliche Aufgabe ist die Aufnahme des Wertes einer physikalischen Größe, die Weiterleitung und Umformung des Meßsignals und die Ausgabe eines entsprechenden Meßwertes.

Bei einer Meßeinrichtung werden die einzelnen Glieder in Kette geschaltet; diese wird auch als **Meßkette** (Bild 1.1) bezeichnet.

Unter **Meßanlagen** versteht man mehrere voneinander unabhängige Meßeinrichtungen, die in räumlichem oder funktionellem Zusammenhang stehen. Dies ist beispielsweise bei Meßwarten von Umformerstationen der Fall.

Ein Meßgerät kann innerhalb eines bestimmten Bereiches seines Eingangssignals eingesetzt werden. Dieser **Meßbereich** ist derjenige Bereich von Geräten, in dem vorgegebene, vereinbarte oder garantierte Fehlergrenzen nicht überschritten werden. Der Meßbereich wird durch seine Grenzen *Anfangswert* und *Endwert* angegeben.

Die Differenz zwischen Anfangs- und Endwert wird als **Meßspanne** bezeichnet. Bei anzeigenden Meßgeräten ist der Meßbereich häufig ein Teil des Anzeigebereiches.

Zur Gewinnung von Meßwerten werden bei den Meßfühlern verschiedene **Meßprinzipien** angewandt, d.h., es werden verschiedene charakteristische Erscheinungen genutzt, um den Meßwert zu erfassen. Bei der Temperaturmessung verwendet man beispielsweise die Längenausdehnung von Festkörpern bei Erwärmung, die Widerstandsänderung eines elektrischen Widerstandes u.a.m.

Alle experimentellen Maßnahmen, die der Gewinnung eines Meßwertes dienen, bezeichnet man als **Meßverfahren**. Es werden u.a. unterschieden:

Arten

- ❑ direktes Meßverfahren
  Der Meßwert wird als Größenwert dieser Meßgröße ausgegeben bzw. unmittelbar angezeigt (Temperatur bei einem Flüssigkeitsthermometer);
- ❑ indirektes Meßverfahren
  Die Ermittlung erfolgt als Größenwerte einer anderen physikalischen Größe. Der gesuchte Meßwert muß daraus unter Verwendung bekannter physikalischer Zusammenhänge errechnet werden (Wärmemenge wird aus ermitteltem Durchfluß und ermittelter Temperaturdifferenz zwischen Vor- und Rücklauf errechnet).

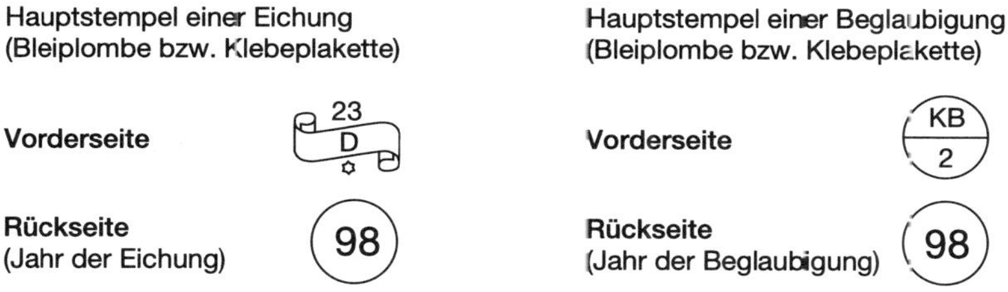

Bild 1.2
Eich- und Beglaubigungszeichen

Die Einordnung bezüglich der Genauigkeit von Meßgeräten erfolgt über die **Fehlerklasse**. Sie bezeichnet einen Zahlenwert, der den größten zulässigen absoluten Fehler, bezogen auf die Meßspanne, in Prozent ausdrückt. So ist bei einem Manometer mit einem Meßbereich von 0 bis 10 bar und einer Fehlerklasse 2,5 mit einer maximalen Abweichung von ± 0,25 bar zu rechnen. Diese Abweichung wird auch als **Fehlergrenze** des Gerätes bezeichnet.

In manchen Bereichen ist ein exakter Meßwert gar nicht erforderlich. Hier ist nur die Aussage interessant, ob eine bestimmte Größe innerhalb definierter Grenzen liegt. Es erfolgt eine **Prüfung**, bei der festgestellt wird, ob ein Prüfling eine oder mehrere vorgegebene Bedingungen erfüllt. Ein typisches Beispiel ist die Prüfung einer Fernleitung auf Durchgang bzw. Unterbrechung.

Eichen umfaßt die von einer Eichbehörde nach Vorschriften vorzunehmende Prüfung und die entsprechende Stempelung bzw. Beurkundung. Dabei wird festgestellt, ob das vorliegende Meßgerät den Eichvorschriften entspricht und seine meßtechnischen Eigenschaften den gestellten Anforderungen genügen. Denken wir in diesem Zusammenhang an die im Gesetz über das Meß- und Eichwesen (Eichgesetz) festgelegte Eichpflicht bei der Durchflußmessung bzw. Wärmemengenmessung. Bei Meßgeräten für Elektrizität, Gas, Wasser und Wärme ist die **Beglaubigung** durch eine staatlich anerkannte Prüfstelle (z. B. beim Hersteller oder Versorgungsunternehmen) der amtlichen Eichung gleichwertig. In Bild 1.2 sind verwendete Eich- und Beglaubigungszeichen dargestellt.

2 Messen elektrischer Größen

- ❑ Strommessung
- ❑ Spannungsmessung
- ❑ Widerstandsmessung
- ❑ Analog-Digital-/Digital-Analog-Umsetzung

Der Meister für Heizungs-, Lüftungs- und Klima- sowie Sanitärtechnik muß in der Lage sein, an Anlagen bzw. Komponenten davon bei der Fehlersuche einfache Messungen elektrischer Größen durchzuführen. Dazu zählt die Messung von Spannung, Strom bzw. des elektrischen Widerstandes. Die Einhaltung der einschlägigen Sicherheitsbestimmungen ist dabei selbstverständlich zu beachten.

Für die Messung dieser Größen gibt es eine Vielzahl von Prinzipien bzw. Gerätetypen. Am häufigsten im Einsatz sind dabei kombinierte Meßgeräte, sogenannte **Vielfachmesser**, die sowohl Spannungs-, Strom- als auch Widerstandsmessungen zulassen.

2.1 Strommessung

Als Folge des Betriebes elektrischer Geräte entsteht ein fließender elektrischer Strom. Die Kenntnis über seine Höhe kann in vielen Fällen einen Aufschluß über das Betriebsverhalten des Gerätes geben. Die zur Messung eingesetzten Geräte werden daher von dem zu messenden Strom durchflossen und haben die Aufgabe, dessen Wert zur Anzeige zu bringen.

Solche Meßgeräte zur Messung fließender Ströme besitzen einen geringen Innenwiderstand. Sie werden in Reihe zum entsprechenden Verbraucher geschaltet, so daß der fließende Strom das Meßgerät passieren muß. Bild 2.1 zeigt die Einschaltung eines Strommessers in einen Stromkreis.

Bei der Messung unbekannter Ströme erfolgt eine Einstellung des Meßbereiches ausgehend vom größten Bereich. Erfolgt nur ein geringer Ausschlag, so kann zum nächstkleineren Meßbereich umgeschaltet werden.

Bei der Meßbereichsumschaltung zu größeren Bereichen (Erweiterung) erfolgt das Parallelschalten von sogenannten Nebenwiderständen (Shunts) zum Meßgerät selbst. Durch geeignete Wahl dieser Shunts kann

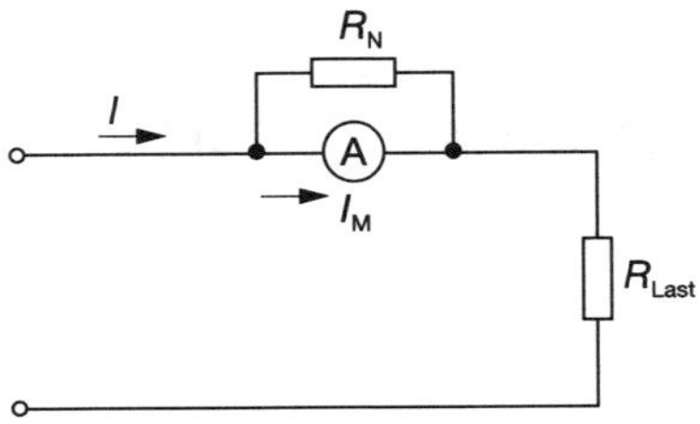

Bild 2.1
Schaltung eines Strommessers mit Nebenwiderstand

eine Erweiterung des Bereiches als Vielfaches des Grundwertes erfolgen. Für die selbständige Realisierung der Meßbereichserweiterung eines Strommessers muß der Innenwiderstand des verwendeten Gerätes bekannt sein. Mit Gleichung 2.1 läßt sich der **Nebenwiderstand** leicht ermitteln. Dabei ist I_M der durch den Strommesser fließende Strom bei Vollausschlag. Mit I wird der Strom bezeichnet, der künftig nach der Erweiterung gemessen werden soll. Der Innenwiderstand des Meßgerätes wird als R_i bezeichnet.

$$R_N = \frac{I_M \cdot R_I}{(I - I_M)} \qquad \text{(Gl. 2.1)}$$

Die Nebenwiderstände müssen teilweise erhebliche Belastungen abhalten. Bei der Dimensionierung ist der Querschnitt des Widerstandsmaterials als erstes festzulegen, damit dieses nicht die Funktion einer Glühwendel bzw. sogar einer Schmelzsicherung übernimmt. Solche Effekte weisen auf einen zu geringen Querschnitt des Drahtes hin.

Danach läßt sich durch Umstellen der Gleichung

$$R = \frac{\varrho \cdot l}{A} \qquad \text{(Gl. 2.2)}$$

die Länge des Widerstandsdrahtes

$$l = \frac{R \cdot A}{\varrho} \qquad \text{(Gl. 2.3)}$$

ermitteln und damit der Nebenwiderstand exakt einstellen.

Geeignet für die Strommessung von Gleichströmen sind z.B. Drehspulmeßwerke. Sie werden u.a. in Vielfachmeßgeräten eingesetzt. Für die Messung von Wechselströmen werden sie mit zusätzlichen Bauelementen ausgestattet. Zur Effektivwertmessung von Wechselgrößen sind auch Dreheisenmeßwerke geeignet.

2.2 Spannungsmessung

Mittels Spannungsmessern wird die an einem elektrischen Verbraucher anliegende bzw. durch eine Spannungsquelle bereitgestellte elektrische Spannung in ihrer Höhe festgestellt.

Diese Spannungsmesser besitzen einen hohen Innenwiderstand. Sie werden parallel zur Spannungsquelle bzw. zum Verbraucher geschaltet (Bild 2.2). Im ersten Fall läßt sich die Speisespannung der Anlage ermitteln. Bei Anschluß am Verbraucher wird die an ihm anliegende Spannung festgestellt. Für die Messung sind ebenfalls Drehspul- bzw. Dreheisenmeßwerke geeignet. Bei elektronischen Vielfachmessern wird dem Meßwerk zur Erhöhung des Innenwiderstandes ein **Meßverstärker** vorgeschaltet.

Die Erweiterung des Meßbereiches ist bei Spannungsmessern durch Einbau von Vorwiderständen (R_V) problemlos möglich. Auch hier ist eine Dimensionierung des Vorwiderstandes notwendig. Dafür ist Gleichung 2.4 anzuwenden.

$$R_V = \frac{U}{I_M} - R_i \qquad \text{(Gl. 2.4)}$$

Herkömmliche anzeigende Spannungsmesser verursachen bei der Messung einen kleinen fließenden Strom (Meßwerkstrom), der bei hochohmigen Spannungsquellen zu einer Verfälschung der Anzeige führt. Durch die Belastung der Quelle mit dem Meßgerät kommt es an dem Innenwiderstand der Quelle zu einem Spannungsabfall, der durch den Innenwiderstand selbst und dem fließenden Strom bestimmt wird. Damit kann an den Anschlußklemmen der Spannungsquelle nie die tatsächlich entstandene Spannung gemessen werden. Bei heutigen Spannungsmessern setzt man elektronische Verstärker mit hohen Eingangswiderständen ein, um den fließenden Meßstrom gegen null gehen zu lassen.

Spannungskompensation

Eine andere Variante für die Messung von Gleichspannungen ohne größeren Aufwand stellt die Spannungskompensation dar. Bei diesem Verfahren wird der fließende Strom im Meßkreis auf null gebracht.

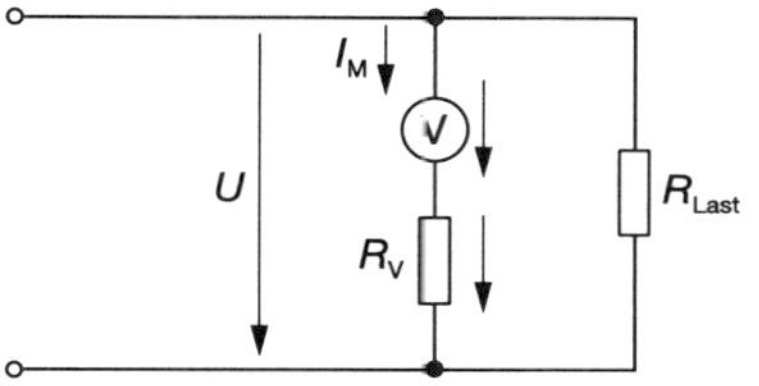

Bild 2.2
Schaltung eines Spannungsmessers mit Vorwiderstand

Dazu wird der unbekannten, zu messenden Spannung eine bekannte Referenzspannung entgegengeschaltet. Diese Referenzspannung wird nun so lange in ihrer Höhe variiert, bis an dem eingebauten Galvanometer kein Ausschlag mehr vorhanden ist. Der fließende Strom ist somit Null, und die unbekannte Spannung ist gleich groß der eingestellten Referenzspannung.

Anwendung findet dieses Verfahren beispielsweise bei der Temperaturmessung mit Thermoelementen in Form von Motorkompensatoren. Typische Anwendungsschaltungen für die Spannungskompensation sind der Poggendorf-Kompensator (Bild 2.3) bzw. der Lindeck-Rothe-Kompensator (Bild 2.4). Sie unterscheiden sich nur in der Bereitstellung der veränderlichen **Referenzspannung**. Sie erfolgt beim Poggendorf-Kompensator über ein Potentiometer. Die zu messende Spannung beträgt bei Nullabgleich am Galvanometer dann

$$U_X = \frac{U_{Ref} \cdot R_1}{R_{ges}} \qquad \text{(Gl. 2.5)}$$

Beim **Lindeck-Rothe-Kompensator** wird die veränderliche Referenzspannung durch einen mit Widerstand R_a veränderlichen Strom erzeugt, der durch den Normalwiderstand R_N fließt und darüber einen Spannungsabfall hervorruft. Der Strom wird mit einem hochgenauen Strommesser erfaßt und daraus die zu messende Spannung errechnet:

$$U_X = U_{RN} = R_N \cdot I \qquad \text{(Gl. 2.6)}$$

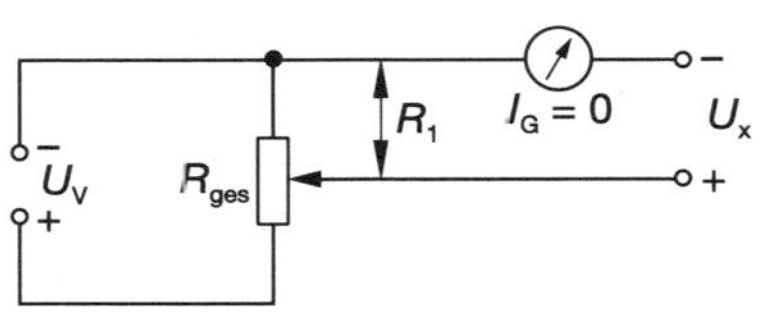

Bild 2.3
Poggendorf-Kompensator

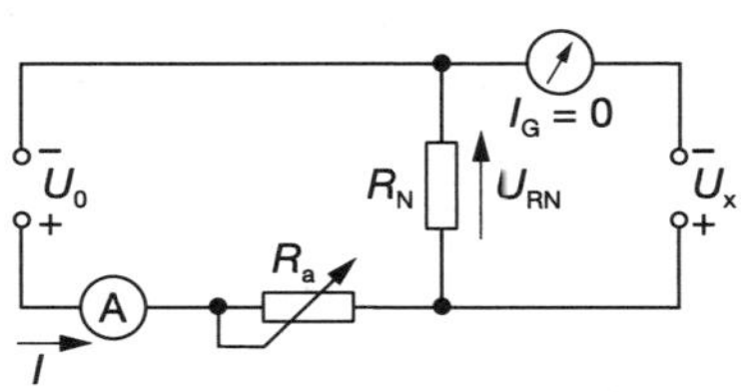

Bild 2.4
Lindeck-Rothe-Kompensator

2.3 Widerstandsmessung

Elektrische Widerstände spielen in der Meßtechnik eine nicht unerhebliche Rolle. Die Ermittlung der Widerstände ist für die Inbetriebnahme vieler Verfahren als auch die Überprüfung im Fehlerfalle unerläßlich. So können auf einfache Weise Unterbrechungen von Fernleitungen (Widerstand geht gegen unendlich) bzw. Kurzschlüsse der Leitungen (Widerstand nimmt sehr, sehr kleine Werte an) ermittelt werden.

2.3.1 Indirekte Messung

Um den Widerstand R nach dem Ohmschen Gesetz ermitteln zu können, sind eine Strom- und eine Spannungsmessung notwendig. Mit der Strommessung wird der durch den unbekannten Widerstand fließende Strom ermittelt. Der Spannungsmesser ermöglicht die Bestimmung des Spannungsabfalles am Widerstand. Je nach Größe des unbekannten Widerstandes kommt dabei die spannungsrichtige bzw. stromrichtige Schaltung (Bild 2.5) zur Anwendung, da es durch die Meßgeräte selbst zur Beeinflussung der Meßwerte kommt.

2.3.2 Direkte Messung

Einfacher ist die Handhabung der **Ohmmeter**, die in den Vielfachmeßgeräten integriert sind.

Das Reihenohmmeter eignet sich beispielsweise für die vielfältigsten Anwendungen, d.h. für Widerstandswerte von ca. 200 Ω bis zum MΩ-Bereich. Das Prinzipschaltbild ist in Bild 2.6 dargestellt. Das Meßgerät selbst fungiert dabei eigentlich als Strommesser. Zum Betrieb ist das Vorhandensein einer Spannungsquelle unerläßlich. Durch eine Prüftaste wird zu Beginn der Messung der Meßanschluß überbrückt und mit dem

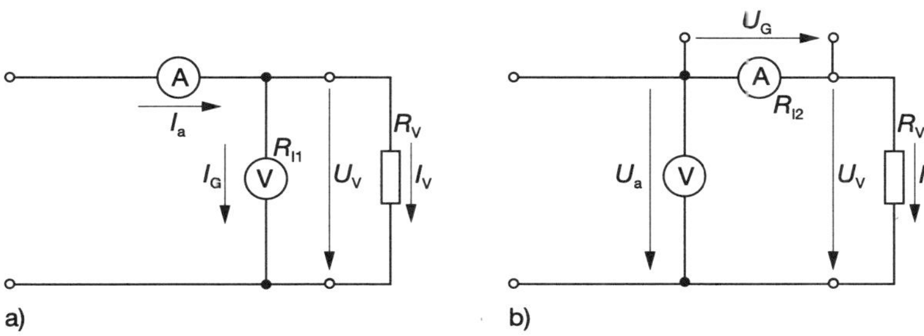

Bild 2.5
Spannungs- und stromrichtige Schaltung

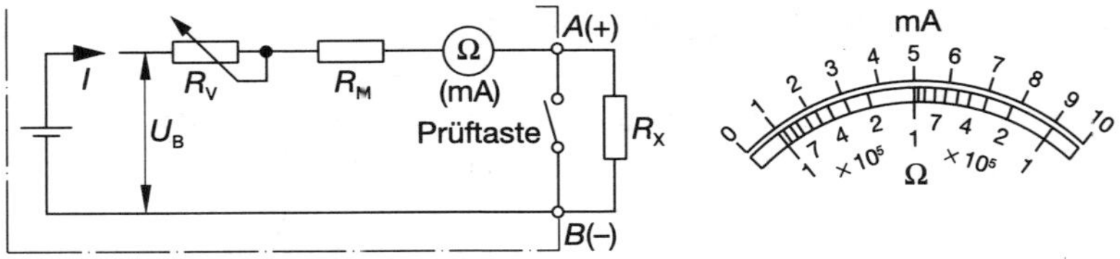

Bild 2.6 Reihenohmmeter; U_B Betriebsspannung der Batterie; R_V Vorwiderstand zum Nullabgleich; R_M Widerstand des Meßgerätes; R_X Widerstand des Prüflings

veränderlichen Widerstand R_V das Meßwerk auf Vollausschlag eingestellt. Dabei fließt I_{max}, und der am Meßgerät angezeigte Widerstandswert ist Null. Die Prüftaste wird im Anschluß freigegeben und der zu messende Widerstand statt dessen angeschlossen. Damit geht der fließende Strom zurück, und an der Ohm-Skala kann der gesuchte Wert direkt abgelesen werden.

Parallelohmmeter

Problematisch wird die Messung kleiner Widerstände. Hierfür verwendet man eher das Parallelohmmeter (Bild 2.7). Dabei arbeitet das Meßwerk eigentlich als Spannungsmesser, der den Spannungsabfall am unbekannten Widerstand erfaßt und an einer ohmgeteilten Skala dann den Widerstand zur Anzeige bringt.

Die hier aufgeführten Ohmmeter besitzen eine nichtlineare Skalenteilung, die sich zum Ende hin verdichtet. Eine Nutzung für genaue Messungen ist damit nur in einem Teilbereich sinnvoll.

Wheatstone-Meßbrücke

Zur genauen Bestimmung unbekannter Widerstände ist daher am ehesten die Wheatstone-Meßbrücke geeignet. Bild 2.8 stellt den Aufbau

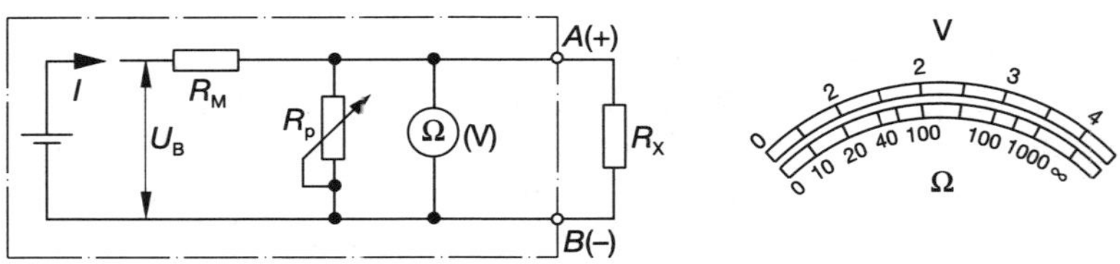

Bild 2.7 Parallelohmmeter; U_B Betriebsspannung der Batterie; R_M Vorwiderstand; R_P veränderlicher Parallel- bzw. Nebenwiderstand; R_X Widerstand des Prüflings

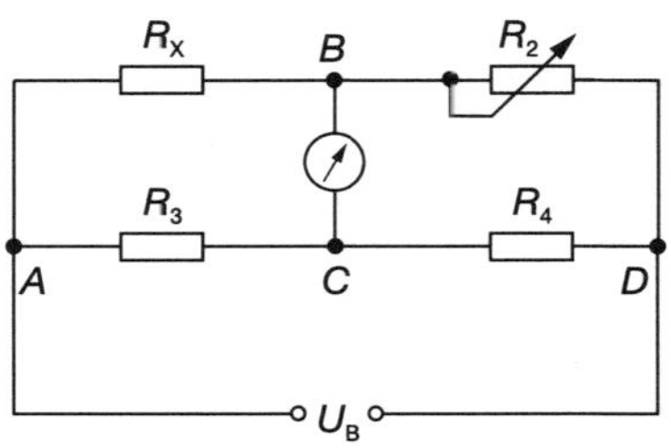

Bild 2.8 Wheatstone-Brücke

der Brücke dar. Sie besteht aus zwei Brückenzweigen, in denen jeweils zwei Widerstände eingebaut sind. Im Querzweig (Anschlüsse B und C) befindet sich ein empfindliches Meßwerk (Galvanometer), das als Nullindikator arbeitet. Im oberen Brückenzweig befinden sich der zu bestimmende Widerstand R_X und ein veränderlicher Widerstand R_2. Im unteren Brückenzweig befinden sich zwei feste Widerstände. Der Anschluß einer Spannungsquelle ist für die Durchführung der Messung erforderlich.

Nach Anschluß des zu messenden Widerstandes an die Brücke und dem Zuschalten der Spannungsquelle wird der Widerstand R_2 so lange verstellt, bis am Galvanometer Nullausschlag erkennbar ist. Die Brücke ist nunmehr abgeglichen, und es gilt Gleichung 2.7 für die Bestimmung des gesuchten Widerstandes. Der Wert für R_2 kann dabei an der an ihm angebrachten Skala abgelesen werden.

$$R_x = \frac{R_3}{R_4} \cdot R_2 \qquad \text{(Gl. 2.7)}$$

Mit Wheatstone-Brücken können Widerstandswerte im Bereich von wenigen Ohm bis zu mehreren Megaohm ermittelt werden.

Ausschlagverfahren

Brückenschaltungen (Bild 2.9) als solche finden in etwas abgewandelter Form auch noch bei anderen Messungen Anwendung (vgl. dazu z.B. auch Abschnitt 3.1). Sie dienen der Auswertung von Widerstandsänderungen, hervorgerufen bei Widerstandsthermometern, Dehnmeßstreifen oder ähnlichem. Man bezeichnet die Anwendung hier auch als Ausschlagverfahren, da zu Beginn der Messung (Ruhelage, Anfangszustand) die Brücke abgeglichen vorliegt und durch die Widerstandsänderung der Fühler verstimmt wird. Als Folge schlägt das Meßgerät im Brückenquerzweig aus.

Je nachdem, wie viele der Brückenwiderstände als Meßfühler ausgelegt sind, erfolgt die Bezeichnung als Viertel-, Halb- oder Vollbrücke.

Viertelbrücke

Bei der Messung mit der Viertelbrücke wird nur der Widerstand R_1 durch die Meßgröße geändert. Diese Meßschaltung hat die geringste

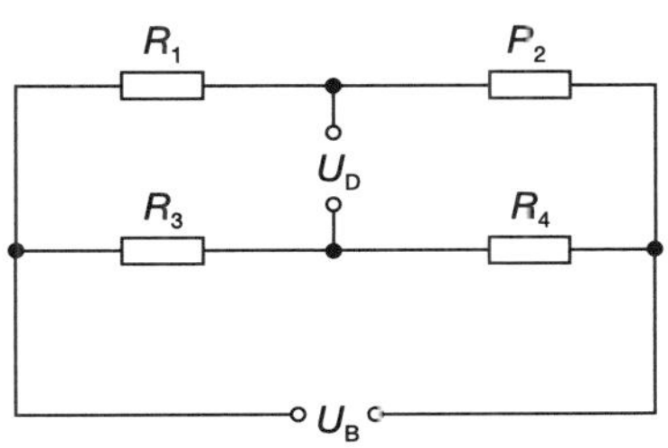

Bild 2.9
Brückenschaltung

Empfindlichkeit und besitzt für größere relative Widerstandsänderungen eine Linearitätsabweichung.

Halbbrücke

In der Halbbrücke werden die Widerstände R_1 und R_2 gegensinnig geändert. Damit verdoppelt sich die Empfindlichkeit, und die Kennlinie wird linear.

Vollbrücke

Bei der Vollbrücke werden alle vier Widerstände als Meßfühler ausgelegt. Sie verhalten sich in der Widerstandsänderung gegensinnig. R_1 und R_4 vergrößern sich, während R_2 und R_3 sich verkleinern. Somit erreicht man nochmals eine Verdopplung der Empfindlichkeit, wenn alle vier Widerstände den gleichen Grundwert besitzen.

2.4 Analog-Digital-/Digital-Analog-Umsetzung

Infolge der rasanten Entwicklung in der Halbleitertechnik und der damit verbundenen Kostenreduzierung verdrängen Digitalmeßgeräte die elektromechanischen Geräte in der Meßtechnik zunehmend. Der Einsatz von Mikroprozessoren erlaubt außerdem auf kleinstem Raum Meßfunktionen zu realisieren, die in früheren Jahren nur teuren und großen Laboreinrichtungen vorbehalten waren. Auch in der Steuerungs- und Regelungstechnik haben Steuer- und Regelgeräte auf Basis von Mikrorechnern Einzug gehalten und lösen die herkömmlichen Gerätschaften ab (vgl. Abschnitt 10.11).

Meßfühler bzw. Meßumformer liefern in den meisten Fällen analoge Signale der Prozeßgrößen. Diese Signale können im gesamten genutzten Bereich unendlich viele Werte annehmen (siehe auch Definition in DIN 19226).

❶ *Analog-Digital-Umsetzer*

Digitalgeräte benötigen jedoch Signale, die im gesamten Bereich nur eine endliche Anzahl von Werten annehmen können. Es muß also ein Analog-Digital-Umsetzer zwischengeschaltet werden. Das Ausgangssignal des ❶ **ADU** kann nur die durch die Stufen vorgegebenen Werte annehmen, Zwischenwerte sind nicht möglich. Der Übergang von einer zur nächsten Stufe findet immer dann statt, wenn das Eingangssignal eine der Schwellen überschreitet (Bild 2.10). Werden entsprechend viele Stufen durch den ADU realisiert (man spricht auch von der Auflösung eines ADU), erreicht man Genauigkeiten, die mit einer analogen Meßwertverarbeitung nicht machbar sind. Der Prozeß der Quantisierung kann dabei nach verschiedenen Verfahren erfolgen, die hier aber nicht weiter vorgestellt werden sollen (für Interessierte sei auf [1] verwiesen). Diese ADU sind bei Digitalmeßgeräten im Gerät enthalten. Bei digitalen Steuerungs- und Regelungseinrichtungen werden sie häufig als Zusatzbaugruppen (Eingangsbaugruppen) eingesetzt.

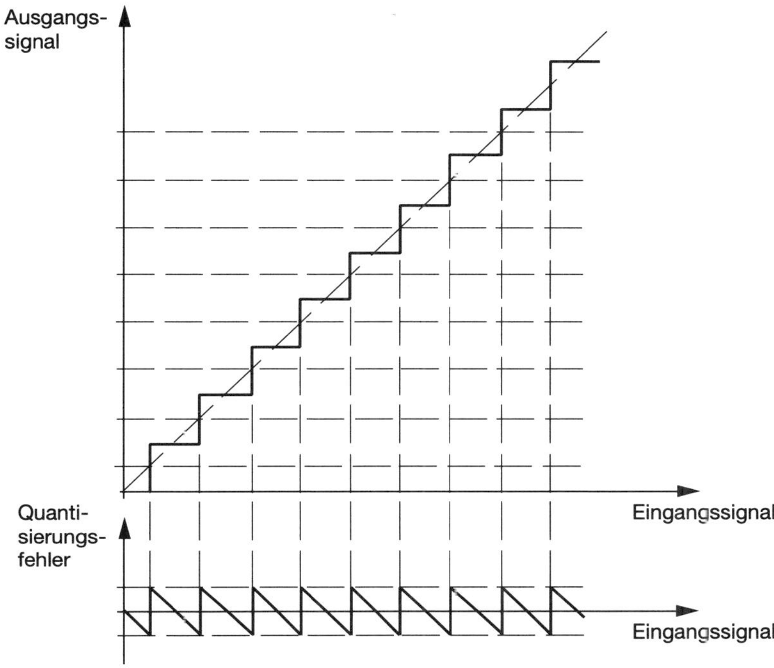

Bild 2.10
Kennlinie eines ADU

Soll nun als Ergebnis der Steuerung bzw. Regelung wieder in den Prozeß eingegriffen werden, so müssen die digitalen Ausgangssignale der Steuer- und Regelbaugruppen ebenfalls den Anforderungen der Stellglieder angepaßt werden. Diesmal sind die digitalen Signale in analoge umzuwandeln, diese Baugruppen tragen daher den Namen Digital-Analog-Umsetzer. Auch ❷ **DAU** sind in den Geräten bereits integriert bzw. als Zusatzbaugruppen verfügbar. Verfahren zur Umsetzung sind ebenfalls in [1] erläutert.

❷ *Digital-Analog-Umsetzer*

3 Messen nichtelektrischer Größen

- Temperaturmessung
- Druckmessung
- Feuchtemessung
- Mengen- und Durchflußmessung
- Wärmemengenmessung
- Schallpegelmessung

3.1 Temperaturmessung

Die Temperatur stellt eine der wichtigsten Basisgrößen in der Versorgungstechnik dar. Um die Werte in ihrer Höhe exakt bestimmen zu können, werden Skalen verwendet, deren Teilung sich an natürlichen Fixpunkten orientiert. Für die in Europa verwendete **Celsius-Skala** sind diese Fixpunkte der Gefrierpunkt bzw. der Siedepunkt von Wasser bei 1013 mbar Luftdruck.

Für die Temperaturmessung werden verschiedene Prinzipien genutzt, mit denen sich die Temperaturfühler in entsprechende Kategorien einteilen lassen.

3.1.1 Mechanische Berührungsthermometer

Als Berührungsthermometer werden alle diejenigen Thermometer bezeichnet, die in einem direkten Kontakt mit dem Meßobjekt stehen. Bei den folgend aufgeführten Prinzipien werden mechanische Vorgänge, wie z. B. Längenänderung, genutzt.

Ausdehnungsthermometer

Flüssigkeits-Ausdehnungsthermometer

Das Flüssigkeits-Ausdehnungsthermometer (Bild 3.1) nutzt die Volumenänderung einer Meßflüssigkeit bei Temperaturänderung. Es werden solche Flüssigkeiten gewählt, die sich bei Temperaturanstieg so stark ausdehnen, daß mit einfachen Mitteln an einer Vergleichsskala der genaue Wert abgelesen werden kann. Dabei nutzt man extrem dünne Ka-

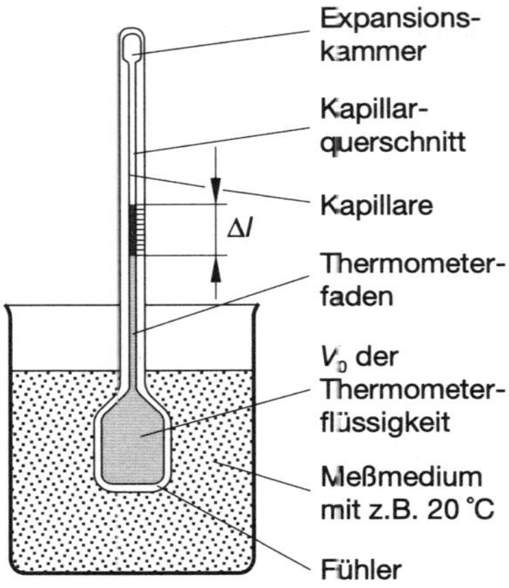

Bild 3.1
Aufbau eines Flüssigkeitsthermometers

pillaren, die eine hohe Füllhöhenänderung hervorrufen und damit eine gute Ablesbarkeit gewährleisten.

Als Füllung werden verschiedene Stoffe eingesetzt. Das am häufigsten vorkommende Thermometer ist das **Quecksilber-Glasthermometer.** Damit sind Meßbereiche von ca. –40 °C bis etwa 300 °C möglich. Spezialausführungen (z.B. Quarzglasausführungen) erlauben Bereiche bis 800 °C. Andere Thermometer enthalten gefärbten Alkohol, Toluol u.a. als Meßflüssigkeit. Damit sind Temperaturmessungen auch unterhalb von –40 °C möglich (Tabelle 3.1).

Flüssigkeits-Ausdehnungsthermometer werden z.B. als Maschinenthermometer mit Einschraubstutzen bzw. Überwurfmutter angeboten. Erhältliche Bauformen sind gerade bzw. winklig. Vorteile liegen ins-

Tabelle 3.1 Gebräuchliche Temperaturmeßgeräte

Thermometerart	Nutzbarer Meßbereich	Bemerkung
Alkohol-Glasthermometer	ca. – 150 ... 220 °C	
Quecksilber-Glasthermometer	ca. – 50 ... 800 °C	Teilweise Spezialgläser
Dampfdruck- Federthermometer	ca. – 60 ... 350 °C	
Flüssigkeits-Federthermometer	ca. – 50 ... 500 °C	
Stabausdehnungsthermometer	ca. – 50 ... 000 °C	
Bimetallthermometer	ca. – 70 ... 400 °C	
Pt-Widerstandsthermometer	ca. – 200 ... 850 °C	
Ni-Widerstandsthermometer	ca. – 80 ... 50 °C	
Thermistoren	ca. – 40 ... 00 °C	
Thermoelemente	ca. 0 ... 1500 °C	Je nach Thermopaar nur eingeschränkte Bereiche
Infrarot-Temperaturmessung	ca. – 50 ... 4000 °C	Je nach Ausführungstyp

besondere in ihrem einfachen Aufbau und der Handhabung bzw. dem relativ großen Temperaturbereich. Die Bruchgefahr, die von Glasthermometern ausgeht, bzw. das Fehlen von Möglichkeiten zur kontinuierlichen Fernübertragung wirken sich negativ aus. Sie werden vorrangig zur örtlichen Temperaturanzeige in Anlagen eingesetzt.

Festkörper-Ausdehnungsthermometer

Beim Festkörper-Ausdehnungsthermometer wird die unterschiedliche Längenänderung von festen Körpern unter Temperatureinfluß genutzt.

Stabausdehnungsthermometer

So befindet sich beim Stabausdehnungsthermometer (Bild 3.2) ein Innenstab aus Quarz (geringer Ausdehnungskoeffizient) in einem Rohr mit hohem Ausdehnungskoeffizienten (z. B. Messing). Damit ergibt sich ein Längenunterschied und stellt damit hohe Stellkräfte zur Verfügung. Diese Ausdehnungsthermometer werden daher weniger zur örtlichen Temperaturanzeige als vielmehr als Temperaturschalter (z. B. Wächter, Begrenzer) bzw. -regler (Zweipunktverhalten, siehe auch Abschnitt 6.2) eingesetzt.

Bimetall-Ausdehnungsthermometer

Bei Bimetall-Ausdehnungsthermometern werden zwei Metallstreifen mit unterschiedlichen Ausdehnungskoeffizienten aufeinandergewalzt. Unter Temperaturänderungen kommt es somit zur Krümmung des Bimetalls, die über ein Zeigersystem auf eine Skala gebracht wird und hier als Wert abgelesen werden kann. Mit diesen Thermometern ist eine örtliche Anzeige im Bereich von ca. −50 °C bis zu 400 °C mit einem Fehler von ±1...3 % möglich.

Nachteilig bei Ausdehnungsthermometern ist die Tatsache, daß keine Punktmessung erfolgt. Es wird immer nur die mittlere Temperatur über der gesamten Länge erfaßt und angezeigt.

Federthermometer

Das gesamte in sich geschlossene Temperaturmeßsystem besteht, wie aus Bild 3.3 ersichtlich, aus einem gefüllten Fühlerelement (Tauchrohr),

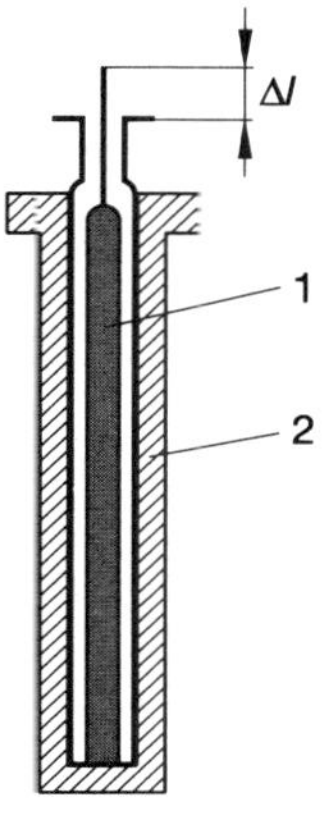

Bild 3.2
Stabausdehnungsthermometer
1 Stabelement
2 Schutzrohr

Bild 3.3
Schematischer Aufbau eines manometrischen Thermometers

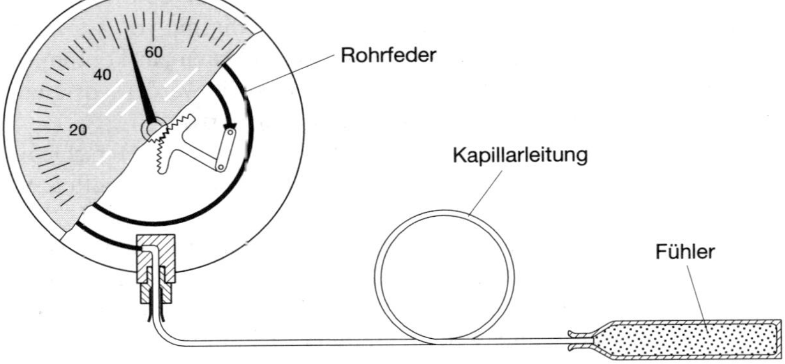

Kapillarleitung und einem Manometer. Der Fühler wird mit dem Meßobjekt in Verbindung gebracht. Dadurch kommt es zur Ausdehnung der Füllung bei Temperaturanstieg, die im geschlossenen System einen Druckanstieg hervorruft. Dieser Anstieg kann am Manometer abgelesen werden. Zur Ermittlung des Meßwertes ist das Manometer mit einer Skala in °C versehen.

Der große Vorteil der Federthermometer liegt in einer Entfernungsüberbrückung zwischen eigentlichem Meßort (Meßfühler) und Anzeigeort (Manometer) über die Kapillarleitung. Hier sind Entfernungen bis zu 50 m möglich. Dabei muß aber beachtet werden, daß große Entfernungen zu einem zusätzlichen Fehler führen können, da die Füllung in der Kapillare eine andere Temperatur annimmt als im Fühler selbst und damit den Druck im System beeinflußt.

Federthermometer werden bedingt durch ihre Füllung in Flüssigkeitsfederthermometer und Dampfdruck-Federthermometer unterteilt.

Flüssigkeitsfederthermometer

Bei Flüssigkeitsfederthermometern kommt Quecksilber, Petroleum bzw. Toluol als Füllung zum Einsatz. Ihre Anzeigegeräte besitzen eine lineare Skalenteilung.

Dampfdruck-Federthermometer

Dampfdruck-Federthermometer (Bild 3.4) enthalten eine verdampfende Flüssigkeit (Ether, Ethylchlorid o. ä.) und sind durch eine alineare Skalenteilung (Spreizung am Ende) gekennzeichnet.

Federthermometer werden für Temperaturen zwischen –50 °C und 600 °C eingesetzt (Tabelle 3.1). Dampfdruck-Federthermometer sind dabei empfindlich gegen Übertemperaturen.

Recht häufig werden Federthermometer mit Zusatzeinrichtungen versehen, um neben der örtlichen Anzeige auch eine Fernübertragung zu realisieren. Dazu wird auf das Manometer ein Widerstandsferngeber aufgesetzt. Es handelt sich hierbei um ein kleines Potentiometer, dessen leichtgängiger Schleifer mit dem Zeiger gekoppelt ist und durch diesen verstellt wird. Somit ist eine kontinuierliche Fernübertragung möglich. Für die Gewinnung und Übertragung von Grenzwerten werden Kon-

Bild 3.4
Dampfdruck-Federthermometer
T Temperaturfühler im Medium M
Fl Flüssigkeit
D Dampfdruck (vollkommen mit Flüssigkeit gefüllt beim Flüssigkeitsfederthermometer)
K Kapillarleitung
Z/F Zeigerfedermanometer oder ein Krafteinheitsumformer

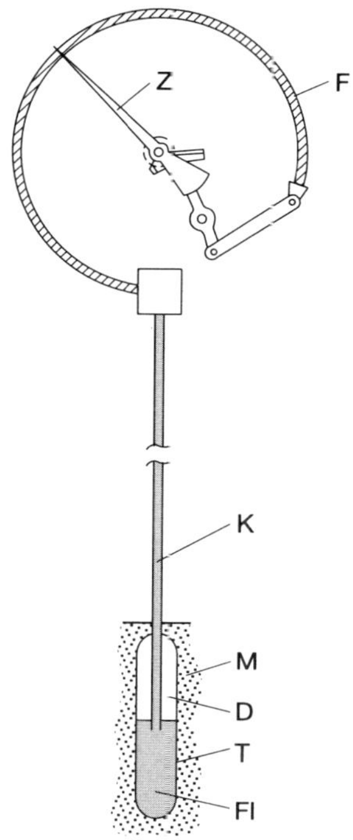

takteinrichtungen am Manometer angebracht und über den Zeiger betätigt.

3.1.2 Elektrische Berührungsthermometer

Bei diesen Temperaturmeßfühlern nutzt man elektrische Größen, die unmittelbar von der Temperatur abhängig sind.

Widerstandsthermometer

Der elektrische Widerstand eines Metalls erhöht sich mit zunehmender Temperatur (Bild 3.5). Als Kennwert für die Widerstandsänderung wird die relative Änderung des elektrischen Widerstandes in Abhängigkeit der Temperatur definiert und als Temperaturbeiwert α angegeben. Werkstoffe mit einem hohen Temperaturbeiwert und großen spezifischen elektrischen Widerstand eignen sich am besten für Widerstandsthermometer (Bild 3.6). Diese Bedingungen erfüllen Nickel und Platin sehr gut. Außerdem besitzen sie in ihren Einsatzgrenzen eine nahezu lineare Abhängigkeit des Widerstandes von der Temperatur. Platin wird außerdem wegen seiner hohen elektrischen Konstanz und

Platin

Nickel

Bild 3.5
Temperaturabhängigkeit
von Pt und Ni

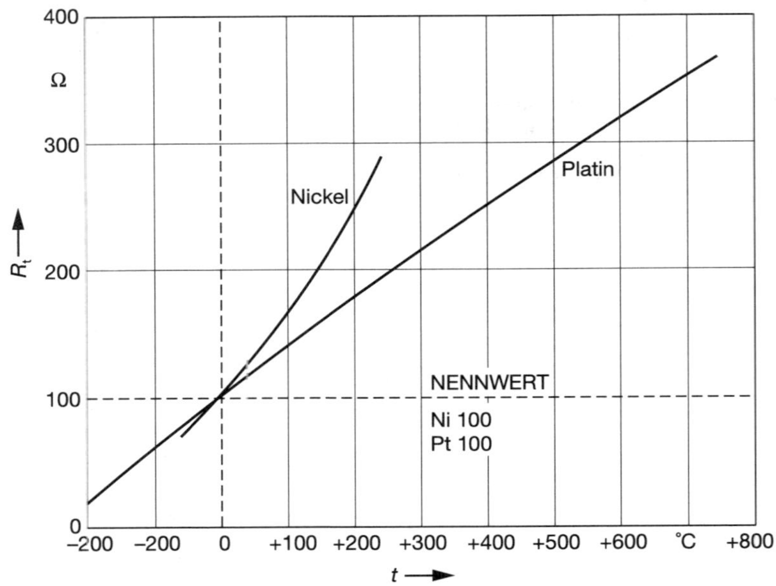

der hohen Beständigkeit gegen äußere Einflüsse verwendet. Es erlaubt die Schaffung von Temperaturfühlern mit einem Bereich von ca. –220 °C bis zu 750 °C (einige Hersteller geben sogar bis 850 °C an). Nickel wird hingegen nur bis zu Werten von 150 °C eingesetzt, erlaubt aber bei kleineren Bereichen aufgrund des höheren Temperaturbeiwertes empfindlichere Messungen.

Die Widerstandsänderung ΔR eines Fühlers kann über den Temperaturbeiwert des Metalls berechnet werden:

$$\Delta R = R_0 \cdot \alpha \cdot \Delta \upsilon \qquad \text{(Gl. 3.1)}$$

R_0 Grundwert [Ω] bei 0 °C
α Temperaturbeiwert; $\alpha_{Pt} = 0{,}00385\ K^{-1}$, $\alpha_{Ni} = 0{,}00617\ K^{-1}$
$\Delta \upsilon$ Differenz zwischen Bezugs- und Erwärmungstemperatur

Der Warmwiderstand ergibt sich dementsprechend:

$$R_{warm} = R_0 + \Delta R \qquad \text{(Gl. 3.2)}$$

Für die Meßwiderstände gelten festgelegte Grundwerte, die auch in der Fühlerbezeichnung enthalten sind. Die Buchstabenkombination zu Beginn weist auf das eingesetzte Fühlermaterial hin; Pt steht für Platin, Ni für Nickel. Der folgende Zahlenwert stellt den Grundwiderstand bei 0 °C dar; 100 steht für 100 Ω bei 0 °C. Gängige Werte sind 100 Ω, 500 Ω bzw. 1000 Ω. Um eine Austauschbarkeit zu gewährleisten, wurden in

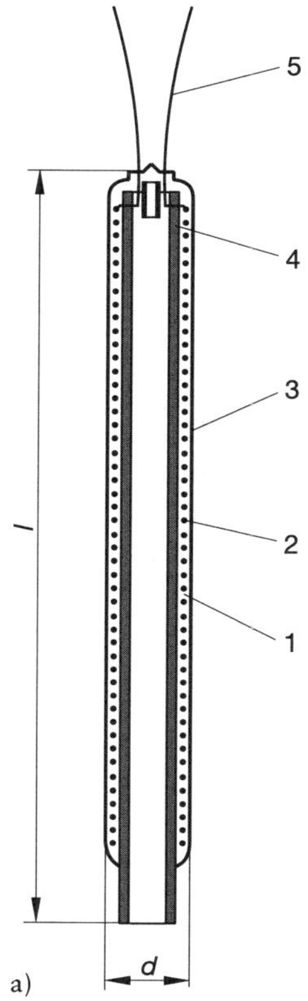

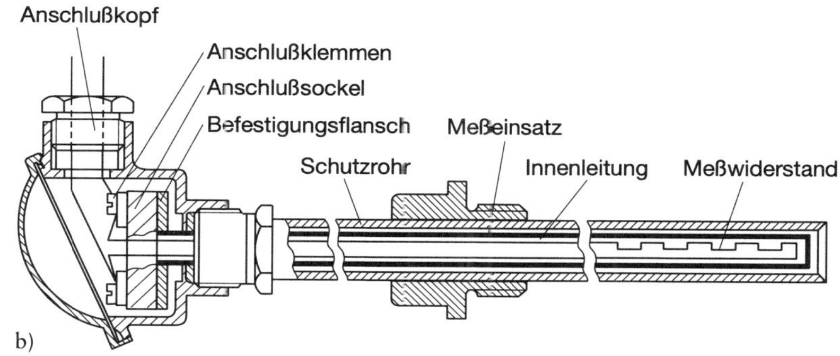

Bild 3.6
Widerstandsthermometer Pt 100
a) Aufbau
Platinmeßwiderstand R (0) = 100 Ω
1 Keramikträger
2 bifilare Drahtwicklung (Drahtdurchmesser 0,03 oder 0,05 mm)
3 Deckglasur
4 Isolierstopfen
5 Anschlußdraht (0,35 mm Durchmesser)
l = 30 bis 60 mm
d = 3 und 5 mm
b) Widerstandsthermometer mit Schutzrohr nach DIN 43 772

der DIN EN 60 751 Grundwertreihen sowie Toleranzen festgelegt (Tabellen 3.2 und 3.3).

Die Meßwiderstände sind aus dünnem Draht (Pt bzw. Ni) auf Trägerkörpern aus Glas oder Keramik bifilar gewickelt. Die Wicklung wird zum Fixieren sowie zum Schutz in Glas eingeschmolzen bzw. in eine Glasur eingebettet. Zum Schutz gegen hohe mechanische bzw. chemische Beanspruchungen, beispielsweise in Rohrleitungen, wird der Fühler in Schutzrohre eingebaut.

Schichtmeßwiderstände

Neuerdings werden die Meßfühler auch aus platinbeschichteten Trägerkörpern hergestellt. Die Widerstandswendel wird quasi per Laser aus dem Material herausgebrannt. Somit lassen sich exakte Widerstandswerte abgleichen und auch von den Abmessungen her extrem kleine Fühler herstellen. Mit ihnen kann praktisch eine Punktmessung durchgeführt werden. Sie werden auch als Schichtmeßwiderstände bezeichnet.

Anzeigeschaltungen mit Widerstandsthermometern

Häufig werden zur Anzeige der Temperaturwerte Kreuzspulmeßwerke (auch Quotientenmeßwerk genannt) eingesetzt. Sie vergleichen den durch den Meßwiderstand fließenden Strom mit dem Strom

Tabelle 3.2 Grundwerte für Pt 100

Temperatur °C	Grundwerte R_0 = 100,00 Ω α = 0,003 850 · K^{-1}										
0	1	2	3	4	5	6	7	8	9	10	
– 50	80,31	79,91	79,51	79,11	78,72	78,32	77,92	77,52	77,13	76,73	76,33
– 40	84,27	83,88	83,48	83,08	82,69	82,29	81,89	81,50	81,10	80,70	80,31
– 30	88,22	87,83	87,43	87,04	86,64	86,25	85,85	85,46	85,06	84,67	84,27
– 20	92,16	91,77	91,37	90,98	90,59	90,19	89,80	89,40	89,01	88,62	88,22
– 10	96,09	95,69	95,30	94,91	94,52	94,12	93,73	93,34	92,95	92,55	92,16
0	100,00	99,61	99,22	98,83	98,44	98,04	97,65	97,26	96,87	96,48	96,09
0	100,00	100,39	100,78	101,17	101,56	101,95	102,34	102,73	103,12	103,51	103,90
10	103,90	104,29	104,68	105,07	105,46	105,85	106,24	106,63	107,02	107,40	107,79
20	107,79	108,18	108,68	108,96	109,35	109,73	110,12	110,51	110,90	111,28	111,67
30	111,67	112,06	112,57	112,83	113,22	113,61	113,99	114,38	114,77	115,15	115,54
40	115,54	115,93	116,31	116,70	117,47	117,47	117,85	118,24	118,62	119,01	119,40
50	119,40	119,78	120,16	120,55	129,93	121,32	121,70	122,09	122,47	122,86	123,24
60	123,24	123,62	124,01	124,39	124,77	126,16	125,54	125,92	126,31	126,69	127,07
70	127,07	127,45	127,84	128,22	128,60	128,98	129,37	129,75	130,13	130,51	130,89
80	130,89	131,27	131,66	132,04	132,42	132,80	133,18	133,56	133,94	134,32	134,70
90	134,50	135,08	135,46	135,84	136,22	136,60	136,98	137,36	137,74	138,12	138,50
100	138,50	138,88	139,26	139,64	140,02	140,39	140,77	141,15	141,53	141,91	142,29
110	142,29	142,66	143,04	143,42	143,80	144,17	144,55	144,93	145,31	145,68	146,06
120	146,06	146,44	146,81	147,19	147,57	147,94	148,32	148,70	149,07	149,45	149,82
130	149,82	150,20	150,57	150,95	151,33	151,70	152,08	152,45	152,83	153,20	153,58
140	153,58	153,95	154,32	154,70	155,07	155,45	155,82	156,19	156,57	156,94	157,31

Tabelle 3.3 Toleranzen für Pt 100

Grenzabweichungen für 100-Ohm-Thermometer

Temperatur °C	Grenzabweichungen			
	Klasse A		Klasse B	
	K	Ω	K	Ω
– 200	± 0,55	± 0,24	± 1,3	± 0,56
– 100	± 0,35	± 0,14	± 0,8	± 0,32
0	± 0,15	± 0,06	± 0,3	± 0,12
100	± 0,35	± 0,13	± 0,8	± 0,30
200	± 0,55	± 0,20	± 1,3	± 0,48
300	± 0,75	± 0,27	± 1,8	± 0,64
400	± 0,95	± 0,33	± 2,3	± 0,79
500	± 1,15	± 0,38	± 2,8	± 0,93
600	± 1,35	± 0,43	± 3,3	± 1,06
650	± 1,45	± 0,46	± 3,6	± 1,13
700	–	–	± 3,8	± 1,17
800	–	–	± 4,3	± 1,28
850	–	–	± 4,6	± 1,34

durch einen konstanten Vergleichswiderstand. Ändert sich das Verhältnis der Ströme, so kommt es zu einer erkennbaren Ausschlagänderung. Die Widerstände – bedingt durch die Zuleitungen zwischen Meßwiderstand und Instrument – gehen mit ihren Werten in die Messung ein. Unterschiedliche Leitungslängen würden somit zu einer Verfälschung führen bzw. müßten in der Skalenteilung Berücksichtigung finden, was aber aus Kostengründen nicht möglich ist. Durch Abgleichwiderstände in Reihe zu den Zuleitungen wird ein genormter Wert ($R_{ges} = R_{Leitung} + R_{Abgleich} = 10\ \Omega$) eingestellt, der in der Anzeige berücksichtigt wird. Zur Einstellung des Abgleichwiderstandes wird ein spezieller, genormter Ersatzwiderstand anstelle des Meßfühlers angeschlossen und der Abgleichwiderstand verändert, bis der am Ersatzwiderstand aufgedruckte Temperaturwert am Meßgerät angezeigt wird.

Gängig sind Schaltungen mit zwei bzw. drei Verbindungsleitungen zwischen Fühler (Meßort) und Anzeigegerät (Anzeigeort). Entsprechend werden sie als Zweileiter- oder Dreileiterschaltung bezeichnet.

Zweileiterschaltung

Bei der Zweileiterschaltung (Bild 3.7a) wird der fließende Strom im Meßpfad durch den Meßwiderstand bestimmt und damit der Ausschlag am Kreuzspulmeßwerk festgelegt. Aber auch Temperaturschwankungen entlang der Fernleitung führen zu Widerstandsänderungen und damit zu Ausschlagänderungen (Meßfehlern) am Meßwerk. Sie sind daher nur für kurze Entfernungen sinnvoll oder sollten dort zur Anwendung kommen, wo entlang der Fernleitung nicht mit starken Temperaturschwankungen zu rechnen ist (z.B. nur Innenbereich).

Dreileiterschaltung

Bei der Dreileiterschaltung (Bild 3.7b) wirken die Temperaturschwankungen auf alle drei Leitungen und bewirken gleichmäßige Widerstandsänderungen. Dies bedeutet aber auch, daß sich die beiden Teilströme im gleichen Verhältnis ändern und somit die Anzeige am Quotientenmeßwerk konstant bleibt bzw. nur von Änderungen des

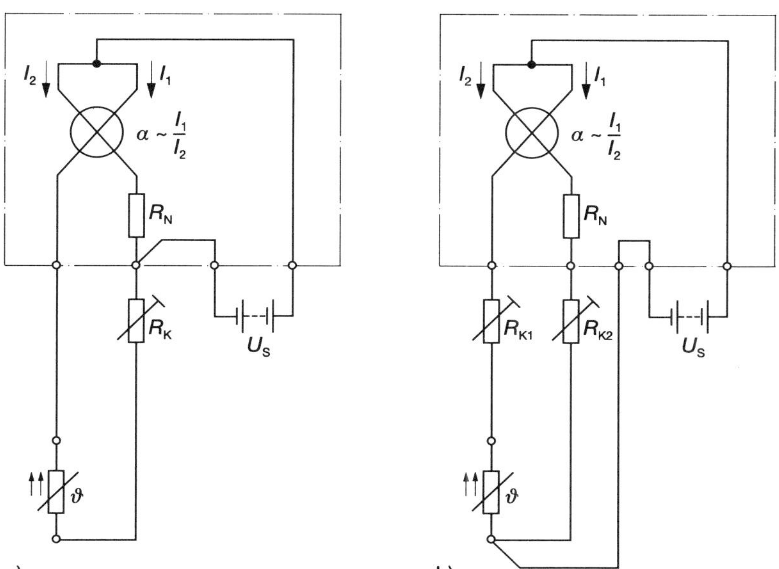

Bild 3.7
Pt 100
a) Zweileiterschaltung
b) Dreileiterschaltung

Meßwiderstandes abhängig ist. Es tritt somit eine Kompensation des Einflusses der Umgebungstemperatur auf die Fernleitung auf.

Da Quotientenmeßwerke preislich über normalen Drehspulmeßwerken liegen, werden in neueren Anlagen zur Anzeige der Temperatur in °C geeichte **Drehspulmeßwerke** eingesetzt. Das Drehspulmeßwerk bildet den Querzweig einer Brückenschaltung (siehe auch Abschnitt 2.3.2) im Ausschlagverfahren, in die der Temperaturfühler integriert ist (Bild 3.8). Die Brücke wird auf den Widerstandswert des Meßfühlers am Meßbereichsanfang abgeglichen. Damit ist der Ausschlag am Meßwerk Null. Durch die Widerstandserhöhung des Fühlers bei dessen Erwärmung wird die Brücke zunehmend verstimmt, und es fließt ein Querstrom durch das Meßwerk; der Ausschlag ändert sich proportional mit der Temperaturerhöhung – vorausgesetzt, die Speisespannung wird entsprechend stabilisiert. Bei der Anwendung der Brückenschaltung wird wiederum in Zwei- und Dreileiterschaltung unterschieden. Es gilt das bereits Dargelegte.

Vierleiterschaltung

In Verbindung mit modernen elektronischen Meßgeräten kommt auch die Vierleiterschaltung (Bild 3.9) zum Einsatz. Sie ermöglicht hochgenaue Messungen ohne Leitungsabgleich und ohne Umgebungseinflüsse entlang der Fernleitung. Hier erfolgt die Speisung des Meßfühlers durch eine im Meßgerät enthaltene Konstantstromquelle; der durch den

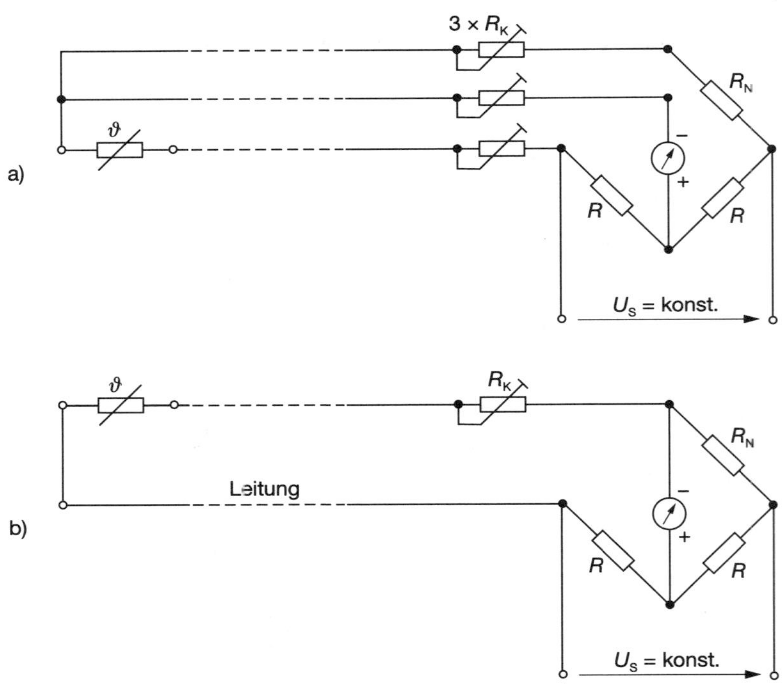

Bild 3.8
Widerstandsthermometer in Brückenschaltungen
a) Dreileiterschaltung
b) Zweileiterschaltung

Bild 3.9
Schaltbild Vierleiterschaltung

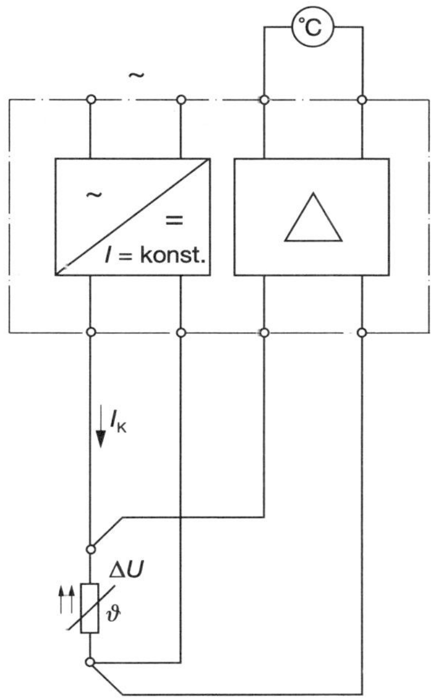

Fühler fließende Strom wird dadurch auch bei Widerstandsänderungen durch unterschiedliche Leitungslängen bzw. durch Umgebungseinflüsse entlang der Fernleitung immer konstant gehalten. Über ein zweites Leitungspaar wird der über dem Fühler auftretende Spannungsabfall leistungslos ($I = 0$) gemessen. Am Spannungsmesser wird damit exakt der Spannungsabfall über dem Meßfühler zur Anzeige gebracht, über der Fernleitung tritt kein Spannungsabfall auf:

$$U_{\text{Leitung}} = R_{\text{Leitung}} \cdot I = R_{\text{Leitung}} \cdot 0 = 0 \text{ V} \qquad \text{(Gl. 3.3)}$$

Auch hier wirken sich somit Widerstandsänderungen durch unterschiedliche Leitungslängen bzw. Umgebungseinflüsse nicht aus.

Pt-500- bzw. Pt-1000-Meßwiderstände bieten den Vorteil, daß sie bei gleicher Temperaturänderung den 5- bzw. 10fachen Wert der Widerstandsänderung ergeben wie ein Pt 100. Einflüsse von Fehlabgleichen der Fernleitung bzw. Temperatureinflüsse entlang der Fernleitung verringern sich so um den Faktor 5 bzw. 10 in der Anzeige.

Thermistoren

Ebenfalls nach dem Prinzip der temperaturabhängigen Widerstandsänderung arbeiten Thermistoren. Allerdings sind die Kennlinien dieser Fühler nichtlinear, und der Temperaturbeiwert liegt im Durchschnitt etwa zehnmal so hoch wie bei Metallen. Damit können auch kleinere

Temperaturunterschiede ohne größeren Schaltungsaufwand gemessen werden. Umgebungseinflüsse entlang der Fernleitung brauchen nicht kompensiert zu werden.

Thermistoren bestehen aus gesinterten sperrschichtfreien Halbleitern verschiedener Zusammensetzung. Meist werden Gemische verschiedener Metalloxide (Ni, Co, Mn) bzw. Si o. ä. eingesetzt. Die Zusammensetzung bestimmt das Widerstandsverhalten des Meßfühlers.

Zwischen der Temperatur und dem elektrischen Widerstand besteht der folgende Zusammenhang (Bild 3.10):

$$R_{T2} = R_{T1} \cdot e^{B\,(1/T2-1/T1)} \qquad \text{(Gl. 3.4)}$$

R_{T1} Widerstand bei Bezugstemperatur T_1

R_{T2} Widerstand bei der gesuchten Temperatur T_2

B Energiekonstante, ein Maß für die Temperaturabhängigkeit des Materials [K]

Bild 3.10
Temperaturabhängigkeit von Thermistoren
a NTC-Widerstände
b, c PTC-Widerstände

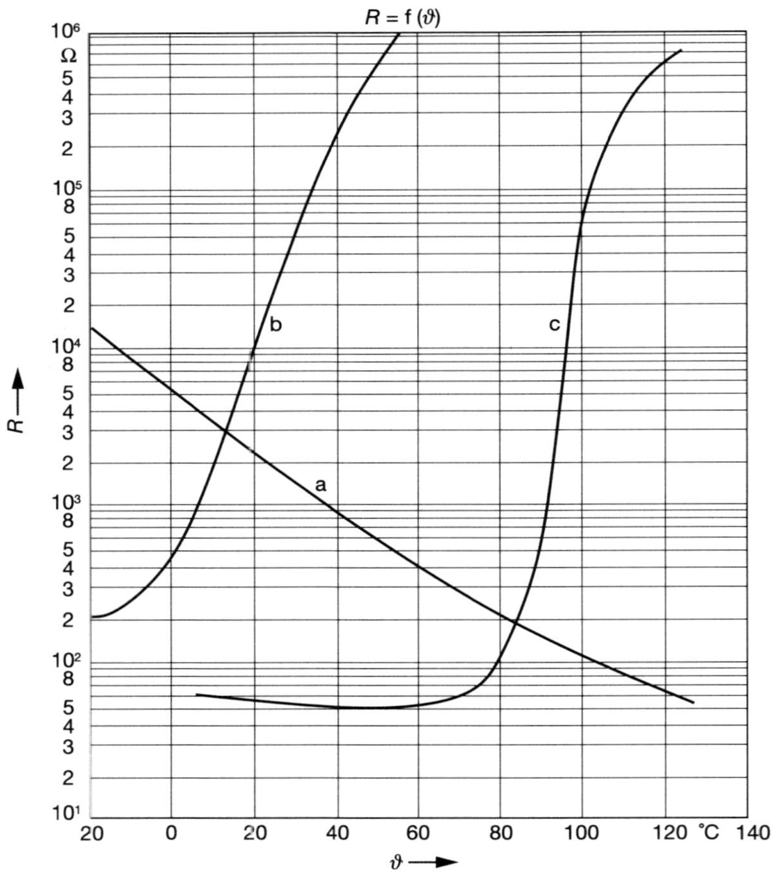

Entsprechend dem Verhalten bei Temperaturerhöhung werden NTC- und PTC-Widerstände unterschieden.

NTC-Fühler

NTC-Fühler bestehen überwiegend aus Halbleitermaterialien wie Silizium, Zinkoxid o. ä. und werden auch als Heißleiter bezeichnet, da ihr Widerstand mit zunehmender Temperatur kleiner wird (negativer Temperaturkoeffizient). Die Widerstands-Temperaturkennlinie kann für verschiedene Fühler Bild 3.11 entnommen werden. Dabei ist die Energiekonstante als Parameter abgetragen. Es wurde ein halblogarithmischer Maßstab gewählt und auf die Bezugstemperatur von 25 °C normiert.

Temperatursensoren auf NTC-Basis besitzen den großen Vorteil, daß eine starke Miniaturisierung möglich ist und für die Bezugstemperatur verschiedene Grundwerte (von einigen Ohm bis Megaohm) hergestellt werden können. NTC-Fühler sind mit Abmessungen ab ca. 0,4 mm Durchmesser zu haben. Damit sind kleine Zeitkonstante aufgrund der geringen Masse realisierbar, und es können kurze Ansprechzeiten für schnelle Temperaturmessungen verwirklicht werden. Bei der Herstellung werden durch Selektion und künstliche Alterung engtolerierte, langzeitstabile und austauschbare Fühler für die vielfältigsten Anwendungsbereiche gefertigt. Da die Heißleitermaterialien gegen verschiedene Chemikalien und aggressive Atmosphären nicht resistent sind, werden sie mit einem Schutzüberzug versehen bzw. in Schutzhülsen eingebracht.

Die nichtlineare Kennlinie kann für viele Anwendungen durchaus vorteilhaft sein. Durch Serien- und Parallelschaltung von anderen Widerständen läßt sich aber die Kennlinie auf Kosten der Empfindlichkeit linearisieren (Bild 3.12). Einsetzbare Temperaturbereiche für NTC-Wi-

Bild 3.11
Widerstands-Temperaturkennlinien für verschiedene NTC-Fühler

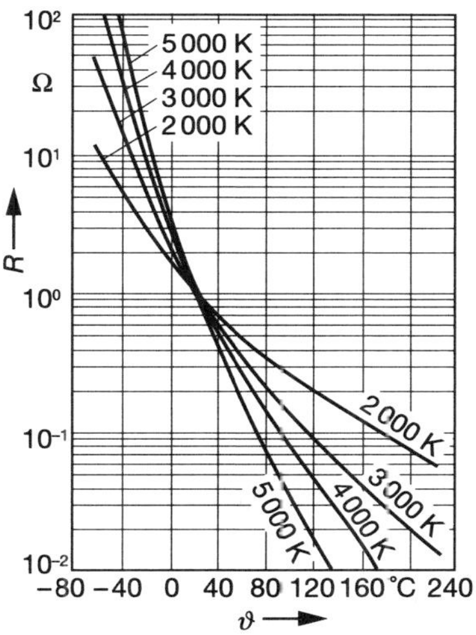

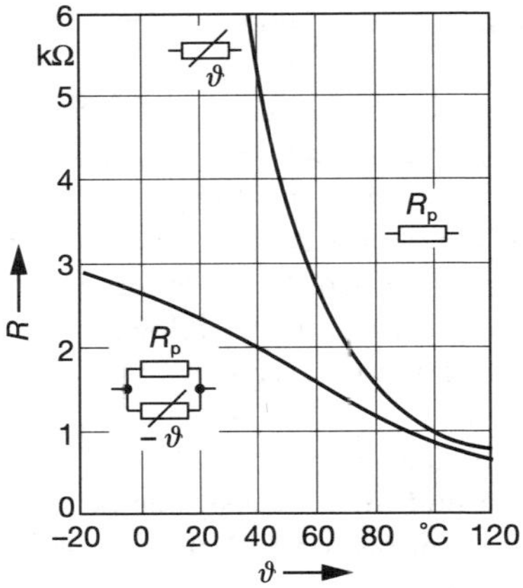

Bild 3.12
Linearisierung der Kennlinie eines NTC-Fühlers durch Parallelwiderstand

derstände liegen etwa zwischen –100 °C und 250 °C. In den Meßschaltungen werden die Fühler mit Linearisierungswiderstand meist in Brückenschaltung betrieben. Bei hohen Grundwerten der Fühler können die Einflüsse der Zuleitungen fast vollständig vernachlässigt werden.

PTC-Widerstände
Kaltleiter

PTC-Widerstände (positiver Temperaturkoeffizient) werden auch als Kaltleiter bezeichnet. Bei niedrigen Temperaturen besitzen sie eine hohe Leitfähigkeit, die mit zunehmender Temperatur abnimmt. Sie bestehen z. B. aus Bariumtitanat mit verschiedenen Zusätzen von Metalloxiden. Sie besitzen einen hohen Temperaturkoeffizienten (zwischen 0,06 K^{-1} und 0,6 K^{-1}), der auf dem Zusammentreffen von Vorgängen der Halbleitertechnik mit der Ferroelektrizität der Titankeramik beruht. Für die PTC-Widerstände ergeben sich typisch S-förmige Verläufe der Kennlinien. In Bild 3.13 sind Auszüge aus Datenblättern eines Herstellers von PTC-Fühlern dargestellt.

Auf dem Markt sind Fühler für Nenntemperaturen von 40 bis etwa 180 °C verfügbar. Diese Fühler eignen sich aufgrund des starken Kennlinienanstiegs in einem relativ kleinen Temperaturbereich nur sehr begrenzt zur Temperaturmessung, sie werden vielmehr als Temperaturgrenzwertgeber (z. B. Wicklungsschutz bei E-Motoren) für festeingestellte Temperaturen eingesetzt.

Temperaturfühler-ICs

Bei Temperaturfühler-ICs handelt es sich um moderne Temperatursensoren in Form integrierter elektronischer Schaltungen, mit der ein eingeprägter Strom erzeugt wird, der in einem Temperaturbereich von etwa –50 °C bis 150 °C in einem linearen Zusammenhang zur absoluten Temperatur steht. Die an einem in Reihe liegenden normalen ohmschen Widerstand abfallende Spannung ist somit der Temperatur proportional und kann entsprechend weiterverarbeitet (z. B. Einsatz eines Meßverstärkers, der ein elektrisches Einheitssignal am Ausgang erzeugt) oder

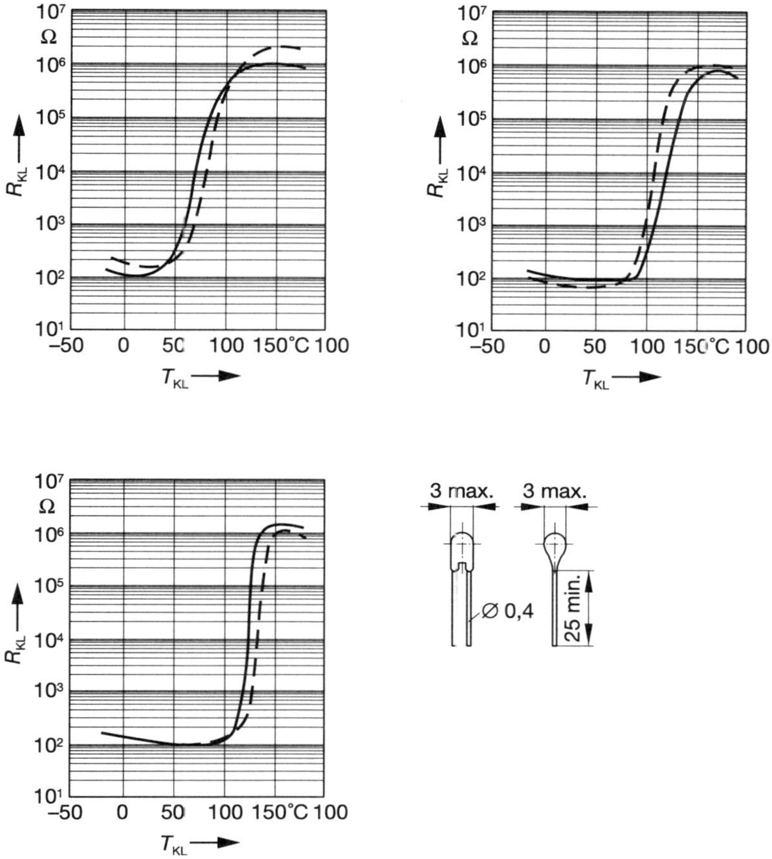

Bild 3.13 Kennlinienverläufe industrieller PTC-Widerstände

direkt angezeigt werden. Der Strom beträgt bei einer Temperatur von 0 °C 273,2 µA; pro Kelvin Temperaturänderung tritt eine Stromänderung von 1 µA auf. In den Bildern 3.14 und 3.15 sind zum einen die Prinzipbeschaltung als auch ein Kennlinienverlauf dargestellt.

Thermoelemente

Thermopaar

Ein Thermoelement stellt die leitende Verbindung zweier unterschiedlicher Metalle dar. Aufgrund der unterschiedlichen Elektronenbeweglichkeit der ständig schwingenden freien Elektronen kommt es zwischen den Metallen zu einer Ladungsverschiebung, und es entsteht eine Thermospannung, die der Temperatur der Verbindungsstelle entspricht. Die Kombination der beiden metallischen Werkstoffe wird als Thermopaar bezeichnet.

Soll diese Spannung in einem Stromkreis zur Messung einen fließenden Strom erzeugen, so entsteht zwangsläufig eine zweite Berührungsstelle (Vergleichsstelle); es tritt wiederum eine Thermospannung auf, die

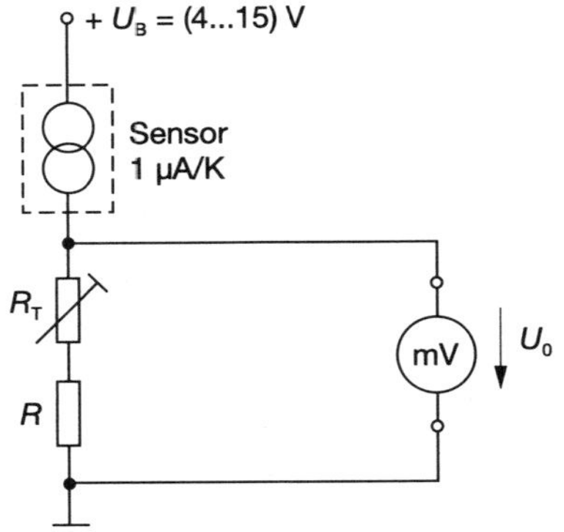

Bild 3.14
Temperaturfühler-IC,
Prinzipschaltung

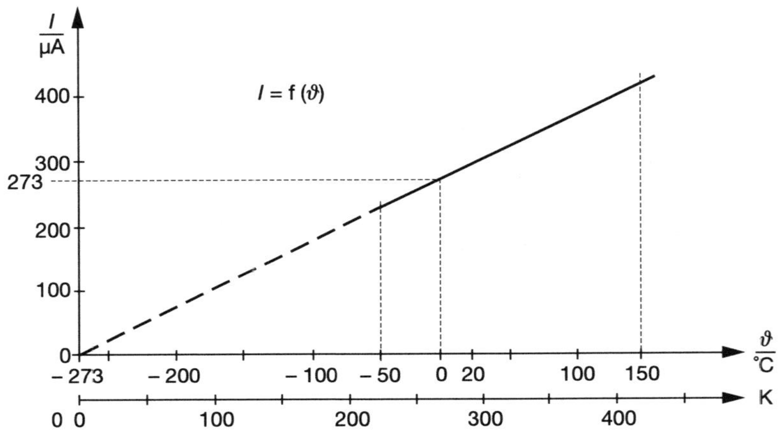

Bild 3.15
Temperaturfühler-IC,
Kennlinie

der ersten entgegenwirkt. Der fließende Strom ist von der Spannungsdifferenz der beiden Thermospannungen und damit von der Temperaturdifferenz der beiden Berührungsstellen abhängig. Um eine Messung nur von der Temperatur an der Meßstelle abhängig zu machen, ist es erforderlich, die Vergleichsstelle auf konstanter Temperatur zu halten. Haben beide Verbindungsstellen die gleiche Temperatur, so beträgt die resultierende Gesamtspannung 0 mV, und der fließende Strom ist ebenfalls 0.

Bild 3.16 zeigt den Verlauf der Thermospannung einiger Thermopaare.

Als Anzeigeinstrument fungiert ein in °C der Meßstellentemperatur skaliertes Drehspulinstrument. In Bild 3.17 ist eine gebräuchliche Meßschaltung mit Thermoelement dargestellt.

Der Fühler selbst ist aus mechanischen bzw. Schutzgründen wie in Bild 3.18 aufgebaut und endet an den Anschlußklemmen des Anschlußkopfes. Thermopaare reagieren ohne Schutz bei höheren Temperaturen

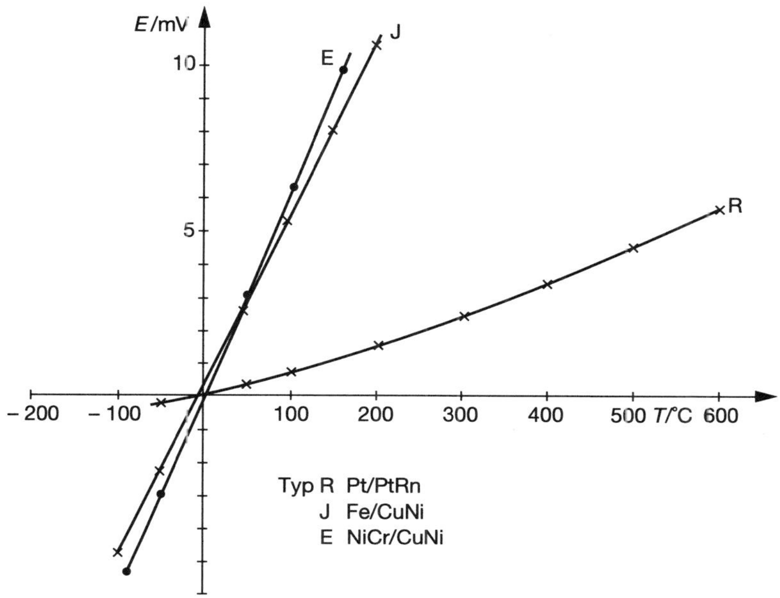

Bild 3.16
Thermospannung einiger gebräuchlicher Thermopaare

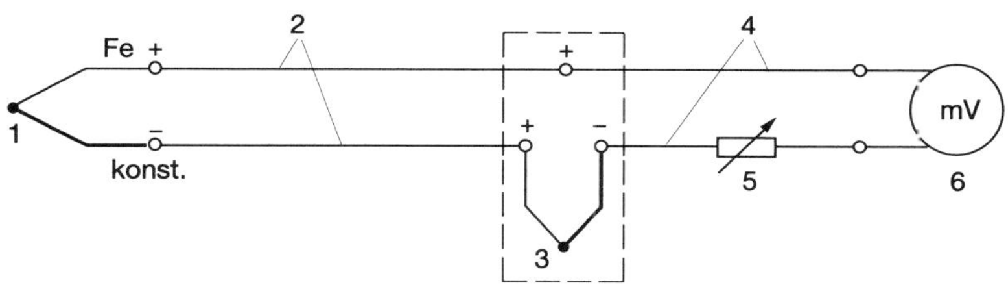

Bild 3.17 Meßschaltung mit Thermoelement
1 Meßstelle des Thermopaares; 2 Ausgleichsleitung; 3 Vergleichsstellenkorrektor
4 Kupferverbindungsleitung; 5 Leitungs-Abgleichwiderstand; 6 Millivoltmeter

empfindlich auf reduzierende und oxidierende Gase, so daß ein Einschluß in metallische bzw. keramische Schutzrohre sinnvoll ist. Normungen bezüglich der Schutzrohre erfolgen hier nach DIN 43 772 (Bild 3.19).

Ausgleichsleitung

Um thermische Einflüsse des Meßobjektes zu minimieren, wird die Vergleichsstelle in einem entsprechenden Abstand zum Fühler realisiert. Die Verbindung zwischen Fühler und Vergleichsstelle wird über eine Ausgleichsleitung hergestellt. Dabei handelt es sich um Leitungen, die dem Thermopaar entsprechen, bzw. um solche Materialien, die bis 200 °C die gleichen thermoelektrischen Eigenschaften wie das Thermopaar selbst besitzen, aber kostengünstiger sind. Dies bedeutet, daß die beiden Leiter mit den Thermoschenkeln keine weiteren Spannungen bil-

Bild 3.18
Aufbau eines Thermoelementes mit Schutzrohr

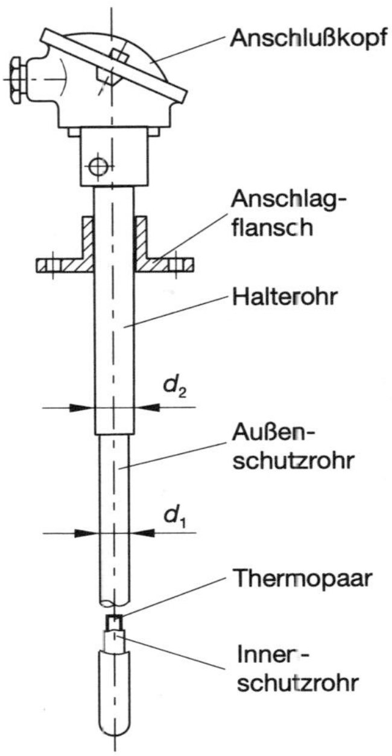

Bild 3.19
Genormte Formen und Abmessungen von Thermopaaren nach DIN 43772

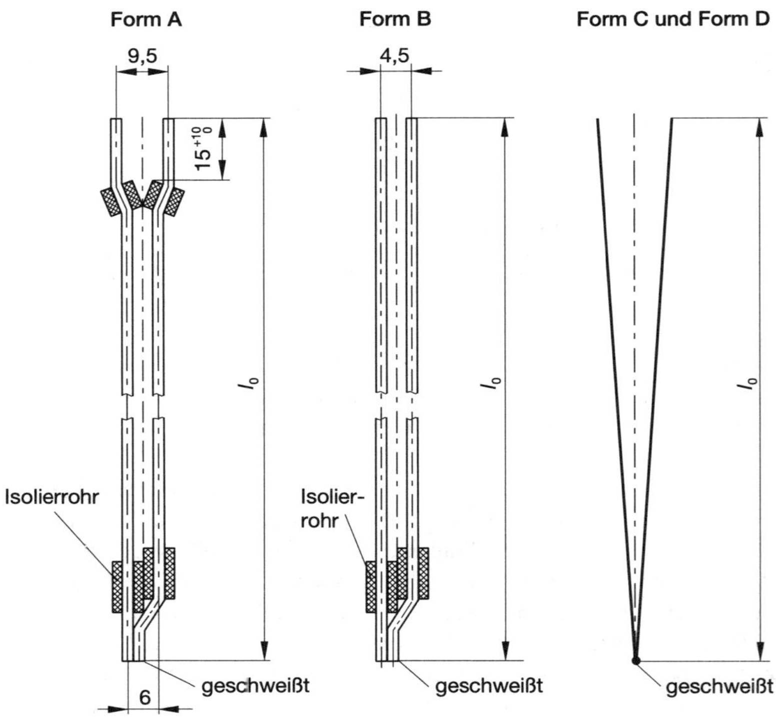

Tabelle 3.4 Ausgleichsleitungen nach DIN

Elementeart	Farbkennzeichnung des Außenmantels
T	Braun
E	Violett
J	Schwarz
K	Grün
R	Orange
S	Orange

den und die gleichen zulässigen Abweichungen wie die Thermodrähte besitzen. Aufbau, Querschnitt, Isoliereigenschaften und Kennzeichnung der Ausgleichsleitungen sind in DIN IEC 584 T. 3 genormt (Tabelle 3.4). Die Plusschenkel der Ausgleichsleitungen sind rot gekennzeichnet.

Die Thermopaare des Elementes können aus vielen Kombinationen von Materialien hergestellt werden. Praktisch nutzt man aber nur solche Kombinationen von Metallen bzw. Legierungen, die eine reproduzierbare Thermospannung liefern und den zu messenden Temperaturen im Dauerbetrieb ohne Kennlinienänderung standhalten. Tabelle 3.5 zeigt die heutigen nach DIN EN 60 584 verwendeten Thermopaare, ihre Kennbuchstaben und maximalen Temperaturwerte.

Mantelthermoelement

Eine Besonderheit in puncto Aufbau besitzen die sogenannten Mantelthermoelemente. Das Prinzip ist in Bild 3.20 dargestellt. Sie bestehen aus einem Mantel (Durchmesser zwischen 0,25 mm bis 6 mm) aus Nickel-Chrom-Stahl (bis 800 °C) oder aus einer zunderbeständigen Nickel-Chrom-Legierung (bis max. 1100 °C). Darin sind in einem Isolierpulver (MgO, Al_2O_3) die Thermopaare eingebettet. Die Meßstelle selbst kann dabei isoliert bzw. nicht isoliert sein.

Diese Fühler lassen sich an schwierigen Einsatzorten unterbringen und sie erlauben punktförmige Meßstellen mit geringen Zeitkonstanten.

Thermostat

Die Realisierung der Vergleichsstelle bzw. Vergleichsstellentemperatur erfolgt in der Praxis unterschiedlich. Eine häufig angewandte Methode ist der Thermostat. Dabei wird die Vergleichsstellentemperatur auf 50 °C über eine elektrische Heizung mit Regler konstant gehalten.

Tabelle 3.5 Gebräuchliche Thermopaare nach DIN EN 60 584-1

Kurzzeichen	Kennzeichen Buchstabe	Kennzeichen Farbe
Cu-CuNi	T	Braun
Fe-CuNi	J	Blau
NiCr-Ni	K	Grün
Pt13Rh-Pt	R	Weiß
Pt10Rh-Pt	S	Weiß
Pt30Rh-Pt6Rh	B	Weiß

Bild 3.20
Mantelthermoelement

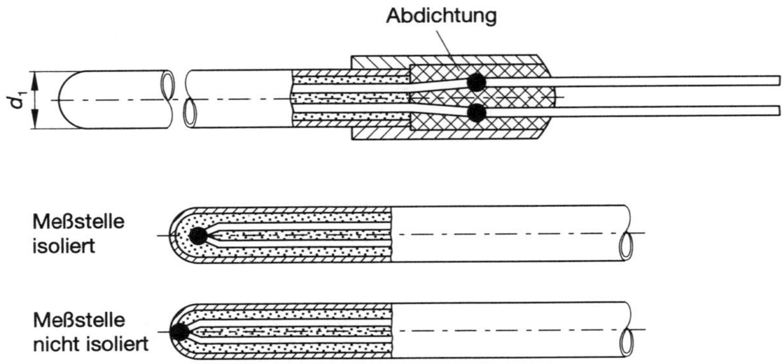

Für das Aufheizen ist eine elektrische Leistung notwendig. Diese Methode ist daher nur für stationäre Messungen geeignet.

Spannungsausgleicher

Eine andere Variante ist die Realisierung eines Spannungsausgleichers (auch Korrektionsdose genannt) über eine Brückenschaltung. Hier wird mit temperaturabhängigen Widerständen eine Brückenquerspannung erzeugt und der Thermospannung der Meßstellen hinzuaddiert. Bei richtiger Abstimmung wird dadurch die Temperaturänderung der Vergleichsstelle kompensiert. Der energetische Aufwand ist dabei geringer, und dieses Verfahren ist auch sehr gut für den transportablen Einsatz geeignet. Eine solche Schaltung ist in Bild 3.21 dargestellt.

Wie bereits oben erwähnt, eignet sich zur Messung der sich einstellenden Thermospannung ein Drehspulmeßwerk, das eine Skaleneintei-

Bild 3.21
Meßschaltung Thermoelement mit Spannungsausgleicher

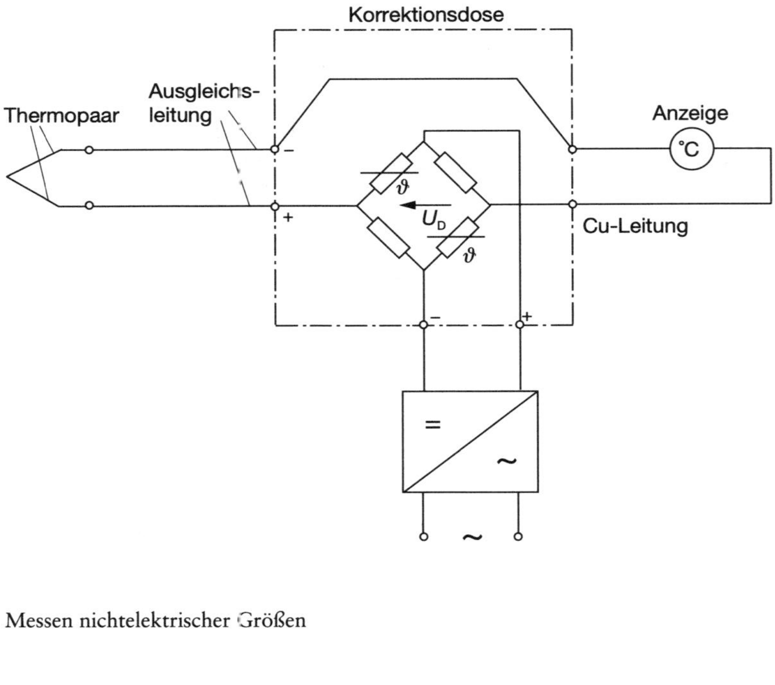

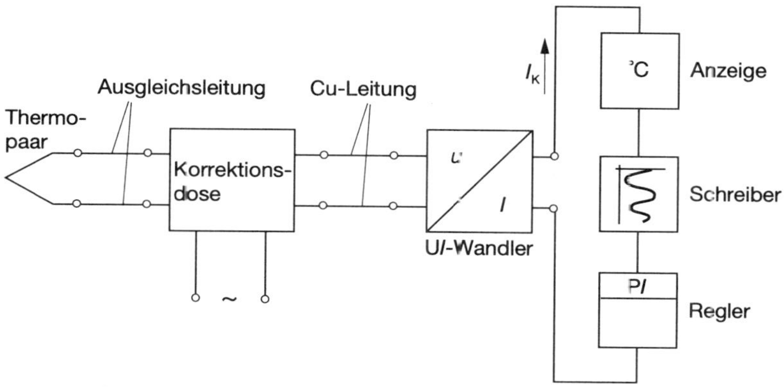

Bild 3.22
Meßschaltung mit Spannungsausgleicher und Meßwandler

lung in °C besitzt. Infolge des Innenwiderstandes des Fühlers und der Widerstände von Ausgleichsleitung und Fernleitung und des Eigenverbrauches des Meßwerkes kommt es zu Abweichungen. Die Widerstände sind deshalb bei der Eichung zu berücksichtigen. Auch hier gelten wie schon bei den Widerstandsthermometern Festlegungen: Gesamtleitungswiderstand inkl. Abgleichwiderstand 10 bzw. 20 Ω.

Durch den Einsatz neuerer elektronischer Temperaturanzeigen mit hochohmigem Eingang wird die Belastung des Fühlers fast ausgeschlossen. Ein Abgleich der Leitungen kann entfallen. Auch der Einsatz von elektronischen Meßumformern, wie in Bild 3.22 dargestellt, unterstützt dies. Des weiteren können an die elektrischen Einheitssignale am Ausgang problemlos mehrere Geräte (Anzeigegerät, Schreiber, Regler o. ä.) angeschlossen werden. Spannungskompensatoren erlauben ebenfalls eine genaue Messung.

Wichtig für die Temperaturmessung mit Thermoelementen ist die Übereinstimmung des eingesetzten Fühlertyps (Elementepaarung) mit der entsprechenden Kennzeichnung am Anzeigeinstrument. Ansonsten kommt es durch unterschiedliche Kennliniennutzung (siehe auch Bild 3.16) zu teilweise erheblichen Meßfehlern. Gleiches gilt bezüglich des Gesamtwiderstandes des Meßkreises. Auch hier muß der eingestellte Widerstand mit dem zur Eichung der Skala herangezogenen Wert übereinstimmen.

3.1.3 Berührungslose Temperaturmessung

Berührungslose Temperaturmeßgeräte beruhen auf der Messung der von einem Körper emittierten Strahlungsenergie.

Jeder Körper sendet oberhalb des absoluten Nullpunktes eine elektromagnetische Strahlung aus, deren Intensität im Zusammenhang mit

Bild 3.23
Prinzip einer Infrarot-Meßpistole
1 Objektiv
2 Blende
3 Infrarotdetektor
4 ε-Korrektur
5 Verstärker
6 Linearisierer

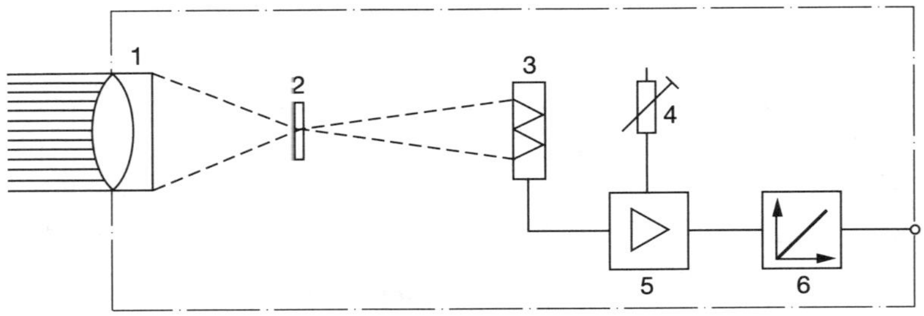

der Oberflächentemperatur des Körpers steht. Diese Strahlung wird im Meßgerät einer strahlungsempfindlichen Empfängeranordnung (beispielsweise Infrarotdetektor) zugeleitet und daraus die Oberflächentemperatur des Meßobjektes bestimmt (Bild 3.23).

Die Strahlungsenergie wird dabei in Form von elektromagnetischen Wellen verschiedener Wellenlänge ausgestrahlt. Bei verhältnismäßig niedrigen Temperaturen sendet der Körper überwiegend Infrarotstrahlung aus, die vom menschlichen Auge nicht wahrgenommen werden kann. Ab ca. 600 °C beginnt der Körper dunkelrot zu glühen. Mit zunehmender Temperatur geht diese Farbe allmählich in eine weiße über. Die Strahlung besitzt nun auch Wellenlängenanteile, die das menschliche Auge wahrnehmen kann. Gleichzeitig erhöht sich auch die Gesamtstrahlungsintensität. Diesen sichtbaren Bereich nutzt man bei den klassischen Pyrometern.

Schwarzer Körper

Theoretisch kann nur der Strahlungsaustausch eines vollkommen schwarzen Körpers mit seiner Umgebung erklärt werden. Dieser schwarze Körper (bzw. auch schwarzer Strahler genannt) besitzt die Eigenschaft, alle auf ihn einfallende Strahlung vollständig zu absorbieren und eine Strahlung auszusenden, die in ihrer Gesamtintensität allein durch seine Temperatur bestimmt wird. Dieser Zusammenhang wird durch das Plancksche Strahlungsgesetz und das Stefan-Boltzmann-Gesetz beschrieben, soll aber an dieser Stelle nicht weiter vertieft werden.

Graue/bunte Körper

Die in der Realität vorkommenden Körper (auch graue bzw. bunte Körper genannt) zeigen aber ein abweichendes Verhalten. Sie emittieren nur einen Teil der Strahlung, die ein schwarzer Körper bei dieser Temperatur aussendet. Setzt man die Emission eines betrachteten realen Körpers ins Verhältnis zur Emission des schwarzen Körpers bei der gleichen Temperatur, so erhält man den Emissionsgrad ε. Wird diese Betrachtung bei einer bestimmten Wellenlänge durchgeführt, so spricht man vom **Spektralemissionsgrad** ε_λ. Er wird bei der Infrarotmessung meistens verwendet.

Dieser Emissionsgrad muß für eine exakte Messung bekannt und am Meßgerät eingestellt sein. Am Beispiel der Messung der Hauttemperatur einer Testperson mit einer Infrarot-Temperaturmeßpistole kann der Einfluß des Emissionsgrades sehr deutlich dargestellt werden. Bei einem eingestellten Emissionsgrad von 0,95 ergibt sich eine Temperatur von etwa 33 °C, die durch Änderung des Emissionsgrades auf den Wert 0,1 auf etwa 102 °C ansteigt. Hier zeigt sich die enorme Fehlermöglichkeit bei falsch eingestelltem Emissionsgrad. Die Angaben in den Herstellerunterlagen sind also für die Messung unbedingt zu berücksichtigen.

Auch die zwischen dem sendenden Körper und dem Empfänger vorhandene Luft wirkt absorbierend und dämpft somit die Intensität. Diese **Absorption** ist in einigen Wellenlängenbereichen stark ausgeprägt, bei bestimmten Wellenlängen hingegen durchdringt die Infrarotstrahlung die Atmosphäre fast ungehindert. Man bezeichnet diese Bereiche auch als atmosphärische Fenster. In Bild 3.24 sind einige dieser Fenster gut erkennbar.

Aus diesem Grund wird der genutzte Wellenlängenbereich für die Messung in diese Fenster gelegt, da hier der Einfluß der Atmosphäre soweit wie möglich minimiert ist. Bei modernen berührungslosen Temperaturmeßeinrichtungen wird der Infrarotbereich von etwa 3 ... 5,5 µm bzw. 8 ... 12 µm verwendet (z.B. bei der in Bild 3.25 gezeigten Meßpistole).

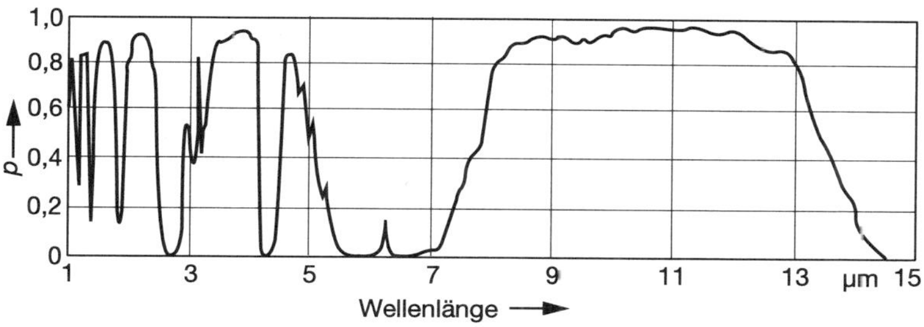

Bild 3.24
Transmission der Infrarotstrahlung in Abhängigkeit der Wellenlänge

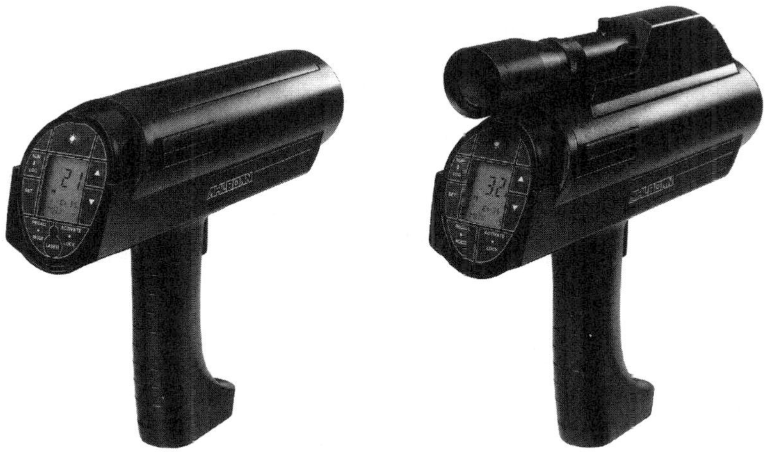

Bild 3.25
Infrarot-Meßpistole [16]

Besondere Anforderungen werden auch an die optischen Systeme der Meßgeräte gestellt. Deren Werkstoffe befinden sich ebenfalls im Strahlengang und beeinflussen die Messung. Hohe Genauigkeiten und spezielle Anforderungen an die Materialien (beispielsweise geringe Absorption bei den genutzten Wellenlängen) prägen entsprechend die Preise.

Für die Messung ist es außerdem sehr wichtig, in welcher Größenordnung sich das Meßobjekt bewegt. Es besteht nämlich bei der Messung die Gefahr der Verfälschung durch Hintergrundstrahlung, d.h., auf den Detektor gelangt auch ein Strahlungsanteil, der zum Beispiel von Objekten hinter dem eigentlichen Meßobjekt stammt. Die Hersteller geben daher in ihren Unterlagen (Tabelle 3.6) sogenannte Distanzverhältnisse an. Sie berücksichtigen das Verhältnis von Meßobjektgröße und Abstand zum Meßgerät. Ihre Einhaltung ist für eine ordentliche Messung notwendig.

Fehlfarbenbild

Die **Infrarot-Thermographie** (Bild 3.26) stellt die Weiterentwicklungen der bereits vorgestellten Infrarot-Meßpistole dar. Während dort nur ein Punkt anvisiert und ausgewertet wird, besitzen Thermographiesysteme horizontale und vertikale Ablenkeinrichtungen. Diese und die vorgeschaltete Optik leiten die IR-Strahlung einzelner Bildausschnitte systematisch auf den Infrarotdetektor. Nach dem Aufnahmezyklus hat der Detektor für den gesamten in Bildpunkte zerteilten Beobachtungsausschnitt Signale in Form von Wärmestrahlungseinheiten erhalten. Diese werden im Detektor in elektrische Signale umgewandelt und durch einen angeschlossenen Prozeßrechner als Farb- und Koordinatenwerte zugeordnet. Es entsteht durch diese Zuordnung der Farb- und Koordinatenwerte ein farbiges Gesamtbild, auch als Fehlfarbenbild (Beispiel in Bild 3.27) bezeichnet.

Je nach Güte des Gerätes wird eine bestimmte Zeit für die Aufnahme und die Bilderstellung benötigt. Moderne Systeme erlauben die Auf-

Tabelle 3.6 Daten eines tragbaren Infrarot-Temperaturmeßgerätes Typ AmiR 7813 (Auszug Datenblatt der Fa. Ahlborn)

Geräte-Typ	Anwendung	Visierhilfe	Meßbereich/Spektralbereich/ Ansprechzeit
AMiR 7813-10	universell	Doppellaser	−30 bis 1200 °C/8 bis 14 µm/700 ms
AMiR 7813-11	universell	Doppellaser, gekreuzt	−30 bis 1200 °C/8 bis 14 µm/700 ms
AMiR 7813-12	große Distanzen	Einzellaser	−30 bis 1200 °C/8 bis 14 µm/700 ms
AMiR 7813-15	universell	Zielfernrohr	−30 bis 1200 °C/8 bis 14 µm/700 ms
AMiR 7813-16	große Distanzen	Zielfernrohr	−30 bis 1200 °C/8 bis 14 µm/700 ms
AMiR 7813-17	große Distanzen	Zielfernrohr/ Einzellaser	−30 bis 1200 °C/8 bis 14 µm/700 ms
AMiR 7813-26	Glas, Keramik	Zielfernrohr	150 bis 1800 °C/5,0 µm/700 ms
AMiR 7813-30	Kunststoff, Glas	Doppellaser	10 bis 800 °C/7,9 µm/700 ms
AMiR 7813-40	Stahlverarbeitung	Doppellaser	200 bis 1800 °C/1,6 µm/550 ms
AMiR 7813-46	Stahlverarbeitung	Zielfernrohr	200 bis 1800 °C/1,6 µm/550 ms
AMiR 7813-52	Metallschmelzen	Einzellaser	600 bis 3000 °C/1,0 µm/550 ms
AMiR 7813-55	Metallschmelzen	Zielfernrohr	600 bis 3000 °C/1,0 µm/550 ms

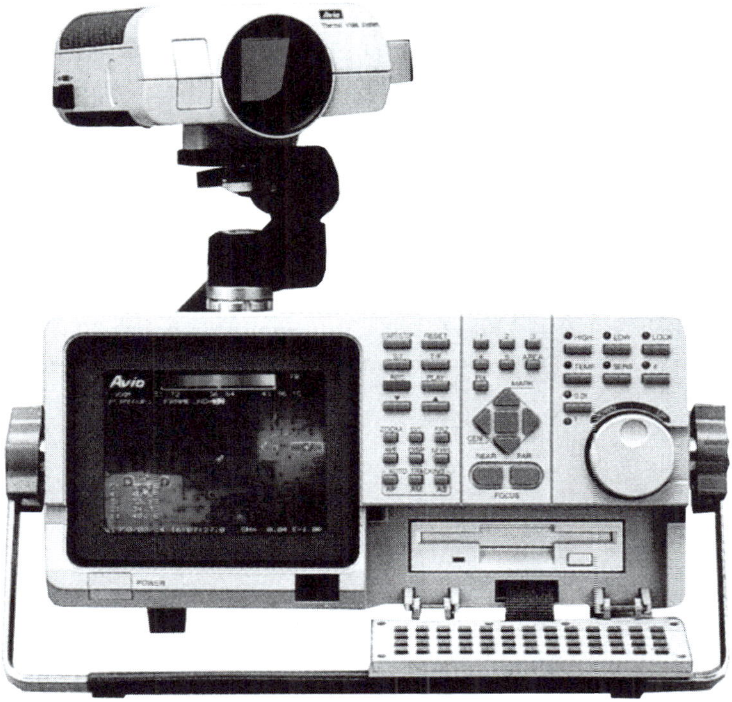

Bild 3.26
Infrarot-Wärmebildkamera mit Auswertegerät [17]

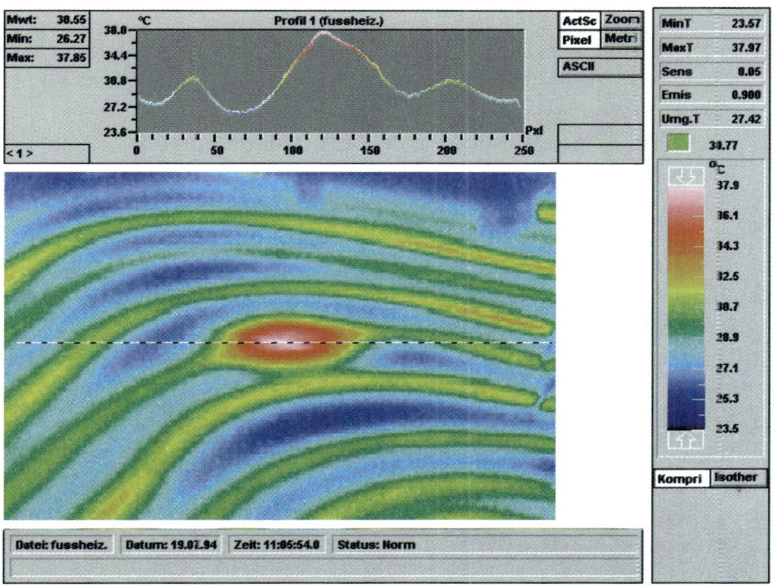

Bild 3.27
Fehlfarbenbild: Leckstelle an einer Fußbodenheizung

nahme in Echtzeit, d. h., schnell ablaufende Vorgänge können wie bei einem Videobild direkt beobachtet und ausgewertet werden.

Physikalische Vorgänge, die normalerweise mit dem bloßen Auge nicht erkennbar sind, können somit sichtbar gemacht werden. Temperaturverteilungen sind sowohl bei niedrigen als auch bei sehr hohen Temperaturen (bis zu 3500 K) erfaßbar.

Thermographiesysteme können somit beispielsweise zur Aufspürung von Wärme- und Kältebrücken bzw. von Durchfeuchtungen an Gebäuden, zum Aufdecken von Leckstellen nicht sichtbarer Rohrleitungen u. ä. verwendet werden. Bei der Ermittlung von Wärmebrücken ist zu beachten, daß für eine auswertbare Darstellung eine genügend große Differenz zwischen Innen- und Außentemperatur besteht. Messungen an Gebäuden können somit besonders gut in Wintermonaten gemacht werden.

3.1.4 An- und Einbauhinweise für Temperatur-, Raum- und Außenfühler

Bei falscher Anbringung bzw. falschem Einbau von Temperaturfühlern können Meßfehler auftreten, die die Fehler des restlichen Systems weit überragen und den Sinn der Messung in Frage stellen. Beim Einbau der Fühler muß daher sehr sorgsam vorgegangen werden.

Beim Einbau von Temperaturfühlern in Rohrleitungen (Bilder 3.28 bis 3.31) sind die folgenden Schwerpunkte zu beachten:

Schwerpunkte

- guter Wärmeübergang zwischen Fühler und Meßobjekt als auch zwischen Schutzrohr und Fühler (Zusammenspiel Fühler- und Tauchhülsenabmessungen),
- möglichst geringe Wandstärke des Schutzrohres unter Beachtung des Anlagendruckes,
- Einbau des Fühlers senkrecht zur Rohrwand, sofern dies möglich ist,
- ansonsten Einbau des Fühlers schräg gegen Strömungsrichtung oder in Rohrbögen bzw. Winkel,
- ausreichende Strömungsgeschwindigkeit am Fühler, Einbringung des Fühlers im Kernbereich, Rohrmitte,
- Vermeidung von Kaltwasserzonen infolge strömungsschwacher Stellen,
- Vermeidung thermischer Einflüsse durch andere Einleitungen,
- Wahl einer geeigneten Einbaulänge des Fühlers im Zusammenspiel mit Aufschweißmuffen,
- Verhinderung des Wärmeaustausches des Thermometers mit der Umgebung durch Isolierung des Thermometerstutzens bzw. Teile außerhalb,

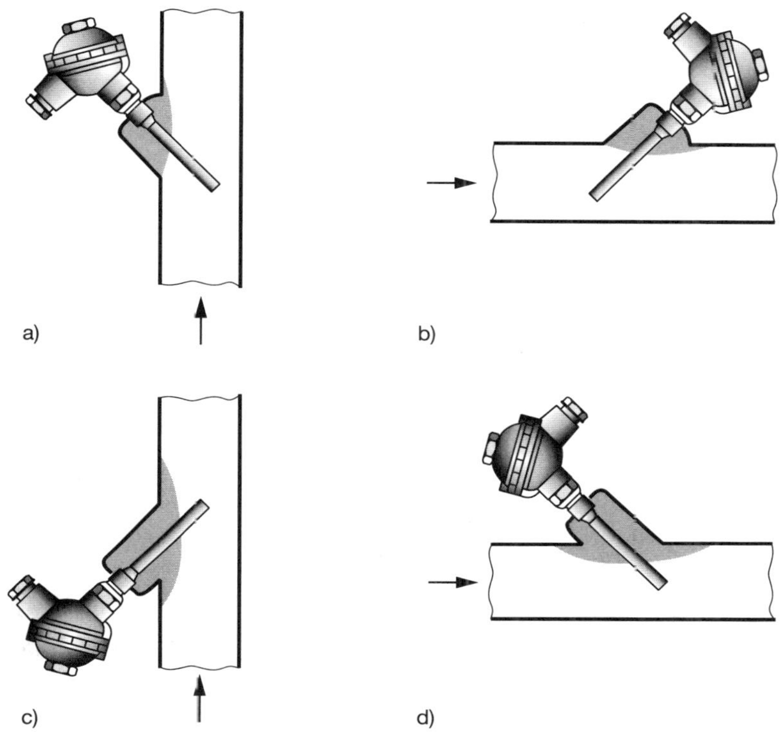

Bild 3.28
Einbau eines Temperaturfühlers in gerade Rohrstrecken
Bilder a) und b): richtiger Einbau
Bilder c) und d): falscher Einbau

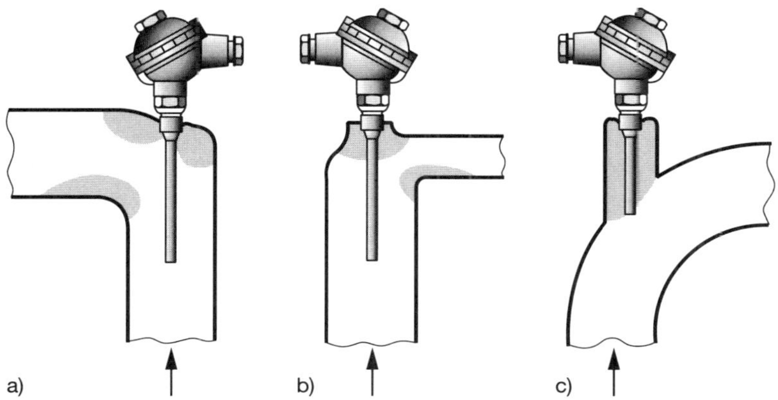

Bild 3.29
Einbau eines Temperaturfühlers in Rohrbögen
Bilder a) und b): richtiger Einbau
Bild c): falscher Einbau

- ❑ Beachtung der max. zulässigen Umgebungstemperatur des Fühlers,
- ❑ Mindestabstand nach einem Mischpunkt 1 m, um eine gute Durchmischung zu ermöglichen,
- ❑ bei Heizungsanlagen immer der Umwälzpumpe nachgeordnet anbringen,

Bild 3.30
Falsch eingebauter Temperaturfühler – zu hohe Aufschweißmuffe

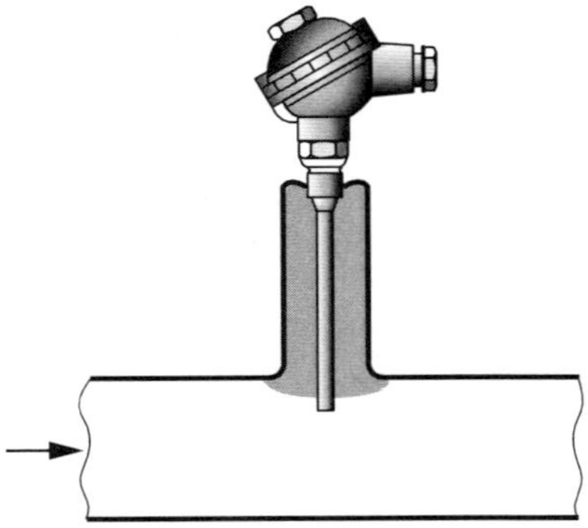

Bild 3.31
Einbau eines Temperaturfühlers mittels Kugelventil

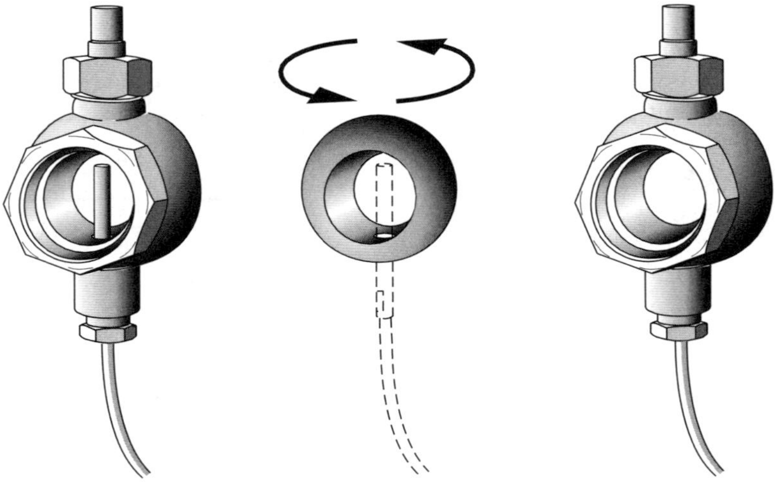

Bild 3.32
Anbringung eines Raumfühlers

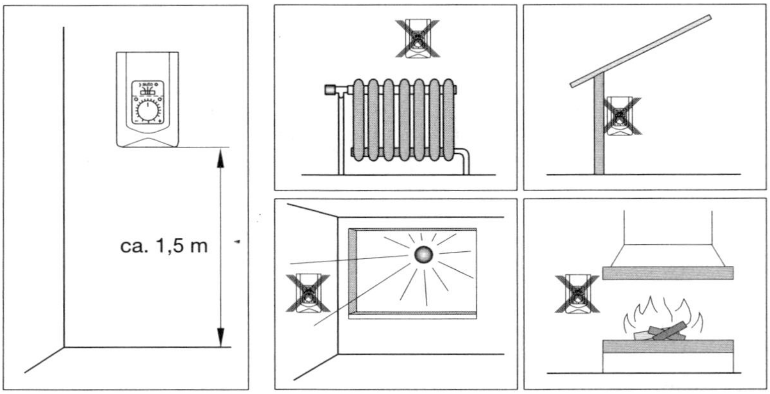

- ❑ bei Anlegefühlern auf metallisch blanke Kontaktfläche achten, feste Montage durch Spannband, Wärmeleitpaste nur nach Empfehlung des Herstellers anwenden (nicht jede Wärmeleitpaste ist für Dauerbetrieb gut!).

Auch bei der Wahl des Meßortes für Raum- sowie Außenfühler gilt es entsprechende Hinweise zu berücksichtigen (Bilder 3.32 und 3.33):

Raumtemperaturfühler

- ❑ Der geeignete Anbringungsort ist eine dem Heizkörper gegenüberliegende Innenwand in einer Höhe von ca. 1,50 m mit 0,5 m seitlichem Abstand zu anderen Wänden;

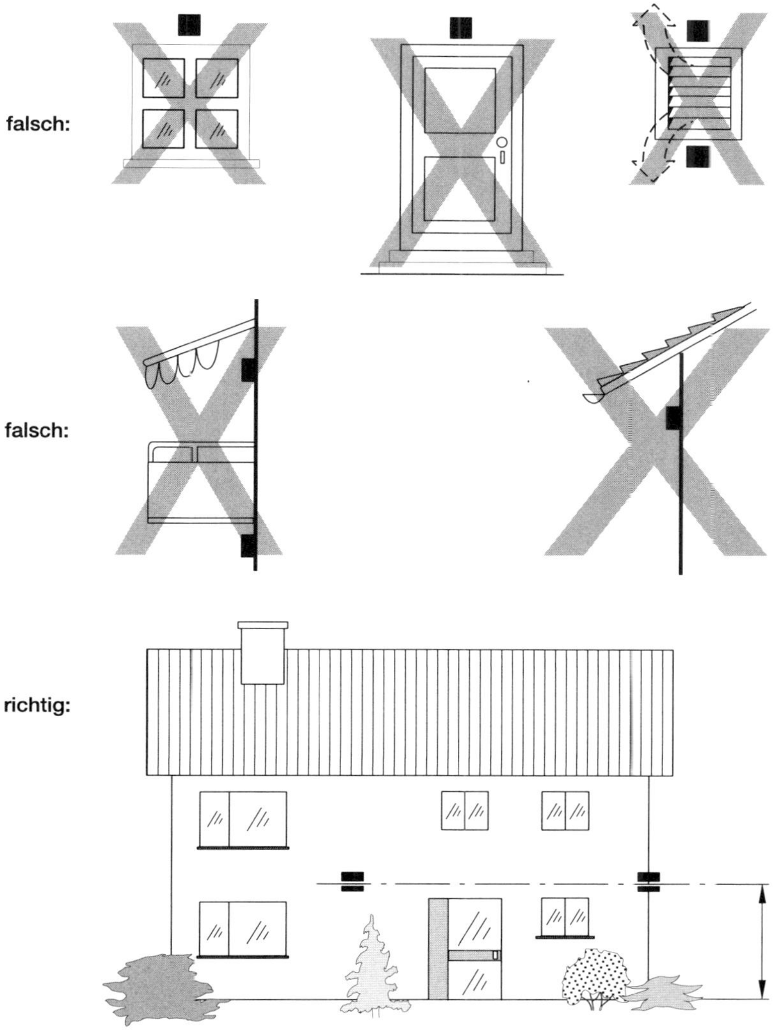

Bild 3.33
Anbringung von Außentemperaturfühlern

- ❑ direkte Sonnenbestrahlung vermeiden;
- ❑ nicht im Einfluß anderer Wärmequellen anbringen;
- ❑ Fühler nicht in Nischen, Regalen hinter Türen oder Vorhängen anbringen, aber auch nicht im Zugbereich.

Außenfühler für Witterungsführung

- ❑ Befinden sich alle Räume, deren Temperatur beeinflußt werden soll, in einer Himmelsrichtung, so ist der Fühler an dieser Außenwand anzubringen.
- ❑ In allen anderen Fällen wird der Fühler an der kältesten Gebäudeseite (Nord, Nordost) angebracht, die Wandfläche sollte dabei innen beheizt sein.
- ❑ Bei Anbringung des Fühlers im Einflußbereich der Morgensonne ist der Fühler zu beschatten, da sonst in den Morgenstunden das Aufheizen negativ beeinflußt wird.
- ❑ Fühlerhöhe mindestens 2,5 m über dem Erdboden, bei Gebäuden mit mehr als 3 Geschossen zwischen 2. und 3. Stockwerk sinnvoll;
- ❑ nicht im thermischen Einflußbereich von Fenstern, Türen, Luftabzügen o. ä. anbringen, Mauernischen meiden.

Kanalfühler

Die bereits beim Fühlereinbau in Rohrleitungen gemachten Aussagen sind grundsätzlich ebenfalls zu beachten. Die Forderung nach einer guten Durchmischung der Luft läßt sich aber aufgrund der Kanalquerschnitte und der Strömungsverhältnisse schwieriger realisieren. Sinnvoll ist meist der Einsatz durchschnittsbildender Fühler (Kapillarfühler). Fühler in unmittelbarer Nähe zu Wärmetauschern sind stark gefährdet, durch Strahlungswärme beeinflußt zu werden. Abhilfe können Strahlungsschutzbleche am Fühler schaffen. Besonders zu beachten sind:

- ❑ Einbau in geraden Luftkanal, möglichst ohne Temperaturschichtung,
- ❑ nach Befeuchtungseinrichtungen mindestens 1 m Abstand vorsehen, Verhinderung von Befeuchtung des Fühlers gewährleisten,
- ❑ Fühler möglichst nicht am Kanalboden anordnen.

3.2 Druckmessung

Der ❶ **Druck** ist eine weitere wichtige Zustandsgröße in der ❷ HLK- sowie Sanitär- und Gastechnik. Der optimale Verlauf vieler Vorgänge bzw. Prozesse erfolgt nur bei einem bestimmten Druck. Für andere Vorgänge werden diesbezüglich Anforderungen gestellt, damit dieser Vorgang überhaupt vonstatten gehen kann. Nicht zuletzt sind Druckmessungen aus sicherheitstechnischen Gründen erforderlich, um Gefahrenzustände schnell erkennen und abstellen zu können.

❶ *Quotient aus einer Kraft und einer Fläche, auf die diese Kraft einwirkt*

❷ *Heizungs-, Lüftungs-, Klimatechnik*

Als bevorzugte Einheiten werden speziell in der Heizungs- und Klimatechnik neben den SI-Einheiten N/m^2 bzw. Pa auch bar bzw. mbar angewandt.

Entsprechend dem Bezugspunkt werden verschiedene **Druckarten** unterschieden (Bild 3.34):

Absolutdruck

Unter dem Absolutdruck p_{abs} wird der Druck gegenüber dem Druck Null im leeren Raum (Vakuum) verstanden. Der Bezugspunkt ist hier also immer konstant.

Atmosphärischer Druck

Der atmosphärische Druck p_{amb} stellt den Luftdruck dar, der mit einem Barometer feststellbar ist. Sein korrekter Wert ist abhängig von der Wetter- und Höhenlage.

Überdruck

Als Überdruck p_e bezeichnet man die Differenz zwischen einem Absolutdruck und dem jeweiligen Bezugsdruck. Bei der Messung von Anlagendrücken wird der Überdruck gegenüber dem atmosphärischen Druck als Bezugsdruck, die atmosphärische Druckdifferenz, ermittelt. Wird dieser Wert kleiner Null, so spricht man im Volksmund auch von Unterdruck. Laut DIN 1314 ist er aber ein Überdruck mit negativem Vorzeichen.

Differenzdruck

Der Differenzdruck Δp ist die Differenz zweier Drücke p_1 und p_2. Dabei ist zu beachten, daß entweder beide Drücke als Absolutdrücke oder beide als Überdrücke eingesetzt werden. Der Differenzdruck kann

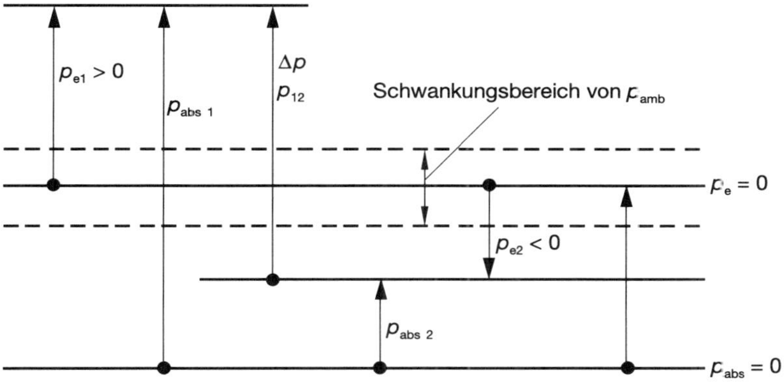

Bild 3.34
Druckarten
abs (absolutus): losgelöst, unabhängig
amb (ambiens): umgebend
e (exedeus): überschreitend

auch selbst eine Meßgröße sein; dies ist beispielsweise bei Meßblenden der Fall.

Bei der Messung der Drücke kommen je nach Meßbereich, Medium u. a. m. verschiedene Prinzipien zum Einsatz.

3.2.1 Flüssigkeitsmanometer

Für kleinere Drücke bzw. Differenzdrücke werden diese Manometer zur Messung eingesetzt. Ihre Wirkungsweise beruht auf der Basis kommunizierender Röhren. Durch die Druckbeaufschlagung wird der Flüssigkeitsspiegel aus dem horizontalen Gleichgewicht gebracht, und es stellt sich eine Höhendifferenz ein. Die Verschiebung der Sperrflüssigkeit erfolgt so lange, bis sich ein Gleichgewichtszustand zwischen beaufschlagtem Druck und hydrostatischem Druck eingestellt hat.

U-Rohr-Manometer
Sie bestehen aus einem U-förmig gebogenen Rohr – je nach statischem Druck aus normalem Glas, Sicherheitsglas bzw. Metall. Bei den Glasausführungen ist eine direkte Ablesung der Menisken möglich. Für die Metallausführungen werden Schwimmer aus Weicheisen eingesetzt und deren Position von außen magnetisch abgetastet.

Zweistoff-U-Rohr-Manometer

Die Gesamtanordnung ist auf eine mit mm-Skala versehene Trägerplatte aufgebracht. Die Bilder 3.35 bzw. 3.36 zeigen das Aufbauprinzip eines klassischen bzw. eines Zweistoff-U-Rohr-Manometers.

Ausgehend vom Zweistoff-U-Rohr-Manometer soll die Funktion erläutert werden. Voraussetzung ist dabei, daß die Fläche A_0 wesentlich größer als die Fläche A_1 ist. Damit kann die Verschiebung der Flüssigkeitshöhe in den oberen Gefäßen vernachlässigt werden. Gemessen wird eine Druckdifferenz $\Delta p = p_1 - p_2$:

$$p_1 + h^* \cdot \varrho_1 \cdot g = p_2 + h \cdot \varrho_2 \cdot g + (h^* - h) \cdot \varrho_1 \cdot g \quad \text{(Gl. 3.5)}$$

$$p_1 + h^* \cdot \varrho_1 \cdot g = p_2 + h \cdot \varrho_2 \cdot g + h^* \cdot \varrho_1 \cdot g - h \cdot \varrho_1 + g \quad \text{(Gl. 3.6)}$$

Auf beiden Seiten kann $h^* \cdot \varrho_1 \cdot g$ subtrahiert werden.

$$p_1 = p_2 + h \cdot \varrho_2 \cdot g - h \cdot \varrho_1 + g \quad \text{(Gl. 3.7)}$$

$$p_1 - p_2 = h \cdot \varrho_2 \cdot g - h \cdot \varrho_1 + g \quad \text{(Gl. 3.8)}$$

$$\Delta p = h \cdot g \cdot (\varrho_1 - \varrho_2) \quad \text{(Gl. 3.9)}$$

Bild 3.35
Einstoff-U-Rohr-Manometer

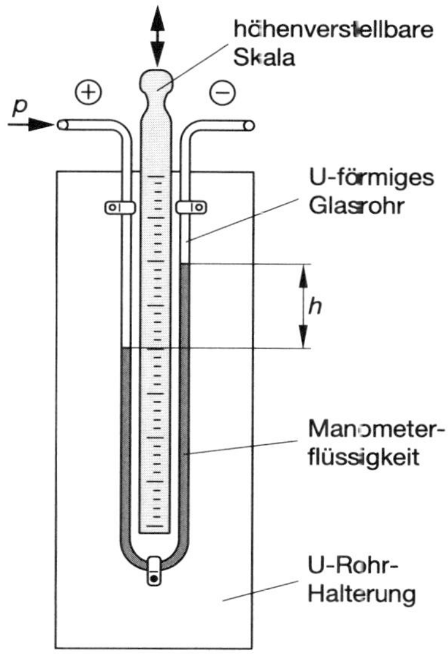

Bild 3.36
Zweistoff-U-Rohr-Manometer

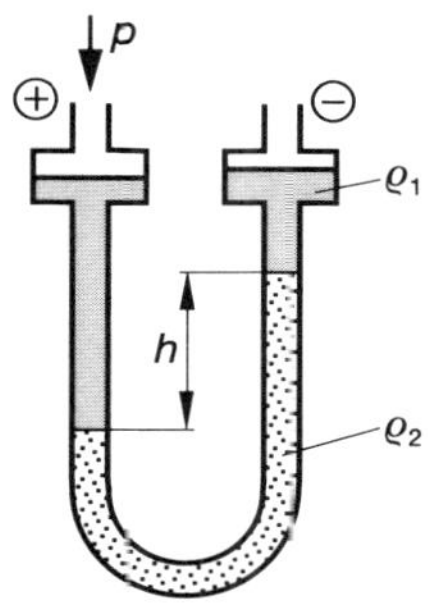

Wenn die Dichte ϱ_1 viel kleiner als die Dichte ϱ_2 ist, vereinfacht sich die Gleichung zu

$$\Delta p = h \cdot g \cdot \varrho \qquad \text{(Gl. 3.10)}$$

ϱ Dichte der verwendeten Sperrflüssigkeit

Diese Gleichung gilt auch für das klassische U-Rohr-Manometer.

Die Wahl der Sperrflüssigkeit bestimmt neben der Empfindlichkeit auch den verwertbaren Meßbereich bei gleichen geometrischen Abmessungen. Wasser beispielsweise erlaubt genaue Messungen und niedrige Drücke. Je größer die Dichte der Sperrflüssigkeit gewählt wird, desto kleiner wird die Empfindlichkeit des Manometers. Andererseits muß aber eine solche Wahl der Sperrflüssigkeit erfolgen, die eine korrekte Trennung zwischen Sperrflüssigkeit und Meßmedium erlaubt.

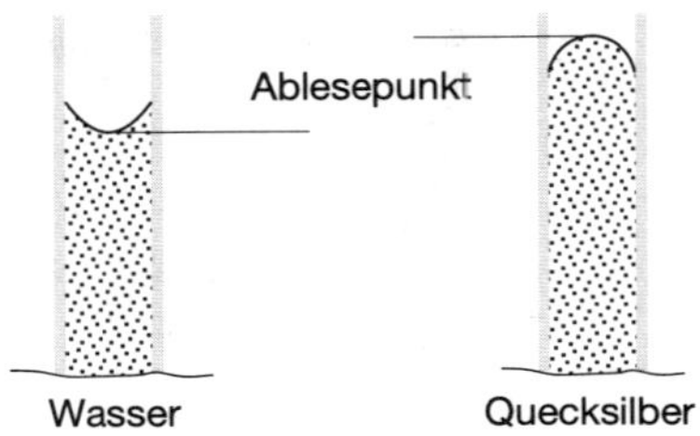

Bild 3.37
Meniskusbildung bei verschiedenen Sperrflüssigkeiten

Zu beachten bei der Messung sind:

- ❑ Ablesefehler durch schiefe Aufhängung,
- ❑ Parallaxenfehler,
- ❑ Ablesefehler durch Meniskusbildung (Bild 3.37),
- ❑ erschwerte oder unmögliche Ablesung bei pulsierenden Medien.

Gefäßmanometer
Es stellt im Grunde eine andere Ausführungsart des Flüssigkeitsmanometers dar und ist in Bild 3.38 dargelegt.

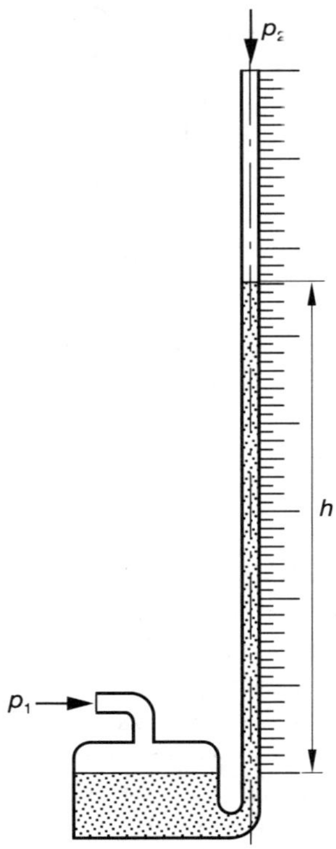

Bild 3.38
Gefäßmanometer

Ein Schenkel des U-Rohres wird durch ein Gefäß mit einem wesentlich größerem Querschnitt als der Meßschenkel ersetzt. Bei Verschiebung der Sperrflüssigkeit kommt es im Gefäß nur zu einer kaum feststellbaren Höhenänderung, die vernachlässigbar ist. Damit muß die Höhendifferenz für die Druckermittlung nur noch an dem einen Schenkel abgelesen werden, was gerade bei pulsierenden Medien eine Vereinfachung darstellt.

Die Errechnung des Differenzdruckes erfolgt ansonsten wie beim U-Rohr-Manometer:

$$\Delta p = \varrho \cdot g \cdot h_2 \qquad \text{(Gl. 3.11)}$$

Schrägrohrmanometer

Wie aus Bild 3.39 hervorgeht, wird bei diesem der Meßschenkel geneigt. Eine häufig vorkommende Neigung ist dabei 1:10, d.h., bei 1 mm Höhendifferenz ist ein Anzeigeweg von 10 mm ablesbar. Somit ist eine Verfeinerung der Ablesung möglich und damit eine höhere Genauigkeit bzw. auch Empfindlichkeit gegeben. Es gelten die gleichen Formeln wie bereits beim Gefäßmanometer. Nur die Höhendifferenz wird über den Anzeigeweg und den Neigungswinkel ermittelt und in die Gleichung eingesetzt.

$$\Delta p = \varrho \cdot g \cdot l \cdot \sin\alpha \qquad \text{(Gl. 3.12)}$$

3.2.2 Federelastische Manometer

Diese Manometerart findet in der Technik bei geschlossenen Systemen die größte Verbreitung. Sie sind relativ preiswert, und je nach Federart bzw. Federmaterial können verschiedene Druckbereiche (z.B. 100 Pa bis über 10 000 bar) realisiert werden. Dies wird durch eine dem Druck proportionale elastische Verformung eines Federelementes erreicht.

Bild 3.39
Schrägrohrmanometer

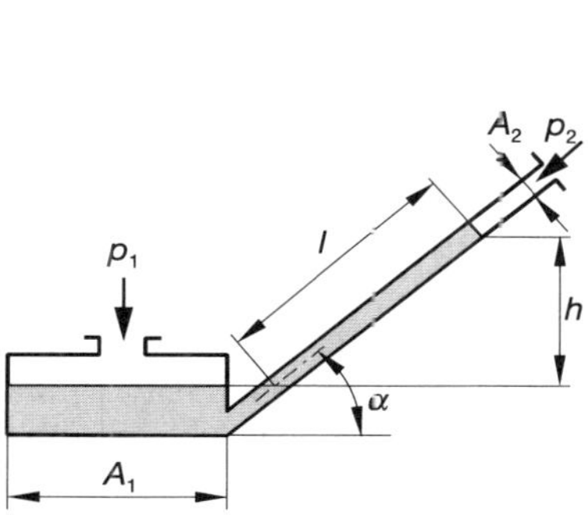

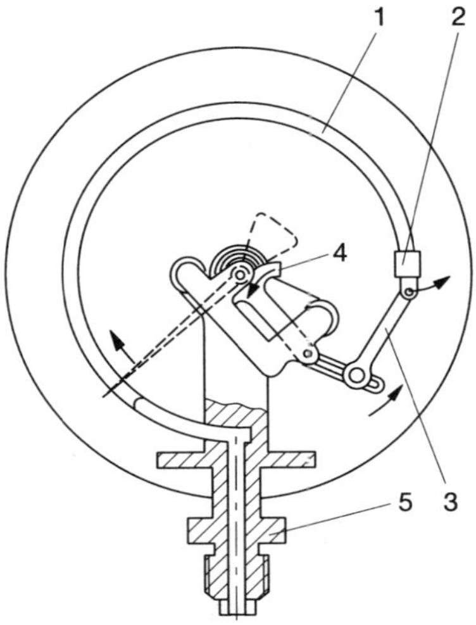

Bild 3.40
Rohrfedermanometer
1 Metallrohr mit ovalem Querschnitt
2 Federendstück
3 Zugstange
4 Getriebe
5 Trägerstück

Rohrfedermanometer (Bild 3.40)
Es besteht aus einer dünnwandigen, kreisförmig gebogenen Rohrfeder mit kreisförmigem bzw. ovalem Querschnitt. Das Federrohr ist im Gehäuse am Druckanschluß einseitig eingespannt und am anderen Ende verschlossen. Durch den im Inneren wirkenden Druck wird das Federelement gestreckt und beschreibt dabei mit dem Ende einen bestimmten Weg, der über Hebelgestänge und Zahnräder als Ausschlag an der Skala erkennbar ist. Eine Rückstellfeder beseitigt ein evtl. vorhandenes Spiel des Übertragungssystems.

Es ergeben sich folgende erzielbare Druckbereiche:

Druckbereiche

- ❑ mit Kupferlegierungen bis etwa 10 MPa,
- ❑ mit Stahlfedern etwa 250 bis zu 1000 MPa.

Besondere Aufmerksamkeit gilt der Überlastung, hier kommt es leicht zu Nullpunktänderungen, zum sogenannten Kriechen.

Balgfedermanometer
Entsprechend Bild 3.41 dient ein Wellrohr als Federelement. Durch den im Inneren wirkenden Druck dehnt bzw. verkürzt sich das Wellrohr in axialer Richtung.

Zur Verringerung elastischer Nachwirkungen wird oft eine Stützfeder im Inneren untergebracht. So werden die relativ hohe Hysterese und die Nichtlinearität der Kennlinie verbessert.

Materialien und Druckbereiche

Als Material des Federelementes kommt z.B. Berylliumbronze, Tombak bzw. nichtrostender Stahl zum Einsatz. Die erfaßbaren Druckbereiche liegen dabei im allgemeinen zwischen 0 ... 1 kPa und etwa 0 ... 100 kPa.

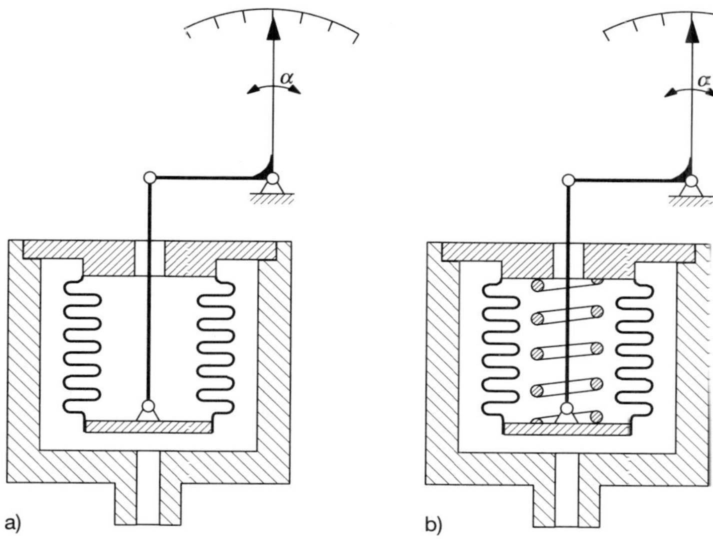

Bild 3.41
Balgfedermanometer
a) Wellrohr mit großer Federkonstante
b) Wellrohr mit kleiner Federkonstante, jedoch mit Meßfeder

Plattenfedermanometer

Das Meßwerk wird durch eine am Rand zwischen zwei Flanschen eines Gehäuses fest eingespannte Metallmembran gebildet, wie dies in Bild 3.42 erkennbar ist. Diese Membran ist häufig noch mit Kreisrillen versehen, um bei der Auslenkung in axialer Richtung einen linearen Verformungsweg zu erhalten, der dann zur Anzeige gebracht wird.

Mit Plattenfedermanometern können je nach Ausführung der Membran Meßbereiche bis zu etwa 2,5 MPa realisiert werden.

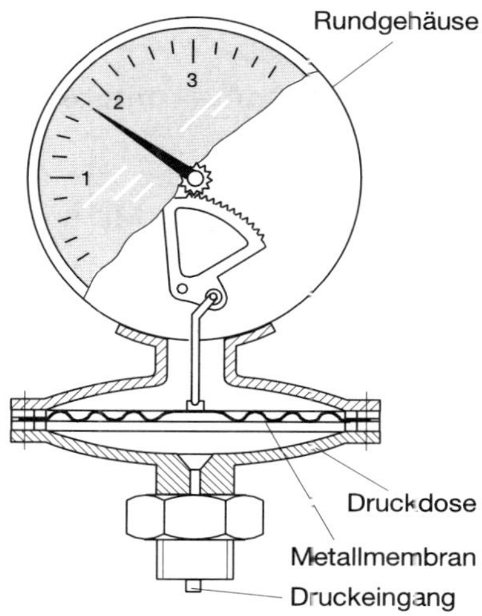

Bild 3.42
Plattenfedermanometer

Vorteile Vorteile der Plattenfedermanometer liegen vor allem in der Meßmöglichkeit verunreinigter Medien sowie in der relativ geringen Empfindlichkeit gegenüber mechanischen Erschütterungen.

Kapselfedermanometer

Die Kapselfeder besteht, wie in Bild 3.43 dargestellt, aus zwei am Rand dicht verbundenen Membranen, die so eine Meßdose bilden. Mehrere solcher Meßfedern können zu einem Block vereint werden, womit sich kleinere Druckbereiche erfassen lassen, da die Wegänderung entsprechend zunimmt und somit auch kleinere Drücke darstellbar werden.

Das Kapselfedermanometer eignet sich so besonders für die Messung kleiner Drücke bis ca. 0,5 bar in Abhängigkeit des Federmaterials.

Barometer Eine Sonderform des Kapselfedermanometers stellt das Barometer dar. Hier wird die Kapsel innen evakuiert (Restdruck etwa 1 Pa) und dicht verschlossen. Der von außen einwirkende atmosphärische Druck verformt die Kapsel (Zusammendrücken) und führt somit auch zu einer meßbaren Wegänderung. So kann der herrschende atmosphärische Druck bestimmt werden.

Einsatzhinweise für federelastische Manometer Der Arbeitsbereich solcher Geräte sollte zwischen 25 und 75 % des Meßbereiches liegen. Dabei soll die Druckänderungsgeschwindigkeit 5 % vom Ende pro Minute nicht übersteigen. Bei größeren Änderungsgeschwindigkeiten sollte der Meßbereich doppelt so groß gewählt werden, wie der zu erwartende Maximaldruck. Bei pulsierenden Drücken ist zur Vermeidung von Ermüdungsbrüchen des Federelementes eine Dämpfung vorzusehen.

Federelastische Manometer, wie beispielsweise das Rohrfedermanometer, werden häufig auch mit Zusatzeinrichtungen wie Widerstandsferngeber oder Kontakteinrichtungen versehen (siehe dazu auch in Abschnitt 3.1.1 «Temperaturmessung – Federthermometer»).

3.2.3 Kolbenmanometer

Kolbenmanometer finden ihre Anwendung hauptsächlich bei Manometerprüfeinrichtungen. Mit ihrer Hilfe wird in einem hydraulischen

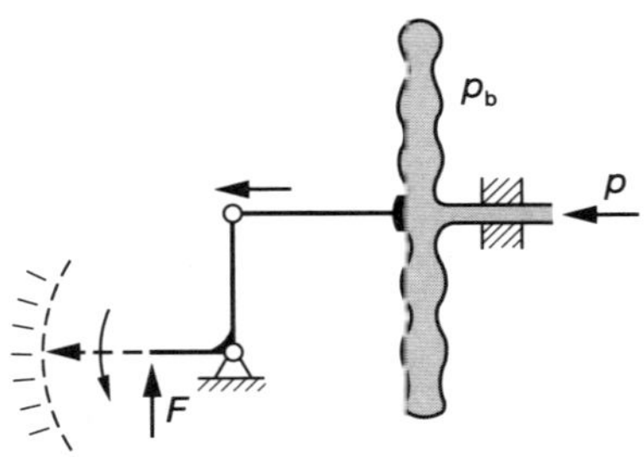

Bild 3.43
Kapselfedermanometer

Bild 3.44
Kolbenmanometer

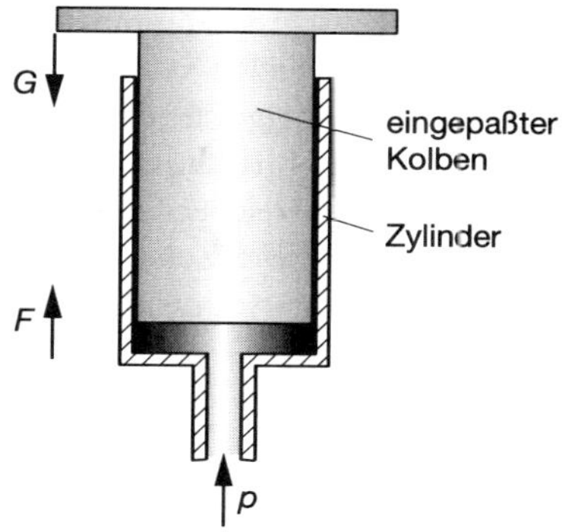

System ein Solldruck eingestellt, der einem zu prüfenden Manometer zugeführt wird.

Dazu wird, wie in Bild 3.44 dargestellt, ein Kolben paßgenau in einen Zylinder eingearbeitet. Der Kolben besitzt eine bestimmte bekannte Kolbenfläche und eine Gewichtskraft, die aus der Eigenmasse bzw. zusätzlichen Massestücken resultiert. Durch den auf die Kolbenfläche wirkenden Druck wird eine Kraft erzeugt, die den Kolben nach oben bewegt. Dem wirkt die Gewichtskraft entgegen. Wenn sich das Kolbenmanometer im Gleichgewicht befindet (Kolben schwebt, kein Senken bzw. Heben erkennbar), kann der einwirkende Druck unter Vernachlässigung eventueller Reibung errechnet werden.

$$G = m \cdot g \qquad \text{(Gl. 3.13)}$$

$$F = p \cdot A \qquad \text{(Gl. 3.14)}$$

$$G = F = m \cdot g = p \cdot A \qquad \text{(Gl. 3.15)}$$

$$p = \frac{m \cdot g}{A} \qquad \text{(Gl. 3.16)}$$

Der Gleichgewichtszustand wird entweder durch Variieren der Massestücke oder durch Verändern des Druckes in der Prüfeinrichtung eingestellt.

3.2.4 Elektrische Druckaufnehmer

Die elektrische Druckmessung umfaßt den elektrischen Abgriff von Verformungswegen, Dehnung oder Kraft und die Ausnutzung der Druckabhängigkeit elektrischer Größen bei bestimmten Stoffen.

Druckaufnehmer mit Dehnmeßstreifen

In den meisten Fällen wird ein federelastisches Manometer verwendet und dessen Aufbiegung (Dehnung) durch Widerstandsdehnmeßstreifen erfaßt und in elektrische Signale umgewandelt.

Prinzip

Wird ein elektrischer Leiter der Länge l um den Betrag Δl gedehnt, so ändert sich der elektrische Widerstand R um den Betrag ΔR. Dabei verhält sich die Widerstandsänderung zur Längenänderung nach folgender Gesetzmäßigkeit:

$$\frac{\Delta R}{R} = \frac{k \cdot \Delta l}{l} \qquad \text{(Gl. 3.17)}$$

$$\frac{\Delta R}{R} = k \cdot \varepsilon \qquad \text{(Gl. 3.18)}$$

ε relative Dehnung

k k-Faktor, Dehnungsempfindlichkeit

Der k-Faktor gibt dabei an, um wievielmal größer die relative Widerstandsänderung gegenüber der Dehnung ist. Kommen als Leitermaterial Metalldrähte zum Einsatz, so beträgt k etwa 2; werden Halbleiterwerkstoffe verwendet, so steigt dieser k-Faktor auf etwa 10 bis 100 an. Dabei ist aber der höhere Temperaturkoeffizient der Halbleiter-Dehnmeßstreifen gegenüber solchen mit Metalldrähten zu beachten.

❶ *Dehnmeßstreifen*

Verwendung finden beispielsweise ❶ **DMS** mit Grundwiderständen (ohne Belastung) von 120, 350 und 600 Ω.

Einige gebräuchliche Formen von Dehnmeßstreifen sind in Bild 3.45 dargestellt.

Es kommen für die Druckmessung verschiedene Arten von Dehnmeßstreifen zum Einsatz:

Arten

- ❑ Metalldraht-Dehnmeßstreifen in Form von dünnen (ca. 0,02 mm Durchmesser) Metalldrähten in mäanderförmiger Anordnung für Messungen höchster Genauigkeit. Sie werden mit Spezialkleber auf den Federkörper aufgeklebt;
- ❑ Dehnmeßstreifen in Dickfilmtechnik: Bei ihnen wird auf eine Keramikmembran der Dehnmeßstreifen im Siebdruckverfahren aufgedruckt und anschließend eingebrannt. Die Keramikmembran dient gleichzeitig als Federelement;
- ❑ Dehnmeßstreifen in Dünnfilmtechnik: Hier geschieht die Realisierung des Dehnmeßstreifens durch Aufdampfen der Widerstandsstruktur auf den Federkörper;
- ❑ Halbleiter-Dehnmeßstreifen/piezoresistive Druckaufnehmer.

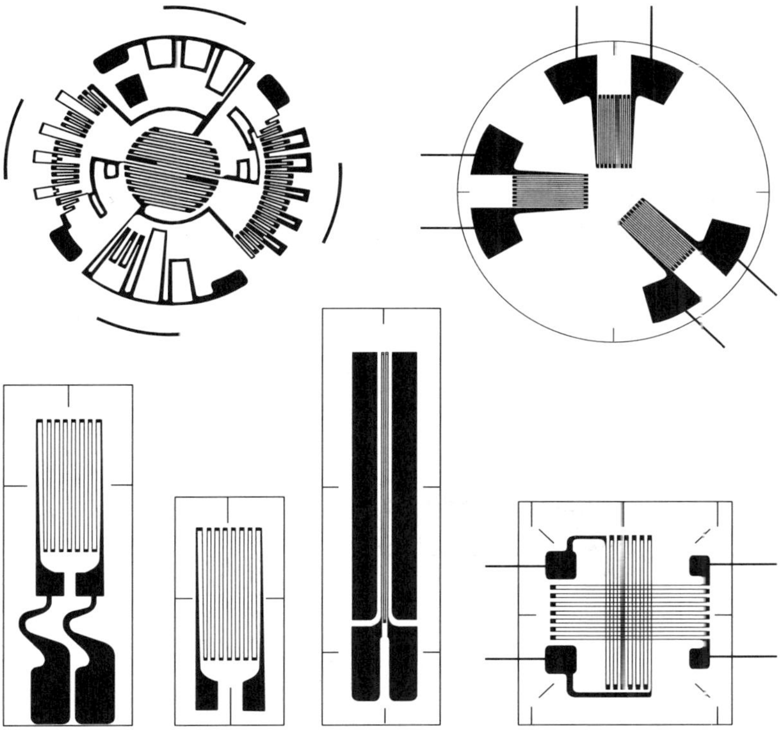

Bild 3.45
Gebräuchliche Dehnmeßstreifenformen

Piezoresistive Druckaufnehmer

In ein Federelement aus Silizium werden Halbleiterwiderstände eindiffundiert. Das Siliziumplättchen dient auch hier gleichzeitig als Federelement. Sie stellen heute die gängigsten Druckaufnehmer auf elektrischer Basis dar, da sie sehr langzeitstabil mit einer sehr breiten Meßbereichspalette bei kleinsten Abmessungen angeboten werden können (Tabelle 3.7). Sie werden u. a. zur Druckmessung in Flüssigkeiten und Gasen eingesetzt. Bild 3.46 zeigt das Prinzip eines solchen Aufnehmers, Bild 3.47 verschiedene Ausführungen.

Tabelle 3.7 Eigenschaften unterschiedlicher Druckaufnehmer

Meßprinzip	resistiv				induktiv	kapazitiv	piezoelektrisch
	Folien-DMS	Dünnfilm-DMS	Dickschicht-DMS	Halbleiter-DMS			
Nenndrücke in bar	10...5000	0,2...2 000	0,2...200	0,2...500	0,01...200	0,001...500	10...2000
Arbeitstemperaturbereich °C	−40...+120	−40...170	−50...150	−40...125	−20...100	−40...150	−200...+300

Bild 3.46
Prinzip eines piezoresistiven Druckaufnehmers
1 Membran
2 Trennflüssigkeit
3 Siliziummembran
4 dotierte Meßbrücke
5 Temperaturkompensation

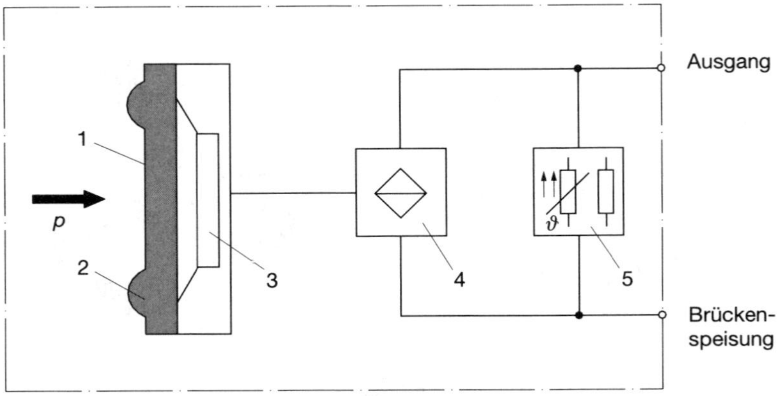

Bild 3.47
Verschiedene piezoresistive Druckaufnehmer

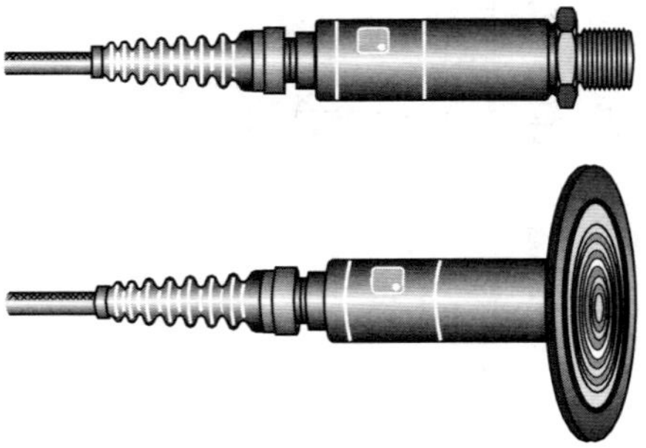

Der Druck des Meßmediums wirkt auf die Trennmembrane des Aufnehmers. Sie leitet den Druck über eine Flüssigkeit (Silikonöl) auf die Siliziummembran mit dotierter Meßbrücke weiter. Durch die Druckbeaufschlagung wird die Siliziummembran durchgebogen, so die Widerstandsänderung der Meßwiderstände hervorgerufen und damit die Brückenausgangsspannung erzeugt. Eine zusätzliche Kompensationsplatine stabilisiert das Signal bei Temperaturänderungen.

Anzeigeschaltungen

Dehnmeßstreifen werden wegen ihrer relativ geringen Widerstandsänderung in Brückenschaltungen verwendet. Je nach Anzahl der in der Brücke verwendeten DMS werden sie als Viertel-, Halb- oder Vollbrücke bezeichnet (Bilder 3.48 und 3.49).

Halb-/Vollbrücken

Halb- bzw. Vollbrücken ermöglichen bei gleicher Beanspruchung der Dehnmeßstreifen höhere auswertbare Ausgangssignale bzw. unerwünschte Temperatureinflüsse können kompensiert werden. Bei in-

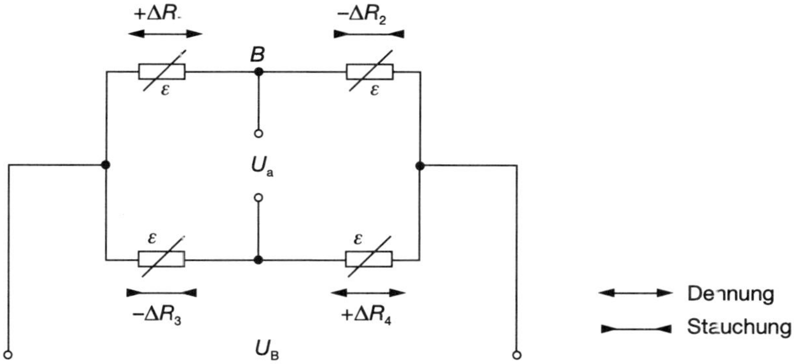

Bild 3.48
Brückenschaltungen mit Dehnmeßstreifen

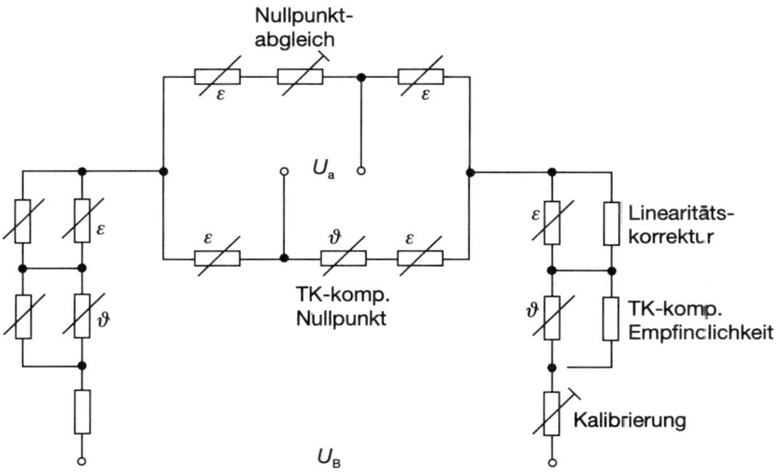

Bild 3.49
DMS-Vollbrücke eines hochgenauen Druckaufnehmers

dustriellen piezoresistiven Druckaufnehmern werden in der Regel vier Dehnmeßwiderstände auf dem Si-Plättchen (Federelement) realisiert und als Vollbrücke verschaltet. So können je nach Ausführung Meßspannungen zwischen etwa 75 und 300 mV abgegriffen werden. [2]

Piezoelektrische Druckaufnehmer

Bei diesen Fühlertyp wird ein physikalischer Effekt ausgenutzt, den bestimmte Materialien, besonders Quarz bzw. Turmalin, zeigen. Bei Druckbelastung treten im Kristallinneren Ladungsverschiebungen (Bild 3.50) auf, die bei den an den Oberflächen angebrachten Elektroden Ladungsunterschiede bewirken, die als elektrische Spannungen abgegriffen werden können. Da dabei keine Massen bewegt werden bzw. eine nahezu weglose Druckmessung erfolgt, besitzen diese Fühler extrem kurze

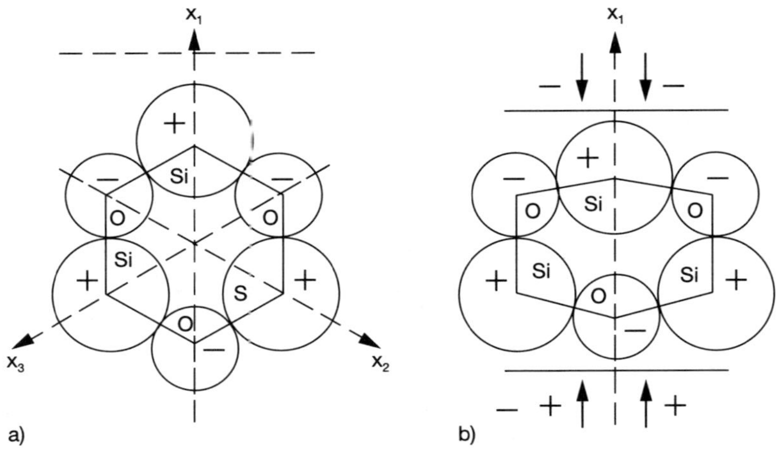

Bild 3.50 Belastungsfälle Piezokristall
a) unbelastet
b) belastet

Ansprechzeiten und erlauben speziell die Messung sehr schneller Druckverläufe. Der Nachteil dieses Aufnehmers liegt darin, daß spezielle hochohmige Meßverstärker notwendig und statische Messungen nicht möglich sind. Piezoelektrische Druckaufnehmer werden daher speziell bei Druckmessungen an Verbrennungsmotoren eingesetzt.

Induktiver Druckaufnehmer

Durch die mit einem Federelement erzeugte Wegänderung wird, wie in Bild 3.51 dargestellt, über eine Verbindungsstange ein magnetischer Kern in einem Spulensystem verschoben. Dabei werden die beiden Spulen, die Bestandteil einer Brückenschaltung sind, verstimmt und damit eine Ausgangsspannung in Abhängigkeit des Verschiebeweges erzeugt. Erforderlich ist dazu allerdings die Speisung der Brückenschaltung mit einer Wechselspannung.

Bild 3.52 zeigt einen weiteren Einsatz induktiver Druckaufnehmer, hier als Meßglied für einen Differenzdruck. Dazu besteht die Membran aus einem ferromagnetischen Werkstoff und verstimmt durch Bewegung bei Druckeinfluß die Spulen gegensinnig. Durch eine Vollbrücke kann dann eine Spannung als Ergebnis abgegriffen werden.

Diese Systeme sind sehr gut zur Messung sehr kleiner Drücke geeignet, da sie eine hohe Empfindlichkeit besitzen, robust und relativ kostengünstig sind. Sie erreichen aber nicht die Genauigkeiten der Aufnehmer mit DMS und haben entsprechende geometrische Abmessungen.

Kapazitive Druckaufnehmer

Kapazitive Drucksensoren arbeiten nach dem Prinzip der Abstandsänderung von Platten (Bild 3.53 a), die Bestandteil eines Kondensators sind. Damit ergibt sich eine Kapazitätsänderung, die über eine Auswertelektronik weiterverarbeitet wird. Für diese Auswertung sind höhere Fre-

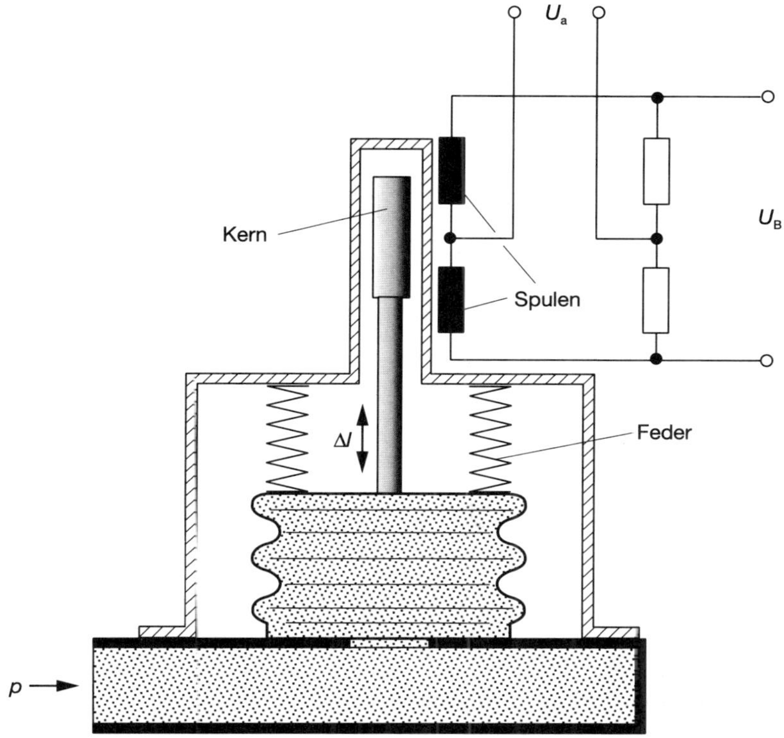

Bild 3.51
Induktiver Druckaufnehmer

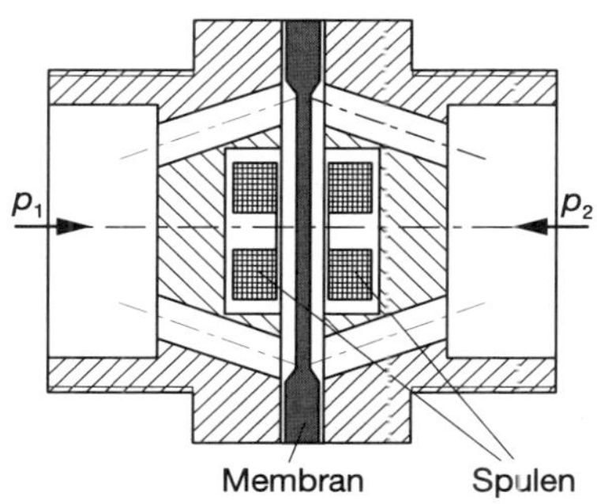

Bild 3.52
Induktiver Differenzdruckaufnehmer

quenzen notwendig, die besondere Anforderungen an den Aufnehmer (speziell den Isolierkörper), die Schaltung und Verbindungsleitungen stellen. Die Elektronik wird daher meist im Aufnehmer integriert.

Differentialkondensator

Der in Bild 3.53 b dargestellte Differentialkondensator erlaubt eine bessere Auswertung in einer Brückenschaltung, da sich die Teilkapazitäten gegenläufig verhalten.

Bild 3.53
Kondensatoren
a) Plattenkondensator
b) Differentialkondensator

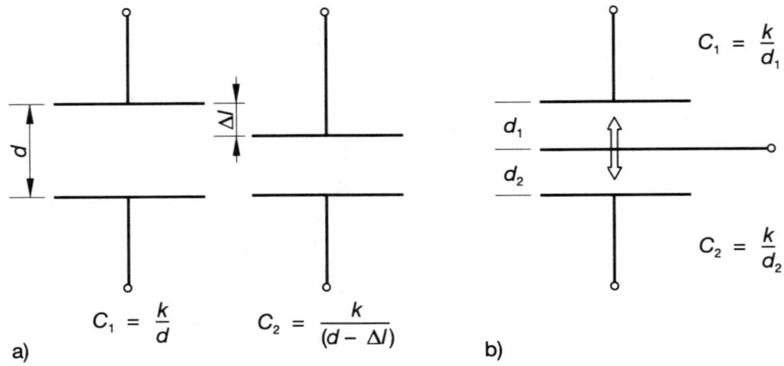

Bild 3.54
Aufbau eines kapazitiven Druckaufnehmers

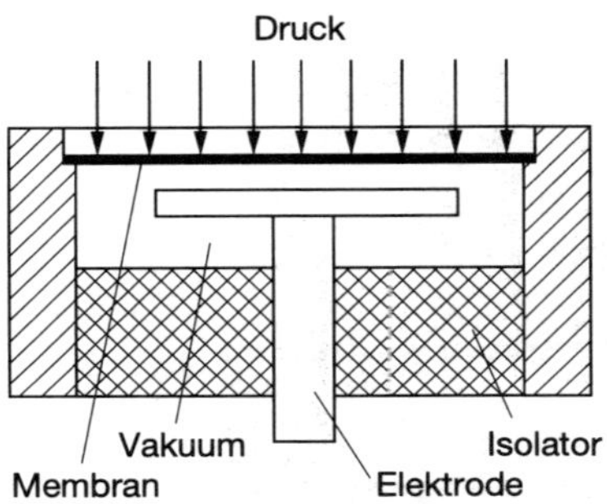

Gegen den Einsatz von kapazitiven Drucksensoren (Bild 3.54) spricht ihre schlechte Linearität und ihr ungünstiges Temperaturverhalten. Andererseits besitzen sie eine hohe Auflösung, geringe Hysterese und ein gutes dynamisches Verhalten. Anwendung finden sie beispielsweise zur Differenzdruckmessung mit Meßbereichen von etwa 2 mbar bis zu 3 bar.

3.2.5 Hinweise zum Messen von Drücken

Bei der Auswahl eines geeigneten Prinzips bzw. Verfahrens spielen verschiedene Faktoren eine Rolle. Neben dem festzulegenden Meßbereich sind Faktoren wie Medienart, Einsatzort mit Umgebungseinflüssen, Fehlerklasse und Anschlußstutzen zu beachten.

Weiterhin ist zu berücksichtigen, ob das zu messende Fluid ruht oder sich bewegt. Befindet sich das Fluid im Ruhezustand, so wirkt allein der statische Druck, der damit auch dem Gesamtdruck entspricht. Befindet es sich in Bewegung, so wirkt zusätzlich zum statischen Druck in Strömungsrichtung der dynamische Druck. Der statische Druck allein wirkt nur noch senkrecht dazu. Der Gesamtdruck besteht aus der Summe der beiden Teildrücke. Dies ist besonders in Systemen mit niedrigem statischem Druck und hoher Fluidgeschwindigkeit zu beachten. Auch Messungen in der Nähe von starken Verwirbelungen sind zu vermeiden, da die am Meßpunkt herrschende Strömungsrichtung nicht bekannt ist. Es sollten daher Beruhigungsstrecken vorgesehen bzw. die Meßpunkte in einer entsprechenden Entfernung von solchen Störungen angeordnet werden. In der Nähe der Entnahmebohrung muß die Rohrinnenwand glatt sein.

Bei ungeordneten Strömungsverhältnissen sind mehrere Bohrungen für die Druckentnahme vorzusehen, wobei der Druckausgleich über eine Ringleitung erfolgt.

Die Meßleitungen von der Entnahmestelle zum Anzeigegerät sollten möglichst kurz gehalten werden.

Grundsätzlich werden solche Druckaufnehmer gewählt, die 5- bis 10mal schneller auf Druckänderungen reagieren als auf die bei der Messung zu erwartende Änderung. So ist man in der Lage, auch schnelle Veränderungen zu erfassen. Ist hingegen der Mittelwert des Druckes bei der Messung interessant, so darf eine pulsierende Strömung durch den Aufnehmer gedämpft werden bzw. wird vielfach eine Drosselung in der Entnahmeleitung vorgesehen. Damit werden dann kurzfristige Änderungen minimiert bzw. ganz ausgeschlossen.

Die folgende Auflistung soll in Kurzform als Hilfestellung bei der Auswahl geeigneter Geräte dienen. Sie erhebt keinen Anspruch auf Vollständigkeit, da im konkreten Einsatzfall die unterschiedlichsten Anforderungen stehen können.

Hilfestellung für die Geräteauswahl

- Druckart: Überdruck, Differenzdruck, Absolutdruck;
- Höhe des Druckes;
- zeitliches Verhalten des Druckes: ruhend, veränderlich, Druckspitzen;
- Anzeige: Zifferblatt, Zeiger, analog, digital;
- Zusatzeinrichtungen für Fernübertragung: Grenzwertkontakte, Widerstandsferngeber, elektrischer Druckgeber mit Einheitssignalen;
- Art des Mediums: gasförmig, flüssig, verunreinigt, korrosiv, giftig u. a. m.;
- Anwendung: Betriebsmeßgerät, Feinmeßtechnik, Innen- oder Freilufteinsatz, Umwelteinflüsse, Einbaulage, Schalttafeleinbau oder Wandmontage, freistehend auf Anschluß, Vibration;
- Genauigkeit, Fehlerklasse;
- Anschlußart und erforderliche Zusatzeinrichtungen für Anbringung, Sicherheitsanforderunegn, Sicherheitsprüfungen erforderlich.

3.3 Feuchtemessung

Die Bestimmung der Feuchte bezieht sich bei der Lüftungs- und Klimatechnik hauptsächlich auf die Erfassung des Gehaltes von Wasserdampf in der Luft.

Bei der Feuchtemessung wird je nach gewähltem Verfahren entweder die absolute oder auch die relative Luftfeuchtigkeit gemessen. Darüber hinaus ist der Taupunkt ein Maß für die Bestimmung der Luftfeuchtigkeit.

Absolute Luftfeuchtigkeit

Unter absoluter Luftfeuchtigkeit x versteht man dabei den in dem aktuellen Luftzustand tatsächlich enthaltenen Anteil an Wasserdampf. Die Angabe der enthaltenen Wasserdampfmenge bezieht sich dabei auf eine entsprechende Menge des trockenen Mediums. So erfolgt die Angabe in Gramm Wasserdampf pro kg trockener Luft.

Relative Feuchte

Die Luft ist in der Lage, bei einer Temperatur eine Höchstmenge an Wasserdampf aufzunehmen. Dieser Betrag nimmt mit steigender Temperatur rasch zu. Die Luft ist damit gesättigt, d. h., daß der Partialdruck des Wasserdampfes dem Dampfdruck des trockenen gesättigten Wasserdampfes bei der zugehörigen Temperatur entspricht. Setzt man die absolute Feuchte ins Verhältnis zu dieser Höchstmenge, so erhält man die relative Feuchte φ in Prozent.

Taupunkttemperatur

Wird der Sättigungsdruck durch Abkühlen der Luft überschritten, so scheidet sich überschüssiger Wasserdampf als Nebel aus, der sich in der Regel an kühleren Gegenständen als Tau niederschlägt. Die Temperatur, bei der dieser Vorgang eintritt, wird auch als Taupunkttemperatur bezeichnet.

3.3.1 Haar- oder Kunststoffband-Hygrometer

Sie stellen die einfachsten und preiswertesten Meßgeräte zur Ermittlung der relativen Feuchte dar. Sowohl entfettetes Haar als auch Kunstfaserbüschel nehmen aus der feuchten Umgebungsluft Wasserdampf auf oder geben ihn bei trockener Luft wieder ab. Dabei nimmt mit zunehmender Luftfeuchte die Länge der Meßharfe um etwa 2 bis 2,5 % proportional zu. Diese Änderung wird direkt für Anzeigezwecke genutzt oder mit Hilfe eines leichtgängigen Potentiometers, wie in Bild 3.55 gezeigt, in ein elektrisches Signal umgesetzt.

Kunstfaser-Meßharfen

Haarhygrometer sind in einem Temperaturbereich von −10 … 50 °C einsetzbar und ermöglichen die Ermittlung der Feuchte in einem Bereich von etwa 30 … 90 % bei Fehlern zwischen 3 und 5 %. Der langsam verlaufende Vorgang des Feuchteaustausches bedingt Einstellzeiten von mehreren Minuten. In Form von Kunstfaser-Meßharfen wird dieser Fühlertyp häufig in der Lüftungstechnik eingesetzt (Bild 3.56).

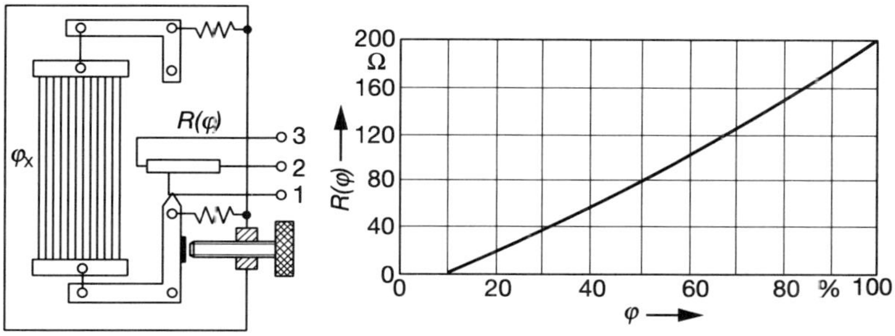

Bild 3.55
Haar- bzw. Faserbüschel-Hygrometer

Bild 3.56
Industrieller Feuchtefühler mit Kunstfaserharfe [23]

Regeneration der Harfe

Setzt man die Meßharfen längere Zeit besonders niedrigen Feuchten aus, so kommt es zu einer bleibenden Längenänderung des Haares bzw. der Faserbüschel, die zusätzliche Meßfehler hervorrufen. Dieser Vorgang kann durch eine Regeneration der Harfe für eine bestimmte Zeit rückgängig gemacht werden. Dazu werden die Haar- bzw. Faserbüschel mindestens 30 Minuten einer hohen relativen Feuchte in einem Mikroklima ausgesetzt. Dies kann durch einen Befeuchtungsschlauch aus Baumwolle, der mit Wasser getränkt und über die Meßharfe gezogen wird, realisiert werden.

3.3.2 Lithiumchlorid-Taupunktfühler

Diese Feuchtefühler arbeiten nach dem Prinzip des ❶ **Sättigungsverfahrens**. Sie messen den absoluten Feuchtegehalt der Luft.

Der Aufbau eines Lithiumchlorid-Feuchtefühlers ist in Bild 3.57 dargestellt.

❷ **LiCl** wirkt sehr stark wasseranziehend und nimmt bei gleicher Temperatur wie die Umgebungsluft aus dieser Wasserdampf auf. Außer-

❶
Ein stark hygroskopisches Salz nimmt Wasser auf, bis sich ein Gleichgewichtszustand zwischen Dampfdruck der Lösung und Umgebungsluft bei Sättigung einstellt

❷
Lithiumchlorid

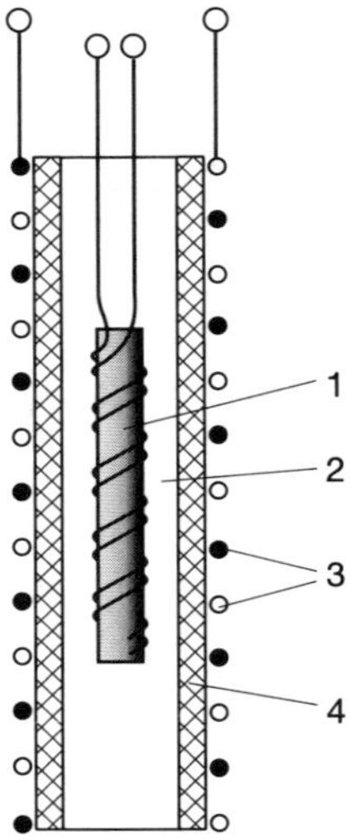

Bild 3.57
LiCl-Taupunktfühler
1 Widerstandsthermometer
2 Isolierhohlkörper
3 Edelmetallelektroden
4 Faserfilz mit LiCl (Glasfaser)

dem ist LiCl in Abhängigkeit des Feuchtegehaltes elektrisch leitend. An die Edelmetallelektroden wird eine Heizspannung (z.B. 24 V Wechselspannung) angelegt.

Umwandlungstemperatur

Das mit LiCl getränkte Glasfasergewebe nimmt Feuchtigkeit auf und bewirkt damit die oben erwähnte **Leitfähigkeit**. Dadurch kommt es zwischen den Edelmetallelektroden zu einem Stromfluß, verbunden mit einer Erwärmung. Der Dampfdruck der Lösung steigt an, und es wird Wasserdampf an die Umgebungsluft durch Verdampfung abgegeben. Die Lösung verliert gleichzeitig an Leitfähigkeit. Der Vorgang der Wasserdampfaufnahme und -abgabe wiederholt sich bis zur Einstellung des Wasserdampf-Gleichgewichtes zwischen Umgebung und Salzlösung. Dabei stellt sich eine charakteristische Temperatur, auch als Umwandlungstemperatur bezeichnet, ein. Die Messung dieser Temperatur erfolgt durch ein Widerstandsthermometer im Inneren der Anordnung. Sie ist ein Maß für den Feuchtegehalt. Wird gleichzeitig dazu die Lufttemperatur gemessen, ist die Bestimmung der relativen Feuchte ebenso möglich.

In Bild 3.58 ist der Zusammenhang zwischen Umwandlungstemperatur, Taupunkttemperatur und Feuchtegehalt x anhand eines Beispiels aufgeführt.

LiCl-Feuchtefühler (Bild 3.59) sind in einem Bereich von etwa –10 °C bis 60 °C einsetzbar. Sie erreichen Genauigkeiten bei der Taupunkttemperatur von ± 1 K.

Die Wartung der Fühler beläuft sich auf eine regelmäßige Neutränkung des Faserfilzes im halbjährlichen Rhythmus.

Die Fühler erlauben auch die Feuchtemessung von anderen gasförmigen Medien, die nicht mit LiCl reagieren. Die Zeitkonstante zur Ein-

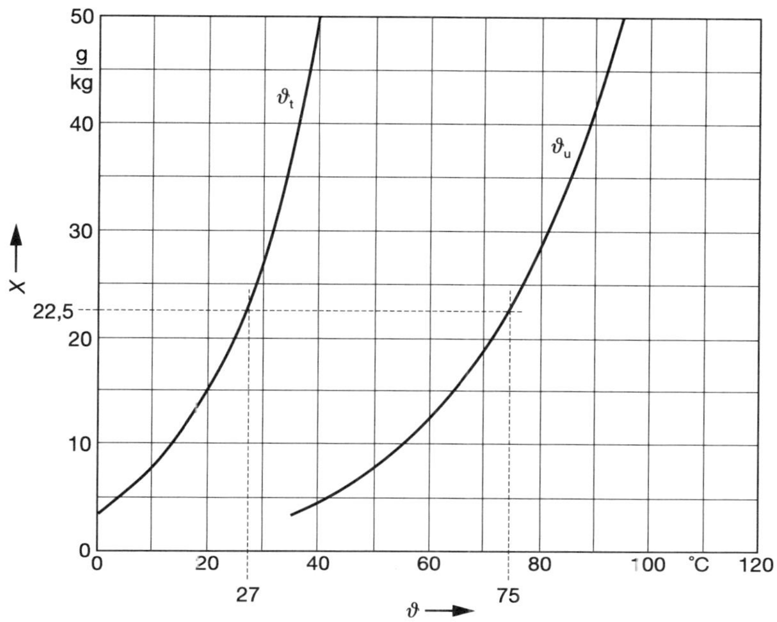

Bild 3.58
Zusammenhang Umwandlungstemperatur – Feuchtegehalt eines LiCl-Fühlers

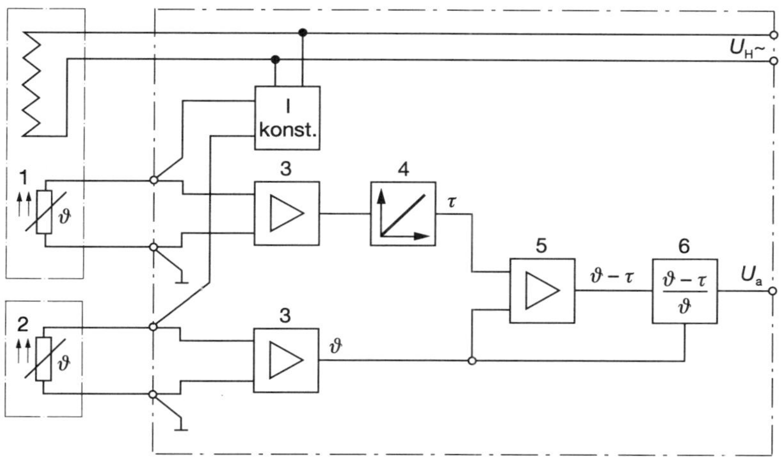

Bild 3.59
Prinzipschaltbild zur Bestimmung der relativen Feuchte mit LiCl-Fühler
1 LiCl-Fühler
2 Fühler für Raumtemperatur
3 Verstärker
4 Linearisierung
5 Bildung der psychrom. Differenz
6 Verhältnisbildung

stellung von LiCl-Feuchtefühlern auf einen neuen Feuchtewert liegt im Minutenbereich.

Wichtig für den Betrieb der Fühler ist eine ständig anliegende Heizspannung. Anderenfalls nimmt das LiCl sehr viel Wasser auf und tropft ab. Eine Aktivierung des Fühlers bei Wiederinbetriebnahme in Form einer Neutränkung mit LiCl-Lösung ist sonst notwendig.

3.3.3 Psychrometer

Verdunstungsverfahren

Dieses Verfahren zählt zu den Verdunstungsverfahren. Hier werden vorzugsweise, wie in Bild 3.60 dargestellt, zwei zehntelgradgeteilte Flüssigkeitsthermometer verwendet, die einem durch ein kleines Gebläse erzeugten Luftstrom von etwa 2 m/s ausgesetzt werden. Dabei ist eines der beiden Thermometer mit einer Befeuchtungseinrichtung (feuchter Baumwollstrumpf) umhüllt. Somit stellen sich an den beiden Thermometern durch die Verdunstung am feuchten Thermometer unterschiedliche Temperaturen ein. Man spricht von der **psychrometrischen Temperaturdifferenz.** Sie ist ein Maß der Feuchte, und es kann daraus entsprechend Bild 3.61 die absolute bzw. relative Feuchte ermittelt werden.

Nach der Sprungschen Psychrometerformel

$$p_d = \frac{p_f - k \cdot (\upsilon_{tr} - \upsilon_f) \cdot p}{1000} \text{ [mbar]} \qquad \text{(Gl. 3.19)}$$

p_d Wasserdampfdruck der feuchten Luft [mbar]
p_f Wasserdampfdruck bei Feuchtkugeltemperatur [mbar]
υ_{tr} Temperatur des trockenen Thermometers [°C]
υ_f Temperatur des feuchten Thermometers [°C]
k Konstante, ca. 0,5 für Wasser/Luft

ist unter Zuhilfenahme des Mollier-*h*-*x*-Diagrammes die rechnerische Ermittlung der relativen Feuchte ebenfalls möglich.

Bei der Messung der psychrometrischen Temperaturdifferenz liegt die Genauigkeit bei etwa ± 0,3 K, die Feuchte kann mit einer Toleranz von ca. ± 2 % ermittelt werden. Der anwendbare Temperaturbereich erstreckt sich dabei etwa von – 10 °C bis + 60 °C, teilweise bis 100 °C bei größerer Abweichung. Auch hier ist mit Einstellzeiten im Minutenbereich zu rechnen.

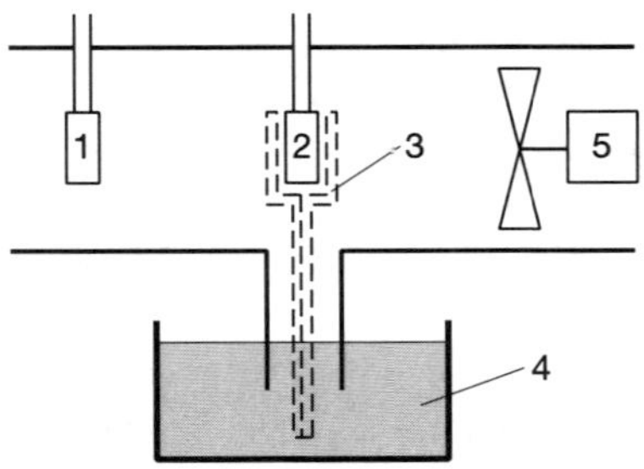

Bild 3.60
Aufbau eines Psychrometers
1 trockenes Thermometer
2 feuchtes Thermometer
3, 4 Befeuchtungseinrichtung
5 Aspirator

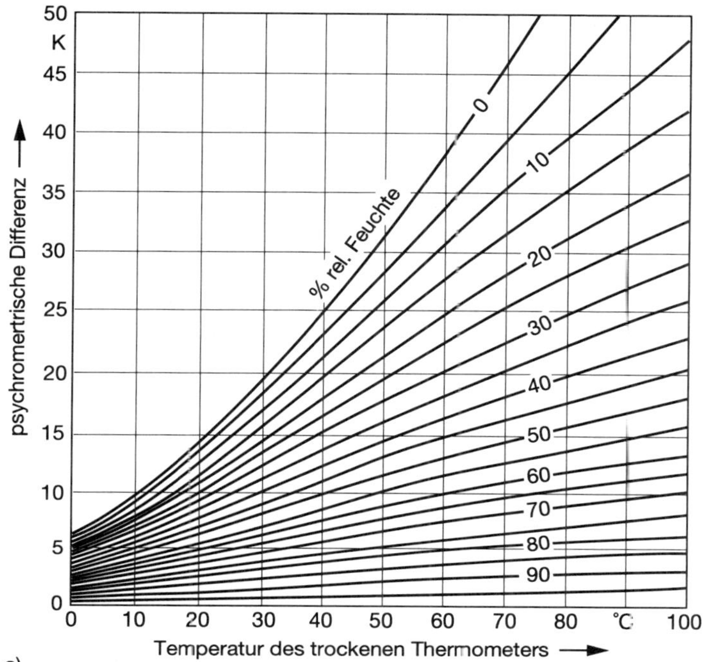

a)

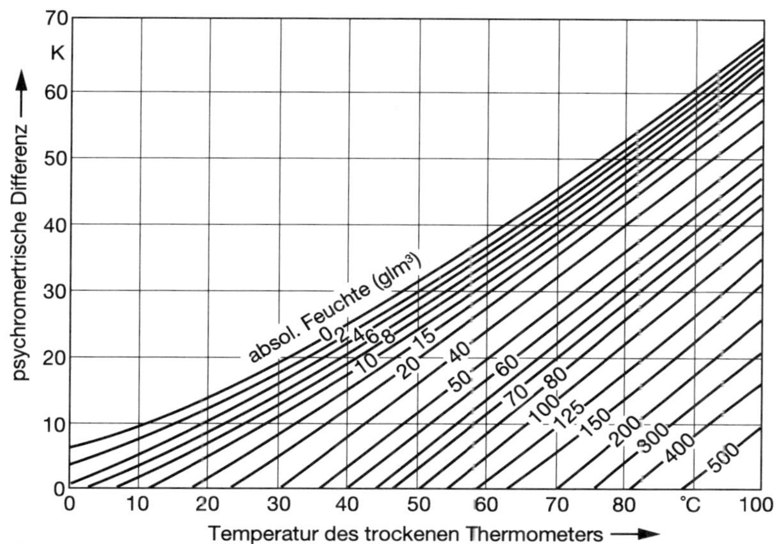

b)

Bild 3.61
Bestimmung der Feuchte
a) relative Feuchte
b) absolute Feuchte

3.3.4 Leitwert-Hygrometer

Hygroskopische Verfahren

Dieser Feuchtefühler zählt ebenfalls zu den hygroskopischen Verfahren. Bild 3.62 zeigt den prinzipiellen Aufbau eines solchen Fühlers.

Auf einem nichtleitenden Trägerkörper sind kammförmig ineinandergreifende Elektroden aufgebracht. Zwischen ihnen befindet sich ein stark hygroskopisches Isoliermaterial. Durch Feuchtigkeitsaufnahme aus der Luft fließt zwischen den Elektroden ein sehr kleiner Strom, wenn eine entsprechende Meßanordnung mit Spannungsquelle angeschlossen wird. Dieser Strom steigt exponentiell zur relativen Feuchte der Luft an.

Damit es nicht durch Eigenerwärmung infolge des fließenden Stromes zu Meßfehlern kommt, wird dieser Meßstrom sehr gering gehalten, und es bedarf neben einer Temperaturkompensation eines entsprechenden Meßmittelaufwandes.

Vorteilhaft ist aber das relativ schnelle Ansprechen des Fühlers. Die Einstellzeit liegt hier im Sekundenbereich. Leitwert-Hygrometer sind in einem Temperaturbereich von ca. −50 °C bis 100 °C einsetzbar und decken einen Feuchtebereich zwischen 5 bis 95 … 97 % bei einem relativen Fehler von ±2 % ab.

Leitwert-Hygrometer sind vor direktem Wasserkontakt (Spritz- bzw. Schwitzwasser) zu schützen.

3.3.5 Kapazitive Feuchtefühler

Hygroskopische Aufnehmer

Auch sie (Bild 3.63) gehören zur Gruppe der hygroskopischen Aufnehmer. Dabei nutzen viele elektrische Feuchtesensoren den großen Unterschied der Dielektrizitätskonstanten von Wasser (ε_{rel} rund 80) und von trockener Luft ($\varepsilon_{rel} = 1$) bzw. von den meisten hygroskopischen Stoffen (ε_{rel} etwa 1 … 6). Das Vorhandensein von Wasser beeinflußt daher die Dielektrizitätskonstante eines solchen Stoffes und verändert damit die Kapazität eines Kondensators.

Dazu werden auf ein geeignetes Trägermaterial (z. B. Keramik) Leiterzüge aufgebracht, deren Kapazität gegeneinander bekannt und meß-

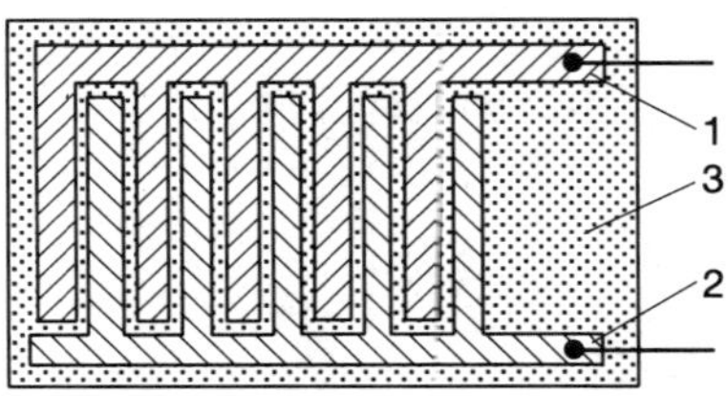

Bild 3.62
Aufbau eines Leitwert-Hygrometers
1, 2 kammförmige Elektroden
3 hygroskopisches Isoliermaterial

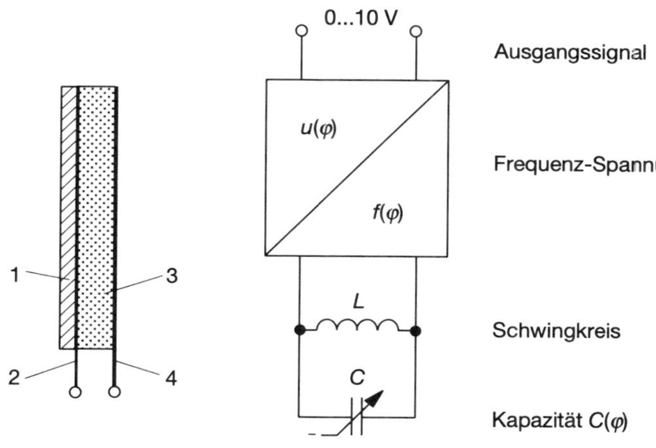

Bild 3.63
Kapazitiver Feuchtesensor, Aufbau und Auswerteschaltung
1 Trägerplatte
2 Elektrode
3 Polymerschicht-Dielektrikum
4 Goldelektrode

bar ist. Eine Polymerschicht fungiert als Deckschicht und Dielektrikum. Durch Wasseraufnahme bzw. -abgabe in Abhängigkeit der umgebenden Luft ändert sich die Dielektrizitätskonstante und damit die Kapazität der Anordnung.

Bei den heute gängigen Ausführungen liegt diese Polymerschicht zwischen den beiden Elektroden des Kondensators. Die obere Platte des Kondensators wird durch eine hauchdünne Goldschicht gebildet. Die Wassermoleküle können praktisch ungehindert diese Elektrode durchdringen und damit die Dielektrizitätskonstante der Polymerschicht verändern. Auch hier tritt dann als Folge eine Kapazitätsänderung ein.

Über eine unmittelbar am Fühler angebrachte Elektronik (Frequenz-Spannungs-Wandler) wird diese Kapazitätsänderung dann schließlich in ein einfach weiterzuverarbeitendes elektrisches Signal (z.B. Spannung 0 bis 10 V oder Stromsignal 4 … 20 mA) umgesetzt. Über einen am Fühler ebenfalls angebrachten Temperaturfühler können mit dieser Elektronik zusätzlich noch Temperaturfehler gemindert bzw. kompensiert werden.

Kapazitive Feuchtefühler ermöglichen sehr schnelle Messungen im oberen Sekundenbereich. Sie sind in einem Feuchtebereich von ca. 10 … 90 % bei einem Fehler von etwa 2 … 3 % einsetzbar.

Kapazitive Feuchtefühler reagieren empfindlich auf direkten Wasserkontakt durch Spritz- oder Schwitzwasser. Er ist unbedingt zu vermeiden. Außerdem sind die Angaben der Hersteller bezüglich Schadstoffkonzentrationen in der Umgebungsluft zu beachten. Sie können die Polymerschicht schädigen.

3.3.6 Schwingquarz-Hygrometer

Spezielle Kristalle werden in der Elektronik genutzt, um mit Hilfe von Schaltungsanordnungen hochgenaue Schwingungen zu erzeugen. Ein sehr bekannter Anwendungsfall ist beispielsweise die Erzeugung des genauen Zeittaktes bei Quarzuhren. Die Schwingfrequenz selbst wird durch die Abmessungen und Masse des Kristalls bestimmt. Für genaue Werte werden die Quarze daher gekapselt und somit vor Umwelteinflüssen geschützt.

Bei der Bestimmung der Feuchte werden diese Schwingquarze ohne Kapselung eingesetzt. Sie können somit aus der umgebenden Luft je nach Feuchte Wasser aufnehmen bzw. abgeben. Somit verändert sich geringfügig ihre Masse, was als Frequenzänderung erfaß- und in ein elektrisches Einheitssignal umwandelbar (Bild 3.64) ist.

Schwingquarz-Hygrometer erlauben Feuchtemessungen über fast den gesamten Bereich der relativen Feuchte bei einem Fehler von etwa 1 ... 1,5 %. Allerdings sind sie nur in einem Temperaturbereich von 0 °C bis ca. 50 °C einsetzbar, ermöglichen hier aber Messungen mit Einstellzeiten im Sekundenbereich.

3.3.7 Tauspiegel-Hygrometer

Ermittlung der Taupunkttemperatur

Die genaueste, aber gleichzeitig teuerste Methode zur Feuchteermittlung von gasförmigen Stoffen stellt das Tauspiegel-Hygrometer dar. Mit ihm erfolgt die Ermittlung der Taupunkttemperatur.

In einem Strahlengang (Bild 3.65) befindet sich ein Spiegel zur Reflexion. Dieser Spiegel wird über eine Lichtquelle und ein Linsensystem bestrahlt und z. B. durch ein Peltier-Element gekühlt. Dadurch beschlägt der Spiegel, wenn die Taupunkttemperatur erreicht ist. Der Fotoempfänger wird infolgedessen weniger stark bestrahlt, und über einen Regler wird der Strom zur Kühlung des Spiegels beeinflußt. Somit wird

Bild 3.64
Prinzip eines Schwingquarz-Hygrometers

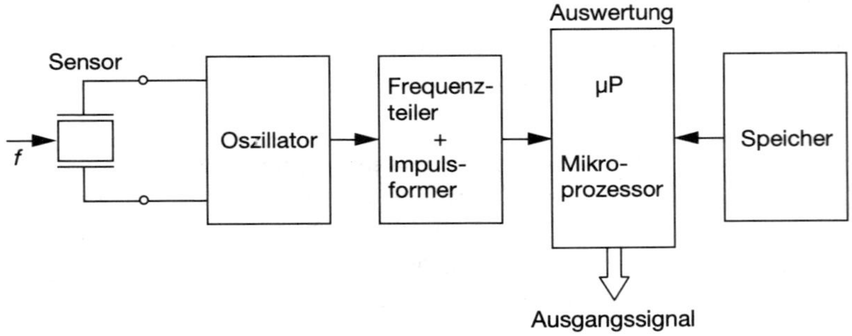

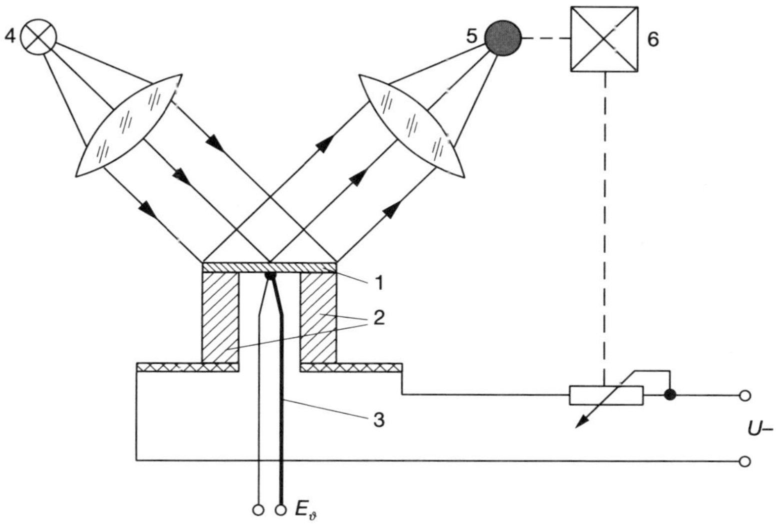

Bild 3.65
Tauspiegel-Hygrometer
1 Spiegel
2 Peltier-Kühlelemente
3 Thermoelement
4 Lichtquelle
5 Fotozelle
6 Regler

erreicht, daß der Spiegel nur bis zur Taupunkttemperatur abgekühlt wird. Die Spiegeltemperatur wird mit einem Thermoelement oder einem anderen Temperaturfühler gemessen.

Mit diesem Verfahren sind genaue Messungen der Feuchte mit einem Grundfehler von etwa 0,5 % in einem Temperaturbereich von −80 °C bis etwa +90 °C möglich. Die Einstellzeit bewegt sich dabei im Minutenbereich.

3.3.8 Infrarot-Hygrometer

Bereits in Abschnitt 3.1.3 wurde festgestellt, daß durch Bestandteile der Umgebungsluft die Infrarotstrahlung gedämpft wird. Dies nutzt man ebenfalls zur Bestimmung der Feuchte aus.

Bild 3.66
Infrarot-Hygrometer
1 Infrarotquelle
2 Hohlspiegel
3 Infrarotdetektor
4 rotierende Tellerscheibe mit zwei unterschiedlichen Filtern

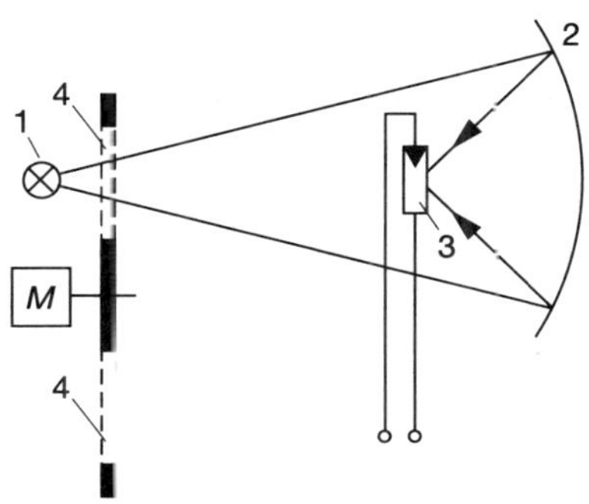

Dazu wird von einer Infrarot-Strahlungsquelle Strahlung mit einer Wellenlänge ausgesendet, die durch den Wasserdampfanteil in der Umgebungsluft besonders beeinflußt wird. Abwechselnd dazu wird eine Strahlung mit einer anderen Wellenlänge durch das Medium geschickt. Mit einem Infrarotdetektor wird dann die ankommende Reststrahlung ausgewertet und daraus die absolute Feuchte bestimmt (Bild 3.66).

Mit diesem Verfahren kann sehr schnell die Feuchte festgestellt und fast der gesamte Feuchtebereich meßtechnisch abgedeckt werden. Nachteilig ist der relativ hohe Preis im Vergleich zu anderen Verfahren.

3.3.9 Weitere Absorptionshygrometer

Beim Elektrolysehygrometer dient Phosphorpentoxid als Absorptionsmittel für den Wasserdampf. Durch Rhodiumelektroden wird das aufgefangene Wasser in Wasser- und Sauerstoff in einem Elektrolyseprozeß zersetzt. Der dazu erforderliche Elektrolysestrom ist ein Maß für das absorbierte Wasser und damit für die absolute Feuchte. Mit dieser Methode können Wasserdampfspuren bis 1 mg/m^3 Luft nachgewiesen werden.

In einem anderen Absorptionsverfahren wird eine mit einem Gaszähler genau ermittelte Menge des Meßgases durch mehrere mit Chlorcalcium gefüllte Glasröhren geführt. Durch das Chlorcalcium wird die im Meßgas enthaltene Feuchte vollständig absorbiert. Durch Wägung kann dann die absolute Feuchte ermittelt werden.

3.4 Mengen- und Durchflußmessung

Die Erfassung einer verbrauchten Menge bzw. die Ermittlung des Durchflusses ist in der Heizungs-, Lüftungs-, Klima- und Sanitärtechnik ebenfalls von besonderer Bedeutung. Denken wir hierbei nur an die Erfassung des Wasser- bzw. Gasverbrauches für Abrechnungszwecke.

Das Volumen eines Fluides ist dabei nur direkt meßbar, wenn es fließt. In diesem Fall kann eine Zerlegung in Teilvolumina erfolgen, die dann anschließend zur Gesamtmenge aufsummiert werden. In anderen Fällen wird der Durchfluß eines Mediums meßtechnisch erfaßt und durch Integration das Volumen ermittelt.

Volumenzähler

Volumenzähler umfassen alle Verfahren und Einrichtungen für die fortlaufend zählende volumetrische Messung von Flüssigkeiten bzw. Gasen. Die Quantisierung des Fluidstromes ist durch das Meßverfahren selbst bedingt oder wird durch entsprechende gerätetechnische Ausführungen erreicht.

Durchfluß-Geschwindigkeitsmesser

Durchfluß-Geschwindigkeitsmesser finden ihren Einsatz, wenn die Durchflußgeschwindigkeit bzw. der Druckverlust zu hoch wird oder das Fluid mit Feststoffen durchsetzt ist. Das Verfahren besteht darin, daß die Durchflußmenge über die Fließgeschwindigkeit des Mediums und den vorhandenen Durchflußquerschnitten nach der Formel

$$\dot{V} = A \cdot v \qquad \text{(Gl. 3.20)}$$

berechnet wird. Bei der Messung selbst wird eigentlich die Strömungsgeschwindigkeit v ermittelt. Das Gesamtvolumen kann dann ebenfalls bestimmt werden.

3.4.1 Auslaufzähler

Volumenzähler

Sie gehören zu den Volumenzählern. Die Meßräume (Teilvolumina) werden durch das unter kleinem Überdruck stehende Meßgut gefüllt und entleeren sich über Kipp- bzw. Steuereinrichtungen wieder selbständig. Die Anzahl der Kammerfüllungen und -entleerungen wird gezählt und stellt in ihrer Gesamtheit das Volumen dar.

Auslaufzähler sind relativ einfache und robuste Volumenzähler und arbeiten nahezu wartungsfrei. Ihr Einsatz ist auch bei verschmutzten bzw. dickflüssigen Medien möglich. Die Messung ist bis zu kleinsten Durchflußmengen möglich. Allerdings sind Entleerungen nur gegen auslaufseitig drucklose Systeme möglich. Außerdem ermöglichen sie keinen (oder nur mit Zusatzaufwand einen) kontinuierlichen Volumenstrom auf der Ausflußseite. Genauigkeiten bis zu 0,1 % sind mit diesen Systemen möglich.

Typische Vertreter dieser Zählerart sind der Kippzähler (Bild 3.67) bzw. der Trommelzähler (Bild 3.68).

Bild 3.67
Kippzähler

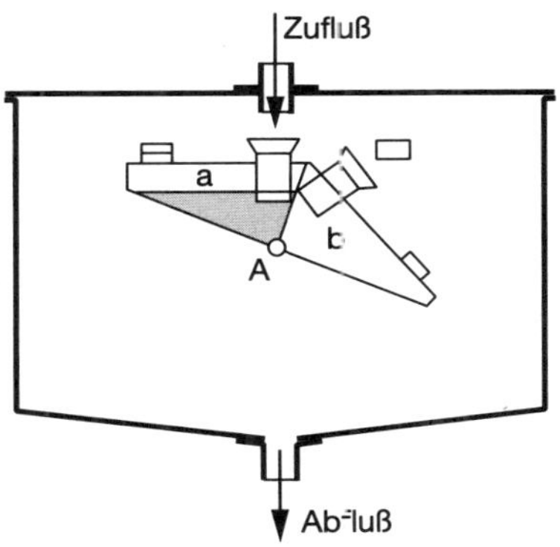

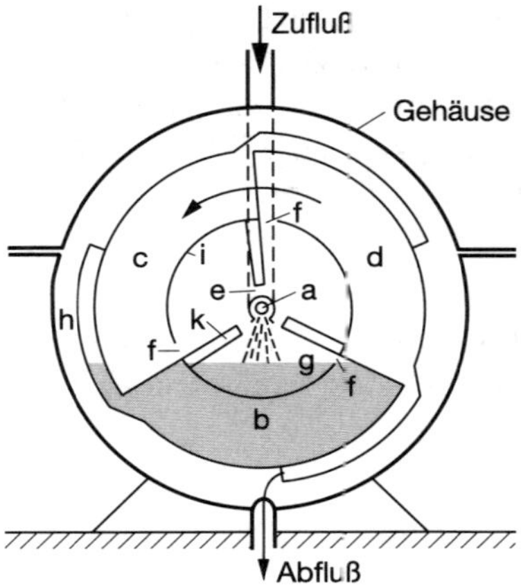

Bild 3.68
Trommelzähler
a Achse
b, c, d Meßkammern
e Zuflußrohr
f Öffnungen
g Meßkante
h Auslaufkanal
i Innenzylinder
k Entlüftungsrohre

Trommelzähler

Beim Trommelzähler besteht das Meßsystem aus einer in mehrere Kammern unterteilte und drehbar gelagerte Trommel. Über den Zufluß wird die erste Meßkammer b gefüllt. Steigt der Flüssigkeitsspiegel weiter an, so fließt das Meßgut auch in Kammer c, und der Schwerpunkt der Füllung verschiebt sich nach links mit der Folge einer Trommeldrehung in Pfeilrichtung. Die Kammer entleert sich über den Auslaufkanal h, während sich Kammer c weiter füllt.

3.4.2 Verdrängungszähler

Volumenzähler mit beweglichen Meßkammerwänden

Hierbei handelt es sich um Volumenzähler mit beweglichen Meßkammerwänden. Das Meßgut treibt diese beweglichen Kammerwände an; die zuvor gefüllten Meßkammern werden dabei entleert, neue Meßräume werden gefüllt. Die Anzahl der Entleerungen wird dabei über ein Zählwerk erfaßt.

Meßfehler treten bei diesen Zählern hauptsächlich durch Spaltverluste auf. Es gibt immer gewisse Undichtigkeiten zwischen fester und beweglicher Meßkammerwand, die zur Nichterfassung einer kleinen Durchflußmenge führen. Durch Überbelastung des Zählers kommt es neben dem normalen zeitlichen Verschleiß zu einem besonders raschen Anstieg des Fehlers. Außerdem reagieren die Verdrängungszähler besonders auf Verschmutzungen empfindlich. Diese tragen zur Erhöhung des Fehlers bei. Gaseinschlüsse bei flüssigen Medien sind vor der Meßanordnung durch Gasabscheider zu beseitigen.

Verdrängungszähler finden Anwendung zur Messung industrieller Flüssigkeiten bzw. von Gasen. So werden beispielsweise Mehrkolbenzähler zur Messung von Ölen und Benzin bei kleinen Durchflußmengen, Ovalradzähler zur Mengenmessung von Flüssigkeiten für Abrechnungszwecke eingesetzt. Drehkolbengaszähler sind zur Mengenmessung von technischen Gasen bei größeren Volumenströmen im Einsatz. Balgengaszähler werden zur Messung des Gasverbrauches im Wohnbereich eingesetzt.

Einkolbenzähler

Wie aus Bild 3.69 entnommen werden kann, bewegt das unter Überdruck stehende eintretende Meßgut beim Einkolbenzähler den Kolben nach unten. Dadurch wird das unter dem Kolben befindliche Medium über den Auslaß ausgestoßen. Wird die Endlage erreicht, so werden über eine Steuereinrichtung Zu- und Abfluß vertauscht, und der Vorgang läuft in umgekehrter Richtung erneut ab. Mit jeder Neufüllung wird gleichzeitig eine definierte Menge des Mediums ausgestoßen.

Mehrkolbenzähler

Nachteilig ist dabei, daß während der Umsteuerung (Tausch Zu- und Abfluß) eine Unterbrechung des Medienstromes auf der Austrittsseite entsteht. Diesen Nachteil kann man aber durch Verwendung mehrerer miteinander gekoppelter Kolben beseitigen. Es entstehen so die Mehrkolbenzähler. Wird ein Kolben umgesteuert, so befindet sich beispielsweise beim Zweikolbenzähler der zweite Kolben in seiner Mittelstellung. Somit ist auf der Austrittsseite ein kontinuierlicher Volumenstrom vorhanden.

Ovalradzähler

Der Ovalradzähler (Bild 3.70) enthält in seiner Anordnung zwei mit einer Verzahnung ineinandergreifende Ovalräder. Das von der Eintrittsseite einströmende Fluid erzeugt am Ovalrad 1 ein Drehmoment. Bei Ovalrad 2 heben sich die auftretenden Momente gegenseitig auf. Damit kommt es zu einer Drehung in Pfeilrichtung, die sich auch in Bild 3.70 b fortsetzt. Damit wird zwischen feststehender Meßkammerwand und Ovalrad 2 ein sichelförmiges Teilvolumina gebildet und ausgestoßen. Bei einer Umdrehung werden somit vier Teilvolumina gebildet, transportiert und ausgestoßen.

Vorteilhaft wirkt sich sein gegenüber anderen Verdrängungszählern geringer Druckverlust aus. Der Meßlauf ist aber mit Geräuschen verbunden.

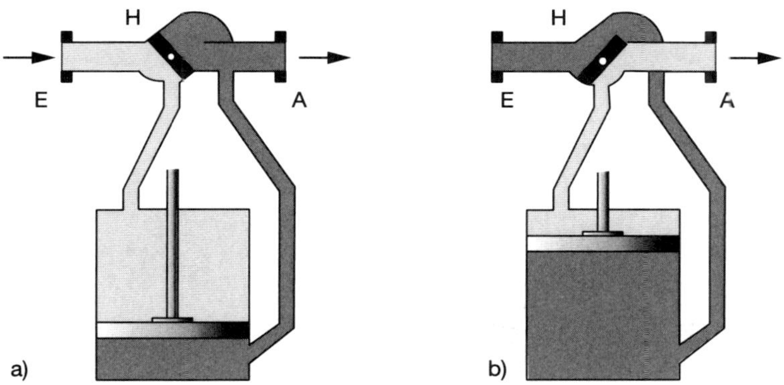

Bild 3.69
Einkolbenzähler

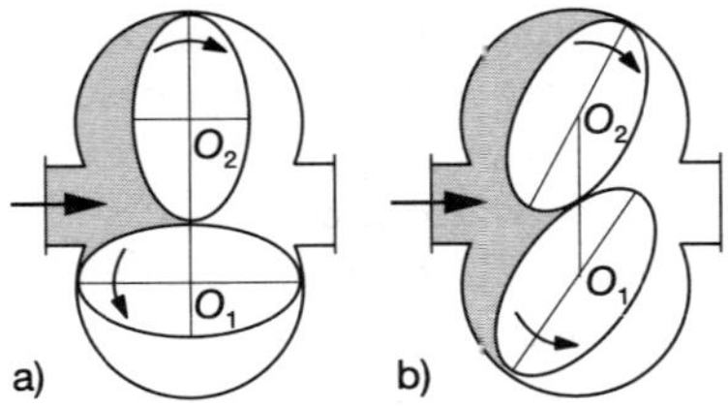

Bild 3.70
Ovalradzähler

Drehkolbengaszähler

Beim Drehkolbengaszähler (Bild 3.71) sind zwei glatte in Achtform gestaltete Drehkolben in leichtgängigen Wälzlagern gebettet und durch ein in Öl laufendes Zahnradgetriebe miteinander gekoppelt. Dabei berühren sich die mit einem geringen Spiel gegenüberstehenden Kolben nicht. Durch das strömende Gas werden die Drehkolben in Pfeilrichtung in Bewegung gesetzt. Zwischen Meßkammerwand und Drehkolben bilden sich auch hier Teilvolumina, die abgegrenzt, transportiert und ausgestoßen werden.

Diese dem Zähler für Fern- und Industriegase eigene Genauigkeit kann jedoch nur ausgenutzt werden, wenn der Betriebszustand des Gases (Druck, Temperatur u.a.) ständig zur Korrektur berücksichtigt wird.

Balgengaszähler

Der zu den Volumenzählern gehörende Balgengaszähler wird als Zweibalgenzähler (Bild 3.72) zur Gasmessung im Haushalts- sowie Gewerbebereich eingesetzt.

Er besteht aus zwei Meßkammern, wobei jede dieser Kammern durch Leder- oder Kunststoffbälge in Teilkammern zerlegt wird. Diese Bälge können sich bis in ihre Endlagen an den Meßkammerwänden bewegen. Über Flachschieber und entsprechende Kurbelgestänge erfolgt die Umsteuerung zwischen Eintritts- und Austrittsseite.

Ankommendes Gas führt zur Füllung der Teilkammer 1. Das auf der anderen Seite des Balges befindliche Gas wird dabei in den Austritt verdrängt. Durch die Flachschiebersteuerung werden nun für diese Kammer Zu- und Abfluß vertauscht, und der Vorgang findet von neuem

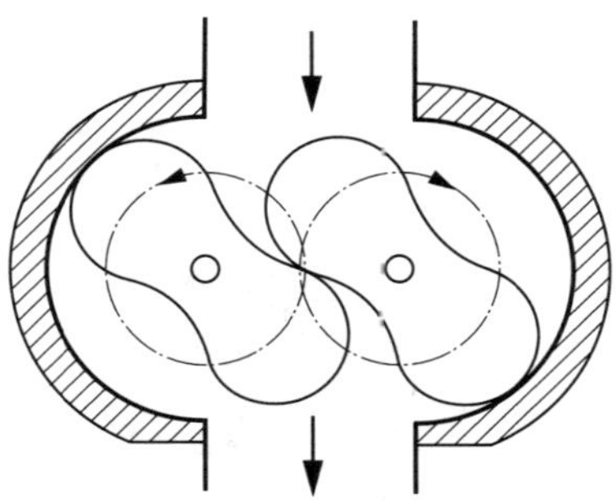

Bild 3.71
Drehkolbengaszähler

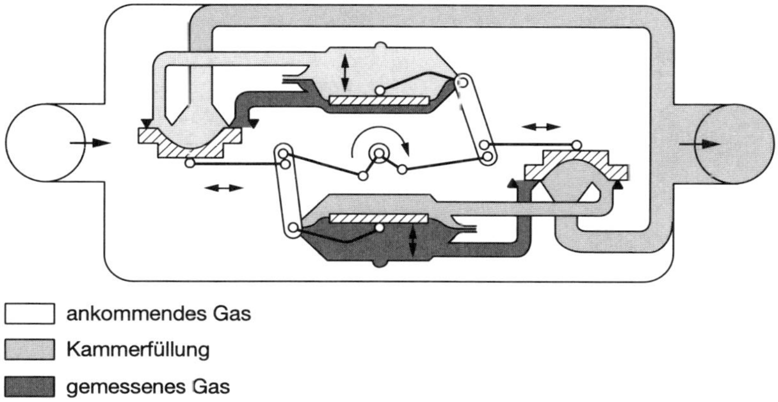

Bild 3.72
Zweibalgengaszähler

statt. Dadurch, daß beide Meßkammern nicht gleichzeitig umgesteuert werden, erhält man am Zählerausgang einen kontinuierlichen Gasstrom.

Da bei der Erfassung des Gasverbrauches z.B. zwischen Zündflamme und voller Leistung gemessen werden können muß, bestehen hohe Anforderungen bezüglich des nutzbaren Meßbereiches und der Einhaltung der Fehlergrenzen. So beträgt beispielsweise bei Gaszählern der Firma Rombach, Karlsruhe, der nutzbare Meßbereich 1 : 160. Damit sind auch die kleinen Durchflußmengen mit entsprechender Genauigkeit erfaßbar.

Auch in Hinsicht der Manipulationssicherheit werden geeignete Maßnahmen in den Zählern realisiert. So besitzen beispielsweise die Kurbelwellen eine Rücklaufsperre, die Drehung ist nur in einer Richtung möglich. Im Ausgangsrohr sind weiterhin Rückflußsperren integriert, die bei falscher Durchflußrichtung schließen.

3.4.3 Volumenzähler mit Meßflügeln (Turbinenzähler)

Bei den Turbinenzählern wird ein mit Schaufeln besetztes Laufrad durch die Strömung des Mediums in Drehbewegung versetzt. Dabei ist die Anzahl der Laufradumdrehung proportional zu dem durchgeflossenen Medium.

Flügelradzähler

Die wohl am verbreitetste Variante der Turbinenzähler stellt der Flügelradzähler dar. Er wird vor allem zur Messung kleinerer und mittlerer Durchflußmengen bis etwa 15 m^3/h eingesetzt.

Bei dieser Zählerart strömt das Fluid tangential ein senkrecht gelagertes Flügelrad an. Dessen Umdrehungszahl wird über ein Zählwerk

Bild 3.73
Einstrahlzähler

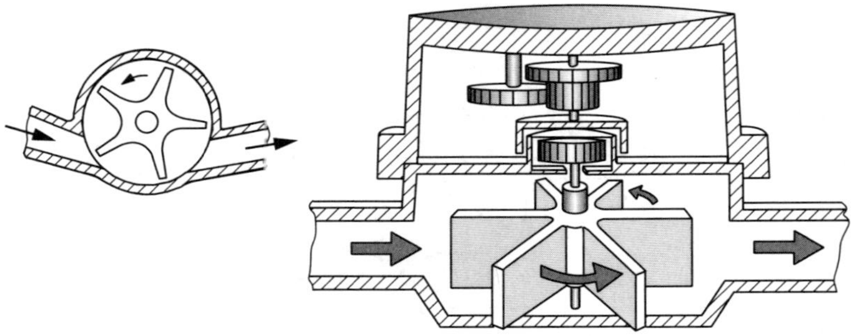

mit Zahnradgetriebe oder direkt über eine Magnetkupplung in Volumen- oder Geschwindigkeitseinheiten angegeben.

Einstrahlzähler

Der Einstrahlzähler (Bild 3.73) besitzt einen geraden, glatten Strömungskanal, das Laufrad wird seitlich durch den Flüssigkeitsstrom in Drehbewegung versetzt. Dies bedeutet zwar einen geringeren Druckverlust als der Mehrstrahlzähler, dafür aber eine einseitige Lagerbelastung mit entsprechend schlechterer Standzeit. Durch geeignete Materialauswahl für Lager und Laufradachse kann dieses Manko bei kleinen Durchflüssen aber ausgeglichen werden. Ihr Meßverhalten ist im kleinen Durchflußbereich besser.

Mehrstrahlzähler

Beim Mehrstrahlzähler (Bild 3.74) wird der Flüssigkeitsstrom durch eine Leiteinrichtung (Flügelbecher) auf den gesamten Umfang des Laufrades verteilt und damit die Lagerbeanspruchung vermindert. Zu- und Abfluß erfolgen dabei in zwei Ebenen über den gesamten Umfang. Zwangsläufig ergibt sich damit ein etwas höherer Druckverlust.

Naßläufer

Trockenläufer

Flügelradzähler werden fast ausschließlich als Hauswasserzähler (z.B. als Naßläufer) bzw. als Durchflußmesser für Wärmemengenzähler (siehe auch Abschnitt 3.5.2) als Trockenläufer eingesetzt. Bei dieser Konstruktion ist der Naßraum mit dem Flügelrad vom Trockenraum mit dem evtl. vorhandenen Zählgetriebe und Zählwerk im Gegensatz zum Naßläufer wasserdicht voneinander getrennt. Die Übertragung der

Bild 3.74
Mehrstrahlzähler

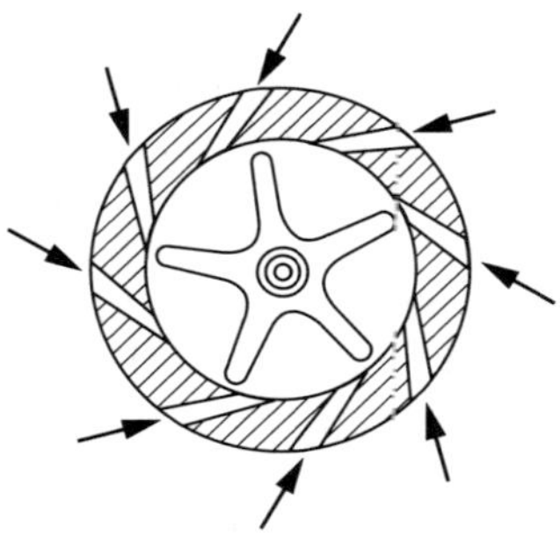

Flügelradumdrehungen erfolgt meist mit einer Magnetkupplung. Dabei befindet sich an der Flügelradachse ein kleiner Magnet, der das Zählwerk im Trockenraum antreibt. Beim Einsatz eines Flügelradzählers als Durchflußmesser für Wärmemengenzähler tritt evtl. die Ablagerung von Magnetit (Fe_3O_4) negativ in Erscheinung, es kommt zur Veränderung der Anlaufwerte. Zählwerke können bei Wärmemengenzählern eigentlich entfallen. Es ist ausreichend, wenn an den Wärmemengenrechner Impulse gesendet werden, wenn eine bestimmte Menge durch das Durchflußmeßgerät geflossen ist (man spricht auch von Impulswertigkeit). Dies kann ebenfalls über einen Magneten im Naßraum und entsprechende Magnetsensoren (Reed-Kontakte beispielsweise) im Trockenraum realisiert werden. Andere Abtastverfahren basieren auf einer direkten Flügelabtastung durch Ultraschall bzw. auf induktiver Basis.

Flügelradzähler benötigen keine störungsfreie Einlaufstrecke. Die Verwendung von vorgeschalteten Schmutzfängern wird empfohlen, von einigen Herstellern sogar gefordert.

Woltmannzähler

Im Gegensatz zu den Flügelradzählern durchströmt bei den Woltmannzählern das Medium das Meßgerät in Richtung der Flügelachse. Die Meßflügelpaletten sind schräg zur Strömung gestellt, um eine gleichmäßige stoßfreie Druckübertragung zu gewährleisten und für einen möglichst geringen Druckverlust zu sorgen. Dafür ist aber ein höherer Anlaufwert nötig. Woltmannzähler kommen daher in der Regel zur Durchflußmessung oberhalb von 15 m^3/h als Trockenläufer zum Einsatz.

Außerdem sind zur sauberen, verwirbelungsfreien Meßflügelbeaufschlagung störungsfreie Einlaufstrecken nötig. Ungleichmäßige Beaufschlagung der Flügel kann leicht zu Meßfehlern und erhöhter Lagerbeanspruchung führen.

Im wesentlichen werden zwei Bauarten von Woltmannzählern unterschieden, die beide in Bild 3.75 dargestellt sind.

Senkrechtflügler

Beim Senkrechtflügler strömt die Flüssigkeit von unten her mit einigen Umlenkungen durch die Meßanordnung. Dadurch wirkt der Gewichtskraft des Flügelrades der hydrodynamische Druck entgegen und entlastet damit wirksam das Lager. Der Druckverlust ist bei diesem Typ etwas höher, die Genauigkeit im unteren Meßbereich hingegen besser. Senkrechtflügler können nur in waagerechte Rohrleitungen eingebaut werden.

Axialflügler

Der Axialflügler besitzt ein axial zur Durchflußrichtung eingebautes Schaufelrad, das direkt ohne Umlenkungen angeströmt wird. Der Druckverlust liegt dadurch etwas niedriger. Seine Verwendung ist bei wenig schwankenden Durchflüssen vorteilhaft. Die Einbaulage kann dabei beliebig gewählt werden.

Bild 3.75
Woltmannzähler
a) Senkrechtflügler
b) Axialflügler

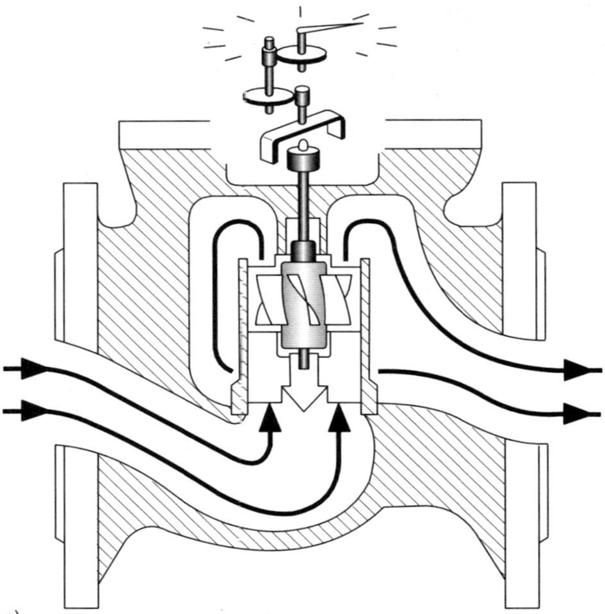

a)

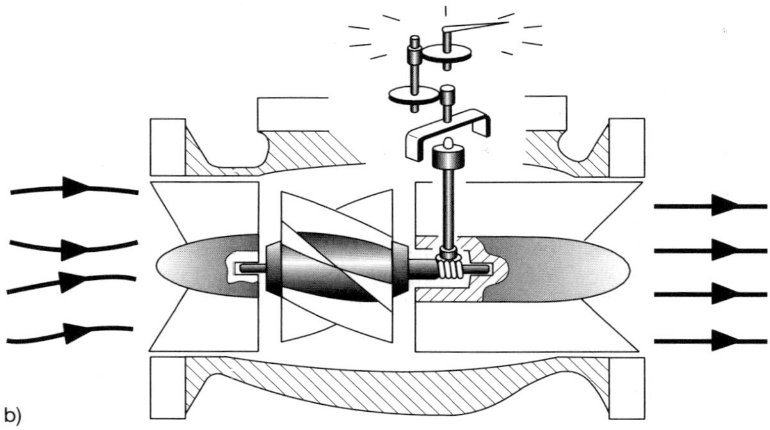

b)

3.4.4 Hinweise zu Wasserzählern

Kaltwasserzähler

Kaltwasserzähler sind Volumenmeßgeräte für Wasser mit einer Temperatur bis 30 °C. Sie müssen der Eichordnung, Anlage 6 Abschnitt 1, und der DIN ISO 4064 entsprechen:

Warmwasserzähler

Warmwasserzähler sind Volumenmeßgeräte für Wasser mit einer maximalen Temperatur von 90 °C. Als Heißwasserzähler werden sie bei

Temperaturen über 90 °C eingeordnet. Warm- und Heißwasserzähler müssen ebenfalls der Eichordnung, Anlage 6 Abschnitt 2, entsprechen.

Die Bauarten der Wasserzähler müssen für Kalt-, Warm- und Heißwasser zugelassen sein. Für den geschäftlichen Verkehr müssen sie regelmäßig geeicht bzw. beglaubigt sein. Dies gilt auch für Zwischenzähler, die direkt zur Abrechnung des Wasserverbrauches der Wohnungen dienen. Wasserzähler werden nach ihrem meßtechnischen Verhalten in drei metrologische Klassen unterteilt. Diese Klassen legen die Verhältnisse vom minimalen zum Nenndurchfluß und vom Übergangs- zum Nenndurchfluß fest. In Tabelle 3.10 sind die Verhältnisse aufgeführt.

Die Wasserversorgungsunternehmen bestimmen Art, Zahl und Größe sowie den Anbringungsort der Meßgeräte. Gleiches gilt für die Lieferung, Anbringung, Überwachung und Unterhaltung der Meßeinrichtungen. Die Auswahl richtet sich nach zu erwartenden Betriebsdurchflüssen. Dabei ist aber zu beachten, ob der entsprechende Durchfluß auch Dauerbelastungen erzeugt. Die tatsächlichen Durchflüsse liegen in der Regel unter den rechnerischen Spitzendurchflüssen.

Bei kurzzeitigem Spitzenverbrauch darf der Wasserzähler bis zum max. Durchfluß betrieben werden. Für Dauerbetrieb ist der Nenndurchfluß einzuhalten (Tabelle 3.8).

Beim Einbau/Wechsel von Wasserzählern sind folgende Punkte zu beachten:

Einbau/Wechsel von Wasserzählern

- in der Regel im Inneren des Gebäudes, frostsicher, nahe der straßenwärts gelegenen Hauswand einbauen;
- gut zugänglich und leicht ablesbar anordnen;
- leicht austauschbar anordnen;
- so befestigen, daß bei ausgebautem Wasserzähler die auftretenden Kräfte aufgenommen werden (bei Hauswasserzählern sind Wasserzählerbügel bzw. bei Großwasserzählern Stützkonstruktionen zu verwenden);
- Bestandteile der Hauswasserzählanlage wie Absperrarmaturen, Rückflußverhinderer usw. vorsehen;
- Installation der Wasserzählanlage in dem gleichen Raum, in dem die Einführung der Anschlußleitung erfolgt;
- austretendes Wasser bei Wechsel des Zählers muß aufgefangen und abgeleitet werden können;
- beim Einbau von Woltmannzählern die erforderliche störungsfreie Rohrstrecke beachten (das Fünffache der Nennweite als gerade Rohrstrecke vorsehen);
- Beachtung der folgend aufgeführten elektrischen Schutzmaßnahmen. 🕮

🕮 *Siehe Themenband «Sanitäranlagen»*

Tabelle 3.8 Anschluß und Nenndurchfluß von Wasserzählern

Zählerart	Anschluß		Nenndurchfluß $\dot{V}_n$ (Q_n) m³/h	maximaler Durchfluß $\dot{V}_{max}$ (Q_{max}) m³/h
	Anschlußgewinde nach DIN ISO 228 Teil 1	Anschlußgröße (Nennweite des Anschlußflansches) DN		
Volumetrische	G 1/2 B	–	0,6	1,2
	G 1/2 B	–	1	2
	G 3/4 B	–	1,5	3
	G 1 B	–	2,5	5
	G 1 1/4 B	–	3,5	7
	G 1 1/2 B	–	6	12
	G 2 B	–	10	20
Woltmannzähler	–	50	15	30
	–	65	25	50
	–	80	40	80
	–	100	60	120
	–	150	150	300
	–	200	250	500

Häufig werden Wasserleitungen aus metallischen Materialien als Schutzleiter, Potentialausgleichsleiter oder Erdungsleiter verwendet. Vor dem Trennen oder Verbinden solcher metallenen Leitungen ist eine leitende Verbindung der Trennstelle herzustellen, sofern sie nicht schon besteht (z. B. Wasserzähler-Haltebügel). Verwendete Überbrückungsleiter müssen nach DIN 46 440 mindestens einen Querschnitt von 16 mm² und eine maximalen Länge von 3 m (flexibles isoliertes Kupferseil, Bild 3.76) besitzen. Die Anschlußklemmen sind auf den Rohrdurchmesser abzustimmen und dürfen nur auf blanke Metallteile aufgesetzt werden. Metallene Leitungen dürfen erst dann gegen Rohre aus nichtleitenden Werkstoffen ausgetauscht werden, wenn vorher durch eine Elektrofachkraft sichergestellt wurde, daß die elektrischen Schutzmaßnahmen weiterhin wirksam bleiben (siehe DIN VDE 1090). Es ist also wichtig, daß der Auftragnehmer den Auftraggeber hinweist, daß durch einen zuge-

Bild 3.76
Überbrückungsleiter

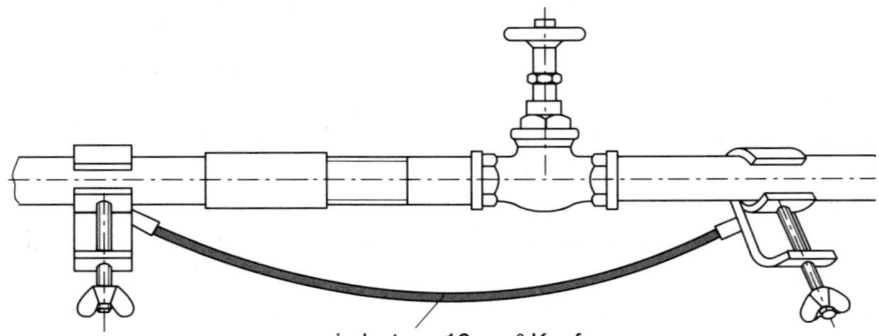

lassenen Elektroinstallateur geprüft wird, daß die vorhandenen Schutzmaßnahmen nicht beeinträchtigt werden.

3.4.5 Magnetisch-induktive Durchflußmessung

War bei den bisher aufgeführten Verfahren ein mechanischer Verschleiß bzw. ein vorhandener Druckverlust durch das strömende Medium zu verzeichnen, so ist die magnetisch-induktive Durchflußmessung durch das Fehlen dieser Nachteile gekennzeichnet.

Die Funktionsgrundlage für das Verfahren liegt in der Entstehung einer elektrischen Spannung durch Wechselwirkung zwischen der Strömungsgeschwindigkeit einer Flüssigkeit und einem Magnetfeld senkrecht zur Fließrichtung. Das fließende Medium entspricht dabei der Bewegung eines elektrischen Leiters im Magnetfeld. Entsprechend dem Induktionsgesetz wird in diesem Leiter eine Spannung induziert, die der Fließgeschwindigkeit proportional ist:

$$U = \mathrm{k} \cdot B \cdot A_1 \cdot v \qquad \text{(Gl. 3.21)}$$

k Gerätekonstante
B magnetische Induktion
A_1 Querschnitt der Induktionsspule
v mittlere Durchflußgeschwindigkeit

Bild 3.77 zeigt den prinzipiellen Aufbau einer magnetisch-induktiven Durchflußmeßeinrichtung. Der Meßstoff fließt dabei durch ein isoliert ausgekleidetes oder nichtleitendes Rohr. In dessen Wand sind senkrecht zum Magnetfeld und zur Fließrichtung zwei Elektroden diametral angeordnet, an denen die entstehende Spannung abgegriffen wird. Über ein Anschlußkabel wird das im mV-Bereich liegende Meßsignal an einen Meßumformer/Verstärker weitergeleitet.

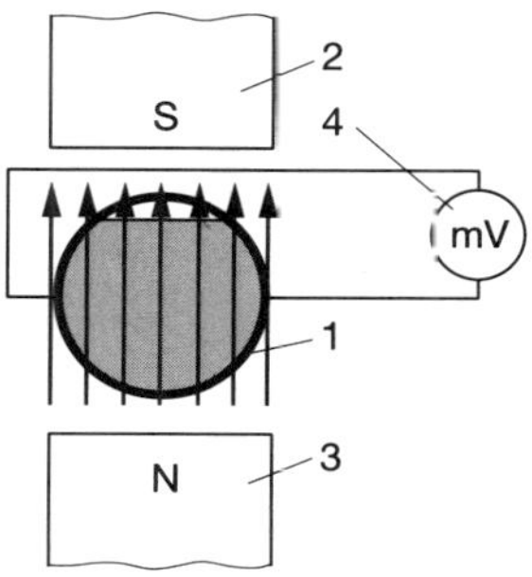

Bild 3.77
Magnetisch-induktive Durchflußmessung
1 Rohrleitung
2, 3 Magnetpole
4 Meßgerät

Voraussetzung ist allerdings eine Mindestleitfähigkeit des fließenden Mediums von etwa 5 µS pro cm. Dies schränkt die Anwendung auf solche Medien ein. Die Anzahl der Vorteile überwiegt allerdings diese Einschränkung:

Vorteile

- nahezu keine zusätzlichen Druckverluste gegenüber gerader Rohrleitung,
- keine bewegten Teile mit entsprechendem Verschleiß und Verschlechterung der Fehlerkurve,
- Unabhängigkeit von Temperatur, Druck und Viskosität des Mediums,
- Messungen von aggressiven und korrosiven sowie verschmutzten Medien wie z.B. Abwässer möglich,
- mögliche Messung von pulsierenden Volumenströmen,
- keine Unterbrechung des Rohrprofils,
- Messung unabhängig von der Art der Strömung, daher keine bzw. sehr kurze Einlaufstrecken nötig.

3.4.6 Ultraschall-Durchflußmessung

Wird eine Ultraschallwelle in einem bewegten Medium ausgesandt, so ändert sich damit die Fortpflanzungsgeschwindigkeit dieser Welle gegenüber einem äußeren festen Bezugspunkt. Erfolgt die Aussendung einmal mit und einmal gegen die Strömungsrichtung, so ergeben sich dabei unterschiedliche Laufzeiten für das Passieren der Schallwelle über eine definierte Strecke.

Laufzeitdifferenzmessung

Fließgeschwindigkeit

Dazu werden zwei Ultraschallsender und -empfänger diagonal an einem Rohrstück (Bild 3.78) oder wie in Bild 3.79 befestigt und geben laufend Ultraschallwellen in das Meßgut ab. Entsprechend der Laufzeitunterschiede, die bei der Aussendung mit bzw. gegen die Strömungsrichtung des Meßgutes entstehen, wird die Fließgeschwindigkeit und damit der Durchfluß des Mediums mit einer zusätzlichen Elektronik berechnet. So

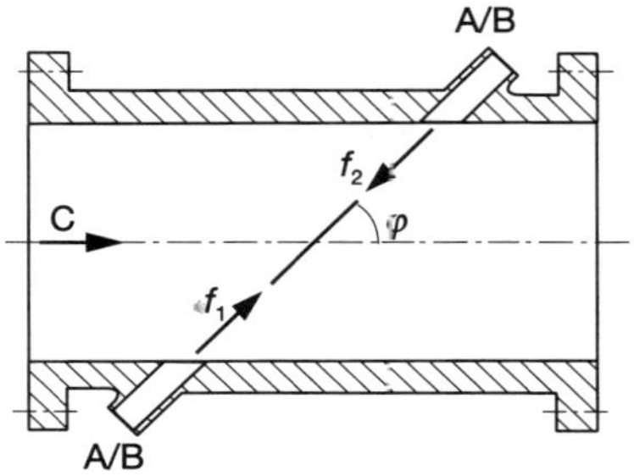

Bild 3.78
Ultraschall-Durchflußmessung nach dem Laufzeitprinzip

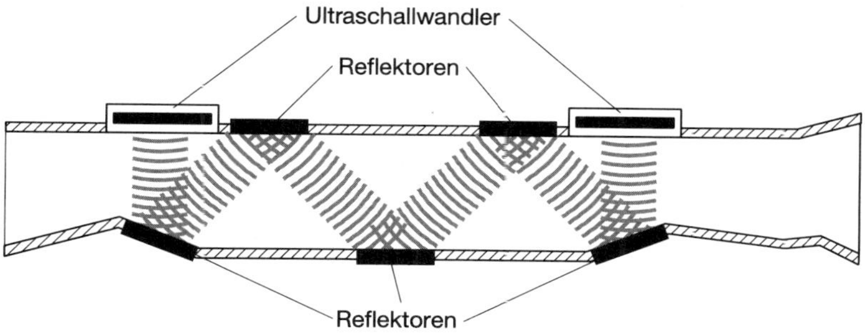

Bild 3.79
Ultraschall-Durchfluß-
messung (technische
Umsetzung bei einem
Wärmemengenzähler)

sind Fließgeschwindigkeiten bis hinab zu 0,1 m/s erfaßbar. Die erreichbare Meßgenauigkeit liegt bei ca. ±2 ... 3%.

Dopplereffekt-Messung

Doppler-Gesetz

Wird ein Ultraschallimpuls mit konstanter Frequenz in ein fließendes Medium eingestrahlt, so wird ein Teil der Schallenergie seitlich aus dem Strahl gestreut, wenn sich in dem Medium kleine Partikelchen mit einem Dichteunterschied befinden. Dabei verschiebt sich nach dem Doppler-Gesetz die Frequenz des Ultraschallimpulses. Diese Frequenzverschiebung ist direkt proportional der Strömungsgeschwindigkeit des Mediums und damit dem Durchfluß (Bild 3.80).

Da der Aufwand für die Auswertung relativ hoch ist, findet dieses Verfahren meist nur bei Labormessungen Anwendung.

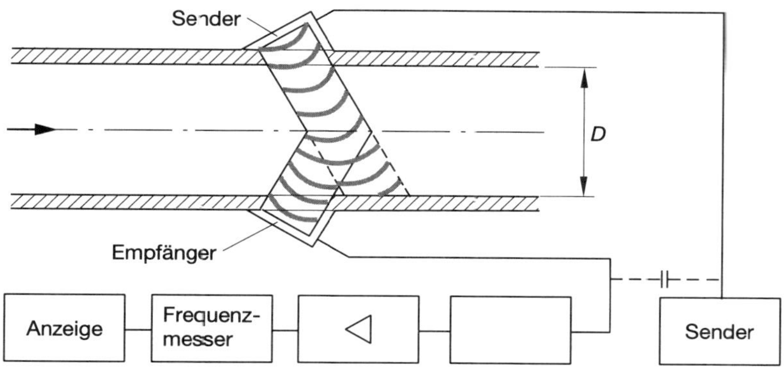

Bild 3.80
Ultraschall-Durchfluß-
messung nach dem
Doppler-Prinzip

3.4.7 Messung der Strömungsgeschwindigkeit von Gas- und Luftströmen

In der Lüftungstechnik beispielsweise spielt die Messung der Strömungsgeschwindigkeit von Luft an Auslässen bzw. in Kanälen eine bedeutende Rolle. Bei bekanntem Querschnitt des Kanals kann daraus anschließend auch der Volumenstrom errechnet werden.

Für die Messung dieser Strömungsgeschwindigkeiten werden fast ausschließlich Flügelrad- bzw. Hitzdraht-Anemometer eingesetzt.

Flügelrad-Anemometer

Auch hier handelt es sich um ein drehbares Laufrad mit angebrachten Schaufeln, das durch das strömende Medium in eine Drehbewegung versetzt wird (Bild 3.81). Damit gehört es ebenfalls zu den Turbinenzählern.

Die Umdrehungszahl wird dabei nicht mechanisch erfaßt. In der Mehrzahl der ausgeführten Flügelrad-Anemometer wird die Drehbewegung des Flügelrades auf einen kleinen leichtgängigen Gleichstromgenerator übertragen. In Abhängigkeit von der Drehzahl gibt er eine kleine Gleichspannung ab, die in ihrer Höhe der Strömungsgeschwindigkeit proportional ist. Eine andere Ausführungsform tastet die Drehzahl des Flügelrades photoelektrisch z.B. über Lichtschranken ab. Die Anzahl der entstehenden Impulse wird elektronisch gezählt und kann dann auch weiterverarbeitet werden.

Die Flügelrad-Meßköpfe werden in verschiedenen Durchmessern von mehreren Zentimetern Durchmesser bis herab zu 10 mm gefertigt. Darüber und über den Anstellwinkel der Flügel kann somit der Meßbereich für die Strömungsgeschwindigkeit des Gases festgelegt werden. Solche Bereiche liegen je nach Ausführung bei einer Genauigkeit von 1 ... 3 % zwischen 1 bis 80 m/s. Die Mindestanlaufgeschwindigkeit beträgt je nach Bauart dabei zwischen 0,02 ... 0,5 m/s.

Hitzdraht-Anemometer

Dabei handelt es sich um ein Durchflußmeßverfahren auf thermischer Grundlage. Als Meßgröße wird eine Temperatur bzw. Temperaturdifferenz herangezogen und ausgewertet. Dazu wird ein ca. 1 mm langer, elektrisch beheizter Platindraht, dessen Widerstand temperaturabhängig ist (siehe auch Abschnitt 3.1.2) dem Gasstrom ausgesetzt und damit von diesem gekühlt. Neben der Geschwindigkeit des vorbeiströmenden Gases ist die Wärmeabgabe noch von anderen Faktoren abhängig; hierzu zählen:

Faktoren für die Wärmeabgabe

- Wärmeleitfähigkeit,
- spezifische Wärmekapazität,
- Dichte des Mediums,
- Differenz der Gas- und Drahttemperatur.

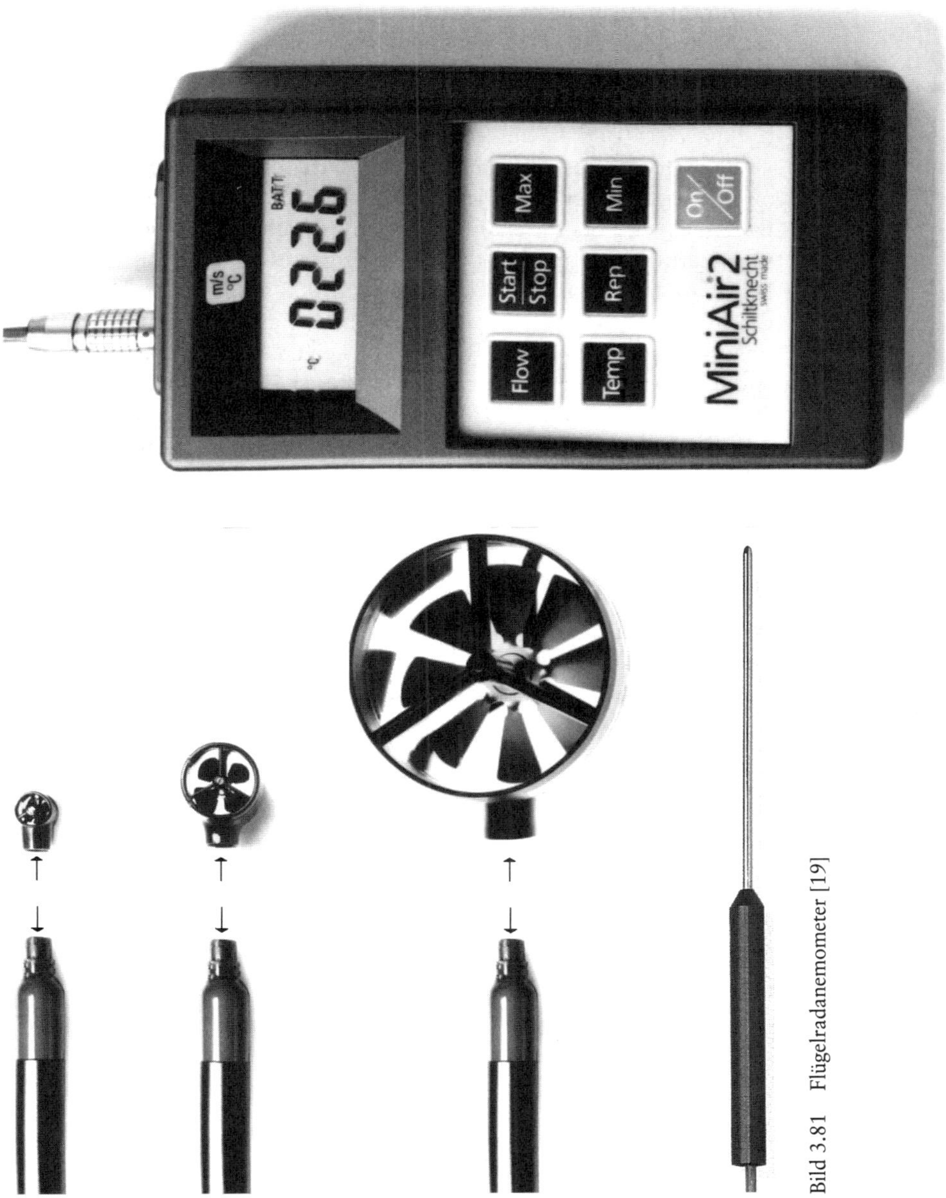

Bild 3.81 Flügelradanemometer [19]

Hitzdraht-Anemometer eignen sich gut zur Messung kleiner bis mittlerer, besonders auch rasch wechselnder Strömungsgeschwindigkeiten bei Genauigkeiten zwischen 2 und 4 %.

In der Anwendung der Hitzdraht-Anemometer werden zwei Verfahren realisiert (Bild 3.82):

Konstantstrom-Anemometer

Beim Konstantstrom-Anemometer wird die anliegende Heizspannung bzw. der fließende Heizstrom durch die Meßsonde konstant gehalten. Es wird der durch die Abkühlung durch das strömende Medium veränderte Widerstand der Meßsonde gemessen und mit Hilfe einer Brückenschaltung (vgl. auch Abschnitt 3.1.2) ausgewertet. Der fließende Heizstrom wird hierbei so eingestellt, daß das Brückengalvanometer im unangeströmten Zustand der Sonde keinen Ausschlag zeigt. Die Auslenkung des Zeigers während der Messung ist dann ein Maß für die Strömungsgeschwindigkeit. Dieses Verfahren eignet sich besonders für sehr kleine Strömungsgeschwindigkeiten von bis zu 0,5 cm/s, bei höheren Geschwindigkeiten ist es aufgrund der Abnahme der Empfindlichkeit nicht mehr geeignet.

Konstanttemperatur-Anemometer

Beim Konstanttemperatur-Anemometer hält man über eine Schaltung zur Nachregelung der Heizspannung den Drahtwiderstand und damit die Drahttemperatur konstant. Der fließende Heizstrom beim stromlosen Brückengalvanometer ist dementsprechend dann eine Größe für die Strömungsgeschwindigkeit des Gases. Dieses Verfahren eignet sich zur Messung von Strömungsgeschwindigkeiten von 0,1 bis 3 m/s.

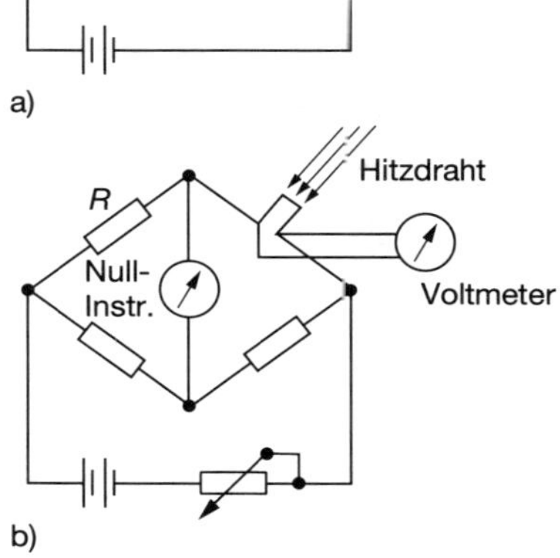

Bild 3.82
Ausführungsformen von Hitzdraht-Anemometern
a) mit konstanter Speisespannung
b) mit konstantem Heizdrahtwiderstand

Wichtig beim Einsatz von Hitzdraht-Anemometern ist der Schutz der Meßsonde vor Verschmutzungen und eine geeignete Temperaturkompensation des Meßfluids, um unterschiedliche Wärmeabgaben auszugleichen. Beachtet werden muß weiterhin die Richtungsempfindlichkeit der Sonden.

3.5 Wärmemengenmessung

Ein möglichst sparsamer und zweckdienlicher Umgang mit Energie spielt nicht nur aus volkswirtschaftlicher Sicht eine wichtige Rolle. Wie die Erfahrungen zeigen, trägt die Erfassung der verbrauchten Wärmemenge zu einem solchen verantwortungsvollen Umgang mit Energieträgern bei. Auch der Gesetzgeber untermauert diese Erfassung durch entsprechende Vorschriften auf gesetzlicher Basis bzw. DIN-Normen. Hierzu sei in diesem Zusammenhang auf die «Verordnung über die verbrauchsabhängige Abrechnung der Heiz- und Warmwasserkosten» (kurz Heizkostenverordnung) [3], die DIN 4713 sowie DIN EN 1434 bzw. die neuen DIN-Normen DIN EN 834 bzw. DIN EN 835 für die Heizkostenverteiler verwiesen.

In der DIN 4713 Teil 1 werden Begriffe festgelegt, die in der Wärmekostenabrechnung zur Anwendung kommen. Auszugsweise sollen einige wichtige Begriffe hier dargestellt werden, da sie für die Einbauplanung und -realisierung für das Verständnis wichtig sind.

Begriffe

Unter **Abrechnungseinheit** wird eine Einheit verstanden, für die die Betriebskosten für Heizung bzw. Warmwasser erfaßt und nach einem verbrauchsabhängigen Maßstab umgelegt werden.

Eine **Nutzergruppe** stellt eine Gruppe von vergleichbaren Nutzern einer Abrechnungseinheit dar. Beispielsweise können dies Wohnungen, Büroräume oder Läden sein.

Unter **Nutzeinheit** ist eine Einheit von beheizten Räumen zu verstehen, für die Kosten erfaßt und umgelegt werden. Zu gleichartigen Nutzereinheiten werden all die zusammengefaßt, die nach gleichen DIN-Normen und gleicher Auslegung bewertet werden.

Die Erfassung der **verbrauchten Wärmemenge** kann über verschiedene Verfahren vorgenommen werden. Gleich ist allen, daß eine Menge an Verbrauchseinheiten entsteht und die Gesamtkosten letztlich anteilig aufgegliedert werden (siehe auch DIN 4713 Teil 5).

3.5.1 Heizkostenverteiler

Heizkostenverteiler sind Geräte, die an die Heizkörper in geeigneter Höhe gut wärmeleitend angebracht werden und den zeitlichen Verlauf der mittleren Heizkörpertemperatur mehr oder weniger komfortabel bewerten und damit den Wärmeverbrauch eines einzelnen Heizkörpers erfassen lassen. Für eine Abrechnungseinheit müssen die einzelnen Verbrauchswerte unter Beachtung der Heizkörperdaten aufsummiert werden. Wichtig ist daher für eine möglichst gerechte Erfassung immer die Anpassung der Heizkostenverteiler an die Heizkörperdaten.

Wärmeabgaben durch Rohrleitungen o. ä. bleiben unberücksichtigt.

Die Heizkostenverteiler unterteilen sich nochmals in Heizkostenverteiler nach dem Verdunsterprinzip bzw. elektronische Heizkostenverteiler).

Heizkostenverteiler nach dem Verdunsterprinzip bestehen im wesentlichen aus:

Bestandteile

- ❑ einer gut wärmeleitenden Gehäuserückwand,
- ❑ einer Meßampulle mit geeigneter Verdunsterflüssigkeit,
- ❑ einer Gehäuseoberschale mit entsprechender Skalenteilung,
- ❑ Befestigungselementen und Plomben.

❶ *Heizkostenverteiler nach dem Verdunsterprinzip*

Bild 3.83 zeigt eine Ausführungen eines ❶ **HKVV** eines bekannten Anbieters.

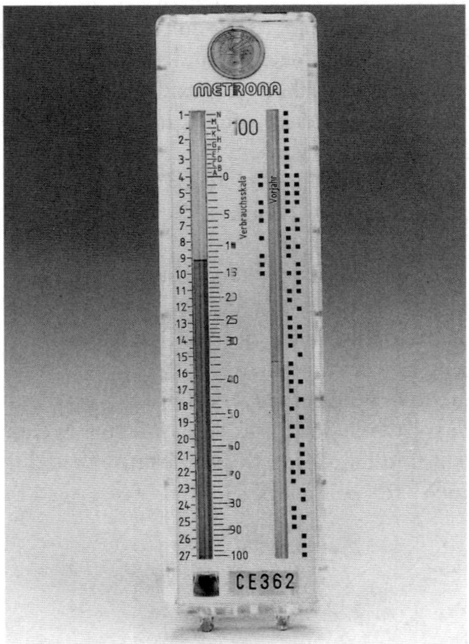

Bild 3.83
Heizkostenverteiler nach dem Verdunsterprinzip
[20]

Die in der Meßampulle vorhandene Meßflüssigkeit (z. B. Hexalin, Tetralin, Methylbenzoat o. ä.) verdunstet in Abhängigkeit der am Ort der Meßampulle vorhandenen mittleren Temperatur. Die Abnahme des Flüssigkeitsspiegels ist somit ein Maß für die am Heizkörper über einen bestimmten Zeitraum (Heizperiode) abgegebene Wärmemenge.

Die an der Meßampulle wirkende Temperatur liegt erfahrungsgemäß etwas niedriger als die Oberflächentemperatur des Heizkörpers. Dieser Übergang wird aber in dem Bewertungsfaktor für den HKVV entsprechend der Heizkörperdaten berücksichtigt.

Um die Schnelligkeit und Empfindlichkeit der Verdunster zu verbessern, kommen Meßampullen als Kapillarsystem zum Einsatz. Zur Beweissicherung wird nach der Ablesung die Meßampulle im Gehäuse verschlossen weiter aufbewahrt und ermöglicht so ständig einen Vergleich zum Vorjahresgesamtverbrauch. Durch einen jährlichen Wechsel der Einfärbung der Meßflüssigkeit kann leicht unterschieden werden.

Einheitsskala

Produktskalen

Bezüglich der Skalenteilung werden Heizkostenverteiler nach dem Verdunsterprinzip mit einer Einheitsskala bzw. mit Produktskalen (Verbrauchsskalen) angeboten. Bei Einheitsskalen besitzen alle Heizkostenverteiler einer Abrechnungseinheit eine einheitliche Skala. An unterschiedlichen Heizkörpern ergeben sich dann gleiche Anzeigewerte, wenn die Meßflüssigkeit über eine gleich lange Zeit der gleichen Temperatur ausgesetzt wird. Die Bewertung der Ablesewerte und damit die Anpassung an die Heizkörperdaten wird rechnerisch mit Hilfe des Bewertungsfaktors durchgeführt. Erst dann stehen die Verbrauchswerte zur Verfügung.

Bei Verwendung von HKVV mit Produktskalen ist dieser Bewertungsfaktor bereits in der Skalenteilung berücksichtigt. Es wird unmittelbar der Verbrauchswert angezeigt. Produktskalen sind mit einer Skalennummer versehen, aus der die Zuordnung zu den Heizkörperdaten möglich ist.

Doppelskala

Vielfach besitzen HKVV eine Doppelskala. Für einen bestimmten Füllstand lassen sich somit zwei Zahlenwerte ablesen, die in einem Zusammenhang stehen. Dies läßt im nachhinein bei der Auswertung bzw. Abrechnung Fehlablesungen erkennen, wenn Ablesekombinationen auftreten, die nicht diesem Zusammenhang entsprechen.

Prismenfenster

Zur Unterstützung der Ablesung besitzen die HKVV ein Prismenfenster im unteren Teil. Wird dieses Fenster mit einer Lichtquelle bestrahlt, so stellt sich die Verbrauchsanzeige als heller Strich dar. Gleichzeitig können so Parallaxenfehler ausgeschlossen werden. Mit Hilfe von speziellen Ablesegeräten kann die Erfassung weiter verbessert werden.

Zum Zeitpunkt der Montage tragen viele HKVV eine Einheitsskala, die mit der ersten Ablesung (Ende erste Heizperiode) gegen die Produktskala ausgetauscht wird. Damit ist eine exakte Anpassung an den Heizkörper gegeben, da hier die exakten Heizkörperdaten bei der Anbringung ermittelt werden.

Kaltverdunstung

Aufgrund des einfachen Aufbaus und damit verbundenen geringen Kosten finden Heizkostenverteiler nach dem Verdunsterprinzip häufig Anwendung. Allerdings ergeben sich einige Einschränkungen bezüglich des Einsatzes. Dies liegt einerseits im Verdunstungsverhalten der Meßflüssigkeit als auch in der Anzeigecharakteristik. Auch ohne Wärmeabgabe am Heizkörper tritt eine Verdunstung der Meßflüssigkeit über der Heizperiode auf. Man bezeichnet dies als Kaltverdunstung. Durch eine Füllung über den Skalennullstrich hinaus wird diese Kaltverdunstung ausgeglichen. Dabei wird eine Meßflüssigkeitstemperatur von 20 °C zugrunde gelegt. Höhere Werte, z.B. durch Sonnenbestrahlung, ergeben wiederum Abweichungen.

Einsatzgrenzen

Zu beachten sind die Einsatzgrenzen für diese Heizkostenverteiler. In DIN EN 835 werden dazu die mittlere Heizmedientemperatur $t_{m, A}$ als Grenzwerte angegeben. Diese betragen mindestens 55 °C für Klasse-B-Geräte bzw. 60 °C für Klasse-A-Geräte und höchstens 120 °C (bitte herstellerspezifische Angaben beachten!). Der Mittelwert aus der Auslegungvorlauf- und der Auslegungsrücklauftemperatur ist die mittlere Heizmedientemperatur $t_{m, A}$. Diese ist aus dem logarithmischen Mittel der Übertemperatur über der Referenz-Lufttemperatur von 20 °C zu bestimmen

Geeignete Rohrleitungssysteme (Tabelle 3.9) sind die Zweirohrheizung und die Einrohrheizung über nur eine Nutzereinheit. Es gilt hierbei die Heizmedientemperatur des letzten im Strang vorhandenen Heizkörpers zu berücksichtigen.

HKVV sind nicht für verkleidete Heizkörper bzw. Fußleistenprofil-Rohrheizungen geeignet.

Die Auswahl der Meßflüssigkeit erfolgt ebenfalls anhand der Nennauslegungstemperatur. Die Ablesung der Verbrauchswerte ist mit Ablauf der Heizperiode zum Stichtag oder möglichst zeitnah erforderlich. Eine spätere Ermittlung der Werte ist nicht möglich, da sonst über den Abrechnungszeitraum hinaus erfaßt würde. Außerdem ist der Austausch der Meßampulle notwendig. Die alte Meßampulle verbleibt dabei zur Beweissicherung verschlossen im Gerät.

Elektronische Heizkostenverteiler setzen sich wegen ihrer meßtechnischen Vorteile und dem immer besseren Preis-Leistungs-Verhältnis verstärkt durch. So besitzen ❶ **HKVE** die Möglichkeit der Meßwertspeicherung und erlauben damit eine Auslesung der Meßwerte unabhängig vom Stichtag der Heizperiode. Es sind Systeme am Markt erhältlich, bei denen die Verbrauchswerte über ein Bussystem (Zweidrahtleitung) oder per Funk übermittelt werden können (Bild 3.84). Dies ermöglicht eine Ablesung ohne Zugangsnotwendigkeit zur Wohnung. Speziell in großen Wohngebieten sind so problemlos und zeitsparend große Datenmengen ermittelbar.

❶ *Elektronische Heizkostenverteiler*

Tabelle 3.9 Empfohlene Einsatzbereiche von Heizkostenverteilern

[1]	Heizungssystem	Nutzer am Strang	Rohrführung	Temperaturauslegung[2] °C	HKVV Klasse[3]		HKVE			
							Einfühler		Mehrfühler	
					A	B	Komp	FF	Komp	FF
a	Auslegungsbereich Niedertemperatur			$t_{m,A} < 55$	–	–	–	–	+[5]	+[5]
				$55 \leq t_{m,A} < 60$	–	+	+	+	+	+
	Auslegungsbereich über Niedertemperatur			$60 \leq t_{m,A} < 85$	+	+	+	+	+	+
				$85 \leq t_{m,A}$	+[6]	–	+[6]	+	+[6]	+
b	Einrohr	1			+	+	+	+	+	+
			horizontal		–	–	+	+	+	+
			vertikal	$t_{V,A} \leq 95$ und $\Delta t_A \leq 20$	+[7]	+[7]	+	+	+	+
				$t_{V,A} \leq 95 > 95$ und $\Delta t_A \leq 20$	+[8]	+[8]	+	+	+	+
	Zweirohr				+	+	+	+	+	+

+ = geeignet – = ungeeignet.
[1] Die Anforderungen a und b müssen erfüllt sein.
[2] $t_{m,A}$ mittlere Auslegungs-Heizmediumtemperatur am Heizkörper.
Δt_A Auslegungs-Spreizung des Einrohr-Stranges.
$t_{V,A}$ Auslegungs-Vorlauftemperatur der Heizungsanlage.
[3] HKVV – Klasse A: Anzeigeverhältnis < 12 oder Nominalverdunstung < 60 mm.
HKVV – Klasse B: Anzeigeverhältnis ≥ 12 und Wassergehalt der Meßflüssigkeit ≤ 4 % und Nominalverdunstung ≥ 60 mm.
[4] Komp – Kompaktgeräte, FF – Geräte mit getrennten Heizkörperfühlern (Fernfühlern).
[5] Gerätespezifische untere Temperatur-Einsatzgrenze beachten.
[6] Gerätespezifische obere Temperatur-Einsatzgrenze beachten.
[7] K_E kann angewendet werden.
[8] K_E muß angewendet werden.

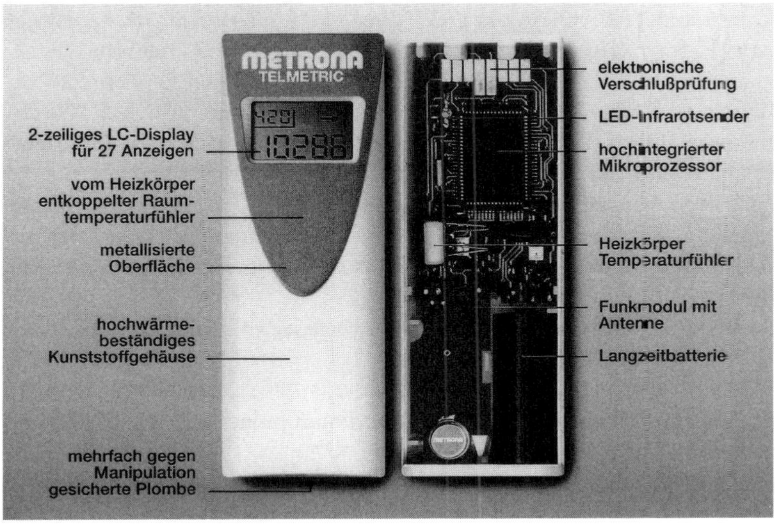

Bild 3.84 Elektronischer Heizkostenverteiler [20]

Einfühlersystem

Zweifühlergerät

Kernstück der elektronischen Heizkostenverteiler ist ein spezifischer Mikrocomputer mit allen notwendigen Bausteinen zur Digitalisierung der Meßgrößen, Quarzuhr und zur Errechnung der Verbrauchswerte unter Berücksichtigung der Heizkörperdaten. Er wird in einem einzigen Chip realisiert und auf einer kleinen Leiterplatte im Inneren des Verteilers untergebracht. Die Gehäuserückwand besteht aus einem gut wärmeleitfähigen Material und trägt im direkten Kontakt den Meßfühler für die Oberflächentemperatur. Bei Einfühlersystemen wird somit die Heizmitteltemperatur zur Messung herangezogen. Bei Zweifühlergeräten wird über einen zweiten Temperaturfühler im Inneren des Gehäuses die Raumtemperatur zusätzlich ermittelt und dadurch die Heizmittelübertemperatur zur Berechnung herangezogen. Als Spannungsversorgung dient eine Lithiumbatterie mit einer Lebensdauer von mehreren Jahren. Für die Anzeige werden fast nur noch Flüssigkristallanzeigen eingesetzt.

Zur Erfassung des Wärmeverbrauches wird in einem regelmäßigen Zeittakt ein Prüf- und Meßzyklus ausgelöst. Die aktuelle Oberflächentemperatur wird digitalisiert und daraus mit den eingespeicherten Heizkörperdaten sowie der Raumtemperatur (bei Zweifühlersystemen) die Verbrauchseinheiten errechnet, gespeichert sowie zur Anzeige gebracht. Mit dem Raumtemperaturfühler werden zusätzlich eine Startlogik für den Heizkostenverteiler realisiert und Manipulationsversuche ausgewertet. Bei Erkennung einer Manipulation ermittelt er seine Verbrauchswerte anhand einer festgelegten Raumtemperatur. Die Startlogik unterbindet eine Messung, wenn kein Heizbetrieb vorliegt. Das Problem der Kaltverdunstung der HKVV entfällt somit vollständig.

Elektronische Heizkostenverteiler sind für Warmwasserheizungen mit Heizkörpern bei allen in der Praxis vorkommenden Nennauslegungstemperaturen von etwa 45 °C bis 130 °C einsetzbar. Sie eignen sich sowohl für Zwei- als auch für Einrohrheizungen über mehrere Nutzereinheiten sowie für verkleidete Heizkörper. Speziell im Bereich der Niedertemperaturheizungen stellen sie eine preiswerte Alternative zu Wärmemengenzählern dar. Tabelle 3.9 gibt auch hier empfohlene Einsatzbereiche von HKVE wieder.

Durch Programmierung kann der Stichtag der Abrechnung kundenspezifisch gewählt werden. Die speziellen Daten des Heizkostenverteilers sind außen am Gehäuse z.B. durch Lasergravur ablesbar (Bild 3.85).

Anbringung der Heizkostenverteiler

Bei der Anbringung der Heizkostenverteiler an den Heizkörpern sind folgende Punkte zu beachten:

- ❑ Die Anbringung muß dauerhaft und manipulationssicher ausgeführt sein.
- ❑ Eine Befestigung durch Klebung ist nur dann möglich, wenn bei Entfernung sichtbare Beschädigungen des Heizkörpers zurückbleiben.

Bild 3.85
Typenschild eines elektronischen HKV

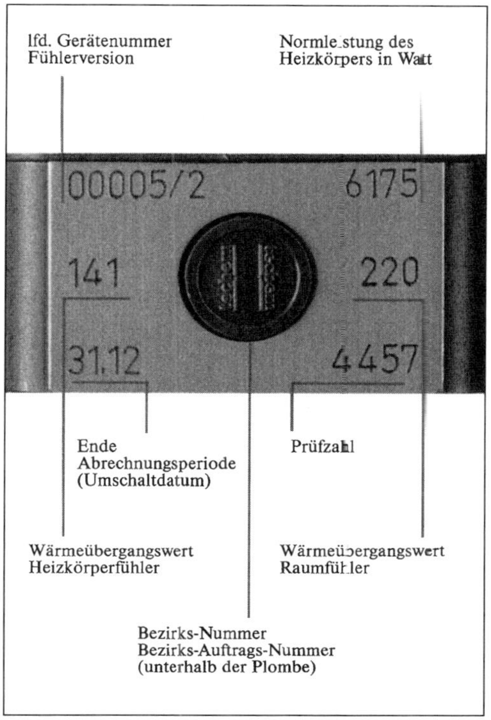

- Die Anbringungshöhe liegt im oberen Drittel (z.B. 75 %) der Bauhöhe des Heizkörpers, bezogen auf die Gerätemitte.
- Innerhalb einer Abrechnungseinheit müssen einheitliche Kriterien für die Anbringung verwendet werden. Die Abweichungen dürfen laut DIN ± 10 mm nicht übersteigen.
- In horizontaler Richtung wird zur Anbringung die Mitte der Heizkörperbaulänge festgelegt.
- Bei großen Baulängen ist die Anbringung von mehreren Heizkostenverteilern zulässig.
- Innerhalb einer Abrechnungseinheit dürfen nur Heizkostenverteiler desselben Fabrikats und desselben Typs mit gleicher Verdunstungscharakteristik verwendet werden.

3.5.2 Wärmemengenzähler

Wärmemengenzähler erfassen durch einen direkten Einbau in die Rohrleitung die zur Errechnung der verbrauchten Wärmemenge erforderlichen Größen. Über Widerstandsthermometer werden dazu die Vor- und

Rücklauftemperatur gemessen. Ein Volumenmeßteil auf Basis von Turbinenzählern oder Ultraschallmessung erfaßt den aufgetretenen Durchfluß. Mit Hilfe eines Mikroprozessors werden diese Werte anschließend zum Wärmeverbrauch folgendermaßen verrechnet:

$$Q = V \cdot (t_{VL} - t_{RL}) \cdot K \qquad \text{(Gl. 3.22)}$$

Q Wärmemenge
t_{VL} Vorlauftemperatur
t_{RL} Rücklauftemperatur
K Wärmekoeffizient

und in gesetzlichen Einheiten zur Anzeige gebracht. Das Prinzipbild eines Wärmemengenzählers ist in Bild 3.86 dargestellt.

Durch einen Impuls am Volumengeber (entspricht einer festgelegten durchflossenen Wassermenge, Impulswertigkeit) wird die Berechnung der verbrauchten Wärmemenge am Mikroprozessor gestartet. Es wird damit die Temperaturabfrage am Vor- und Rücklauftemperaturfühler ausgelöst, die Temperaturdifferenz gebildet und nach einer Analog-Digital-Umsetzung dem eigentlichen Wärmemengenrechner zugeführt. Er ermittelt wie oben bereits aufgeführt den Verbrauch. Wichtig ist dabei eine sinnvolle Wahl der Impulswertigkeit. Eine zu hohe Impulswertigkeit bedeutet lange Zeitabstände zwischen zwei Durchflußimpulsen. Damit kann die Meßgenauigkeit durch zwischenzeitliche Änderung der Temperaturwerte erheblich verschlechtert werden. Eine zu kleine Impulswertigkeit bedeutet fortlaufendes Berechnen am Mikroprozessors mit einer entsprechenden Belastung der Batterie. Ein sinnvoller Kompromiß ist anzustreben.

Über den gleichzeitig errechneten Wärmekoeffizienten K erfolgt eine automatische Dichte- und Enthalpiekorrektur des Mediums. So werden

Bild 3.86
Aufbau eines elektronischen Wärmemengenzählers

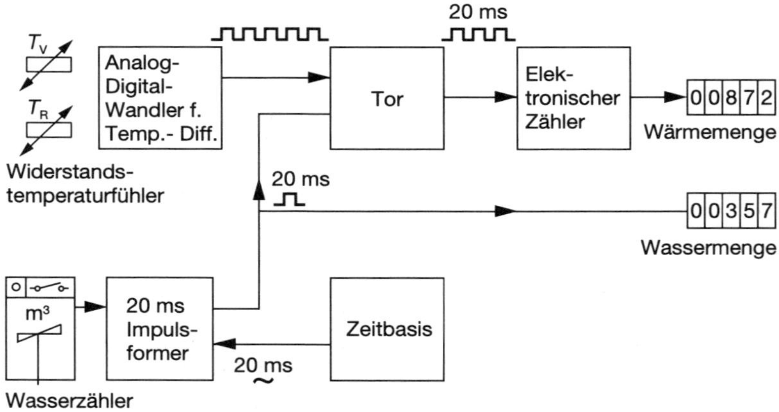

Dichte- und Enthalpieunterschiede durch sich verändernde Betriebszustände ausgeglichen. Hier zeigt sich auch die Notwendigkeit der strikten Einhaltung des angegebenen Einbauortes des Volumengebers. Ansonsten wird bei der Korrektur eine falsche Temperaturzuordnung vorgenommen, und es entstehen damit zusätzliche Fehler.

Mechanische Wärmemengenzähler sind mittlerweile vollständig durch die elektronischen Wärmezähler verdrängt worden. Sie erlauben eine höhere Genauigkeit und ermöglichen die bereits erwähnten Korrekturen.

Wärmemengenzähler sind eichfähig und eichpflichtig.

Kompaktgeräte

Elektronische Wärmemengenzähler werden als Kompakt- und als Kombinationsgeräte angeboten. Dabei stellen die Kompaktgeräte eine bauliche Einheit von Volumengeber, Rücklauffühler und Wärmemengenrechner dar. Alle Komponenten inklusive des Vorlauffühlers sind bereits verdrahtet. Somit ist diese Ausführungsform montagefreundlich. Allerdings kann es durch die Vorkonfektionierung zu Entfernungsproblemen zwischen den Fühlern und dem Wärmemengenrechner kommen. Im Falle eines Defektes ist ein Komplettaustausch nötig.

Kombinationsgeräte

Die Kombinationsgeräte werden aus den einzelnen Komponenten selbst aufgebaut und angeschlossen. Durch Auswahl der geeigneten Einzelteile kann die Meßeinrichtung sehr gut an die Betriebsverhältnisse angepaßt und selbst größere Entfernungen überbrückt werden. Die Temperatur-, der Durchflußfühler sowie das Rechenwerk müssen einzeln zugelassen und beglaubigt sein.

Beim Einsatz eines Wärmemengenzählers sind entsprechende vereinbarte Kennwerte entsprechend der Anlage 22 zur Eichordnung zu berücksichtigen bzw. die Meßeinrichtung nach diesen Werten auszuwählen. Nur so wird die Einhaltung der Fehlergrenzen gewährleistet. Dabei sind vom Anwender speziell die folgenden Kennwerte zu beachten und einzuhalten:

Kennwerte

Der **Temperaturbereich** stellt dabei den zulässigen Bereich der Temperaturwerte der Wärmeträgerflüssigkeit dar, bei dem das Gerät bzw. Teile davon betrieben werden dürfen, ohne daß die Fehlergrenzen des Gerätes überschritten werden. Ein Überschreiten dieser Werte würde einen Betrieb im nicht geprüften Bereich darstellen.

Die **Rechenwerk-Temperaturdifferenz** ist die zulässige Temperaturdifferenz zwischen Vor- und Rücklauf, die durch die Fühler erfaßt und durch das Rechenwerk verarbeitet werden kann, ohne daß die Fehlergrenzen überschritten werden. Die Angabe erfolgt entsprechend in Kelvin und liegt z.B. zwischen 3 ... 120 K.

Die obere Grenze des Volumenstromes durch den Volumengeber wird als **Nenndurchfluß** Q_n angegeben. Er ist der höchste Volumen-

Kennwerte

strom, bei dem der hydraulische Geber des Wärmemengenzählers im ununterbrochenen Betrieb ohne Überschreitung der Fehlergrenzen bzw. des größten Druckverlustes betrieben werden darf. Dabei beträgt die maximale Meßtoleranz beim Nenndurchfluß ± 3 %. Die Überschreitung von Q_n ist heute für den rechtsgeschäftlichen Verkehr nicht mehr zulässig.

Der **Übergangsdurchfluß** Q_t stellt die obere Grenze des unteren Belastungsbereiches dar. Es ist derjenige Durchfluß, bei dem die Fehlergrenze von ± 3 % auf ± 5 % in Richtung kleinerer Durchflüsse anwachsen darf.

Der **minimale Durchfluß** Q_{min} stellt die untere Grenze des Durchflusses für den Einsatz des Volumengebers dar. Im Bereich vom minimalen bis zum Übergangsdurchfluß beträgt somit der Fehler ± 5 % (Bild 3.87).

Im praktischen Einsatz kann die Durchflußmenge zwischen Winterbetrieb und Einsatz in den Übergangsperioden sehr stark schwanken. Es können dabei teilweise nur Bruchteile des Winterdurchflusses erreicht werden, die aber vom Wärmemengenzähler genauso mit hoher Genauigkeit erfaßt werden müssen. Welche Meßspanne ein Volumengeber dabei benötigt, muß sorgsam entschieden werden. Um diesen Sachverhalt zu vereinfachen, hat man in der Eichordnung **metrologische Klassen** (siehe auch Abschnitt 3.4.4) festgelegt. Sie legen fest, bei welchen Prozentwerten des Nenndurchflusses der Übergangsdurchfluß bzw. der minimale Durchfluß liegt, und bestimmen somit die Meßspanne des Volumengebers. In Tabelle 3.10 sind die Zuordnungen zu finden.

Es werden drei Klassen unterschieden. Die ungünstigste Klasse A besitzt beispielsweise nur ein Viertel der Meßspanne der Klasse C.

Die metrologischen Klassen sind in den Herstellerunterlagen bzw. auf dem Zähler vermerkt. Zu beachten ist aber, daß sich die Klasse mit

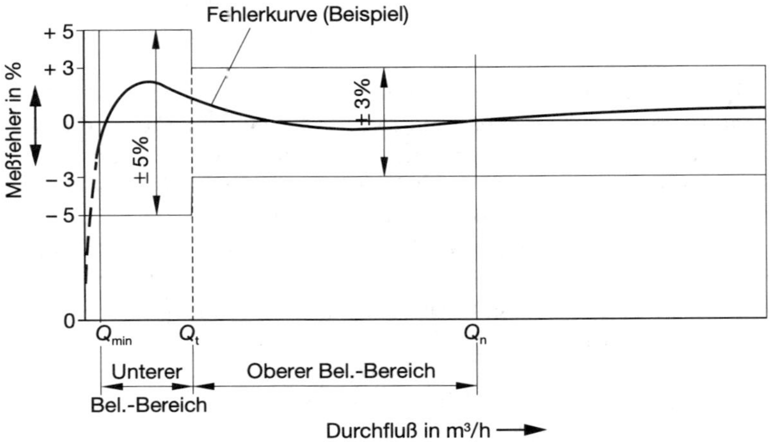

Bild 3.87
Eichfehlerkurve eines Flügelradzählers

Tabelle 3.10 Metrologische Klassen bei Wärmemengenzählern

Metrologische Klassen		< 15 m³/h Flügelrad-zähler)	Meßspanne $Q_n:Q_{min}$	≥ 15 m³/h (Woltmann-zähler)	Meßspanne $Q_n:Q_{min}$
A	Q_{min}	0,04 Q_n	1:25	0,08 Q_n	1:12,5
	Q_t	0,10 Q_n		0,20 Q_n	
B	Q_{min}	0,02 Q_n	1:50	0,04 Q_n	1:25
	Q_t	0,08 Q_n		0,15 Q_n	
C	Q_{min}	0,01 Q_n	1:100	0,02 Q_n	1:50
	Q_t	0,06 Q_n		0,10 Q_n	

der Einbaulage verändern kann. So führt der Einbau in senkrechte Leitungen in der Regel zur Verschlechterung der metrologischen Klasse. Ausnahmen bilden hier die Volumengeber auf Ultraschallbasis.

Der durch den Volumengeber verursachte **Druckverlust** wird als der Druckverlust des Wärmemengenzählers angegeben. Verluste durch die Temperaturfühler werden normalerweise unberücksichtigt gelassen.

In der Eichordnung sind für Volumengeber von Wärmemengenzähler Nenndurchfluß und **Nenndurchmesser** wie in den Tabellen 3.11 und 3.12 dargestellt einander zugeordnet:

Selbstverständlich ist wie bei anderen Armaturen der entsprechende Betriebsdruck der Anlage zu beachten und ein zugehöriger Nenndruck für den Wärmezähler auszusuchen.

Einbauplanung/Einbauhinweise

Bereits in der Planungsphase für den Einbau von Wärmemengenzählern können erhebliche Fehler gemacht werden, die den Sinn der Messung vollkommen in Frage stellen. Entscheidend für die Genauigkeit der Messung ist die richtige Wahl des Meßortes. Theoretischerseits gibt es mehrere richtige Einbaustellen für die Temperaturfühler und den Volumengeber. Sie liefern korrekte, aber durchaus unterschiedliche Meßergebnisse. Beim Einbau unmittelbar an den Wohnungseingängen wird der Wärmeverbrauch in den Wohnungen erfaßt. Rohrleitungsverluste außerhalb bleiben unberücksichtigt. Erfolgt hingegen der Einbau an der

Tabelle 3.11 Zuordnung Nenndurchfluß und Nennweite bei Flügelradzählern

Q_n in m³/h	1	1,5	2,5	3,5	6	10	15
DN	10	15,20	20	25	32	40	50

Tabelle 3.12 Zuordnung Nenndurchfluß und Nennweite bei Woltmannzählern

Q_n in m³/h	15	25	40	60	125	100	150
DN	50	65	80	100	125	150	150

Verteilungsstelle, so werden diese Verluste der Zu- und Rückführleitungen mit ermittelt. Ähnlich stellt sich die Situation an der Schnittstelle zwischen einem Wärmeversorgungsnetz und Verbrauchern dar. Hier finden wir üblicherweise Wärmetauscher, und es ist zu entscheiden, ob die Verluste des Tauschers mit gemessen werden sollen oder nicht. Hinzu kommen bei Messungen vor dem Wärmetauscher im allgemeinen höhere Temperaturen bzw. Drücke. Vielfach entscheidet auch die Anlagenbetriebsweise über den endgültigen Einbauort. Einige wichtige Kriterien sollen im folgenden etwas breiter erläutert werden.

Gleichartiger Einbau

Sehr wichtig ist ein gleichartiger Einbau aller Wärmemengenzähler. Dazu zählt unter anderem der Einbau in gleiche Anlagenteile (z.B. Primär- und Sekundärkreis, Bild 3.88). So ergeben sich für alle Nutzer einheitliche Meßergebnisse, die auch untereinander vergleichbar sind. Selbst die Einbaulage der Volumengeber sollte einheitlich vorgesehen werden. Dies bedeutet für die Geräte die gleiche Änderung der metrologischen Klasse und wiederum einheitliche Bedingungen.

Für alle Wämemengenzähler gilt der Einbau des Volumengebers in den Strang der niederen Temperatur. Da, wie bereits weiter oben beschrieben, eine automatische Dichte und Enthalpiekorrektur durchgeführt wird, ist die Einhaltung dieser Forderung ein wichtiger Aspekt. Im einzelnen bedeutet dies für den Einbau des Volumengebers:

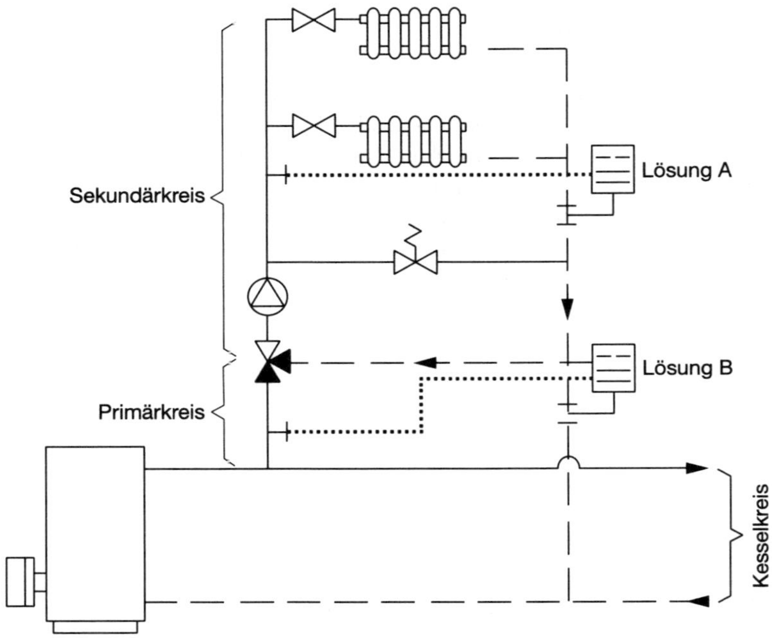

Bild 3.88
Einbau eines Wärmemengenzählers

❑ für Heizungsanlagen in den Rücklauf,
❑ für Kälteanlagen in den Vorlauf.

Forderungen

Ist aus Platz- oder anderen Gründen ein Einbau nur in den Zweig der höheren Temperatur möglich, so muß ein vom Hersteller für diesen speziellen Einbaufall vorgesehener Wärmemengenzähler bezogen werden. Dann erfolgt wieder eine ordnungsgemäße Korrektur.

Gleichkreisregel

Ein anderer sehr wichtiger Aspekt ist die Einhaltung der Gleichkreisregel. Sie besagt, daß ein Einbau des Wärmemengenmessers mit seinen Fühlern *sicher richtig* ist, wenn zum Zeitpunkt des Meßablaufs an allen Fühlern die gleiche Wassermenge fließt. Bild 3.89 verdeutlicht die Einhaltung dieser Regel durch richtigen bzw. falschen Einbau der einzelnen Komponenten.

Eine Analyse der Anlagenbetriebsweisen zeigt, daß unterschiedliche Heiz- bzw. Kältekreisläufe bezüglich des Durchflußverhaltens bestehen. Es ergeben sich Kreise, bei denen während des Betriebs ein ständiger Wasserumlauf stattfindet. Dabei schwankt der Volumenstrom nur in einem begrenzten Bereich. Nicht ständig durchflossene Kreise zeigen dagegen starke Schwankungen des Volumenstromes. Es treten Mengen auf, die sehr kleine Werte annehmen können. Problemlos ist hingegen die Durchflußmenge Null, da hier vom Volumengeber kein Impuls ausgeht und somit keine Berechnung einer Wärmemenge erfolgt.

Einbau des Volumengebers

Bei einem Einbau des Volumengebers in ständig durchflossene Kreise sind bei richtiger Dimensionierung des Zählers im Regelfall keine Mindermengenprobleme zu erwarten.

Mindermengenprobleme

Als Mindermengenproblemen wird die Tatsache verstanden, daß der Durchfluß durch den Volumengeber häufig oder ständig so klein wird,

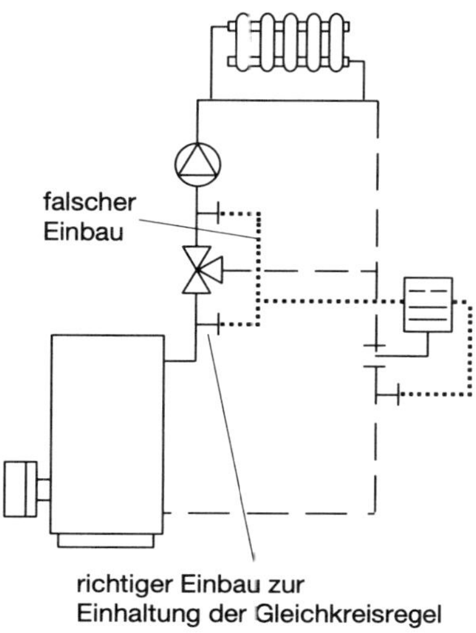

Bild 3.89
Einbau eines Wärmemengenzählers – Einhaltung der Gleichkreisregel (richtiger und falscher Einbau der Meßelemente)

daß die dadurch entstandenen Meßungenauigkeiten unvertretbar hoch werden. Dies ist der Fall, wenn vom Volumengeber ständig oder häufig im Bereich zwischen Übergangs- und minimalem Durchfluß oder sogar darunter gemessen werden muß.

Durchflußgeber für ständig durchflossenen Kreise sollten so ausgelegt werden, daß der tatsächliche Durchfluß zwischen 50 und 80 % des Nenndurchflusses liegt. Der Nenndurchfluß legt ja gleichzeitig die Größe des Wärmemengenzählers fest. Falsch ist die Wahl des Wärmemengenzählers immer zur größeren Nennweite. Nach dem kleineren Druckverlust ausgewählte Geber laufen im täglichen Betrieb überwiegend im Mindermengenbereich und liefern unbrauchbare Ergebnisse.

Die Meßgenauigkeit ist stets wichtiger als der Druckverlust!

Bei ständig durchflossenen Kreisen sollte im Nichtheizfall die entsprechende Umwälzpumpe abgeschaltet werden. Damit wird der Durchflußgeber nicht belastet bzw. es erfolgt keine Errechnung der verbrauchten Wärmemenge.

Einbau in nicht ständig durchflossene Kreise

Etwas anders stellt sich der Einbau in nicht ständig durchflossene Kreise dar. Hier ist eine sorgsame Auswahl des Meßortes wichtig. Die Gefahr von Mindermengenproblemen ist sehr schnell bei den verschiedenen Betriebsweisen bzw. in den Übergangsperioden gegeben. Daher ist eine Analyse der Anlagenbetriebsweise angebracht. Dabei sollten folgende Fragen geklärt werden:

Analyse der Anlagenbetriebsweise

- ❑ Wie hoch ist der kleinste zu erwartende Durchfluß?
- ❑ Welche Werte hat der minimale bzw. Übergangsdurchfluß bei dem in Frage kommenden Durchflußgeber?
- ❑ Wie wird der Bereich zwischen minimalem und Übergangsdurchfluß durchfahren? Bewegt sich der Durchfluß im täglichen Betrieb häufig oder ständig in diesem Bereich? Tritt dieser Fall ein, so ist der Zähler zu groß bzw. der Einbauort ungünstig gewählt. Es sollte im Interesse der Meßgenauigkeit eine Überprüfung stattfinden.

Die seitens von Herstellern empfohlene Auslastung mit 50 bis 80 % vom Nenndurchfluß wird bei nicht ständig durchflossenen Kreisen vernachlässigt. Bei der Zählerauslegung geht man durchaus in die Nähe des Nenndurchflusses, da diese errechnete Gesamtdurchflußmenge nur selten bzw. kurzzeitig erreicht wird. Erst wenn die Mindermengenprobleme beherrscht werden, kann zur Entscheidung bei der Auswahl des Gebers der Druckverlust herangezogen und berücksichtigt werden.

Einbau der Temperaturfühler

Auf jeden Fall ist auf einen sorgsamen Einbau der Temperaturfühler zu achten. Neben den allgemeinen Einbauhinweisen von Temperaturfühlern in Rohrleitungen (siehe Abschnitt 3.1.4) sollten speziell die folgenden Punkte beachtet werden:

Die Temperaturfühler dürfen nicht im thermischen Einflußbereich anderer Einleitungen untergebracht werden. Auch der Einbau in Totwasserzonen bzw. Luftpolster muß verhindert werden. Die Masse der Temperaturfühler inklusive ihrer Tauchhülsen sollte möglichst gering gehalten werden, um so eine gute Dynamik der Meßstellen zu gewährleisten. Weiterhin ist auf die Symmetrie der Meßfühler zu achten, um gleiches zeitliches Verhalten zu garantieren.

Die besten Ergebnisse werden bei einem direkten Einbau in das Medium erreicht. Viele Hersteller statten dazu den Lieferumfang des Wärmemengenzählers mit z.B. einem Kugelhahn zum Einbau des Vorlauffühlers aus.

Kommen Tauchhülsen zum Einsatz, so müssen die Hülsen und die Temperaturfühler aufeinander abgestimmt sein. Der Wärmeübergang und damit das Ansprechverhalten kann durch Verwendung von etwas Wärmeleitpaste verbessert werden. Die Anbringung einer Dämmung der Fühleraußenteile verbessert ebenfalls die Genauigkeit der Meßstellen.

Ein häufiger Fehler bei Kombinationsgeräten tritt durch den Anschluß falscher Widerstandsthermometer auf. Es ist unbedingt darauf zu achten, daß der Fühlertyp (z.B. Pt 500) mit dem auf dem Rechenwerk aufgedruckten Typ übereinstimmt. Die Länge und Art der Anschlußleitung der beiden Temperaturfühler muß ebenfalls übereinstimmen. Nur so kann eine einwandfreie Temperaturdifferenz zwischen Vor- und Rücklauf erfaßt werden. Außerdem sind die Herstellerunterlagen bezüglich der evtl. Verwendung geschirmter Leitungen zu berücksichtigen. Kabelverlängerungen sind so zu gestalten, daß die Verbindungsstelle sich in einer verplombbaren Dose befindet und ein geringer Übergangswiderstand (z.B. durch Verlöten) gewährleistet wird. Auf die Beachtung gleicher Leitungslängen für Vor- und Rücklauffühler sei an dieser Stelle nochmals hingewiesen.

Vorsehen von Schmutzfängern bzw. Magnetitfiltern

Bei der Einbauplanung sind entsprechend den Herstellervorgaben bzw. der DIN EN 1434-6 die Einbauanforderungen zu berücksichtigen. Durchflußgeber sollten durch das Vorsehen von Schmutzfängern bzw. Magnetitfiltern geschützt werden. Der Geber sollte weiterhin zwischen zwei Absperrarmaturen eingebaut werden, damit bei einem erforderlichen Wechsel des Durchflußgebers dies ohne eine Entleerung der Anlage geschehen kann. Ein vorhandener Rückflußverhinderer unterdrückt beim Abschalten der Pumpe ein Rückfließen des Mediums aus anderen Kreisen.

Beruhigungsstrecken

Je nach zum Einsatz kommenden Volumengeber sind evtl. Beruhigungsstrecken erforderlich. Flügelradzähler erfordern keine Einlaufstrecke. Bei Woltmannzählern hingegen werden diese Strecken benötigt bzw. sind Strömungsgleichrichter vorzusehen.

Die elektronischen Wärmemengenrechner bedürfen auch einer Berücksichtigung in der Planungsphase. Für den Einbau ist ein trockener und staubfreier Platz vorzusehen. Der Zugang sollte für Wartungs- und Ablesearbeiten gut zugänglich sein und Umgebungstemperaturen von maximal 50 °C aufweisen. Um die Gefahr von Fremdeinflüssen zu minimieren bzw. auszuschließen, sind vorgegebene Abstände zu Fremdspannungsquellen (wie z. B. Elektromotoren, Pumpen o. ä.) einzuhalten. Wird der Wärmemengenzähler aus dem Netz (230 V~) gespeist, so ist der Anschluß fachgerecht und manipulationssicher auszuführen.

Bei der Montage der Wärmemengen-Meßeinrichtung sind ebenfalls die Angaben der Hersteller bindend. Falsche Einbaulage bzw. Durchflußrichtung führt unweigerlich zum Eichverlust, und der Zähler ist für den rechtsgeschäftlichen Verkehr nicht mehr zugelassen. Die Einzelteile sollten bis zum endgültigen Einbau in die Anlage in der Originalverpackung verbleiben und sorgsam behandelt werden. Nicht nur bei der Einbauplanung, sondern unbedingt auch beim Einbau selbst ist der Volumengeber in den Zweig der niederen Temperatur einzusetzen. Vorgesehene Einlauf- bzw. Beruhigungsstrecken sind entsprechend beim Einbau zu berücksichtigen. Eine Spülung der Anlage vor Einbau des Volumengebers ist genauso erforderlich wie eine ordnungsgemäße Verplombung der Fühler und Verbindungen bzw. der sorgsame Einbau von Dichtungen.

Zu einem korrekten Abschluß des Einbaus gehört die Notierung der Anfangszustände des Wärmemengenrechners.

Dimensionierung des Zählers

Sind alle Punkte bei der Einbauplanung berücksichtigt, bedarf es der eigentlichen Dimensionierung des Wärmemengenzählers. Die Auslegung erfolgt in erster Linie über den Volumenstrom des Durchflußgebers. Erst in zweiter Instanz erfolgt die Berücksichtigung des Druckverlustes.

Die folgende Vorgehensweise kann als Schrittfolge zur Auswahl vorgesehen werden:

Vorgehensweise

1. Ermittlung der Durchflußmenge in der Anlage
   Dies kann über den Wärmebedarf bzw. die Leistung des Verbrauchers und der Temperaturspreizung nach den einschlägigen Formeln erfolgen. Es wird damit der Auslegungsvolumenstrom der Anlage ermittelt.
2. Auswahl eines geeigneten Wärmemengenzählers aus Herstellerunterlagen anhand der Durchflußmenge und damit Festlegen des Nenndurchflusses:
   Der Nenndurchfluß des Volumengebers ist so zu wählen, daß der Auslegungsvolumenstrom der Anlage abgedeckt werden kann. Für den rechtsgeschäftlichen Verkehr darf der Nennvolumenstrom des Gebers nicht überschritten werden. Der Einbauort in einen ständig bzw. nicht ständig durchflossenen Kreis mit seinen Besonderheiten (siehe oben) bestimmt den Volumengeber mit.

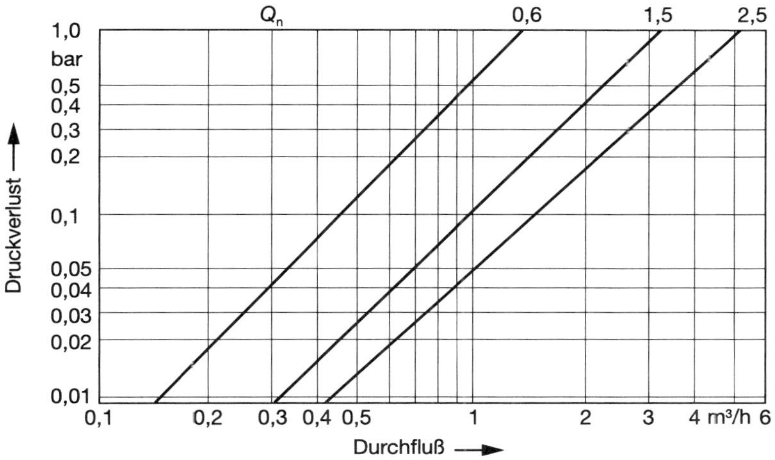

Bild 3.90
Druckverlustdiagramm eines Wärmemengenzählers

3. Ermittlung des minimalen und des Übergangsdurchflusses aus den Herstellerunterlagen
4. Prüfung mit Anlagendaten und Anlagenbetriebsweise:
   Auch hier spielt der Einbau des Durchflußgebers in einen ständig bzw. nicht ständig durchflossenen Kreis eine wichtige Rolle. Es ist die Frage nach auftretenden Mindermengen anhand der Anlagendaten und Betriebsweise zu prüfen. Gegebenenfalls ist der Einbauort zu verändern oder durch andere geeignete Maßnahmen das Auftreten von Mindermengen im Interesse der Meßgenauigkeit auszuschließen.
5. Ermittlung und Überprüfung des Druckverlustes anhand der Druckverlustdiagramme der Hersteller:
   Nach der Festlegung eines geeigneten Wärmemengenzählers wird sein Druckverlust bei dem Auslegungsvolumenstrom der Anlage überprüft. Dazu stellen die Hersteller entsprechende Druckverlustdiagramme (Bild 3.90) zur Verfügung. Sind mehrere Volumengeber unter Berücksichtigung der Punkte 1 bis 4 möglich, kann die Entscheidung zum kleineren Druckverlust fallen. 🕮

🕮
Siehe Themenband «Heizungsanlagen»

3.6 Schallpegelmessung

Lärm zählt zu den unangenehmen Begleiterscheinungen im Wohn- wie auch im Arbeitsbereich. Treffen hier verschiedene Faktoren zusammen, so kommt es nicht nur zur Belästigung, sondern sogar zur Schädigung des Menschen. Es gilt daher z. B. im Bereich raumlufttechnischer Anlagen o. ä. die Ursachen für negative Auswirkungen zu minimieren bzw.

die geforderten Regelungen der entsprechenden Richtlinien umzusetzen. Dies setzt die Kenntnis von Begriffen zur Schallpegelmessung voraus.

Grundlagen der Akustik

Begriffe

Unter **Schall** versteht man mechanische Schwingungen materieller Teilchen eines elastischen Mediums um eine Mittellage im wahrnehmbaren Bereich des menschlichen Gehörs. Dabei unterscheidet man *Luftschall* (Schwingungen im Medium Luft) und *Körperschall* (Schwingungen in festen Stoffen).

Handelt es sich um eine sinusförmige Schwingung, so spricht man von einem **Ton**. Mehrere gleichzeitig hörbare Töne ergeben schließlich einen *Klang*. Ihm kann stets eine bzw. können mehrere Tonhöhen zugeordnet werden.

❶ *Schall mit vielen beliebigen Frequenzen*

Technische Schallquellen, wie Aggregate, Lüfter usw., erzeugen Geräusche. Wirkt dieses ❶ **Geräusch** störend, so wird es als *Lärm* eingestuft.

Das menschliche Ohr nimmt Geräusche in der Regel über den Luftschall auf. Eine Geräuschquelle versetzt die sie umgebende Luft in Schwingungen. Dies hat ein abwechselndes Verdichten und Entspannen der Luft zur Folge und überlagert sich dem vorhandenen atmosphärischen Druck. Die Fortpflanzung erfolgt dann in der Luft wellenförmig.

Je stärker die Verdichtung bzw. Entspannung der Luft durch die Schallquelle geschieht, um so größer ist die Druckänderung und um so lauter wird das Geräusch vom Menschen empfunden. Die Schallwellen erzeugen also gegenüber dem atmosphärischen Druck Druckänderungen mit einer Anzahl von Verdichtungen bzw. Entspannungen pro Zeiteinheit (Frequenz f).

Man spricht bei diesen Druckänderungen vom sogenannten **Schalldruck** p. Er stellt den quadratischen Mittelwert aus dem Verdichtungs- ($p+$) und Entspannungsdruck ($p-$) dar (Bild 3.91). Die Größenangabe erfolgt in Pascal oder Mikrobar. Für die Wahrnehmung durch den Men-

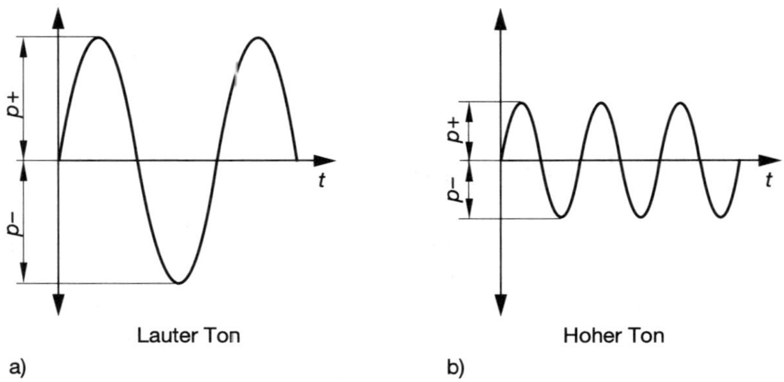

Bild 3.91 Druckverläufe beim Schall
a) lauter Ton
b) hoher Ton

schen muß dieser Schalldruck einen Mindestwert besitzen, auch als *Hörschwelle* $p_0 = 2 \cdot 10^{-5}$ Pa (bezogen auf eine Frequenz von 1000 Hz) bezeichnet.

Wird ein bestimmter Schalldruck erreicht bzw. überschritten, so kann das Geräusch vom Menschen nur noch als Schmerz empfunden werden; man spricht hier auch von der *Schmerzschwelle* ($p = 20$ Pa).

Der Hörbereich des Menschen liegt in etwa zwischen 16 Hz und ca. 16 ... 18 kHz in Abhängigkeit des Alters bzw. evtl. Lärmschädigungen. Je höher die Frequenz des Schalles ist, desto höher wird er wahrgenommen. Schall mit dem gleichen Schalldruck wird aber vom Menschen in Abhängigkeit der Frequenz unterschiedlich laut wahrgenommen. Diese Tatsache wird bei der Schallpegelmessung entsprechend berücksichtigt.

Für die Wahrnehmung des Schalles und die Beschreibung der Schallausbreitung in einem Schallfeld ist somit der Schalldruck maßgebend. Er kann sich örtlich ändern, während die Schallquelle selbst unverändert bleibt. Wichtig ist damit für die Angabe des Schalldruckes ein Verweis auf die Entfernung von der Schallquelle.

Eine andere, ortsunabhängige Angabe ist die der **Schalleistung** einer Geräuschquelle. Sie ist eine theoretische Größe, die nicht meß-, aber errechenbar (Bild 3.92) ist:

$$P = p \cdot u \cdot S \quad [\mathrm{W}] \qquad \text{(Gl. 3.23)}$$

p Schalldruck im Abstand *a* von einer punktförmigen Schallquelle
u Schallschnelle, Geschwindigkeit der bewegten Luftteilchen
S Fläche um eine Schallquelle senkrecht zur Fortpflanzungsrichtung des Schalles, auf der Schalldruck gemessen wird

Die Schalleistung bezieht sich stets auf die Schallquelle. Sie ist entfernungs- und raumunabhängig.

Um das Rechnen mit großen unhandlichen Zahlen zu umgehen, ist es üblich, Schalldruck und auch Schalleistung nicht in ihren Einheiten anzugeben. Sie werden vielmehr auf vereinbarte Größen bezogen und logarithmisch dargestellt. Diese Werte werden dann als Schalldruckpegel bzw. Schalleistungspegel bezeichnet.

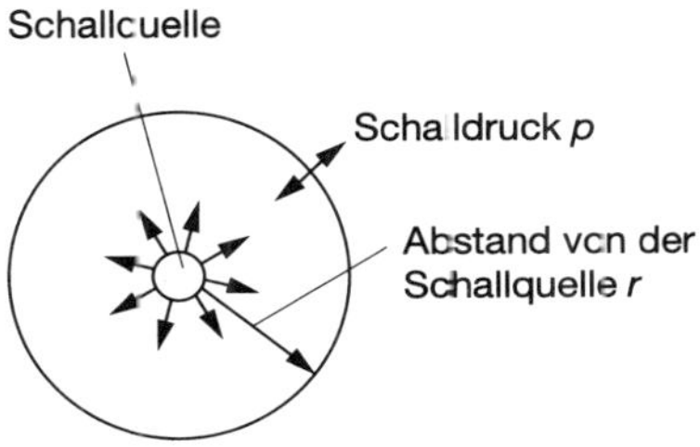

Bild 3.92
Schalleistungspegel

Dazu werden die Drücke nicht in ihren Absolutzahlen, sondern durch die Potenz einer mit der Grundzahl Wurzel aus 10 gebildeten Zahlenreihe mit der Benennung Bel angegeben. Ein Bel ist eine reine Verhältnisangabe und bedeutet 10fache Leistung oder Wurzel aus 10fachem Druck, 2 Bel 100fache Leistung oder 10facher Druck.

Da diese Stufung für die Praxis aber zu grob ist, wird die große Stufe nochmals in 10 unter sich gleich große, ebenfalls logarithmisch geteilte kleinere Stufen aufgespaltet. Ein Bel hat somit 10 Dezibel, 2 Bel 20 Dezibel usw.

Für die Ermittlung des **Schalldruckpegels** L_p wird die Hörschwelle als Bezugspunkt herangezogen. Als Formel ausgedrückt, stellt sich der Sachverhalt so dar:

$$L_p = 10 \cdot \lg \left(\frac{p}{p_0} \right)^2 = 20 \cdot \lg \left(\frac{p}{p_0} \right) \quad [\text{dB}] \qquad \text{(Gl. 3.24)}$$

$p_0 = 2 \cdot 10^{-5}$ Pa

Tabelle 3.13 stellt die Schallpegelzuordnung dar.

Parallel dazu kann mit Hilfe einer definierten Schalleistung von $P_0 = 10^{-12}$ W als Bezugsgröße auch der **Schalleistungspegel** LW ermittelt werden:

$$L_w = 10 \cdot \lg \frac{P}{P_0} \quad [\text{dB}] \qquad \text{(Gl. 3.25)}$$

Tabelle 3.13 Schallpegelzuordnung

Schalldruckpegel in dB	Schalldruck in Pa	Beispiele
0	$20 \cdot 10^{-6}$	Hörschwelle
5	$35{,}6 \cdot 10^{-6}$	Absolute Stille
10	$63{,}2 \cdot 10^{-6}$	Normales Atmen
15	$11{,}2 \cdot 10^{-5}$	Sehr leises Flüstern
20	$20 \cdot 10^{-5}$	Blätterrascheln in leichtem Wind
30	$63{,}2 \cdot 10^{-5}$	Normales Flüstern in 1 m Entfernung
40	$20 \cdot 10^{-4}$	Uhrenticken, Wohngegend bei Nacht
50	$63{,}2 \cdot 10^{-4}$	Normale Unterhaltung, ruhiges Büro
60	$20 \cdot 10^{-3}$	Laute Unterhaltung, Schreibmaschine
70	$63{,}2 \cdot 10^{-3}$	Verkehrsreiche Straße
80	$20 \cdot 10^{-2}$	Starker Straßenlärm
90	$63{,}2 \cdot 10^{-2}$	Lautes Schreien
100	2	Motorradrennen, Preßlufthammer
110	6,32	Kesselschmiede, lauter Donner
120	20	Flugzeugmotor mit laufendem Propeller Schmerzschwelle
140	200	Düsenflugzeug beim Start
170	6325	Start einer großen Rakete

Auch hier gilt für die Angabe des Schalldruckpegels der Zusatz der Entfernung von der Schallquelle.

Liegen mehrere Schallquellen vor, so addieren sich deren Schallpegel logarithmisch (**Schallpegeladdition**). Dabei ist zu unterscheiden, ob es sich um Quellen mit gleicher oder unterschiedlicher Schallintensität handelt.

Die Addition mehrerer gleichartiger Schallquellen ist nach folgender Formel durchführbar:

$$L_{gesamt} = L_1 + 10 \cdot \lg n \quad [dB] \qquad (Gl.\ 3.26)$$

L_1 Schalldruckpegel der Quellen
n Anzahl der gleichen Schallquellen

So ergibt sich beispielsweise eine Schallpegelerhöhung von 3 dB, wenn zwei gleiche Schallquellen vorhanden sind (Bild 3.93).

Bei der Addition von Schallpegeln von Quellen unterschiedlicher Intensität ist stets die Schallquelle mit dem höheren Pegel ausschlaggebend. Man addiert hier zur Quelle mit dem höheren Pegel die Pegeldifferenz der Quellen:

$$L_{gesamt} = L_2 + \Delta L \quad [dB] \qquad (Gl.\ 3.27)$$

L_2 höherer Schallpegel der Quellen
$\Delta L = 10 \lg (1 + 10^{\frac{L_1 - L_2}{10}})$

Auch über Bild 3.94 kann die Schallpegeladdition grafisch ermittelt werden.

Bei einer Schallpegeldifferenz von größer gleich 10 kann man praktisch eine Erhöhung des Gesamtschallpegels nicht mehr wahrnehmen. Der Gesamtschallpegel ist somit gleich dem größeren Einzelpegel. Liegt ein Umgebungsgeräuschpegel um 10 dB unter dem zu messenden Geräuschpegel, so ist er ohne Einfluß auf die Messung.

Wie bereits weiter oben erwähnt, nimmt das menschliche Gehör ein Schallereignis nicht nur als laut oder leise wahr, sondern bewertet in ei-

Bild 3.93
Schallpegeladdition gleicher Quellen

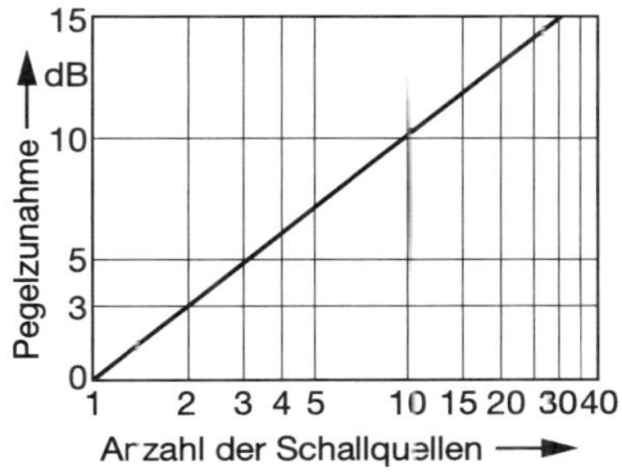

Bild 3.94
Schallpegeladdition ungleicher Quellen

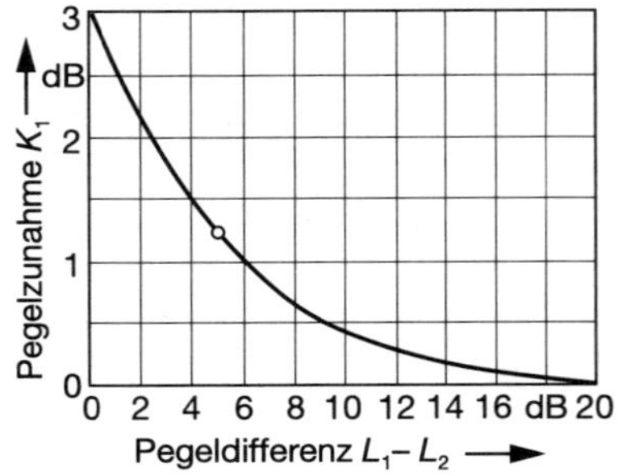

ner ganz bestimmten Art und Weise das Schallereignis als störend oder lästig. Bei niedrigen bzw. hohen Frequenzen nimmt die Empfindlichkeit zunehmend ab. Die größte Empfindlichkeit liegt im Frequenzbereich von ca. 3 bis 4 kHz.

Bewertungskriterien

In sogenannten Bewertungskriterien wird durch festgelegte Korrekturen der Meßwerte das Gehörempfinden bezüglich Frequenz, Intensität und Zeitdauer der Einwirkung bewertet.

Bei der **Frequenzbewertung** haben sich verschiedene Bewertungen eingebürgert. Der A-bewertete Schalldruckpegel (L_A) wird heute fast ausschließlich zur Kennzeichnung der Lautstärke von Geräuschen herangezogen. Diese Bewertung ist ein Maß für die Stärke eines Störgeräusches, wobei die Eigenart des menschlichen Ohres, niedrige Töne weniger laut zu empfinden als höhere, berücksichtigt ist. Dies geschieht durch die Einschaltung geeigneter Filter in den Schallpegelmesser, die den Schallpegel nach der in der DIN 45669 angegebenen A-Bewertungskurve einordnen. Beispielsweise muß der Schalldruckpegel von 70 dB bei einer Frequenz von 125 Hz um 16 dB vermindert werden, damit sich der A-Schalldruckpegel ergibt. Das menschliche Ohr nimmt also diesen Schall mit einer Frequenz von 125 Hz nur mit einem Schalldruckpegel von 54 dB wahr.

Der D-bewertete Schalldruckpegel kennzeichnet die Erträglichkeit bzw. Lästigkeit von Geräuschen. Er wird vorzugsweise bei der Messung von Fluglärm angewandt. Die Bewertungen B und C sind heute weniger im Einsatz.

Außerdem wird in den Meßgeräten der zeitliche Verlauf von Schallereignissen durch die **Zeitbewertung** berücksichtigt. Die Zeitbewertung *Slow* (langsam) findet zur Effektivwertmessung Anwendung. Die Einstellung *Fast* (schnell) wird zur Anzeige schwankender Pegel herangezogen. Sie ist dem Zeitverhalten des menschlichen Ohres am ähnlichsten. Mit der Zeitbewertung *Impuls* werden schnell veränderliche bzw. nur kurz andauernde Schallereignisse bewertet. Bei diesen ist häufig der Spitzenwert interessant. Diese Bewertung findet man jedoch nur bei speziellen Impulsschallpegelmessern wieder.

Die für die Schallpegelmessung anzuwendenden Zeit- und Frequenzbewertungen richten sich nach den Meßvorschriften, die für die Bewertung der Schallereignisse entsprechend der Richtlinien zu verwenden sind. Sie regeln auch einzuhaltende Grenzwerte für die verschiedenen Anlagenkomponenten.

Für technische Schallquellen ist es wichtig zu analysieren, in welchem Frequenzbereich bestimmte Schalldruck- bzw. Schalleistungspegel auftreten. Man führt daher **Oktavbandanalysen** durch. Das gesamte Frequenzspektrum wird durch einstellbare Filter im Schallpegelmesser in einzelne Oktavbänder unterteilt. Der gemessene Pegel in einem Oktavband entspricht dabei der Summe aller Pegel zwischen den Grenzfrequenzen des Bandes. Die Werte aller Oktavbänder werden zum Gesamtpegel addiert. Er ist größer als der größte Einzelwert (vgl. auch [4]).

Häufig ist ein Schallpegel nicht konstant, sondern er verändert sich zeitlich. Um diesen Schallpegel in einer Zahl angeben zu können, muß eine Mittelung erfolgen, es entsteht der sogenannte **Mittelungspegel** L_m. Dabei wird nach DIN 45 641 wie folgt unterschieden:

Unterscheidungen nach DIN 45 641

- ❑ L_{AFm} Mittelungsschallpegel des A-bewerteten Schallpegels mit der Anzeige «fast»,
- ❑ L_{ATm} Mittelungspegel des Takt-Maximal-Pegels nach DIN 45 667, wobei der Wert L_{ATm} dem Mittelungspegel der TA Lärm entspricht,
- ❑ L_{AIm} Mittelungspegel des A-Impulsschallpegels.

Der **Beurteilungspegel** L_r entspricht dem Mittelungspegel mit Zuschlägen für bestimmte Auffälligkeiten. Die Höhe der Zuschläge ist je nach Art, Entstehung und Einwirkort in entsprechenden Normen und Richtlinien wie z.B. DIN 45 645, VDI 2058, TA Lärm und UVV Lärm unterschiedlich festgelegt. Die Anwendung des Beurteilungspegels erfolgt entsprechend:

Anwendung

- ❑ DIN 45 645 in schutzbedürftigen Räumen nach DIN 4109, sofern das Geräusch aus Betriebsräumen kommt,
- ❑ Richtlinie VDI 2058 Blatt 3 oder DIN 45 645 Teil 2 am Arbeitsplatz,
- ❑ Richtlinie VDI 2058 Blatt 1 in der Nachbarschaft oder nach TA Lärm für Geräusche einer nach § 16 der Gewerbeverordnung genehmungsbedürftigen Anlage.

Bei der Planung und Ausführung gebäudetechnischer Anlagen als auch bei der Aufstellung maschinenartiger Geräte in und außerhalb von Gebäuden sind bestimmte Schallpegel einzuhalten (**zulässige Schallpegel**). Sie sind im einzelnen in folgenden Schriften geregelt:

Regelungen

- ❑ DIN 4109 über Schallschutz in Hochbauten für schutzbedürftige Räume (Tabelle 3.14),
- ❑ Arbeitsstättenverordnung § 15 Schutz gegen Lärm (Tabelle 3.15),
- ❑ DIN 1946 Teil 2 für raumlufttechnische Anlagen,

Tabelle 3.14 Zulässige Schallpegel schutzbedürftiger Räume

Geräuschquelle	Art der schutzbedürftigen Räume	
	Wohn- und Schlafräume	Arbeits- und Unterrichtsräume
	kennzeichnender zulässiger Schallpegel	
	dB (A)	dB (A)
Wasserinstallation (Wasserversorgungs- und Abwasseranlagen gemeinsam)	$L_{lm} \leq 35$ [1]	$L_{lm} \leq 35$ [1]
Sonstige haustechnische Anlagen	$L_{AF\,max} = 30$ [2]	$L_{AF\,max} = 35$ [2]
Betriebe[3] tagsüber von 6.00 bis 22.00 Uhr	$L_r \leq 35$	$L_r \leq 35$ [2]
nachts von 22.00 bis 06.00 Uhr	$L_r \leq 25$	$L_r \leq 35$ [2]

[1] Einzelne, kurfristige Spitzen, die beim Betätigen (Öffnen, Schließen, Umstellen, Unterbrechen u. a.) der Armaturen und Geräte der Wasserinstallation entstehen, brauchen z. Zt. nicht berücksichtigt zu werden.

[2] Bei lüftungstechnischen Anlagen sind um 5 dB (A) höhere Werte zulässig, sofern es sich um Dauergeräusche handelt, die keine auffälligen Einzeltöne enthalten.

[3] Bei Betrieben dürfen kurzzeitige Spitzenwerte um nicht mehr als 10 dB (A) überschritten werden, sofern ein Beurteilungspegel nach DIN 45 645 T1 zugrunde liegt.

Tabelle 3.15 Zulässige Schallpegel nach der Arbeitsstättenverordnung

Betätigungsräume	Beurteilungspegel in dB (A)
Räume für überwiegend geistige Arbeiten	55
Räume für überwiegend einfache oder mechanische Tätigkeiten	70
Räume für alle anderen Tätigkeiten	85
Pausen-, Bereitschafts-, Liege- und Sanitärräume	55

- in übrigen Räumen nach Vorgaben der Bauherren oder Planer.
- Bei Schallausbreitung im Freien z.B. durch Luftauslässe, Kühltürme u. ä. sind die in Tabelle 3.16 gegebenen Werte zu beachten.

Aufbau

Beim **Schallpegelmesser** handelt es sich um ein Meßgerät, das aus mehreren Komponenten entsprechend Bild 3.95 aufgebaut ist.

Mittels eines hochwertigen Mikrofons werden die Schalldruckänderungen in elektrische Spannungen umgewandelt. Ein folgender hochwertiger geeichter Vorverstärker übernimmt die Erhöhung der elektrischen Signale. Es folgen Frequenzfilter zur Frequenzbewertung. Damit ist entweder die Auswahl bestimmter Frequenzbereiche zur Frequenzanalyse oder zur Wahl eines vorgegebenen Frequenzganges (z. B. A-Bewertung) möglich. Anschließend wird das Signal wiederum verstärkt,

Tabelle 3.16 Grenzwerte bei Schallausbreitung im Freien

Gültigkeitsbereich	Außen	
Ort	0,5 m vor geöffnetem Fenster bzw. der Grundstücksgrenze oder 3 ... 4 m vor dem Gebäude in 1,2 m Höhe	
Meßwerte		dB (A)
	in Gebieten:	
	ausschließlich mit gewerblichen Anlagen	70
	vorwiegend mit gewerblichen Anlagen	
	tagsüber	65
	nachts	50
	weder vorwiegend mit gewerblichen Anlagen noch vorwiegend mit Wohnungen	
	tagsüber	60
	nachts	45
	vorwiegend mit Wohnungen	
	tagsüber	55
	nachts	40
	ausschließlich mit Wohnungen	
	tagsüber	50
	nachts	35
	in Kurgebieten, vor Krankenhäusern, Pflegeanstalten u. ä. m.	
	tagsüber	45
	nachts	35
	Zur Sicherung der Nachtruhe sollten nachts auch kurzzeitige Überschreitungen der Richtwerte um mehr als 20 dB (A) vermieden werden.	

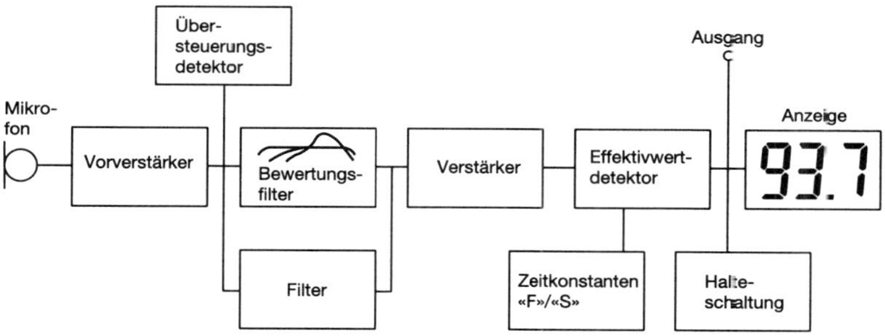

Bild 3.95
Aufbau eines Schallpegelmessers

Bild 3.96
Industrieller Schallpegelmesser

detektiert und angezeigt. Im Zusammenhang mit der Detektierung erfolgt außerdem die Zeitbewertung.

In der Norm DIN EN 60 651 sind für Schallpegel- und Impulsschallpegelmesser (Bild 3.96) 4 Genauigkeitsklassen festgelegt und können dort nachgelesen werden. Für Schallpegelmesser, die für öffentliche Überwachungen und Gutachten eingesetzt werden, besteht Eichpflicht.

4 Grundlagen der Steuerungs- und Regelungstechnik

- ❑ Steuerung
- ❑ Regelung
- ❑ Grundbegriffe nach DIN 19 226
- ❑ Analyse- und Beschreibungsmöglichkeiten von Übertragungsgliedern

Jeder Mitarbeiter im Bereich Heizungs-, Lüftungs-, Klima- sowie Sanitärtechnik sollte mit den Prinzipien der modernen Steuerungs- und Regelungstechnik vertraut sein. Bei einfachen Anlagen muß der Mitarbeiter selbst Komponenten auswählen, einstellen und warten. Bei großen komplexen Systemen ist er ein kompetenter Gesprächspartner für Regelungstechniker. Anforderungen, die die eingesetzten Geräte erfüllen können müssen, sind dazu dem Regelungstechniker zu verdeutlichen. Es bedarf dazu einer einheitlichen Sprache, so daß Grundkenntnisse der Steuerungs- und Regelungstechnik angewandt werden müssen.

Die Steuerungs- und Regelungstechnik erfüllt heutzutage mehrere Hauptaufgaben:

Aufgaben

- ❑ Sie dient der Gewährleistung und Aufrechterhaltung der Sicherheit und Zuverlässigkeit einer Anlage. Durch sogenannte Sicherheitsketten mit entsprechenden Wächtern und Begrenzern werden Gefahrenzustände erkannt und abgewandt.
- ❑ Mit Hilfe der Steuerungs- und Regelungstechnik kann eine optimale Energieausnutzung gestaltet werden. Dies hilft einerseits Kosten für Energieträger zu minimieren und entlastet andererseits unsere Umwelt teilweise erheblich.
- ❑ Für den Anwender ermöglicht die Steuerungs- und Regelungstechnik eine weitestgehend vereinfachte und erleichterte Bedienung und gewährleistet ihm entsprechenden Komfort und Behaglichkeit.

Bereits in gesetzlichen Regelungen werden daher Anforderungen zur Sicherheit bzw. zur Einsparung von Energie festgeschrieben. Erwähnen wir in diesem Zusammenhang nur einmal stellvertretend die Heizungsanlagen-Verordnung.

Regeln und Steuern stellen technische Vorgänge in Anlagen oder einzelnen Geräten dar, bei denen bestimmte physikalische Größen wie z.B. Temperatur, Druck oder Feuchte in einer beabsichtigten Weise nach einer vorgegebenen oder festgelegten Gesetzmäßigkeit variiert werden.

4.1 Steuerung

Bei einer Steuerung werden in einem vorgegebenen System eine oder mehrere Prozeßgrößen als Eingangsgrößen gemessen und beeinflussen nach einer festgelegten Gesetzmäßigkeit über ein Steuergerät eine oder mehrere andere Ausgangsgrößen.

Raumtemperatur-steuerung

Steuerkette

So wird beispielsweise bei einer Raumtemperatursteuerung in Abhängigkeit der Außentemperatur diese als Prozeßgröße über einen Temperaturfühler gemessen. In dem Steuergerät (Bild 4.1) ist die Gesetzmäßigkeit als Abhängigkeit des Heizmittelstromes von der Außentemperatur festgeschrieben. Eine bestimmte Außentemperatur hat dann einen bestimmten Hub am Stellgerät zur Folge. Damit wird letztendlich der Heizmittelstrom beeinflußt, und es stellt sich eine entsprechende Raumtemperatur als Folge ein. Die Raumtemperatur wirkt nicht auf die Außentemperatur zurück. Charakteristisch ist somit für die Steuerung ein offener Wirkungsweg, auch als Steuerkette bezeichnet.

Ein weiteres Beispiel für eine Steuerung ist die Festlegung der Vorlauftemperatur eines Kessels als Folge der Außentemperatur oder auch der Zeit (Nachtabsenkung beim Kessel).

Unberücksichtigt bleibt aber bei einer Steuerung, ob beispielsweise auf den Raum unerwünschte und unvorhersehbare Einwirkungen in Form offener Fenster oder zusätzlicher Wärmequellen einwirken. Sie verfälschen ja die gewünschte Raumtemperatur. Solche Störgrößen werden also nicht erkannt und auch nicht beseitigt. Der Eingriff in die Strecke wird nur durch die Eingangssignale bestimmt. Für einen sinnvollen Einsatz einer Steuerung müssen daher folgende Punkte berücksichtigt werden:

Einsatz einer Steuerung

- Es tritt keine Störgröße auf, die die zu steuernde Größe beeinflußt, bzw. sie hat nur eine zu vernachlässigende Wirkung.

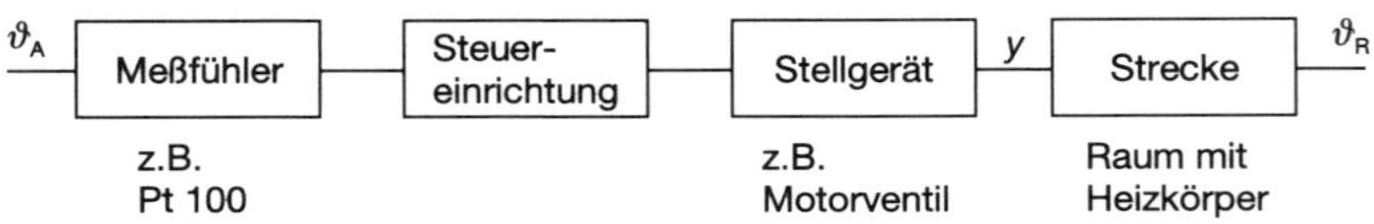

Bild 4.1
Steuerkette einer Temperatursteuerung
ϑ_A Außentemperatur
ϑ_R Raumtemperatur

- In der Anlage sind weitere Einrichtungen vorhanden, die die Anlage bei Erreichen von vorgegebenen Grenzwerten abschaltet (Sicherheitseinrichtungen).

Offener Wirkungsweg

Damit grenzt sich der Einsatz der Steuerung in der Praxis stark ein. Andererseits ist der Geräteaufwand und sind damit die Kosten bei Steuerungen geringer. Durch den offenen Wirkungsweg ist die Bemessung einer Steuerung ebenfalls leichter auszuführen.

4.2 Regelung

Geschlossener Wirkungsweg

Bringt man den Außentemperaturfühler der oben erwähnten Steuerung in den Raum ein, so wird diejenige Prozeßgröße gemessen, die auch zielgerichtet beeinflußt werden soll. Der Wirkungsweg schließt sich zu einem Regelkreis; man spricht auch von einem geschlossenen Wirkungsweg.

Unter einer Regelung versteht man einen technischen Vorgang in einem festgelegten System, bei dem diejenige Prozeßgröße, die beeinflußt werden soll, gemessen und ständig mit einem Vorgabewert verglichen wird. Im Ergebnis des Vergleiches erfolgt dann eine Angleichung an den Vorgabewert. Bild 4.2 zeigt einen solchen Regelkreis in Form des Signalflußbildes.

Mit Hilfe des Temperaturfühlers (z.B. Pt 100) in Bild 4.3 wird der aktuelle Wert der Raumtemperatur gemessen. Dieser Istwert wird mittels eines Vergleichers mit dem Sollwert zur Regelabweichung verarbeitet. Der Regler selbst legt zu der aufgetretenen Regelabweichung nach einer ihm integrierten Gesetzmäßigkeit die Stellgröße fest. Bei einer zu hohen Raumtemperatur wird er beispielsweise eine Hubverringerung mit einem bestimmten zeitlichen Verhalten veranlassen. Dadurch wird der Massenstrom des zufließenden Heizwassers verringert und folglich dem Raum weniger Wärme zugeführt.

Der Vorteil einer Regelung liegt ganz speziell darin, daß im oder auf den Raum wirkende Störungen durch Messung der zu regelnden Größe erfaßt werden.

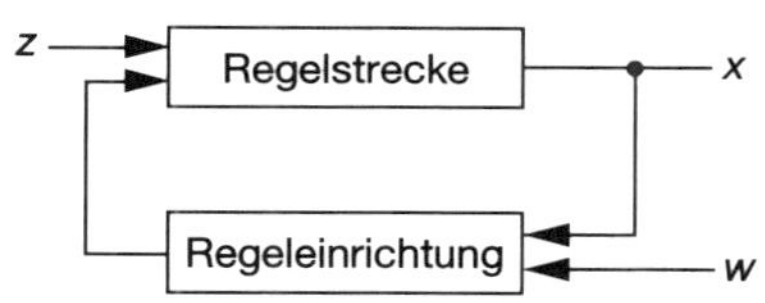

Bild 4.2
Signalflußbild eines Regelkreises

4.3 Grundbegriffe nach DIN 19 226

Im folgenden werden die Begriffe der Steuer- und Regelungstechnik entsprechend DIN 19 226 in einer Übersichtsform kurz erläutert, so daß sie für die folgenden Anwendungen Verwendung finden können.

Istwert

Die **Regelgröße** x ist diejenige physikalische Größe, die durch die Regelung konstant gehalten werden soll. Dies kann z. B. die Raumtemperatur, der Druck oder Füllstand sein. Betrachten wir die Regelgröße zu einem bestimmten Zeitpunkt und geben dafür einen konkreten gemessenen Wert an, spricht man vom Istwert der Regelgröße.

Sollwert

Die **Führungsgröße** w ist ein von außen dem Regelkreis zugeführter Wert, dem die Regelgröße entsprechend der Gesetzmäßigkeit angeglichen werden soll. Bei einer Betrachtung als konkreter Wert zu einem bestimmten Zeitpunkt wird auch hier der Begriff Sollwert x_S verwendet.

Differenz zwischen Ist- und Sollwert

Die **Regelabweichung** x_w stellt die Differenz zwischen Ist- und Sollwert dar. Sie ist damit die Abweichung von der Führungsgröße und kann negative wie auch positive Werte annehmen. Das Vorzeichen gibt Aufschluß, ob der Istwert ober- (positives Vorzeichen) oder unterhalb (negatives Vorzeichen) des Sollwertes liegt.

Steuer- und Regelstrecke

Die **Strecke** ist ein Bestandteil (Übertragungsglied) der Steuerkette bzw. des Regelkreises. Sie ist derjenige Teil der Anlage bzw. des Wirkungsweges, die den aufgabengemäß zu beeinflussenden Bereich der Anlage darstellt. Je nachdem, ob ein offener oder geschlossener Wirkungsweg vorliegt, bezeichnet man die Strecke als Steuer- oder Regelstrecke.

So stellt bei einer Raumtemperatursteuerung bzw. -regelung der Raum selbst die Strecke dar.

Störgrößen bei Steuerungen und Regelungen sind alle von außen einwirkenden Größen, die die beabsichtigte Beeinflussung der Prozeßgrößen beeinträchtigen. Sie verursachen Abweichungen von den Vorgabewerten. Störgrößen können beispielsweise offene Fenster oder zusätzliche elektrische Geräte sein, welche Wärme abgeben.

Als **Störort** wird der Angriffspunkt einer Störgröße bezeichnet, die den einzuhaltenden Zustand stört.

Stellort

Das **Stellglied** ist das am Eingang der Strecke liegende Bauteil, das dort in den Massen- bzw. Energiestrom eingreift. Dieser Ort wird auch Stellort genannt (vgl. auch Kapitel 7).

Unter der **Stellgröße** y wird das Ausgangssignal der Steuer- bzw. Regeleinrichtung verstanden. Sie ist somit sogleich Eingangsgröße der Strecke und überträgt die eingreifende Wirkung der Steuer- oder Regeleinrichtung auf die Strecke. Häufig wird noch weiter unterteilt.

Der **Stellbereich** Y_h ist derjenige Bereich, innerhalb dessen sich die Stellgröße verändern kann (z. B. 100 %).

Stellzeit

Die **Stellgeschwindigkeit** v_y ist die Geschwindigkeit, mit der die Stellgröße geändert wird. Die Zeit, in der bei der höchsten in Betracht gezo-

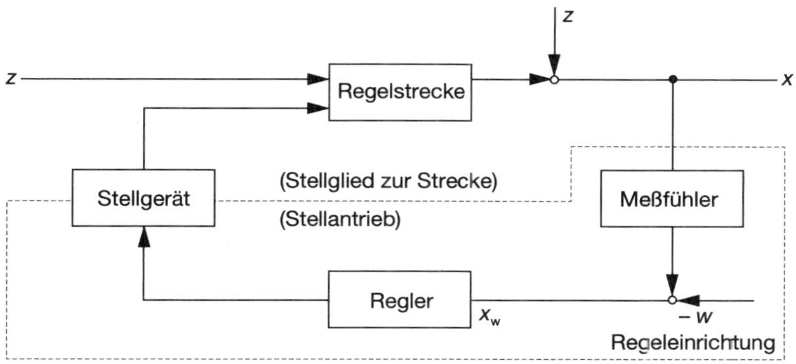

Bild 4.3
Ausführliches Signalflußbild des Regelkreises

genen Stellgeschwindigkeit die Stellgröße durchfahren wird, heißt Stellzeit T_y.

Als **Regelbereich** x_h wird der Bereich bezeichnet, innerhalb dessen die Regelgröße unter Beachtung vereinbarter Werte der Störgrößen bestimmte Werte annehmen kann, ohne daß die Regelung beeinträchtigt wird.

Die **Steuer-** bzw. **Regeleinrichtung** ist derjenige Baustein im Wirkungsablauf, der die aufgabengemäße Beeinflussung der Strecke über das Stellglied vornimmt. Dazu gehören das Messen, Vergleichen und Bilden der Stellgröße nach der festgelegten Gesetzmäßigkeit. Mitunter wird das Signalflußbild, wie in Bild 4.3 dargestellt, aufgesplittet.

Regler

Übernimmt ein Gerät mehrere Aufgaben der Regeleinrichtung (Vergleichen und Bilden des Stellsignals), so wird es als Regler bezeichnet. Dieser Sachverhalt trifft beispielsweise auf ein Thermostatventil zu. Es enthält u.a. einen Temperaturfühler und einen Vergleicher mit Sollwerteinstellung. Als Wegänderung (Hub) beeinflußt es letztendlich den Massenstrom.

4.4 Analyse- und Beschreibungsmöglichkeiten von Übertragungsgliedern

Dynamisches Verhalten

Damit eine Regelung in einem System ordnungsgemäß funktioniert und optimale Ergebnisse erzielt, ist das Zusammenspiel der einzelnen Übertragungsglieder (z. B. von Regler und Regelstrecke) von besonderer Bedeutung. Man benötigt dazu Methoden, die die Übertragungsglieder (Strecke, Regler) in ihrem Verhalten beschreiben und über ihre Kennwerte Einschätzungen ermöglichen. Die Beschreibung ist sowohl für das Einschwingen (dynamisches Verhalten) als auch für den Fall des Endzu-

Statisches Verhalten

standes nach dem Abklingen dieses Einschwingens (statisches Verhalten) notwendig. Durch die Kombination unterschiedlicher Verhaltensweisen der einzelnen Glieder kann es nämlich dazu kommen, daß das System zu unerwünschten Schwingungen angeregt wird.

Grafische Beschreibungsmethoden

Für den Praktiker sind in der Regel grafische Beschreibungsmethoden aufgrund ihrer Einfachheit günstiger für die Anwendung. Gewisse Unzulänglichkeiten in der Genauigkeit der grafischen Methode können bei einer sorgsamen Vorgehensweise für praktische Anwendungsfälle vernachlässigt werden, da in der Regel auch nur ungefähre Einstellungen der Parameter vorgenommen werden können.

Rechnerische Beschreibungsmethoden

Rechnerische Beschreibungsmethoden basieren dagegen auf Gleichungsansätzen (Differentialgleichungen oder Frequenzgänge) und stellen einen erheblichen Aufwand dar, der Regelungstechnikern vorbehalten bleiben sollte.

4.4.1 Statische Kennlinie

Die statische Kennlinie stellt den Zusammenhang zwischen der Eingangs- und der Ausgangsgröße eines Übertragungsgliedes nach Abklingen aller Einschwingvorgänge dar (Bild 4.4). Dazu wird die Eingangsgröße auf einen bestimmten Wert gebracht. Zugehörig stellt sich nach einer bestimmten Zeit as Ausgangssignal ein. Dieses wird erfaßt und der Zusammenhang zwischen Ein- und Ausgangsgröße in einem Koordinatensystem dargestellt.

Übertragungsbeiwert

Aus der Kennlinie läßt sich der Übertragungsbeiwert des Gliedes ermitteln:

$$K = \frac{dx_a}{dx_e} \quad \text{(Gl. 4.1)}$$

Bei einer Geraden als Funktion vereinfacht sich die Gleichung zu

$$K = \frac{\Delta x_a}{\Delta x_e} \quad \text{(Gl. 4.2)}$$

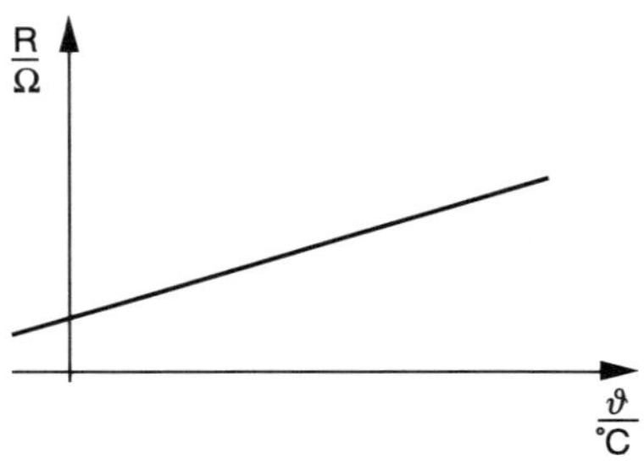

Bild 4.4
Statische Kennlinie eines Übertragungsgliedes

4.3.2 Dynamische Kennlinie

Die dynamische Kennlinie zeigt auf, wie sich das Ausgangssignal x_a eines Übertragungsgliedes zeitlich auf ein bestimmtes Testsignal am Eingang verhält. Dazu werden Testsignale mit einem möglichst einfachen Verlauf gewählt. Die Auswertung beschränkt sich allerdings mit einem vertretbaren Aufwand nur auf lineare Übertragungsglieder.

Sprungfunktion

Die am häufigsten verwendete Testfunktion ist die Sprungfunktion. Dabei wird eine konstante Eingangsgröße zu einem bestimmten Zeitpunkt (t = 0) sprunghaft auf einen neuen Wert gebracht und dann auf diesem Wert gehalten. Diese Änderung der Eingangsgröße bezeichnet man als Sprunghöhe k_0. Mit Beginn der Testfunktion wird die Ausgangsgröße in gleichmäßigen Zeitabständen erfaßt und grafisch dargestellt (Bild 4.5). Diese Antwort wird Sprungantwort genannt. Aus ihr können verwertbare Kenngrößen des Übertragungsgliedes gewonnen (vgl. dazu Kapitel 5) und damit Aussagen zum regelungstechnischen Verhalten gemacht werden.

Stellt sich das Ergebnis der Untersuchung mit einer Sprungfunktion als ein Impuls dar, so können keine Kennwerte ermittelt werden, und es ist eine andere Testfunktion (z.B. Anstiegsfunktion) zu verwenden. Doch in den meisten Fällen ist mit der Sprungfunktion eine auswertbare Untersuchung der Übertragungsglieder möglich.

Übergangsfunktion

Wird die aufgenommene Sprungantwort durch die Sprunghöhe dividiert, spricht man von der Übergangsfunktion des Übertragungsgliedes.

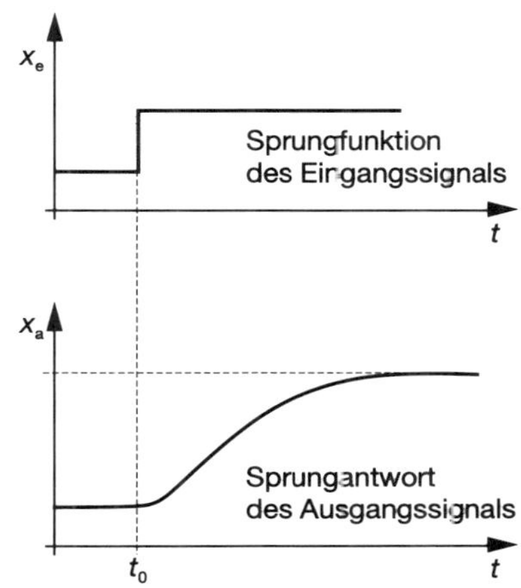

Bild 4.5
Sprungantwort eines Übertragungsgliedes

5 Regelstrecken

- ❑ Abgrenzung der Regelstrecke
- ❑ Arten und Kennwerte von Regelstrecken
- ❑ Kennlinien der Strecken und Arbeitspunkt
- ❑ Regelbarkeit der Strecken

Diesen Übertragungsgliedern in einer Regelung kommt ein besonderer Stellenwert zu. Ihre Untersuchung und Einschätzung ist für die Funktionsweise von maßgeblicher Bedeutung. Daraus lassen sich beispielsweise Forderungen für den einzusetzenden Regler bzw. dessen Einstellung ableiten.

Folgende Kenntnisse von einer Strecke sind zur Einschätzung unerläßlich:

Erforderliche Kenntnisse

- ❑ Was geschieht in dieser Strecke bzw. in der Anlage insgesamt?
- ❑ Welche Störgrößen greifen wie und wo ein?
- ❑ Welche Größe soll geregelt werden?
- ❑ Wie ist das regelungstechnische Verhalten der Strecke?

5.1 Abgrenzung der Regelstrecke

Bereits in den vorangegangenen Kapiteln wurde der Begriff der ❶ **Regelstrecke** erwähnt. Hier wird die Regelgröße x auf den Vorgabewert (Sollwert) gebracht. In diesem Abschnitt liegen genauso die Angriffspunkte von Störungen. Zur Regelstrecke gehören alle Bauglieder, die im ungeregelten Zustand der Anlage auch vorhanden sein würden.

❶ *Derjenige Abschnitt der Anlage, in dem aufgabengemäß die entsprechende Prozeßgröße durch die Regeleinrichtung beeinflußt wird*

In der verallgemeinerten Blockdarstellung (Bild 5.1) ist zu erkennen, daß eingangsseitig die Stellgröße y über das Stellglied wirkt und den Energie- bzw. Massenstrom beeinflußt. Anfang der Regelstrecke ist damit der Stellort. Das Ende einer Regelstrecke befindet sich dort, wo der Meßfühler für die Regelgröße angeordnet wurde (Meßort). Dies bedeutet beispielsweise bei einer Vorlauftemperaturregelung durch Rücklaufbeimischung, daß die Strecke am Dreiwegeventil beginnt und am Ort der Befestigung des Vorlauftemperaturfühlers endet. Nur dieser Abschnitt ist die Vorlauftemperatur-Regelstrecke.

Stellort

Meßort

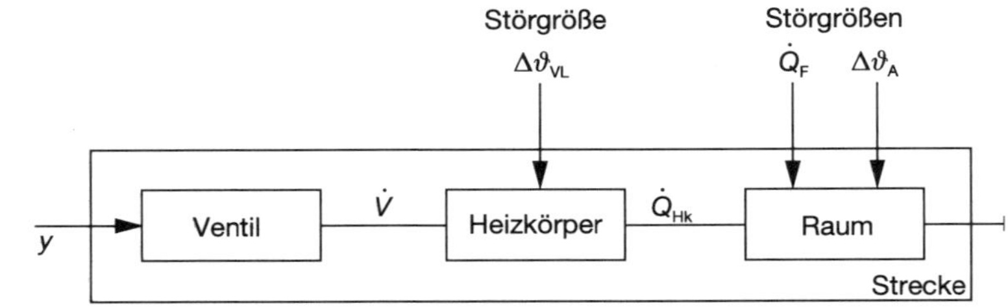

Bild 5.1 Blockdarstellung einer Regelstrecke
$\dot{V}$ Volumenstrom
$\dot{Q}_{HK}$ Wärmeabgabe Heizkörper
$\Delta\vartheta_{VL}$ schwankende Vorlauftemperatur
$\dot{Q}_F$ Fremdwärmeabgabe
$\Delta\vartheta_A$ unterschiedliche Außentemperaturen
ϑ_R Raumtemperatur

Die Zugehörigkeit der Bauteile an den Nahtstellen des Regelkreises wird häufig unterschiedlich interpretiert. Bei Ausschreibungen u. ä. werden sowohl die Meßfühler als auch die Stellglieder oft zur Regeleinrichtung gezählt, da sie in einer reinen versorgungstechnischen Anlage nicht vorhanden wären und von den Firmen im Zusammenhang mit den Reglern geplant werden.

Aus regelungstechnischer Sicht ist aber die folgende Zuordnung erforderlich:

Der Meßfühler für die Regelgröße ist in die Strecke zu integrieren. Durch sein eigenes dynamisches Verhalten verändert er den zeitlichen Verlauf der Regelgröße.

Der Stellantrieb ist zur Regeleinrichtung zu zählen. Sein Übertragungsverhalten beeinflußt das der gesamten Regeleinrichtung. Das Stellglied wird zu einem Teil der Regelstrecke.

Die Gesamtkennlinie der Strecke wird durch das Verhalten des Stellgliedes maßgeblich beeinflußt (siehe auch in Abschnitt 7.4.1 «Kennlinien der Stellventile»).

5.2 Arten und Kennwerte von Regelstrecken

Die Einteilung der Strecken und die Ermittlung ihrer Kennwerte erfolgen für den Praktiker anhand der Sprungantwort mit einer sprunghaften Änderung der Stellgröße bei konstanten Störgrößen bzw. anhand der statischen Kennlinie.

5.2.1 Strecken mit Ausgleich

Beharrungswert

Strecken mit Ausgleich sind Regelstrecken, die nach einer Änderung der Stell- oder Störgröße wieder einen neuen Beharrungswert annehmen. Die Energie- bzw. Stoffbilanz dieser Streckenart gleicht sich immer wieder aus. In der Sprungantwort ist dies an einem konstanten Endwert (Beharrungswert) zu erkennen.

Bei einer Raumtemperatur-Regelstrecke (Bild 5.2) wird beispielsweise bei einer sprunghaften Erhöhung des Ventilhubes die dem Raum zugeführte Wärmemenge erhöht, wodurch die Raumtemperatur ansteigt. Andererseits wird damit aber auch die Wärmeabgabe durch Wände o. ä. erhöht. Die Raumtemperatur als Regelgröße nimmt demzufolge denjenigen Wert an, bei dem die abgeführte Wärmemenge wieder dem geänderten Wärmestrom gleich geworden ist. Die Regelgröße nimmt somit wieder einen Beharrungszustand ein.

Proportionalstrecke

Sind dabei die Werte von Stellgröße y und Regelgröße x proportional zueinander, spricht man auch von einer Proportionalstrecke, kurz P-Strecke. Dieser Sachverhalt kann anhand der statischen Kennlinie des Übertragungsgliedes erkannt werden.

❶ *Proportionalstrecken*

Heizungs- und Klimaregelstrecken der Größen Temperatur und Feuchte zeigen dieses Verhalten meist nur näherungsweise. Sie werden als ❶ **P-Strecken** angesehen, wenn man kleinere Bereiche der Stellgröße in der Nähe des Arbeitspunktes betrachtet. Beschränkt man sich auf nicht zu große Bereiche der Stellgröße, so kann man wegen der in der Regel geringen Krümmung der Kennlinien einen mittleren konstanten Übertragungsbeiwert der Strecke angeben. Er gilt aber dann nur für den betrachteten Bereich der Stellgröße. Wird die Krümmung der Streckenkennlinie größer, so kommt es über dem gesamten Kennlinienbereich zu evtl. großen Änderungen des Übertragungsbeiwertes K_S. Dies hat unter Umständen zur Folge, daß wir den Regelkreis für optimales Arbeiten immer wieder bei den verschiedenen Stellgrößen neu einstellen müßten, was aber in der Praxis nicht realisierbar ist. Der Re-

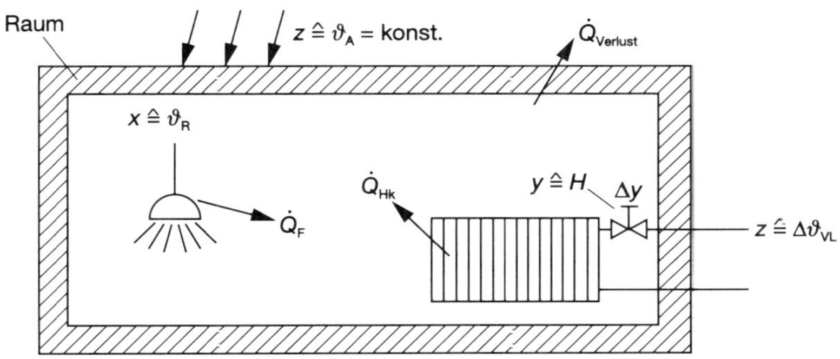

Bild 5.2
Temperaturregelstrecke

gelkreis würde nur in einem Teilbereich mit zufriedenstellender Stabilität arbeiten. In Bereichen mit steilerer Kennlinie (K_S wird größer) wird die Regelung immer instabiler und schwingt letztendlich. Deshalb ist es in der Versorgungstechnik häufig notwendig, durch geeignete Maßnahmen die Kennlinien der Strecken linear zu halten. Man spricht hier auch von Maßnahmen zur Kennlinienlinearisierung. Beispielsweise kann durch eine geeignete Kennlinie des Stellventils die Gesamtkennlinie der Strecke linearisiert werden. Nun ist eine Betrachtung als proportionale Strecke mit konstantem Übertragungsbeiwert möglich. Es wird hier auch noch einmal deutlich, warum das Stellglied zum Bestandteil am Eingang der Regelstrecke wird. Nähere Einzelheiten sind in Bild 5.3 dargestellt.

Eine andere Variante wäre die Betrachtung der Regelstrecke in nur einem Teilbereich der Gesamtkennlinie. Damit sind die Aussagen über Regelverhalten auch auf diesen Bereich beschränkt und nur dort anwendbar.

Die dynamischen Eigenschaften der Strecken sind für die Einstellung eines eingesetzten Reglers entscheidend. Unkenntnis bzw. Nichtbeachtung der dynamischen Eigenschaften führen dazu, daß das gewünschte Regelungsverhalten nicht erreicht wird.

Eine Regelstrecke kann langsam oder schnell bzw. sofort oder verzögert auf eine Abweichung reagieren. Je nachdem, wie eine Strecke real aufgebaut ist, kann sie mehr oder weniger Energie in irgendeiner Form speichern und reagiert mit entsprechenden Verzögerungen.

Das Zeitverhalten einer Strecke kann ebenfalls sehr gut aus den Kennlinien ermittelt werden. Diesmal ist dazu die dynamische Kennlinie beispielsweise als Sprungantwort verwertbar. Man unterteilt die Strecken mit Ausgleich daher weiter nach dem dynamischen Verhalten.

Bild 5.3
Beispiel einer Kennlinienlinearisierung

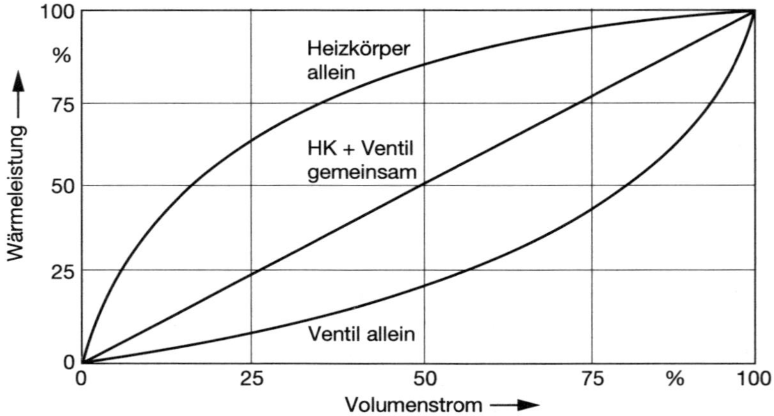

Bild 5.4
Sprungantwort einer P_0-Strecke
k_0 Sprunghöhe

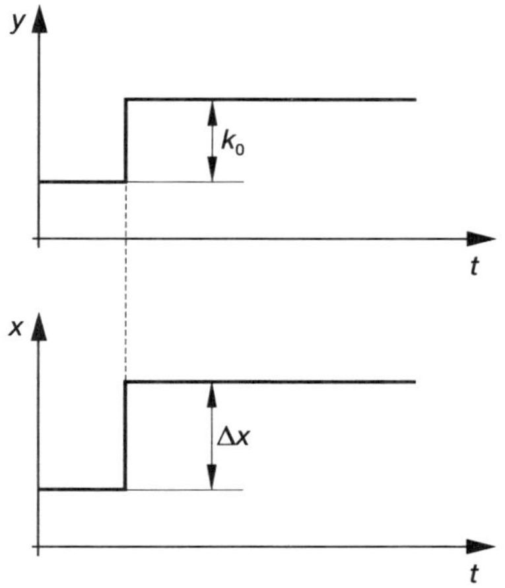

Strecke mit Ausgleich ohne Verzögerung
Solche Regelstrecken (P_0-Strecken, Bild 5.4) kommen sehr selten vor. Sie besitzen kein Speichervermögen und reagieren sofort sprunghaft auf eine Eingangsgrößenänderung. Dies trifft zum Beispiel auf den Spannungs- und Stromverlauf in ohmschen Netzwerken zu. Als Kennwert dieses Streckentyps kann nur der Übertragungsbeiwert K_S angegeben werden.

Strecken mit Ausgleich und Verzögerung erster Ordnung
Diese Strecken (PT_1-Strecken) besitzen als typischen Kurvenverlauf der Sprungantwort das Verhalten von Bild 5.5.

Sofort mit Änderung der Eingangsgröße der Strecke beginnt auch die Änderung der Ausgangsgröße, allerdings ist ihr weiterer Verlauf verzö-

Bild 5.5
Sprungantwort einer PT_1-Strecke
k_0 Sprunghöhe

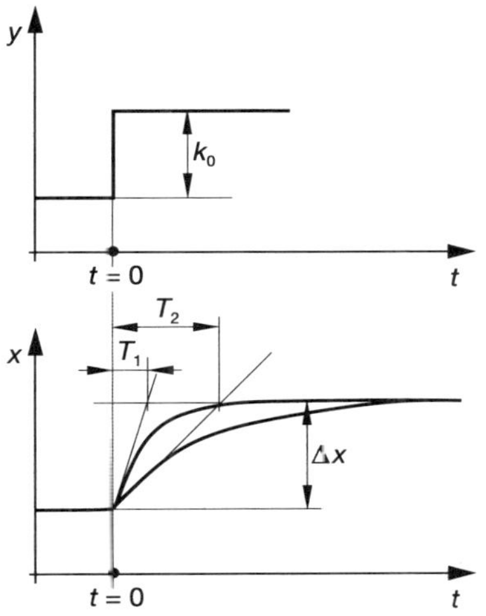

gert (e-Funktion). Je nach Speicherverhalten der Strecke (bei einem großen Behälter steigt der Druck im Behälter langsamer als bei einem kleineren Behälter) ergeben sich unterschiedliche Anstiegsgeschwindigkeiten der Streckenausgangsgröße. Diese Anstiegsgeschwindigkeit wird durch eine Tangente im Nullpunkt festgelegt. Als Kennwert gilt die Zeitkonstante T. Sie wird bestimmt durch den Anfangszeitpunkt und den Schnittpunkt der Tangente mit der Beharrungslinie. Da die Tangentenneigung zeichnerisch oft nur ungenügend bestimmt werden kann, läßt sich über einen Prozentwert die Zeitkonstante genauer ermitteln. Die Zeit T ist nämlich diejenige Zeit, die vergeht, bis das Ausgangssignal ca. 63 % der Gesamtänderung erreicht hat.

Typische Beispiele für PT_1-Glieder sind Druckbehälter mit einem Speicher, das Drehzahlverhalten kleiner elektrischer Maschinen, die Mengenregelung in einer Rohrleitung. Dabei ist der Druckbehälter, der Motor bzw. die Rohrleitung jeweils die Regelstrecke.

Totzeit

Teilweise kommt es aber auch vor, daß das Verzögerungsverhalten erster Ordnung erst nach einer bestimmten Zeit einsetzt. Zu Beginn verhält sich die Strecke, als sei keine Reaktion vorhanden, sie verhält sich wie tot. Ein solches Verhalten ist in Bild 5.6 dargestellt. Hervorgerufen werden solche Verhaltensweisen durch Transportzeiten, z. B. von Luft in Kanälen, von dem Mischwasser vom Mischer bis zum Temperaturfühler u.ä. Man bezeichnet solche Strecken auch als Strecken mit Ausgleich, Verzögerung erster Ordnung und Totzeit oder Laufzeit, kurz PT_1T_L-Strecke. Tot- oder Laufzeiten beeinflussen das regelungstechnische Verhalten der Strecken maßgeblich (vgl. dazu auch Abschnitt 5.4).

Strecken mit Ausgleich und Verzögerung höherer Ordnung

Strecken mit Ausgleich und höherer Verzögerung sind dadurch gekennzeichnet, daß nach einer sprunghaften Veränderung der Eingangsgröße die Ausgangsgröße sich mit einem S-förmigen Verlauf ändert. Zu Beginn ist die Änderung der Ausgangsgröße relativ gering. Die Änderungsge-

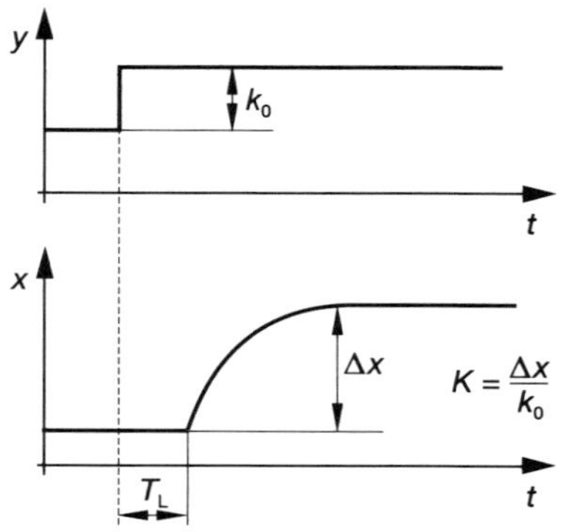

Bild 5.6
Sprungantwort einer Laufzeitstrecke

schwindigkeit nimmt allmählich zu und erreicht nach einer bestimmten Zeit ihren Höhepunkt. Ab da nimmt die Änderungsgeschwindigkeit wiederum ab, bis sie schließlich Null wird. Damit ergibt sich der typische Verlauf für Strecken mit Ausgleich und höherer Ordnung wie in Bild 5.7 dargestellt. Bereits im ersten Blick sind die Kennlinienverläufe gegenüber denen der Strecken mit Verzögerung erster Ordnung unterscheidbar. Schwieriger wird es da schon bei der Bestimmung des Ordnungsgrades der Verzögerung. Im direkten Vergleich kann die Zunahme des Ordnungsgrades an einem flacheren Verlauf der Kennlinie festgestellt werden.

Wendetangente

Aus der Kennlinie lassen sich wiederum Kennwerte zur Abschätzung des regelungstechnischen Verhaltens ableiten. Dazu wird, wie in Bild 5.8 dargestellt, die Wendetangente in das Diagramm eingezeichnet. Diese

Bild 5.7
Sprungantwort einer PT_n-Strecke

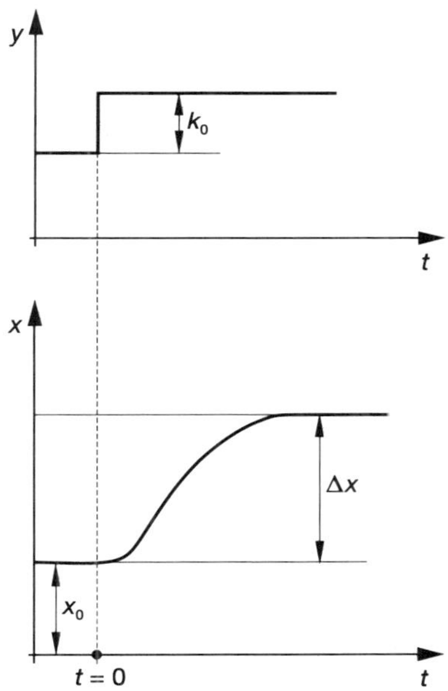

Bild 5.8
Kennlinie mit Wendetangente

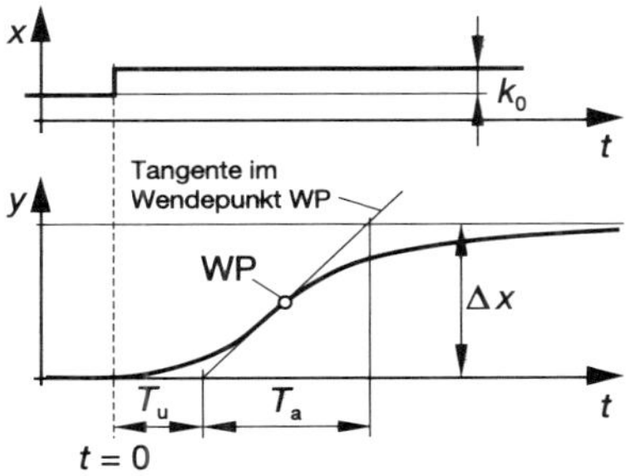

Wendetangente schneidet dann die Beharrungslinien; somit sind die beiden Zeitwerte Verzugszeit (T_U) und Ausgleichszeit (T_g) ablesbar.

Wendepunkt

Um realistische Werte dieser Zeitkonstanten zu erhalten, ist bei der Einzeichnung der Wendetangente der Wendepunkt sorgfältig festzulegen. Als Hilfe kann dabei die Wertetabelle der Sprungantwort herangezogen werden. Bei gleichmäßiger Zeitteilung untersucht man die Änderung der Ausgangsgröße in den einzelnen Zeitabschnitten. In demjenigen Abschnitt, in dem die größte Änderung auftritt, liegt auch der Wendepunkt, so daß dann nur noch die Tangente in diesem Punkt eingezeichnet werden muß. Eine andere Variante nutzt die Tatsache aus, daß um den Wendepunkt die Kennlinie in einem engen Bereich nahezu linear verläuft. Verlängert man diesen Abschnitt, so ergibt sich ebenfalls die Wendetangente der Kennlinie.

Strecken mit Ausgleich und Lauf- oder Totzeit

Zu den Verzögerungen der vorangegangenen Strecken kommt recht häufig noch eine Tot- oder Laufzeit. Sie tritt immer dann auf, wenn die Ausgangsgröße einer Strecke einen Weg von einem Stellort zum eigentlichen Meßort zurücklegen muß. Man kann sich solche Übertragungsglieder als Reihenschaltung eines PT_1- Gliedes oder einer PT_n-Strecke mit einem Totzeitglied vorstellen.

Tot- oder Laufzeit

Die Tot- oder Laufzeit T_L ist die Zeit, die an einer Strecke vergeht, bis eine Änderung der Eingangsgröße sich erkennbar am Ausgangssignal bemerkbar macht (Bild 5.9). Der Ausgang der Regelstrecke verhält sich über eine bestimmte Zeit wie tot. Bedenken wir hier beispielsweise, daß das Entfachen eines Feuers in einem massiven Kachelofen erst nach einer bestimmten Zeit zu einer feststellbaren Oberflächentemperaturänderung führt. Die Laufzeit ist ein typischer Kennwert solcher Strecken, sie kommt als weiterer Zeitwert zu den bekannten Größen je nach Typ hinzu.

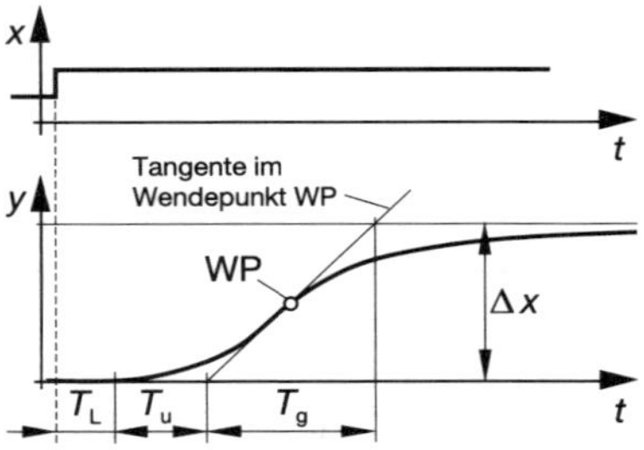

Bild 5.9
Sprungantwort einer PT_nT_L-Strecke

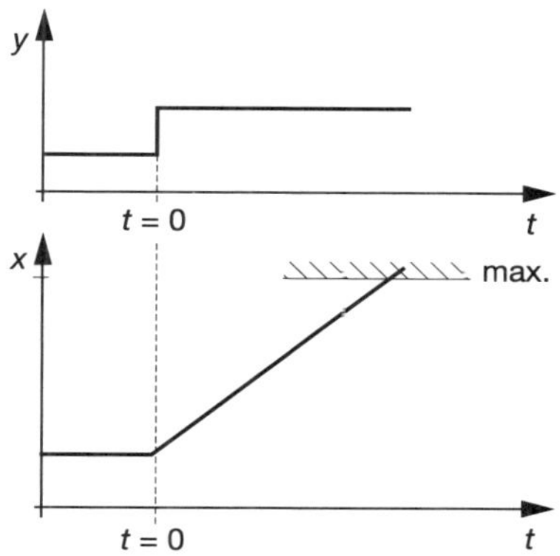

Bild 5.10
Sprungantwort einer Strecke ohne Ausgleich

5.2.2 Strecken ohne Ausgleich

Eine weitere Streckenart sind die sogenannten Strecken ohne Ausgleich. Die Ausgangsgröße der Strecke nimmt nach Änderung der Eingangsgröße keinen neuen Beharrungswert an. Der Wert entfernt sich fortlaufend von dem Wert vor der Veränderung. Dieser Verlauf der Ausgangsgröße tritt auch bei Übertragungsgliedern auf, die integrierendes (aufsummierendes) Verhalten zeigen. Deshalb nennt man Strecken ohne Ausgleich auch Integralstrecken oder kurz ❶ **I-Strecken**. Sie treten zum Beispiel in der Versorgungstechnik als Füllstandsregelstrecken (Bild 5.10) auf.

❶ *Integralstrecken*

Eine sprunghafte Veränderung des Zuflusses als Eingangsgröße der Strecke führt zwangsläufig zu einer fortlaufenden Änderung des Füllstandes. Die Höhe der Änderungsgeschwindigkeit der Ausgangsgröße ist proportional zur Höhe des Eingangsgrößensprunges. Geht die Eingangsgröße der Strecke auf null zurück, so bleibt die Ausgangsgröße auf dem inzwischen erreichten Wert stehen.

Kennwert dieser Strecken ist der integrale Übertragungsbeiwert K_I und bei Strecken mit Verzögerung evtl. noch die Verzugszeit T_u.

5.3 Kennlinien der Strecken und Arbeitspunkt

Kennlinienfeld

Bisher wurde der Zusammenhang zwischen der Eingangsgröße der Strecke (der Stellgröße) und dem Ausgangssignal bei konstanten oder nicht vorhandenen Störgrößen untersucht. Sie aber führen bei Veränderungen auch zu geänderten Zusammenhängen in der statischen Kennlinie. Es entsteht ein Kennlinienfeld. Bild 5.11 zeigt ein solches Kennli-

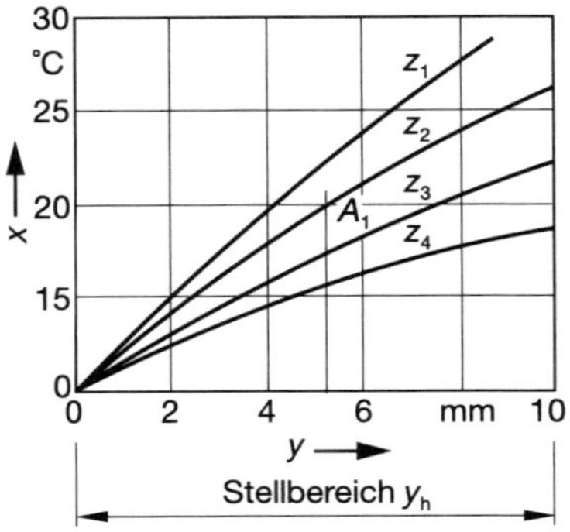

Bild 5.11
Sprungantwort mit Kennlinienfeld

nienfeld für einen Raum bei unterschiedlichen Außentemperaturen als unterschiedliche Störgrößen. In diesem Kennlinienfeld wird dann der Arbeitspunkt der Strecke in Abhängigkeit des Sollwertes und der Häufigkeit der in der Praxis auftretenden Störgrößen gewählt.

5.4 Regelbarkeit der Strecken

Für das regelungstechnische Verhalten einer Anlage kommt es bei der Planung und Auslegung der Regeleinrichtung auf das dynamische Verhalten der vorgesehenen Regelstrecke an. Über die aufgenommene Sprungantwort der Strecke können die bereits erwähnten Kennwerte der entsprechenden Strecken ermittelt und damit Aussagen über die Regelbarkeit gemacht werden. Aus der Sprungantwort sieht man das Reaktionsverhalten einer Strecke. Es ist erkennbar, ob eine Tot- oder Laufzeit vorhanden ist, ob die Änderung des Streckenausgangssignals sofort bzw. verzögert erfolgt.

Schwierigkeitsgrad

Über den Schwierigkeitsgrad S einer Strecke kann das Regelungsverhalten abgeschätzt werden und daraus Schlußfolgerungen für den zu wählenden Reglertyp (vgl. auch Kapitel 6) gezogen werden. Der Schwierigkeitsgrad S errechnet sich nach der Formel:

$$S = \frac{T_{LE}}{T_g} \qquad \text{(Gl. 5.1)}$$

T_{LE} Ersatzlaufzeit, $T_{LE} = T_u + T_L$
T_g Ausgleichszeit (bzw. T_1 bei PT_1T_L-Strecken)

Als Ergebnis erhält man eine dimensionslose Zahl. Liegt der Zahlenwert bei ca. 0,1 oder kleiner, so ist die Strecke sehr gut regelbar. Im Bereich 0,2 bis ca. 0,3 kann man von einer befriedigenden Regelbarkeit spre-

Tabelle 5.1 Werte für Kenngrößen für Strecken der Heizungs- und Klimatechnik

Regelgröße x	Verzugszeit T_u min	Ausgleichszeit T_s min	Schwierigkeitsgrad S	Regelbereich x_h K
Raumtemperatur	3...5	60...150	0,05...0,2	5...30
Vorlauftemperatur	0,2...0,3	0,5...1,0	0,2...0,4	20...80
Brauchwassertemperatur	0,5...2	10...30	0,05...0,2	30...60
Zulufttemperatur	0,2...0,7	0,5...2	0,15...0,4	10...40
Ablufttemperatur	1...5	10...60	0,1...0,3	10...25
Taupunkttemperatur	0,5...1,5	2...10	0,15...0,4	15...25
Schwimmbeckenwassertemperatur	20...50	500...2500	0,02...0,1	10...25

chen. Die Strecke läßt sich mit vertretbarem Aufwand regeln. Überschreitet der Schwierigkeitsgrad Werte über 0,3, so ist die Strecke schwer regelbar. Die Aufgabe ist nur mit einem hohen gerätemäßigen Aufwand zu lösen. Dazu zählen beispielsweise Kaskadenregelungen.

Am einfachsten sind PT_1-Strecken zu beherrschen. Sie bereiten keine Regelungsprobleme. Problematisch wird es hingegen beim Auftreten von Lauf- oder Totzeiten T_L. Diese Anteile verschlechtern die Regelbarkeit merklich. Sie gehen in den Schwierigkeitsgrad S über die Ersatzlaufzeit T_{LE} ein. Damit wird der Wert des Schwierigkeitsgrades zwangsläufig größer.

Verhältnis der Ersatzlaufzeit zur Ausgleichszeit

Insgesamt läßt sich aber feststellen, daß die Regelbarkeit einer Strecke nicht von einem Zeitwert allein abhängig ist. Das Verhältnis der Ersatzlaufzeit zur Ausgleichszeit ist für die Regelbarkeit entscheidend.

In Tabelle 5.1 sind einige Kenngrößen für Regelstrecken in der Heizungs- und Klimatechnik aufgeführt.

6 Regler

- Einteilung der Regler
- Zweipunktregler
- Stetig-ähnliche Regler/Dreipunktregler mit Motorantrieb
- Proportionalregler
- Integralregler
- Proportional-Differential-Regler
- Proportional-Integral-Regler
- Proportional-Integral-Differential-Regler
- Auswahl von geeigneten Reglern – optimale Reglereinstellung

Ein Regler hat die Aufgabe, den Istwert einer Regelgröße ständig mit dem vorgegebenen Sollwert zu vergleichen. Abweichungen werden ausgeregelt.

Die Regeleinrichtungen übernehmen innerhalb eines Regelkreises die folgenden wesentliche Funktionen:

Funktionen

- Messen der Regelgröße,
- Bildung der Regelabweichung und damit Realisierung der Vergleichsstelle,
- Verstärkung und Realisierung des Zeitverhaltens,
- Stellen.

Diese Funktionen sind auch eindeutig gerätetechnisch zuzuordnen. So übernimmt der Meßfühler mit evtl. Wandler die Aufgabe der Gewinnung des Istwertes. Das unter dem Begriff Regler bekannte Bauglied übernimmt die Funktionen des Vergleichs, Verstärkung und Realisierung der Zeitfunktion. Für das Stellen zeichnet der Stellantrieb verantwortlich.

Im folgenden wird eine Beschränkung auf den im allgemeinen als Regler bekannten Abschnitt vorgenommen. Die Meßfühler waren bereits Bestandteil von Kapitel 3. Die Abhandlung der Stellantriebe erfolgt in Abschnitt 7.1.

6.1 Einteilung der Regler

Entsprechend der grundsätzlichen Arbeitsweise lassen sich Regler verschiedenartig unterteilen.

Grundsätzlich sind drei Reglergruppen nach der Stellgröße y zu unterscheiden:

Reglergruppen

- stetige Regler,
- unstetige (bzw. auch nichtstetig genannt) Regler,
- stetig-ähnliche Regler.

Unter **stetigen Reglern** werden all diese zusammengefaßt, deren Ausgangssignal, die Stellgröße y, stetig in Abhängigkeit von der Regelabweichung innerhalb des Stellbereiches Y_h verläuft. Damit können beliebig viele Werte der Stellgröße auftreten. Zu den stetigen Reglern gehören zum Beispiel der Proportionalregler, der Integralregler, PD-Regler u.a.

Die Stellgröße y kann bei **unstetigen Reglern** innerhalb des Stellbereiches Y_h nur eine bestimmte begrenzte Anzahl von Werten annehmen. Die Änderung der Stellgröße erfolgt dabei sprunghaft. Typische Vertreter für die unstetigen Regler sind beispielsweise der Zweipunktregler und der Dreipunktregler.

Zweilaufregler

Stetig-ähnliche Regler stellen eine Kombination eines Dreipunktreglers mit einem elektromotorischen Stellantrieb dar. Sie sind auch noch unter dem Namen Zweilaufregler bekannt. Es treten drei bestimmte Stellgeschwindigkeiten – Linkslauf, Stillstand und Rechtslauf – auf. Es ist jedoch jede beliebige Stellgröße innerhalb des Stellbereiches Y_h möglich. Insgesamt tritt somit eine stetig-ähnliche Änderung an der Strecke ein.

Eine weitere Einteilung der Regler erfolgt nach der Art der verwendeten Hilfsenergie. Es werden Regler mit und ohne Hilfsenergie unterschieden.

Regler ohne Hilfsenergie entnehmen die Energie zum Verstellen des Antriebes direkt aus der Regelstrecke. Ein geeigneter Meßfühler bringt die Kraft zum Verstellen durch Längenänderung oder Ausdehnung auf. Zu den Reglern ohne Hilfsenergie kann z.B. das Thermostatventil gerechnet werden.

Elektrische bzw. elektronische Regler

Elektrische Einheitssignale

Bei **Reglern mit Hilfsenergie** wird die erforderliche Energie zur Betätigung des Stellantriebes aus einem Hilfsenergienetz bezogen. Am häufigsten vertreten sind hier die elektrischen bzw. elektronischen Regler. Sie werden mit einer Hilfsspannung versorgt, die auch vom Reglerausgang zum Stellantrieb weitergeleitet und damit über einen entsprechenden Antrieb der Hub eines Ventils geändert wird. Die elektrischen Ein- und Ausgangssignale dieser Regler sind außerdem meist genormt. Somit können sie universell für verschiedene Regelungsaufgaben eingesetzt werden. Man sagt auch, daß diese Regler elektrische Einheitssignale verwenden. Die gängigsten Einheitssignale sind dabei Spannungen zwischen 0 und 10 V bzw. Stromsignale im Bereich von 4 bis 20 mA.

Besitzen die Regler am Ein- als auch am Ausgang den gleichen Signalbereich, so werden sie als **Einheitsregler** bezeichnet.

Regler mit Druckluftversorgung werden **pneumatische Regler** genannt. Sie finden beispielsweise dort Anwendung, wo durch entsprechende Gefährdungen elektrische Regler nicht oder nur mit hohen Sicherheitsanforderungen (Ex-Schutz) eingesetzt werden können.

Hydraulische Regler verwenden unter hohem Druck stehendes Öl als Hilfsenergieversorgung. Damit können reglerausgangsseitig in Verbindung mit einem entsprechenden Stellantrieb hohe Stellkräfte erzeugt werden, die z. B. in Kraftwerksanlagen zur Regelung benötigt werden.

Bei Reglern erfolgt eine weitere Unterteilung nach der Veränderlichkeit der Führungsgröße. Als **Festwertregler** werden all die bezeichnet, bei denen die Führungsgröße w einmal eingestellt wird und dann konstant bleibt.

Bei **Folgereglern** wird die Führungsgröße w in Abhängigkeit einer anderen Prozeßgröße beeinflußt und verändert. Die Führungsgröße folgt einer anderen Prozeßgröße. Dies ist beispielsweise bei der außentemperaturgeführten Vorlauftemperaturregelung einer Heizungsanlage der Fall.

Die Führungsgröße w kann aber auch in Abhängigkeit der Zeit verändert werden. Sie unterliegt einem Zeitplan. Die zugehörigen Regler werden dementsprechend als **Zeitplanregler** bezeichnet.

6.2 Zweipunktregler

Unstetige Regler

Die Zweipunktregler sind die typischen Vertreter der unstetigen Regler. Ihre Bezeichnung erhalten sie, da sie am Reglerausgang nur zwei Schaltzustände, die Stellgröße y nur Werte von 0 % bzw. 100 % annehmen können. Dies liegt darin begründet, daß die Funktion selbst auf Schaltvorgängen beruht.

Anhand des Beispiels einer Kesselregelung mit Brenner-Ein/Aus-Betrieb soll die Funktionsweise genauer erläutert werden.

Beispiel

Oberer Schaltpunkt

Liegt die Kesselwassertemperatur unterhalb des eingestellten Sollwertes, schaltet der Regler den Brenner zu. Die Folge ist eine Erwärmung des Kesselwassers, die Temperatur steigt somit an. Sie überschreitet den eingestellten Sollwert. Es wird aber nicht unmittelbar bei Erreichen des Sollwertes abgeschaltet. Erst wenn ein bestimmter Schaltpunkt oberhalb der Solltemperatur erreicht wird, schaltet der Regler den Brenner ab. Diesen Schaltpunkt nennt man oberen Schaltpunkt x_{ob}.

Unterer Schaltpunkt

Geht die Temperatur zurück und unterschreitet den unterhalb des Sollwertes liegenden Einschaltpunkt – auch unterer Schaltpunkt genannt, so wird der Brenner wieder in Betrieb genommen. Dieser Vorgang wiederholt sich ständig.

Schaltdifferenz

Damit ergibt sich eine typische statische Kennlinie eines Zweipunktreglers, die auch in Bild 6.1 dargestellt ist. Ein Schalten unmittelbar im Sollwert ist nicht möglich und auch nicht erwünscht. Dies würde ja bedeuten, daß der Regler den Brenner ständig ein- und wieder ausschaltet. Erst mit einer Hysterese ergibt sich eine Regelfunktion. Den Abstand zwischen oberem und unterem Schaltpunkt nennt man auch Schaltdifferenz x_d. Diese Schaltdifferenz liegt immer symmetrisch zum Sollwert, so daß der untere und der obere Schaltpunkt gleich weit vom Sollwert entfernt liegen.

Für Kühlvorgänge würde die statische Kennlinie entgegengesetzt durchlaufen. Bei Istwerten über dem oberen Schaltpunkt wäre das Kühlaggregat zugeschaltet, bei Istwerten unterhalb des unteren Schaltpunktes wäre hier die Anlage aus.

Zusammenspiel Zweipunktregler mit einer Strecke mit Ausgleich und Verzögerung erster Ordnung

Aus dem vorhergehenden Kapitel ist bekannt, daß sich PT_1-Strecken sehr gut regeln lassen. Sie werden daher für einfache Anwendungsfälle recht häufig mit Zweipunktreglern kombiniert. Das Verhalten eines solchen Regelkreises, besser gesagt das Zeitverhalten der Regelgröße x des Regelkreises, ist in Bild 6.2 grafisch dargestellt.

Schwankungsbreite

Die gestrichelte Kennlinie würde sich ohne Aufschaltung eines Reglers ergeben. Die Ausgangsgröße der Strecke würde nach einer bestimmten Zeit einen Endwert annehmen, der in Bild 6.2 als 100 % gekennzeichnet ist. Der Sollwert soll im betrachteten Beispiel bei ca. 50 % liegen. Da der Istwert zu Beginn der Betrachtung unterhalb des Sollwertes liegt, schaltet der Regler seine Ausgangsgröße y ein. Die Kurve verläuft zeitabhängig nach einer e-Funktion mit der der Strecke eigenen

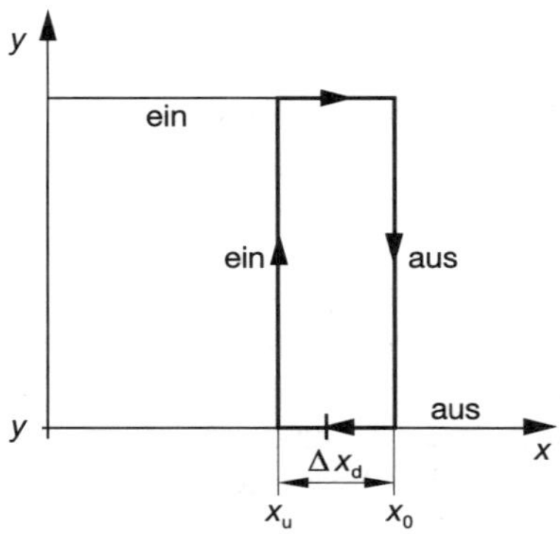

Bild 6.1
Statische Kennlinie eines Zweipunktreglers

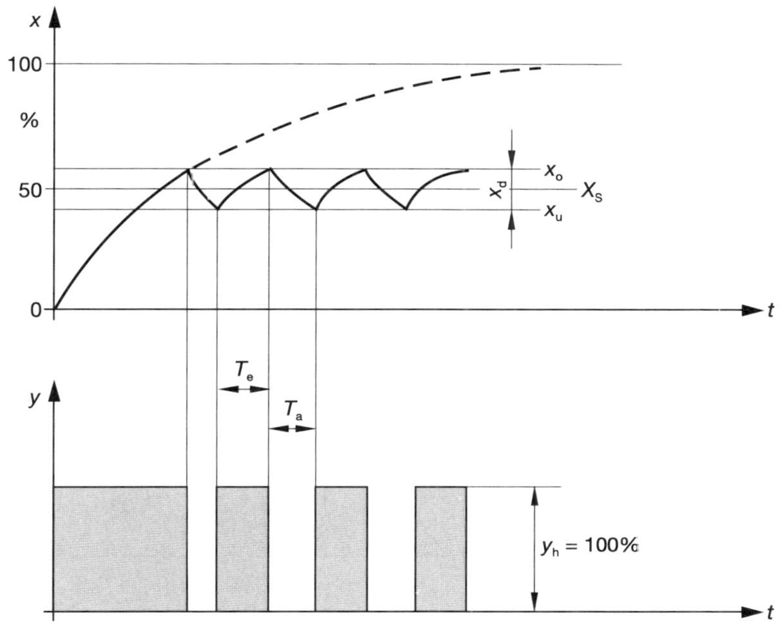

Bild 6.2
Zeitverhalten der Regelgröße in einem Zweipunktregelkreis mit PT_1-Strecke

Zeitkonstanten T_1. Wenn die Regelgröße den oberen Schaltpunkt erreicht, schaltet der Regler seinen Ausgang ab. Die Regelgröße fällt nun mit der Zeitkonstanten T_1 soweit ab, bis der untere Schaltpunkt erreicht ist und der Regler wieder zuschaltet. Dieser Vorgang wiederholt sich nun ständig. Dabei bewegt sich die Regelgröße ständig zwischen den beiden Schaltpunkten hin und her. Den Abstand zwischen Minimum und Maximum der Regelgröße bezeichnet man auch als Schwankungsbreite x_δ. Sie ist in diesem Fall identisch mit der Schaltdifferenz.

Analog mit der Sollwertaufschaltung von 50 % stellt sich die Ein- und Ausschaltzeit des Reglers von gleichfalls 50 % ein, d.h., die Einschaltdauer ist gleich der Ausschaltdauer. Diese Verhältnisse verschieben sich, wenn der Sollwert bei mehr als 50 % gelegt wird. Damit wird die Einschaltdauer des Reglers größer als die Ausschaltdauer.

Bei Strecken mit Verzögerung höherer Ordnung bzw. mit Lauf- oder Totzeit verschlechtert sich das Verhalten der Regelgröße. Durch die Trägheiten der Strecke kommt es hier trotz Abschaltens des Reglerausganges noch zu einem Nachheizen bzw. Nachkühlen. Dies bedeutet, wie auch aus Bild 6.3 erkennbar ist, daß die Schwankung der Regelgröße um den Sollwert und damit die Schwankungsbreite x_δ größer wird. Es treten damit größere Abweichungen vom Sollwert auf, was als Verschlechterung der Regelgüte angesehen werden muß.

Eine Verringerung der Schwankungsbreite zur Verbesserung der Güte ist über geeignete Maßnahmen vornehmbar. Allerdings muß dabei erwähnt werden, daß dadurch Einflüsse auf andere Faktoren vorhanden sind.

Bild 6.3
Zeitverhalten der Regelgröße in einem Zweipunktregelkreis mit PT_n-Strecke

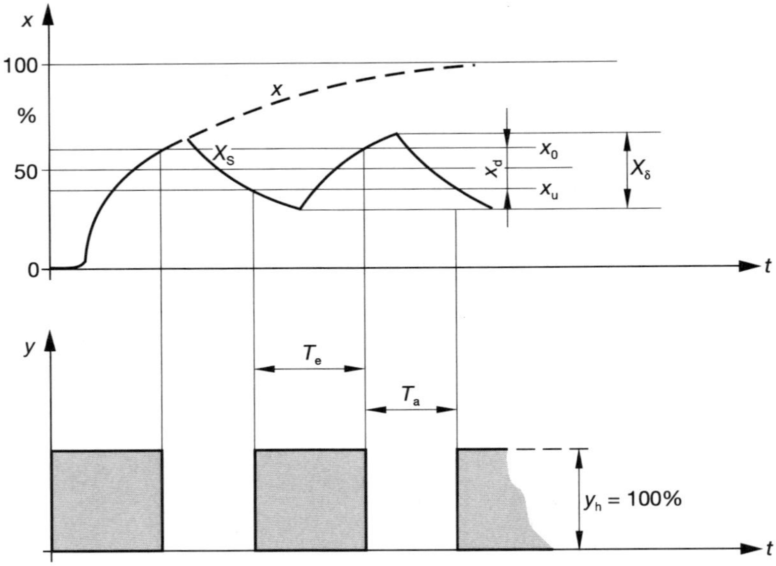

Verringerung der Schaltdifferenz
Durch eine Verringerung der Schaltdifferenz x_d kann die Schwankungsbreite der Regelgröße vermindert werden. Dazu werden die beiden Schaltpunkte näher an den Sollwert gelegt: entweder durch konstruktive Veränderungen des Reglers oder durch geeignete Einstellmöglichkeiten am fertigen Gerät. Damit erfolgt ein zeitigeres Ein- bzw. Ausschalten. Verbunden damit kann die Regelgröße nicht so stark ansteigen bzw. abfallen. Allerdings erhöht sich die Zahl der Ein- und Ausschaltvorgänge, was sich unter Umständen nachteilig auf Teile der Anlage auswirkt. Stellvertretend seien hier die Brenner bei einer Kesselzweipunktregelung genannt. Eine Verringerung der Schaltdifferenz hätte hier zur Folge, daß die ❶ **Brennerlaufzeit** sich verringert bzw. die Zahl der Brennerstarts ansteigt. Bei zu kurzen Brennerlaufzeiten ist die Verschlechterung des Wirkungsgrades bzw. die Erhöhung der Schadstoffemission die Folge. In diesem Fall muß also ein Kompromiß gefunden werden. Dies ist aber bei Heizungsanlagen kein Problem. Die Kessel- bzw. Vorlauftemperaturregelung stellt nur eine Vorregelung dar. Durch aufgesetzte Regeleinrichtungen (z.B. Raumthermostate) werden Schwankungen der Raumtemperaturen vermindert bzw. aufgehoben.

❶ *Einschaltdauer des Reglers*

Veränderliche Schaltdifferenz

Einige Hersteller statten ihre Zweipunktregler für den Heizkessel auch mit veränderlicher Schaltdifferenz in Abhängigkeit der Außentemperatur aus. Bei niedriger Außentemperatur (z.B. −15 °C) wird beispielsweise bei Buderus-Anlagen mit der Ecomatic-3000-Serie mit einer Schaltdifferenz von 4 K gefahren. Bei niedrigen Außentemperaturen ist der Wärmebedarf auch zugehörig hoch. Damit ergeben sich automatisch für die Überwindung der Schaltdifferenz längere Brennerlaufzeiten. Bei höheren Außentemperaturen würde hier der Brenner nur kurze Zeit laufen. In diesem Fall wird bei diesen Reglern die Schaltdifferenz auf z.B. 10 K bei einer Außentemperatur von 14 °C angehoben. Damit muß der Brenner länger laufen, damit er den oberen Schaltpunkt (abschalten) erreicht. Damit wird in den Übergangsperioden die Zahl der Brennerstarts verringert, verbunden auch neben einem geringeren Verschleiß mit einer Reduzierung der Schadstoffe.

Aufteilung der Gesamtleistung in Grund- und Zusatzlast

Regellast

Eine andere Möglichkeit der Reduzierung der Schwankungsbreite ist die Aufteilung des Leistungsbedarfs in zwei Teillasten. Die Strecke wird dazu mit einem Grundlastanteil ständig versorgt. Den restlichen Leistungsanteil stellt eine geregelte Zusatzlast, auch Regellast genannt, zur Verfügung. Damit verringert sich die Stellwirkung des Zweipunktreglers, verbunden mit einer Verminderung der Schwankungsbreite.

Zweipunktregler mit Rückführung

Eine Verbesserung des Regelungsverhaltens kann man erreichen, wenn durch eine Rückführschaltung der Regelgröße am Eingang des Reglers eine Rückführgröße überlagert wird. Über ein Verzögerungsglied wird somit dem Regler am Eingang eine vorzeitige Regelgrößenänderung vorgetäuscht. Folglich schaltet der Regler eher ab, bevor eigentlich in der Strecke der gewünschte Wert erreicht ist. Es können so die Schwankungen so klein gemacht werden, daß der Eindruck entsteht, als sei ein stetiger Regler eingesetzt worden.

Die Rückführung der Regelgröße kann elektrisch/elektronisch oder auch über Heizwiderstände realisiert werden. Die Zeitkonstante der Rückführung ist jedoch immer wesentlich geringer als die Ausgleichszeit der Strecke.

Erkauft werden muß diese Verbesserung der Regelgüte aber ebenfalls mit einer Erhöhung der Schalthäufigkeit. 🕮

🕮 *Siehe Themenband «Heizungsanlagen»*

6.3 Stetig-ähnliche Regler/Dreipunktregler mit Motorantrieb

Neutral- oder Unempfindlichkeitsbereich

Sehr vielfältig ist der Einsatz dieser Regler im Bereich der Versorgungstechnik. Ursache dafür ist der Einsatz der mit Vorteilen behafteten Stellantriebe auf Basis der Elektromotoren. Die Grundlage für diesen Regler bildet ein sogenannter Dreipunktschalter bzw. -regler, der in seiner Funktion zwei in ihren Ansprechwerten gestaffelten Zweipunktreglern

Bild 6.4
Statische Kennlinie eines Dreipunktreglers

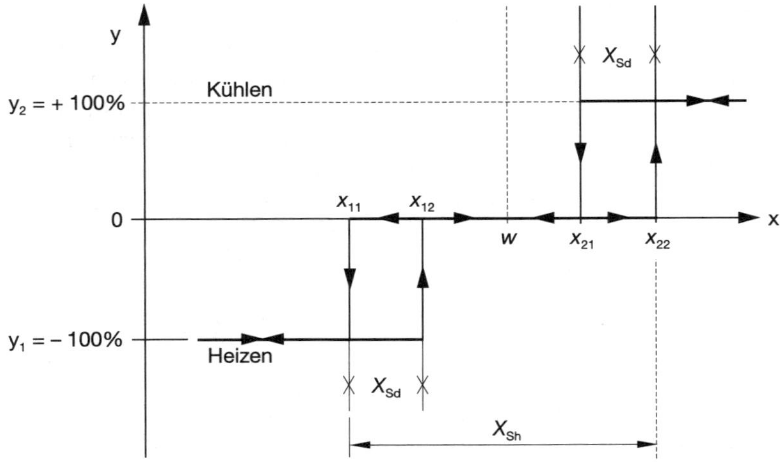

entspricht, wie auch aus Bild 6.4 hervorgeht. Der Regler selbst besitzt drei Ausgangszustände. Erst unterhalb des Punktes x_{11} bzw. oberhalb des Punktes x_{22} tritt ein von null verschiedenes Ausgangssignal auf. Daher wird dieser Bereich dazwischen auch Neutral- oder Unempfindlichkeitsbereich genannt.

Mit den drei Ausgangssignalen lassen sich dann sehr gut elektromotorische Stellantriebe ansteuern. Den Stellgrößen lassen sich die folgenden Befehle zuordnen:

Befehle

$y_0 = 0$ Motorstillstand, der Energie- oder Massenstrom bleibt konstant.
$y_1 = 100\,\%$ Motorrechtslauf, der Energie- oder Massenstrom nimmt zu.
$y_2 = 100\,\%$ Motorlinkslauf, der Energie- oder Massenstrom nimmt ab.

Die Dreipunktschalter sind fast immer elektronisch ausgeführt und besitzen entweder eine starre oder eine verzögernde Rückführung. Der Stellantrieb wird zwar schrittweise angesteuert, durch das integrierende Verhalten des Motors verläuft der Stellhub am Ausgang des Antriebes jedoch stetig-ähnlich, entweder mit P- oder mit PI-Verhalten.

6.4 Proportionalregler

❶ *Proportionalregler*

Der ❶ **P-Regler** ist der einfachste und preiswerteste stetige Regler. Er reagiert auf eine Störung, indem er sofort und proportional zur aufgetretenen Regelabweichung einen Stelleingriff vornimmt.

Funktionsweise

Die Funktionsweise eines P-Reglers soll an einem einfachen mechanischen Niveauregler erläutert werden. Sein Aufbau ist in Bild 6.5 dargestellt.

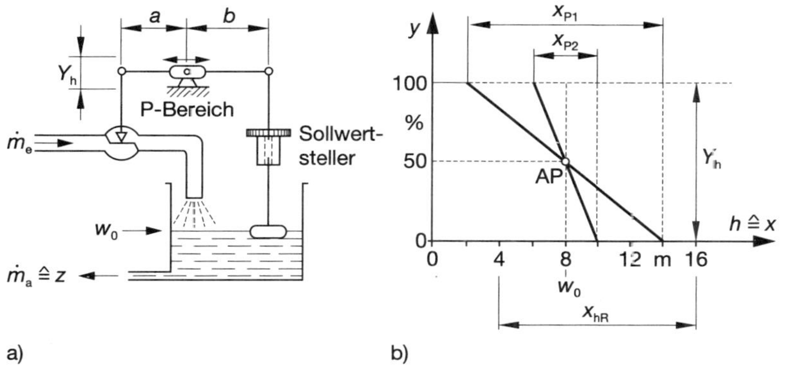

Bild 6.5
Aufbau eines P-Reglers am Beispiel eines Niveaureglers

Die Regelgröße x ist der Füllstand h im Behälter. Der Ventilhub stellt die Stellgröße y dar. Bei unterschiedlichen Abflußmengen aus dem Behälter würde sich der Füllstand verändern. Bei zunehmender Wasserentnahme sinkt der Spiegel und damit der Schwimmer. Über das Regelgestänge wird somit der Ventilhub proportional zur Pegelsenkung erhöht, verbunden mit einem Öffnen des Ventils.

Bleibende Regelabweichung

Der P-Regler kann seine Aufgabe erst aufnehmen, wenn der Wasserstand fällt oder steigt. Das Signal für den Regler, etwas zu veranlassen, ist die größer werdende Regeldifferenz x_d ($x_d = -x_w$). Es stellt sich dabei eine bleibende Regelabweichung ein. Der konkrete Wert dieser Abweichung der Regelgröße vom Sollwert ist abhängig vom proportionalen Übertragungsbeiwert des Reglers.

Als Kennwert für den P-Regler wird der proportionale Übertragungsbeiwert K_{PR} angegeben.

$$K_{PR} = \frac{\Delta y}{\Delta x} = \frac{\Delta y}{x_w} = \frac{Y_h}{X_P} \qquad \text{(Gl. 6.1)}$$

Proportionalbereich

Bei vielen Reglern wird dieser Wert auch durch den Proportionalbereich X_P ersetzt.

Bei dem Proportionalbereich handelt es sich um den Bereich, um den sich die Regelgröße x ändern muß, damit die Stellgröße über den gesamten Stellbereich Y_h verändert werden kann.

Der Proportionalbereich wird in Einheiten der Regelgröße oder als x_P in % angegeben.

$$x_P = \frac{X_P}{X_{hR}} \cdot 100\,\% \qquad \text{(Gl. 6.2)}$$

X_{hR} Regelbereich des Reglers, der Bereich, über den der Regler in der Lage ist, die Regelgröße x zu verarbeiten

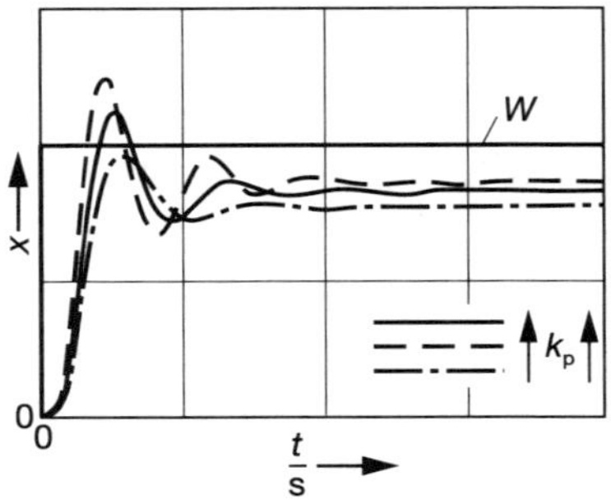

Bild 6.6
Verhalten der Regelgröße eines P-Reglers mit einer PT_1-Strecke

Der Proportionalbereich und der proportionale Übertragungsbeiwert stehen über Gleichung 6.1 im Zusammenhang. Wird der Übertragungsbeiwert vergrößert, so geht der Proportionalbereich zurück.

Beide Werte bestimmen die Steilheit der Kennlinie des P-Reglers. Mit ihnen ist eine Empfindlichkeitseinstellung des Reglers im Zusammenspiel mit der Regelstrecke und damit eine Anpassung an diese möglich. Der Übertragungsbeiwert gibt an, wie stark der Regler auf eine aufgetretene Regelabweichung reagiert.

Stabilitätsgrenze

Vorteilhaft ist, daß der P-Regler schnell arbeitet und relativ einfach aufgebaut ist. Es muß jedoch festgestellt werden, daß ein P-Regler nicht in der Lage ist, eine aufgetretene Regelabweichung restlos zu beseitigen. Mit Erhöhung des proportionalen Übertragungsbeiwertes verkleinert sich zwar die bleibende Regelabweichung (Bild 6.6). Dafür zeigt der Regler im Zusammenspiel mit der Regelstrecke aber ein stärkeres bzw. längeres Einschwingverhalten. Ab einem bestimmten Wert des Übertragungsbeiwertes vollzieht der Regelkreis sogar Schwingungen mit konstanter Amplitude. Der Regelkreis befindet sich an der Stabilitätsgrenze. Wird der Übertragungsbeiwert noch weiter erhöht, so schaukelt sich die Regelgröße auf, der Regelkreis ist instabil.

6.5 Integralregler

Dieser Reglertyp kommt im Bereich der Heizungs-, Lüftungs- und Klimatechnik relativ selten vor. Er soll aber der Vollständigkeit halber erwähnt werden.

❶ *Integralregler*

Im Gegensatz zum P-Regler kommt ein ❶ **I-Regler** erst dann zur Ruhe, wenn die Regelabweichung durch den Stelleingriff des Reglers null geworden ist. Er reagiert auf eine Störung, indem er mit einer zur aufgetretenen Regelabweichung proportionalen Geschwindigkeit die Stellgröße verändert. Dabei regelt er so lange, bis die Abweichung restlos beseitigt ist.

Bild 6.7
Sprungantwort eines I-Reglers

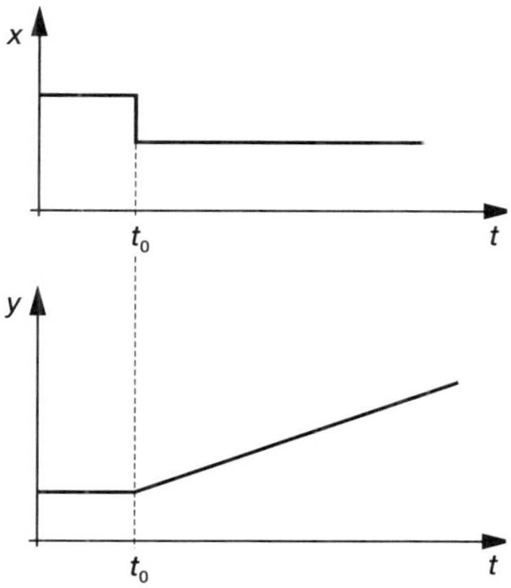

Man kann sich einen I-Regler aus einem Verstärker bestehend mit nachgeschaltetem Motor vorstellen. Mit dem Verstärker wird das Eingangssignal (Regelabweichung) erhöht und als Spannungswert dem Motor zugeführt. Je nach Abweichung wird damit der Motor schneller oder langsamer drehen und damit die Stellgröße am Stellglied verändern. Verschwindet die Regelabweichung, so verharrt die Stellgröße in ihrem augenblicklichen Wert.

Der I-Regler wird über den integralen Übertragungsbeiwert K_I an die Regelstrecke angepaßt. Je höher K_I gewählt wird, desto schneller ändert sich die Stellgröße y, die Regeldauer wird verkürzt, aber auch das Schwingverhalten erhöht. Eine höhere Regelabweichung führt ebenfalls zu einem schnelleren Verstellen der Stellgröße (Bild 6.7). Das Integralverhalten wirkt entdämpfend auf den Regelkreis, so daß ein zu großer Übertragungsbeiwert zu einer Schwingneigung des Regelkreises führt. I-Regler neigen beim Anfahren zum Überschwingen.

Der große Vorteil eines I-Reglers liegt in der Tatsache, daß er in der Lage ist, Störungen restlos zu beseitigen. Es treten damit keine bleibenden Regelabweichungen auf. Andererseits greifen I-Regler langsamer in das Stellgeschehen ein als P-Regler, die sprunghaft verstellen.

6.6 Proportional-Differential-Regler

Beim ❶ **PD-Regler** handelt es sich um einen mehrfachwirkenden Regler. Er stellt eine Kombination aus den beiden Anteilen Proportional- und Differentialverhalten dar. Die an der Strecke angreifende Änderung der Stellgröße ergibt sich aus der Summe der Änderungen der einzelnen miteinander kombinierten Anteile.

❶ *Proportional-Differential-Regler*

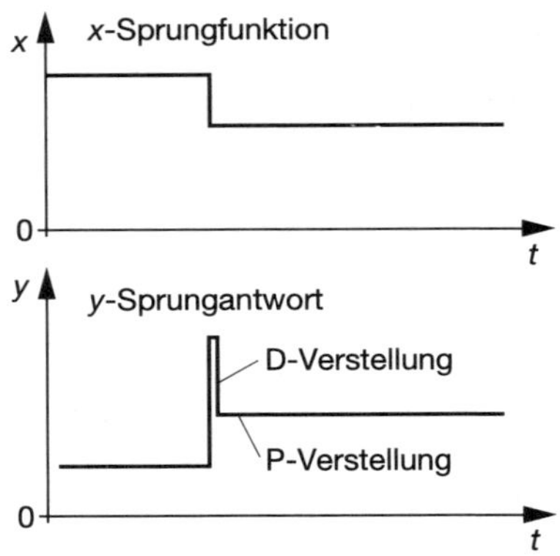

Bild 6.8
Sprungantwort eines PD-Reglers

Beim Auftreten einer Störung greift der D-Anteil sofort proportional zur Änderungsgeschwindigkeit der Regelabweichung ein, der P-Anteil reagiert mit einer zur Regelabweichung proportionalen Verstellung der Stellgröße y (Bild 6.8). Durch diese Kombination der beiden Anteile ergibt sich eine Verbesserung des Regelverhaltens des P-Reglers. Der Differentialanteil bewirkt eine Vorhaltung, d. h., er übt einen dämpfenden Einfluß auf das dynamische Verhalten des Regelkreises aus. Die Auswirkungen größerer Störungen mit schnellen Änderungen der Regelgröße werden im Entstehen durch anfängliches sehr kräftiges Verstellen des Stellgliedes abgefangen. Je schneller die Änderung der Regelgröße aufgrund einer Störung ist, desto stärker wird am Anfang verstellt. Die Einflüsse von Verzögerungen im Regelkreis werden so zum Teil kompensiert. Theoretisch wird die Strecke um eine Verzögerungsordnung vermindert. Aufgrund der dämpfenden Wirkung kann bei einem PD-Regler auch der proportionale Übertragungsbeiwert, der den P-Anteil einstellt, gegenüber einem P-Regler höher gewählt werden. Damit verringert sich die bleibende Regelabweichung im Regelkreis, sie bleibt aber trotzdem erhalten. Der PD-Regler verhindert damit das Auftreten größerer Regelabweichungen.

Die Anpassung des Reglers an die Regelstrecke erfolgt über die beiden Kennwerte

Kennwerte

- ❑ proportionaler Übertragungsbeiwert K_{PR} (oder auch über den Proportionalbereich X_p) für den P-Anteil und
- ❑ über die Vorhaltezeit T_V für den D-Anteil.

Vorhaltezeit

Die Vorhaltezeit ist auch nach der folgenden Gleichung ermittelbar:

$$T_V = \frac{K_D}{K_{PR}} \qquad \text{(Gl. 6.3)}$$

K_D differentialer Übertragungsbeiwert
K_{PR} proportionaler Übertragungsbeiwert

Bild 6.9
Anstiegsantwort eines PD-Reglers

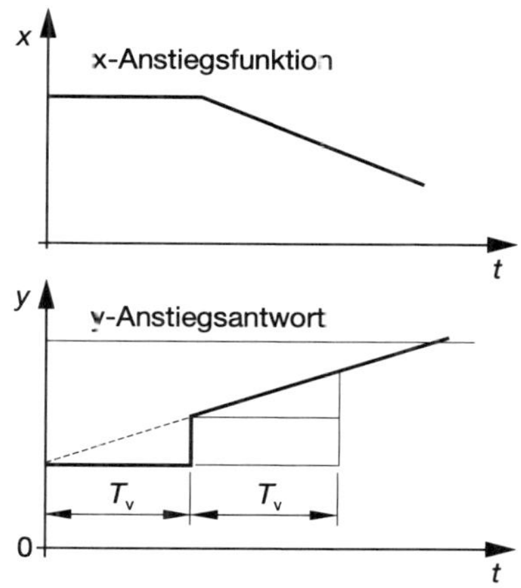

Sie ist die Zeit, die bei einer Anstiegsantwort (Bild 6.9) benötigt wird, um durch den P-Anteil eine gleich große Stellgrößenänderung vorzunehmen, wie der D-Anteil sofort bewirkt. Je größer T_v gewählt wird, desto stärker greift der Regler nach einem Eingangssprung ein. Um diese Zeit T_V ist der Regler schneller als ein reiner P-Regler. Es handelt sich also um einen sehr schnellen Regler.

Wird T_V auf null eingestellt, so wirkt der PD-Regler als reiner P-Regler.

6.7 Proportional-Integral-Regler

Der ❶ **PI-Regler** verkörpert ebenfalls einen mehrfachwirkenden Regler. Beim Auftreten einer Störung reagiert der PI-Regler, wie in Bild 6.10 dargestellt, durch den P-Anteil sofort proportional zur aufgetretenen Regelabweichung. Durch den I-Anteil wird die Stellgröße so lange weiter verändert, bis die Regelabweichung restlos beseitigt ist.

❶ *Proportional-Integral-Regler*

Er vereint damit die beiden Anteile P-Verhalten und I-Verhalten mit ihren Vorteilen. Dies heißt im einzelnen, daß der PI-Regler aufgrund des I-Anteils in der Lage ist, aufgetretene Regelabweichung vollständig zu beseitigen. Andererseits reagiert er durch den P-Anteil schneller als der reine I-Regler, der Regelvorgang wird schneller stabilisiert. Sein Übertragungsverhalten selbst wird dabei durch elektronische Baugruppen realisiert.

Das Ausgangssignal des PI-Reglers bildet sich durch Überlagerung der beiden Einzelanteile, die über die Kennwerte

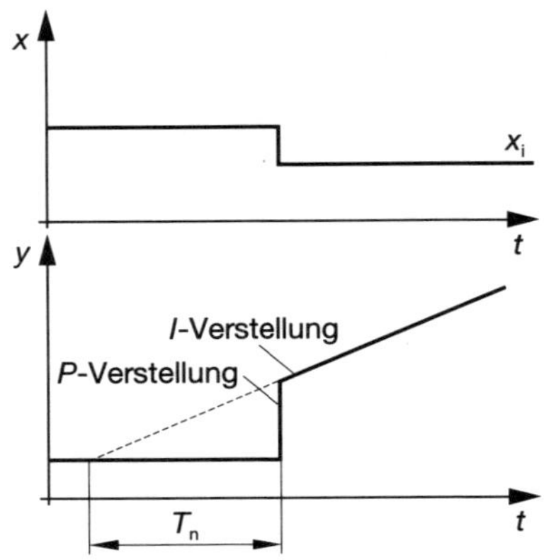

Bild 6.10
Sprungantwort eines PI-Reglers

Kennwerte

- proportionaler Übertragungsbeiwert K_{PR} (oder Proportionalbereich X_P) bzw.
- für den I-Anteil über die Nachstellzeit T_n

festgelegt werden.

Dabei wird die Nachstellzeit T_n als die diejenige Zeit definiert, die der I-Anteil in der Sprungantwort benötigt, um eine gleich große Stellsignaländerung zu erzielen, wie sie durch den P-Anteil sofort erreicht wird. Damit ist der PI-Regler um die Nachstellzeit T_n schneller als der reine I-Regler. Bei Einstellung der Nachstellzeit T_n gegen unendlich wird aus dem PI-Regler ein reiner P-Regler.

Durch die kontinuierliche oder gestufte Einstellung der beiden Parameter in weiten Bereichen können PI-Regler sehr gut an verschiedene Regelstrecken angepaßt werden, seien es schnellere Durchflußregelstrecken als auch langsamere Temperaturregelstrecken. Daher werden PI-Regler auch in der Versorgungstechnik am häufigsten eingesetzt.

6.8 Proportional-Integral-Differential-Regler

❶ *Proportional-Integral-Differential-Regler*

❶ **PID-Regler** stellen die komfortabelsten, aber teuersten Regler dar. Durch die Kombination von Proportional-, Integral- und Differentialverhalten vereint dieser Regler alle positiven Eigenschaften der bisherigen Regler. Das ist das schnelle Eingreifen des P-Anteils, die stabilisierende Wirkung des D-Anteils und die restlose Beseitigung von Regelabweichungen durch den I-Anteil (vgl. auch die Sprungantwort des PID-Reglers, Bild 6.11). Sie eignen sich daher besonders für schwierige (träge Regelstrecken) bzw. schnelle Regelungen.

Auch sie werden meistens durch die Kombination elektronischer Baugruppen mit entsprechendem Übertragungsverhalten realisiert.

Bild 6.11
Sprungantwort eines PID-Reglers

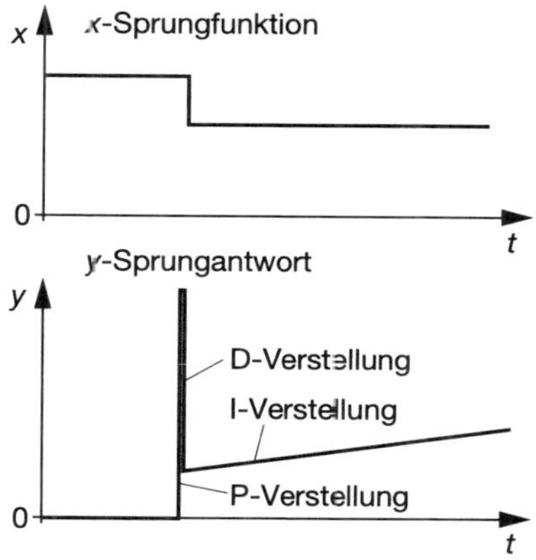

Die Anpassung des Reglers an die konkrete Regelstrecke erfolgt über die Einstellung der drei Kennwerte

Kennwerte

- proportionaler Übertragungsbeiwert K_{PR} bzw. Proportionalbereich X_P,
- über die Nachstellzeit T_n für den I-Anteil und
- über die Vorhaltezeit T_v für den D-Anteil.

Die Definition dieser Größen bzw. ihr Einfluß bei Veränderung entspricht dem Gesagten der letzten Abschnitte.

Ein PID-Regler läßt sich durch entsprechende Einstellungen der Zeitwerte als unterschiedliche Regler einstellen (Tabelle 6.1). Allerdings sollte man nie aus Sicherheitsgründen einen PID-Regler auswählen und ihn dann unter seinem Wert, d.h. z.B. als P- oder PD-Regler, betreiben. Sind die Anforderungen seitens der Strecke und des Prozesses nicht so hoch, so sollte aus Kostengründen auf einfachere Reglertypen zurückgegriffen werden.

Tabelle 6.1 Einstellmöglichkeiten eines PID-Reglers und dessen Auswirkungen

Einstellung als	Übertragungsbeiwert	Nachstellzeit	Vorhaltezeit
P-Regler	X	Gegen unendlich	Gegen Null
PD-Regler	X	Gegen unendlich	X
PI-Regler	X	X	Gegen Null
PID-Regler	X	X	X

6.9 Auswahl von geeigneten Reglern – optimale Reglereinstellung

Die Kombination von vorhandener Regelstrecke und geeignetem Regler hängt von verschiedenen Faktoren ab. Nicht jeder Regler ergibt im Zusammenspiel mit einer bestimmten Strecke ein optimales Verhalten. Manche Kombination verschlechtert sogar das Endergebnis gegenüber einem ungeregelten System; es tritt ein schwingender Regelkreis auf, bei dem sich die Regelgröße x immer weiter vom Sollwert entfernt. Man spricht von Instabilität des Regelkreises.

Die Einschätzung der Güte eines Regelkreises und damit die Wahl eines geeigneten Reglers hängt von den Anforderungen der Aufgabenstellung für den Regelkreis ab. Beispiele derartiger Forderungen können auszugsweise sein:

Forderungen

- Störungen sollen im Regelkreis möglichst schnell und vollständig ausgeregelt werden.
- Während des Regelvorganges auftretende Abweichungen der Regelgröße von ihrem Sollwert sollen so klein wie möglich sein.
- Die Regelgröße soll keine durch die Regelung hervorgerufenen Schwingungen ausführen.

Manche dieser Forderungen widersprechen sich teilweise gegenseitig, so daß ein Kompromiß bei den unterschiedlichen Forderungen eingegangen werden muß bzw. bestimmte Forderungen eine höhere Priorität bekommen. Damit aber zwischen den einzelnen Kombinationen Strecke–Regler bzw. unterschiedlichen Reglereinstellungen verglichen werden kann, sind bestimmte Kennwerte beim Einschwingverhalten eines Regelkreises festgelegt worden. In Bild 6.12 sind diese Kennwerte im Diagramm eingetragen.

Kennwerte

Die **Anregelzeit** T_{an} ist die Zeit, die vergeht, bis die Regelgröße x das erstemal ihren späteren Endwert erreicht.

Die **Ausregelzeit** T_{aus} ist die Zeit vom Austreten der Regelgröße x aus einem vereinbarten Toleranzband um den Anfangswert und dem endgültigen Eintauchen in ein anderes ebenfalls vereinbartes Toleranzband um den stationären Endwert.

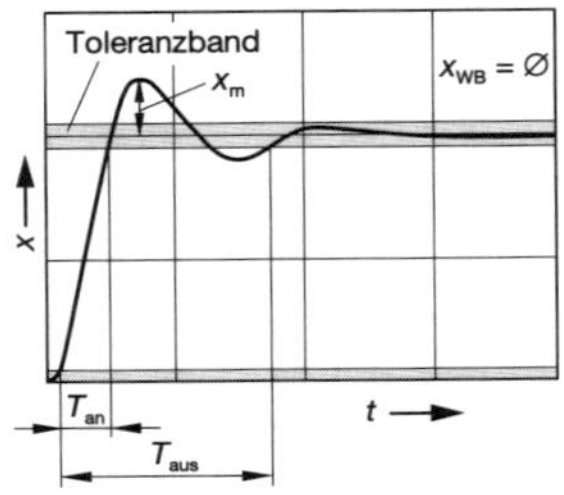

Bild 6.12
Einschwingverhalten eines Regelkreises

Die **Überschwingweite** x_m ist die größte vorübergehende Sollwertabweichung nach einer Störgrößen- oder Führungsgrößenänderung.

Die **bleibende Regelabweichung** x_{wb} ist diejenige Abweichung der Regelgröße vom Sollwert, die sich im stationären Endwert nach einer Stör- oder Führungsgrößenänderung ergibt.

Ein optimales Verhalten eines Regelkreises liegt meist dann vor, wenn

- ❑ die Regeleinrichtung die Regelgröße x in kurzer An- und Ausregelzeit bei möglichst kleiner Überschwingweite auf die vorgegebene Führungsgröße bringt,
- ❑ der Regelkreis nach dem Anfahren stabil arbeitet, d.h. die Regelgröße mit stark gedämpfter Amplitude einschwingt,
- ❑ Störungen bzw. Änderungen der Führungsgröße mit möglichst kleiner Überschwingweite und in kurzer Zeit bestmöglich ausgeregelt werden.

Auswahl Reglertyp

Die obigen Forderungen können im Grunde genommen durch die Auswahl eines geeigneten Reglertyps für die entsprechende Strecke bzw. Regelaufgabe und passende Einstellungen der Reglerparameter weitestgehend erfüllt werden. Über die Streckenkennwerte kann, wie bereits in Kapitel 5 erwähnt, eine Aussage zur Regelbarkeit der Strecke gemacht werden. Daraus lassen sich wiederum Rückschlüsse für die Vorauswahl von verwendbaren Reglertypen ziehen. Strecken mit Ausgleich und einem Schwierigkeitsgrad S von 0,1 und kleiner sind sehr gut und Strecken mit einem S von 0,1 bis 0,2 gut regelbar. Hier eignen sich im Grunde alle Reglertypen. Meist werden einfache Regler wie Zweipunktregler oder Proportionalregler (unter Beachtung der auftretenden

Tabelle 6.2 Eignung von Reglertypen für einige ausgewählte Regelgrößen

Regelgröße	Regler		
	Proportional	Integral	PI
Temperatur	gut geeignet, wenn $S > 0,1$	ungeeignet, hohes Überschwingen und lange Regelzeit	für hohe Ansprüche der geeignetste Typ
Druck	brauchbar, wenn keine größeren Laufzeiten	gut geeignet	
Durchfluß	ungeeignet, erforderliches X_P zu groß	gut geeignet	geeignet
Niveau, Flüssigkeitsstand	meist gut geeignet, wenn keine Laufzeiten	ungeeignet, strukturinstabil	gut geeignet
Drehzahl		brauchbar, wenn keine großen Laufzeiten	

Regelabweichungen) eingesetzt. Strecken mit einem Schwierigkeitsgrad von 0,2 bis 0,3 sind mittelschwer bzw. noch regelbar. Hier kommen PD-, PI- bzw. für höhere Ansprüche PID-Regler zur Anwendung. Strecken mit einem Schwierigkeitsgrad von größer 0,3 sind schwer regelbar. Zum Einsatz kommen hier PID-Regler oder Kaskadenregelungen mit Haupt- und Hilfsregler. Mit zunehmendem Schwierigkeitsgrad wird zwangsläufig auch der Aufwand für vernünftige Regelergebnisse immer größer. Auch die Art der Regelgröße beeinflußt die Auswahl des Reglers. Dazu sind in Tabelle 6.2 weitere Zusammenhänge dargelegt.

Bei Strecken ohne Ausgleich (I-Strecken) eignen sich Integral- bzw. Zweilaufregler überhaupt nicht. Sie führen zum Aufschaukeln des Regelkreises; man sagt, sie sind strukturinstabil. Hier sind je nach Güteanforderung P-, PD- bzw. PI-Regler verwendbar.

Ist die Auswahl für einen Regler entsprechend der Regelgröße, Streckentyp bzw. den Güteanforderungen erfolgt, so muß die Anpassung des Reglers an den konkreten Regelkreis erfolgen. Damit wird festgelegt, mit welcher Empfindlichkeit die einzelnen Regleranteile auf eine aufgetretene Abweichung reagieren sollen. Als brauchbar haben sich praktische Einstellregeln erwiesen, die auf Streckenkennwerten bzw. Untersuchungen des fertigen Regelkreises basieren.

Einstellregeln nach den Streckenkennwerten

Mit Hilfe der Streckenkennwerte Laufzeit T_L, Verzugszeit T_u, Ausgleichszeit T_g und Übertragungsbeiwert der Strecke K_S können die entsprechenden Kennwerte des Reglers nach Tabelle 6.3 eingestellt werden.

Einstellregeln nach Ziegler und Nichols

Sind die Daten der Regelstrecke nicht bekannt, so kommt recht häufig ein experimentelles Einstellverfahren zum Einsatz. Dies setzt aber vor-

Tabelle 6.3 Einstellregeln von Chien, Hrones und Reswick

Regler	aperiodischer Regelverlauf		Regelverlauf mit 20 % überschwingen	
	Störung	Führung	Störung	Führung
P	$K_{PR} \approx \frac{0,3}{K_S} \cdot \frac{T_g}{T_{LE}}$	$K_{PR} \approx \frac{0,3}{K_S} \cdot \frac{T_g}{T_{LE}}$	$K_{PR} \approx \frac{0,7}{K_S} \cdot \frac{T_g}{T_{LE}}$	$K_{PR} \approx \frac{0,7}{K_S} \cdot \frac{T_g}{T_{LE}}$
PI	$K_{PR} \approx \frac{0,6}{K_S} \cdot \frac{T_g}{T_{LE}}$ $T_u \approx 4 \cdot T_{LE}$	$K_{PR} \approx \frac{0,35}{K_S} \cdot \frac{T_g}{T_{LE}}$ $T_n \approx 1,2 \cdot T_g$	$K_{PR} \approx \frac{0,7}{K_S} \cdot \frac{T_g}{T_{LE}}$ $T_n \approx 2,3\ T_{LE}$	$K_{PR} \approx \frac{0,6}{K_S} \cdot \frac{T_g}{T_{LE}}$ $T_n \approx T_g$
P/D	$K_{PR} \approx \frac{0,95}{K_S} \cdot \frac{T_g}{T_{LE}}$ $T_n \approx 2,4 \cdot T_{LE}$ $T_v \approx 0,42 \cdot T_{LE}$	$K_{PR} \approx \frac{0,6}{K_S} \cdot \frac{T_g}{T_{LE}}$ $T_n \approx T_g$ $T_v \approx 0,5 \cdot T_u$	$K_{PR} \approx \frac{1,2}{K_S} \cdot \frac{T_g}{T_{LE}}$ $T_n \approx 2 \cdot T_{LE}$ $T_v \approx 0,42 \cdot T_{LE}$	$K_{PR} \approx \frac{0,95}{K_S} \cdot \frac{T_g}{T_{LE}}$ $T_n \approx 1,35 \cdot T_g$ $T_v \approx 0,47 \cdot T_{LE}$

Tabelle 6.4 Einstellregeln nach ZIEGLER und NICHOLS

Regler	K_{PR}	X_P	T_n	T_v
P	$0{,}5 \cdot K_{PRkrit}$	$2 \cdot X_{Pkrit}$	–	–
PI	$0{,}45 \cdot K_{PRkrit}$	$2{,}2 \cdot X_{Pkrit}$	$0{,}85 \cdot T_{krit}$	–
PID	$0{,}6 \cdot K_{PRkrit}$	$1{,}7 \cdot X_{Pkrit}$	$0{,}5 \cdot T_{krit}$	$0{,}125 \cdot T_{krit}$

aus, daß der Regelkreis an der Stabilitätsgrenze bzw. auch in der Instabilität betrieben werden darf, was nicht bei jedem Regelkreis aus Sicherheitsgründen möglich ist.

Bei diesem Verfahren wird der Regler zuerst als reiner Proportionalregler eingestellt (siehe dazu auch PD, PI, und PID-Regler). Anschließend wird beginnend bei kleinen Werten der proportionale Übertragungsbeiwert langsam erhöht, bis der Regelkreis Dauerschwingungen mit konstanter Amplitude ausführt (Betrieb an der Stabilitätsgrenze). Es wird jetzt der eingestellte proportionale Übertragungsbeiwert K_{PRkrit} bzw. Proportionalbereich X_{Pkrit} notiert und die Schwingungsdauer der Dauerschwingung T_{krit} ebenfalls ermittelt. Je nach angewandtem Reglertyp erfolgt anschließend die Einstellung der Parameter nach Tabelle 6.4.

Evtl. notwendige Korrekturen können dann im praktischen Betrieb noch vorgenommen werden.

7 Stellgeräte

- Stellantriebe
- Verhalten des Stellgerätes bei Ausfall der Hilfsenergie
- Wirkungssinn von Stellgeräten
- Stellglieder
- Stellungsregler

Stellgeräte werden bei Steuer- bzw. Regelungen eingesetzt, um einen gezielten Eingriff in den Massen- bzw. Energiestrom am Eingang der Strecke zu realisieren. Das Stellgerät bildet somit die Nahtstelle zwischen Steuergerät bzw. Regler und der zugehörigen Strecke. Es erfolgt damit die erforderliche Anpassung der zu beeinflussenden Größe.

Im einzelnen besteht ein Stellgerät (Bild 7.1) in der Regel aus diesen beiden Komponenten:

Komponenten

- Stellantrieb
  Er erhält seine Signale vom Regler und setzt sie zur Verstellung des eigentlichen Stellgliedes unter Anwendung einer Hilfsenergie um (z. B. Hub des Ventils bzw. Drehwinkel einer Klappe, realisierbar durch Elektromotor o. ä.).
- Stellglied
  Diese Komponente nimmt den eigentlichen Eingriff in den Energie- bzw. Massenstrom vor, indem z.B. die Hubänderung in eine Volumenstromänderung umgesetzt wird (z. B. Regelventil).

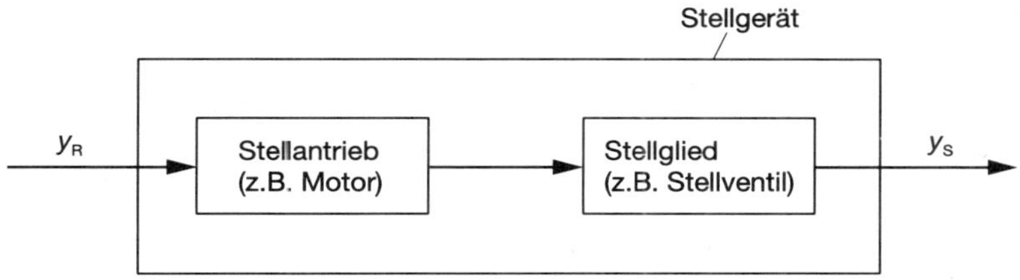

Bild 7.1
Prinzipaufbau der Stellgeräte

7.1 Stellantriebe

Der Stellantrieb kann direkt vom Reglerausgang oder unter Zwischenschaltung eines Übertragungsgliedes angesprochen werden. Solche Zwischenschaltungen sind beispielsweise dort notwendig, wo das Ausgangssignal des Reglers aufgrund anderer Signalformen bzw. anderer physikalischer Eigenschaften nicht geeignet ist, den Stellantrieb direkt anzusteuern.

Der Stellantrieb wird, obwohl er konstruktiv mit dem Stellglied verbunden ist, regelungstechnisch der Regeleinrichtung zugeordnet. Dies ist auch deshalb sinnvoll, da bei Reglern ohne Hilfsenergie keine Trennung zwischen Regler und Stellantrieb möglich ist bzw. bei stetig-ähnlichen Reglern durch den Antrieb das Gesamtverhalten der Regeleinrichtung wesentlich bestimmt wird.

Wandlung des Ausgangssignals

Der Stellantrieb übernimmt die Aufgabe der Wandlung des Ausgangssignals des Reglers in eine Hub- bzw. Drehbewegung, um dann das Stellglied zu betätigen. Dabei werden verschiedene Ausführungsformen von Antrieben in der Praxis verwendet.

7.1.1 Elektromotorische Stellantriebe

Sie sind die in der Praxis mit am weitesten verbreiteten Stellantriebe, da sie seitens der Regler relativ einfach ansteuerbar sind. Zur Anwendung kommen

Arten

- selbstanlaufende Synchron-Kleinmotoren für geringe Stelleistungen,
- Einphasen-Asynchronmotoren mit Hilfskondensatoren für größere Stelleistungen,
- Drehstrommotoren für Stellgeräte mit sehr hohen Stellkräften.

Die ersten beiden Motorenarten besitzen zwei Wicklungen und benötigen zur Ansteuerung einen Regler mit Dreipunkt-Ausgangssignal (Rechtslauf, Stillstand, Linkslauf). Sie arbeiten mit konstanter Drehzahl. Drehstrommotoren sind in ihrer Ansteuerung aufwendiger.

Für die Ansteuerung von Stellventilen muß die Drehbewegung des Motors mittels eines Schneckengetriebes oder einer Gewindespindel mit Arbeitsmutter in einen Hub umgesetzt werden. Die Getriebe sind dabei selbsthemmend. Da der Hubbereich begrenzt ist, muß der Stellbereich durch Endlagenschalter oder Rutschkupplungen mit Abschaltung begrenzt und damit der Motor vor Überlastung geschützt werde

Stellzeit

Maßgebende Kenngröße für den Stellantrieb ist die Stellzeit T_y. Sie kennzeichnet die Zeit, die der Antrieb benötigt, um den vollen Hubbereich des Stellgliedes zu durchfahren. Sie liegt meist in der Größenordnung von ca. 2 Minuten.

7.1.2 Elektrothermische Stellantriebe

Bei diesen Antrieben wird der Hub für das Stellglied durch Wärmeausdehnung von bestimmten Stoffen realisiert. Bild 7.2 zeigt einen solchen industriellen Stellantrieb.

Der Stellantrieb (Aufbau siehe Bild 7.3) besitzt ein elektrisch beheiztes überhubsicheres Ausdehnungssystem. Durch eine elektrische Heizwicklung wird dem Dehnkörper Wärme zugeführt, so daß sich dieser ausdehnen und die Hubstange eine Wegänderung zurücklegen kann. Es können damit geringe Hubänderungen und Stellkräfte realisiert werden, wie sie beispielsweise bei Stellventilen kleiner Nennweiten für Einzelraumregelungen oder Zonenregelungen auftreten. Sie sind einfach im Aufbau, arbeiten geräuschlos und wartungsfrei. Es gibt die Ausführungen

Ausführungen

- stromlos geschlossen bzw.
- stromlos geöffnet.

Als Betriebsspannungen für die Beheizung werden sowohl 230 V als auch 24 V Wechselspannung angeboten.

Zeitverhalten

Das Zeitverhalten entspricht etwa einem Verzögerungsglied erster Ordnung. Je nach Ausführung schwanken die Stellzeiten zwischen ca. 3 bis etwa 15 Minuten. Damit ist in jedem Fall zu beachten, daß elektrothermische Stellantriebe das gesamte Zeitverhalten des Regelkreises verschlechtern.

Bild 7.2
Industrieller thermoelektrischer Stellantrieb [21]

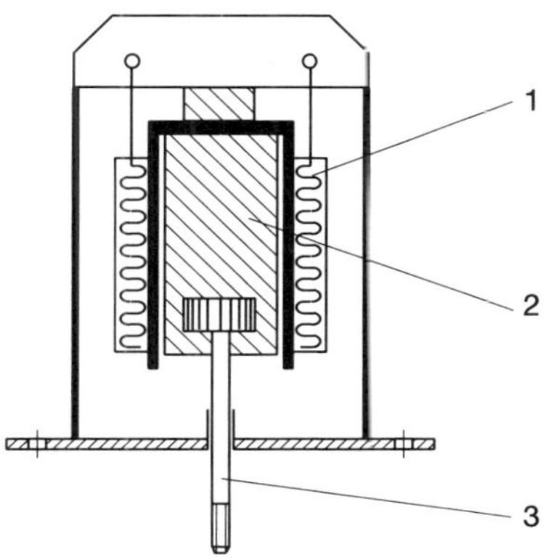

Bild 7.3
Prinzipskizze eines thermoelektrischen Stellantriebes
1 Heizwicklung
2 Feststoff-Dehnkörper
3 Hubstange

7.1.3 Elektromagnetische Stellantriebe

Ihre Funktionsweise beruht auf der Kraftwirkung ferromagnetischer Werkstoffe im Magnetfeld eines Elektromagneten. Der prinzipielle Aufbau eines solchen Antriebes ist in Bild 7.4 dargestellt.

Wird die Spule des Antriebes mit einem Strom durchflossen, so entsteht eine Magnetkraft, die bestrebt ist, den beweglichen Kern in das Spuleninnere zu ziehen. Eine vorhandene Rückstellfeder hält demgegenüber ein Gleichgewicht. Die Hubstange legt damit einen Weg zurück, der von der angelegten Spannung am Elektromagnet abhängig ist. Sie eignen sich damit für die direkte Ansteuerung durch stetige Regler mit einem Spannungsausgang. Er muß jedoch die notwendige Leistung für die Ansteuerung des Antriebes aufbringen.

Durch besondere Auswahl der eingesetzten Materialien und bestimmte konstruktive Gestaltung des Elektromagneten können hysteresefreie lineare Abhängigkeiten des Hubes vom fließenden Strom innerhalb des Stellbereiches umgesetzt werden.

Zeitverhalten

Das Zeitverhalten eines solchen Antriebes ist sehr günstig. Mit ihm können Stellzeiten von etwa einer Sekunde verwirklicht werden; er eignet sich somit besonders für dynamisch sehr anspruchsvolle Regelungen. Der elektromagnetische Stellantrieb stellt in Verbindung mit seinem Stellglied ein praktisch verzögerungsfreies Übertragungsglied im Regelkreis dar. In der Regel verbessert sich mit ihm gegenüber anderen Antrieben die Regelbarkeit der Strecke, erkennbar am Schwierigkeitsgrad.

Der elektromagnetische Stellantrieb darf aber nicht mit klassischen Magnetventilen im Auf/Zu-Betrieb verwechselt werden. Bei diesen wird ebenfalls über einen Elektromagnet der Hub verändert. Dabei geht es aber nur um die Eckwerte «voll offen» bzw. «voll geschlossen», so daß sie konstruktiv einfacher aufgebaut werden können. Die Ansteuerung

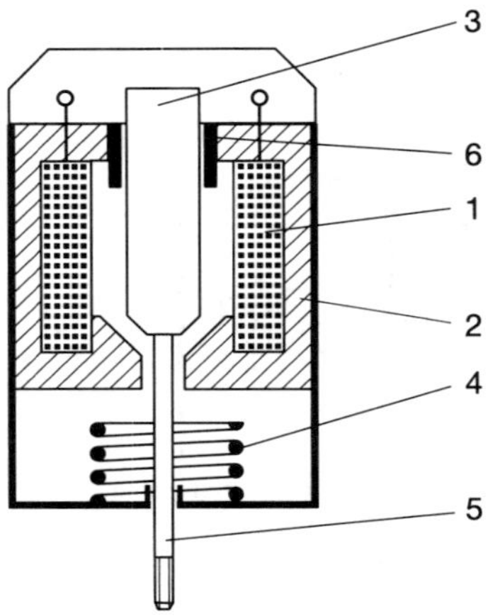

Bild 7.4
Aufbauskizze eines elektromagnetischen Stellantriebes
1 Spule
2 fester Eisenkern
3 beweglicher Magnetkern
4 Rückstellfeder
5 Hubstange
6 Kernführung

erfolgt auch nur über Zweipunktglieder (Spannung liegt am Antrieb an oder nicht).

7.1.4 Elektrohydraulische Stellantriebe

Sie stellen robuste, aber auch teure Antriebe dar und werden nur bei Ventilen eingesetzt. Sie benötigen zur Ansteuerung ebenfalls einen Dreipunktregler wie die elektromotorischen Stellantriebe. Sie kommen allerdings ohne Übersetzungsgetriebe aus und erzeugen direkt einen geradlinigen Stellweg. In Bild 7.5 ist der prinzipielle Aufbau schematisch dargestellt.

Der Kolben teilt den Druckzylinder in zwei variable Kammern, die mit Öl gefüllt werden können. Beim Signal «Ventil auf» fördert eine Schwingankerpumpe Öl in den oberen Hohlraum. Der sich aufbauende Druck bewegt den Kolben gegen die Federkraft nach unten. Zum Schließen wird das eingebaute Magnetventil mit Spannung versorgt und somit zum Öffnen freigegeben. Das Öl kann in die untere Kammer zurückströmen, die vorgespannten Rückstellfedern bewegen den Kolben nach oben. Eine Sicherheitsrückstellung des Ventils kann durch ein zusätzliches Rückströmventil auf Elektromagnetbasis realisiert werden.

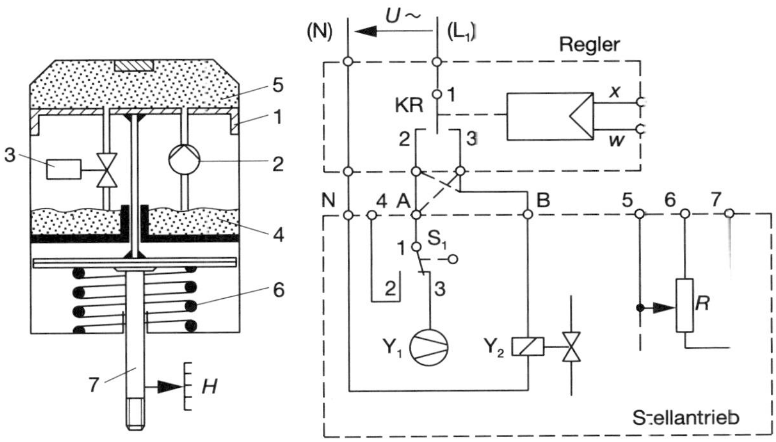

Bild 7.5 Schematischer Aufbau eines elektrohydraulischen Stellantriebes

1	Hubkolben	5	Druckraum
2	Schwingankerpumpe	6	Rückstellfeder
3	Rückströmventil	7	Kolbenstange
4	Ölreservoir	KR	Regler-Ausgangskontakte
S1	Grenztaster für 100 % Hub	Y1	Pumpe 2
Y3	Rückströmventil 3	*R*	Widerstands-Stellungsgeber

Bild 7.6
Schematischer Aufbau eines pneumatischen Stellantriebes

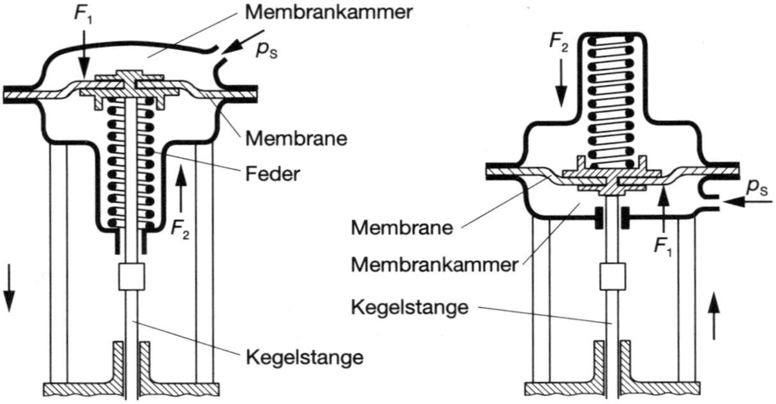

7.1.5 Pneumatische Stellantriebe

Werden Regelungen mit Druckluft als Hilfsenergieträger eingesetzt, so kommen pneumatische Stellantriebe zur Hubverstellung zum Einsatz. Dazu wird der Druck als Reglerausgangssignal auf die Membran des Antriebes geleitet, wie in Bild 7.6 gezeigt. Es bildet sich dadurch eine Stellkraft als Produkt der Membranfläche und des Druckes. Dem wirkt die Federkraft entgegen. Es erfolgt eine Bewegung der Membran und der damit starr verbundenen Hubstange, bis sich ein Kräftegleichgewicht eingestellt hat.

Pneumatische Antriebe stellen durch den Druckraum über der Membran eigentlich ein Speichersystem mit Verzögerung erster Ordnung dar, allerdings liegt die Verzögerung bei etwa nur einer Sekunde und ist damit vernachlässigbar für die Reglerdimensionierung.

7.2 Verhalten des Stellgerätes bei Ausfall der Hilfsenergie

Bei Ausfall der Hilfsenergie, die zur Verstellung des Stellgliedes bis auf wenige Ausnahmen notwendig ist, werden verschiedene Verhaltensweisen in den unterschiedlichen Anlagen benötigt, um geeignete Schutzmaßnahmen gegen Gefahrenzustände sicherzustellen. Seitens der Hersteller werden diese Verhalten durch entsprechende konstruktive Aufbauten des Antriebes in Verbindung mit dem Stellglied realisiert.

Die einzelnen Verhaltensweisen können Tabelle 7.1 entnommen werden.

Tabelle 7.1 Verhaltensweisen bei Ausfall der Hilfsenergie

Verhaltensweise bei Ausfall der Hilfsenergie	Stellgröße
Verharrend	Stellgröße bleibt konstant, y = konst.
Selbständig schließend	Stellgröße nimmt ihr Minimum an, $y = 0\,\%$
Selbständig öffnend	Stellgröße nimmt ihr Maximum an, $y = 100\,\%$

7.3 Wirkungssinn von Stellgeräten

Der ❶ **Wirkungssinn** eines Stellgerätes wird durch das Zusammenwirken von Stellantrieb, eventuellen Zusatzgeräten und dem Stellglied realisiert. Dabei bedeutet *direkter* Wirkungssinn, daß bei Zunahme des Antriebssignals das Stellglied weiter öffnet bzw. bei *indirektem* Wirkungssinn weiter schließt.

❶
Zuordnung der Bewegungsrichtung des Drosselkörpers, bezogen auf den Sitz des Stellgliedes zur Richtung der Änderung des dem Stellgerät zugeführten Antriebssignals

7.4 Stellglieder

Stellort

Die Stellglieder selbst stehen in sehr enger Wechselwirkung mit der Strecke. Der Einfluß des Stellgliedes auf die Strecke geht soweit, daß dadurch das Übertragungsverhalten der gesamten Strecke verändert wird. Diese Tatsache macht man sich zunutze, um der Regelstrecke ein möglichst lineares Verhalten zu geben. Daher wird das Stellglied auch der Strecke im regelungstechnischen Sinne zugerechnet. Den Ort des Eingriffes bezeichnet man auch als Stellort.

Fehler bei der Auswahl, der Dimensionierung bzw. dem Einbau des Stellgliedes sind die häufigsten Ursachen für unsachgemäßes Arbeiten von Regelkreisen. Daher ist eine genauere Betrachtung erforderlich.

7.4.1 Stellventile

In der Heizungs- und Lüftungstechnik finden verschiedenste Stellglieder Anwendung. Tabelle 7.2 gibt dazu eine Übersicht mit den möglichen Bauarten. Die Stellventile spielen dabei eine sehr wichtige Rolle, so daß eine tiefere Betrachtung erfolgen soll.

7.4.1.1 Bauformen

Bei Ventilen bewegt sich im Gegensatz zu anderen Stellgliedern der Schließ- oder Drosselkörper in Richtung der Strömungsachse.

Tabelle 7.2 Übersicht über ausgewählte Stellglieder in der Versorgungstechnik

Stellglied	Bauart	Verstellung
Ventile	Durchgangs- u. Dreiwegeventile	Durch Hubänderung
Klappen	Anschlagklappe, durchschlagende Klappe	Drehwinkeländerung
Hähne	Zweiwege-, Dreiwege-, Vierwegehähne	Drehverstellung
Pumpen	Kreiselpumpen, Strahlpumpen	Drehzahländerung Bypassverstellung Düsenverstellung
Ventilatoren	Radial- u. Axialventilatoren	Drehzahländerung Schaufelstellungsänderung
Elektrische Stellglieder	Relais, Schütze, Stufen- und Nockenschalter, Stelltransformatoren, Thyristorstellen, Frequenzumrichter	Schalt- und Schleiferstellung Spannung, Frequenz

Für die Auswahl des Ventils spielen verschiedene Faktoren eine entscheidende Rolle. So wird u.a. durch den Einsatzfall (Art der Anlage bzw. hydraulischen Schaltung) bestimmt, ob es sich um ein Durchgangs- oder Dreiwegeventil handelt.

Faktoren für die Auswahl

Durchgangsventil

Diese Ventile besitzen zwei Rohrleitungsanschlüsse, und eine Hubänderung bewirkt die Verstellung des Volumenstromes zwischen Null und Maximum (Bild 7.7).

Bild 7.7 Durchgangsventile
a) Einsitzventil
b) Doppelsitzventil

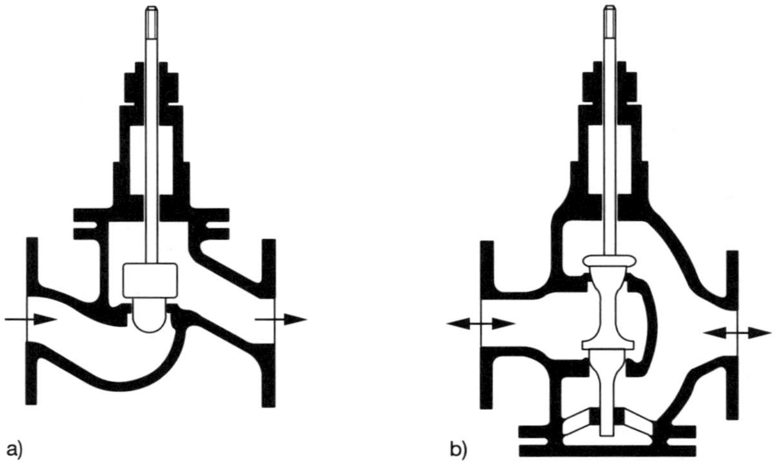

Je nach Aufbau wird dabei in zwei Arten unterschieden.

- ❑ Einsitzventile besitzen – wie aus dem Namen hervorgeht – nur einen Ventilsitz. Der Ventilkegel muß dabei gegen die Strömungsrichtung schließen, um ein Aufdrücken des Kegels auf den Ventilsitz mit folgenden Beschädigungen zu vermeiden. Außerdem könnten Beschädigungen bzw. Geräusche durch «Ventilflattern» auftreten. Einsitzventile benötigen Stellantriebe, die durchaus unterschiedliche Stellkräfte aufbringen müssen (z.B. bei «Ventil schließen» bzw. «voll öffnen»). Wichtig ist bei Einsitzventilen die Beachtung der Durchflußrichtung. **Einsitzventile**
- ❑ Doppelsitzventile hingegen verfügen über zwei Ventilkegel und zugehörige Durchtrittsöffnungen für das Medium. Der Druck wirkt daher zweimal – in gegensätzlicher Richtung – auf die Ventilspindel. Dies bewirkt nahezu eine Druckentlastung und damit eine Verringerung der notwendigen Stellkräfte. Daher sind Doppelsitzventile durchflußrichtungsunabhängig einsetzbar. **Doppelsitzventile**

Dreiwegeventil

Mischventil
Verteilventil

Diese Ventilart besitzt zwei Strömungswege: von oder nach außen. Dabei vereinigen Mischventile zwei Medienströme, während Verteilventile ein zuströmendes Medium auf zwei Leitungen verteilen (Bild 7.8). Um Beschädigungen an den Ventilsitzen zu vermeiden, ist bei den genannten Ventilen die Durchflußrichtung unbedingt zu beachten. Mischventile sind somit nicht als Verteilventile einsetzbar und umgekehrt.

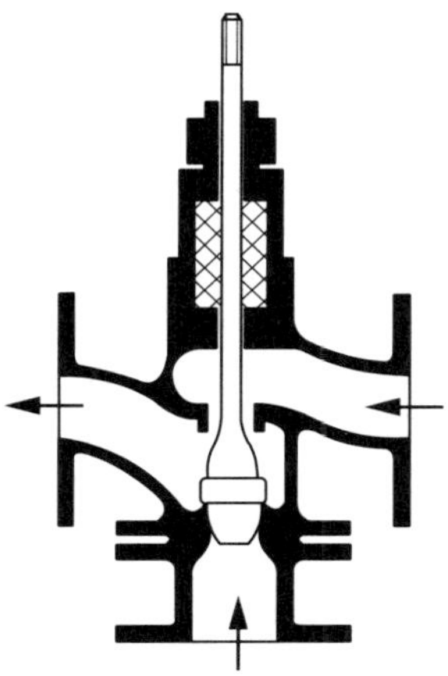
a)

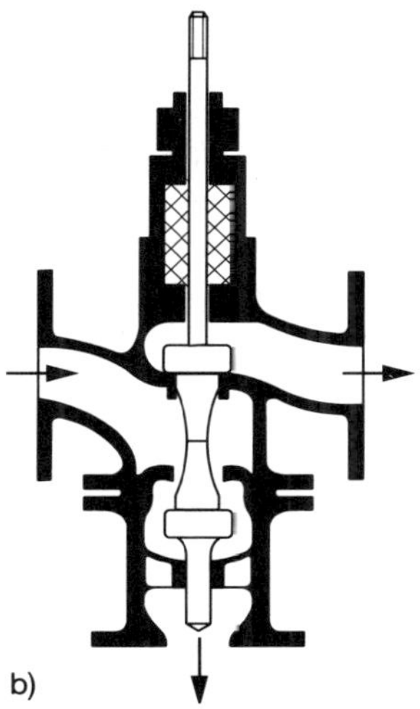
b)

Bild 7.8
Dreiwegeventile
a) Mischventil
b) Verteilventil

7.4.1.2 Kennwerte

Für eine einwandfreie Funktionsweise von Stellgliedern wird die ordnungsgemäße Auswahl vorausgesetzt. Dazu ist aber die Kenntnis des Durchflußverhaltens in Abhängigkeit des Ventilhubes notwendig.

Zur Beschreibung dieser Zusammenhänge sind eine Reihe von Kennwerten definiert und in der VDI/VDE-Richtlinie 2173 festgelegt.

Kennwerte

Der **Hub** H ist der Stellweg des Drosselkörpers, gemessen ab Schließstellung in mm.

Der **Nennhub** H_{100} ist derjenige Hub bei voll geöffnetem Ventil, der für eine Bauserie angegeben wird.

Um vergleichbare Angaben der einzelnen Produkte der verschiedensten Anbieter zu erhalten, wird ein vereinheitlichter Strömungszustand zugrunde gelegt. Er umfaßt Vorgaben zur Druckdifferenz über dem Ventil (Δp_V), zum Durchflußmedium sowie dessen Zustand. Der angegebene Durchfluß bei den Einheitsbedingungen wird als **Durchflußkennwert** k_V bezeichnet. Im einzelnen werden folgende k_V-Werte unterschieden:

k_V-Werte

Der **k_V-Wert** ist der Volumenstrom in m^3/h von Wasser bei einer Temperatur von 5 bis 30 °C bei beliebigem, gerade betrachtetem Hub H und bei einer Druckdifferenz über dem Ventil von $\Delta p_V = 1$ bar.

Der **k_{VS}-Wert** ist der für eine Bauserie vorgesehene k_V-Wert beim Nennhub H_{100}. Es handelt sich dabei um einen Katalogwert für ein Ventil.

Der k_V-Wert eines bestimmten Ventils bei Nennhub H_{100} wird als **k_{V100}-Wert** bezeichnet. Es handelt sich damit um den tatsächlichen k_V-Wert eines Ventils bei Nennhub.

Soll- und Istkennlinie

Für eine gute Stabilität des Regelkreises ist besonders das Durchflußverhalten eines Ventils im Schwachlastbereich – in der Nähe des Schließpunktes – von Interesse. Deshalb untersucht man die Soll- und Istkennlinie eines Ventils auch in diesem Bereich näher und hat auch dafür Kennwerte definiert.

Kennwerte

Der **k_{V0}-Wert** ist der Durchflußwert der Sollkennlinie beim Hub Null. Es ist somit der Schnittpunkt der Sollkennlinie mit der y-Achse des Koordinatensystems.

Neigungstoleranz

Eine Sollkennlinie für ein Ventil besitzt eine bestimmte Kennlinienneigung. Die Neigung einer tatsächlich gemessenen Kennlinie weicht üblicherweise durch Toleranzen davon ab. Daraus ergibt sich der Begriff der Neigungstoleranz (Bild 7.9). Die Kennlinienneigung darf bei einem ausgeführten Ventil mindestens im Bereich von 10 % bis 100 % Hub nicht mehr als ±30 % von der Kennlinienneigung der angegebenen Grundform abweichen.

Da im Bereich des Schließpunktes die Neigungstoleranz nicht mehr eingehalten werden kann, wurde ein weiterer Kennwert, der k_{Vr}-Wert, definiert.

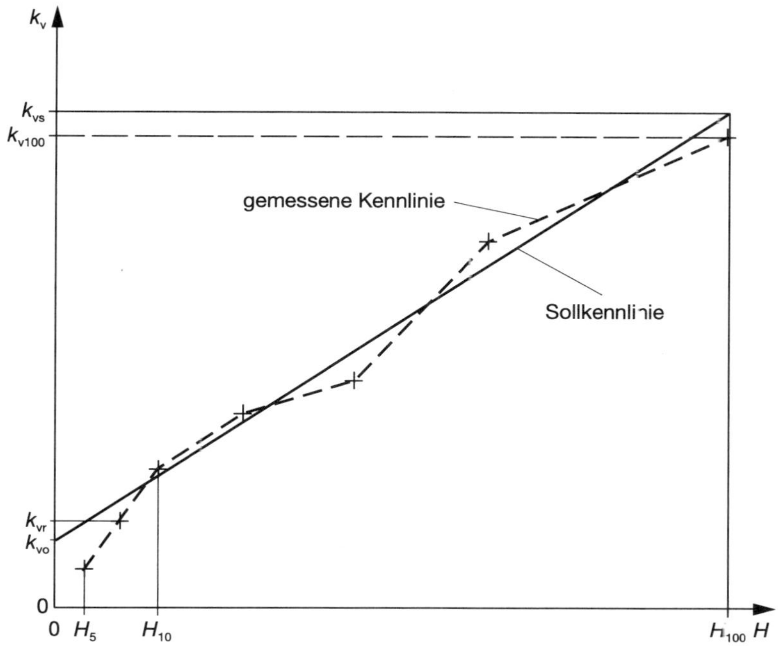

Bild 7.9
Soll- und Istkennlinie eines Ventils

Der **k_{Vr}-Wert** ist kleinste k_V-Wert, bei dem die Neigungstoleranz noch eingehalten wird.

Das **theoretische Stellverhältnis** S_{V0} ist der Quotient aus k_{VS}-Wert und k_{V0}-Wert.

$$S_{V0} = \frac{k_{VS}}{k_{V0}} \quad \text{(Gl. 7.1)}$$

Ein großes Stellverhältnis bedeutet, daß die Kennlinienneigung in einem großen Hubbereich eingehalten wird. Dies wirkt sich günstig auf die Stabilität des Regelkreises aus.

7.4.1.3 Hydraulische Grundschaltungen

Die Art und Weise, wie ein Stellventil in einer Anlage betrieben wird, ist sehr wichtig für die richtige Dimensionierung eines Stellventils. Besonders interessant sind die Anlagenteile mit ihren unterschiedlichen Durchflußverhalten, die Anlagenabschnitte mit konstantem bzw. variablem Massenstrom. Es sind in der Heizungs- und Klimatechnik fünf Grundschaltungen mit ihren Eigenarten üblich.

Grundschaltungen

In einer **Drosselungsschaltung** (Bild 7.10) kommt ein Durchgangsventil zur Regelung des Volumen- oder Massenstromes zum Einsatz.

Bild 7.10
Drosselungsschaltung

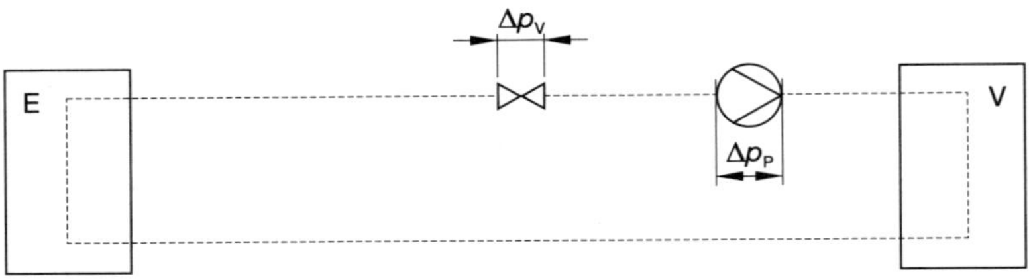

Dadurch wird der Massenstrom im gesamten hydraulischen System variiert. Problematisch ist besonders der Schwachlastbetrieb. Hier arbeiten die Verbraucher mit sehr geringen Massenströmen und zugehörigen großen Temperaturspreizungen. Es entstehen schnell ausgeprägte Temperaturschichtungen, Wasser-Luft-Wärmeübertrager können leicht einfrieren. Außerdem kommt es bei Hubänderungen mit entsprechenden Durchflußänderungen zu Verschiebungen des Arbeitspunktes auf der Pumpenkennlinie. Unangenehme Differenzdruckänderungen sind die Folge.

Für die Auslegung des Ventils wird der Druckverlust über dem durchflußvariablen Teil der Anlage herangezogen, der durch das Ventil beeinflußt wird. Das wäre bei der Drosselungsschaltung das Gesamtdruckgefälle p_0.

Die Drosselungsschaltung findet z. B. bei Thermostatventilen Anwendung. Bevorzugtes Einsatzgebiet ist u. a. auch die Regelung der Wärmeübergabe in Fernheizanlagen.

Bild 7.11 zeigt das Stellventil in einer **Rücklauf-Beimischschaltung**. Es kommt hier ein Dreiwegeventil (Mischventil) zum Einsatz, das das Gesamtsystem in einen durchflußvariablen und einen durchflußkonstanten Teil untergliedert. Der durchflußvariable Abschnitt liegt im Erzeugerkreis. Der Kessel beispielsweise wird von unterschiedlichen Massenströmen durchströmt. Der Verbraucher hingegen wird mit einem konstanten Massenstrom mit variabler Temperatur versorgt. Sinnvoll ist die Anordnung des Ventils in der Nähe des Erzeugers. So werden Auskühlverluste im Verteilnetz vermindert. Beim Anschluß mehrerer Kreise kommt es zu gegenseitigen hydraulischen Beeinflussungen.

Der Druckverlust im durchflußvariablen Teil der Anlage wird durch den Erzeugerkreis gebildet.

Bild 7.11
Rücklauf-Beimischschaltung

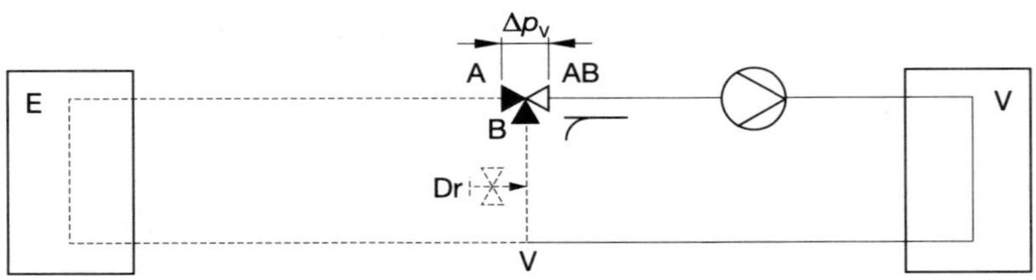

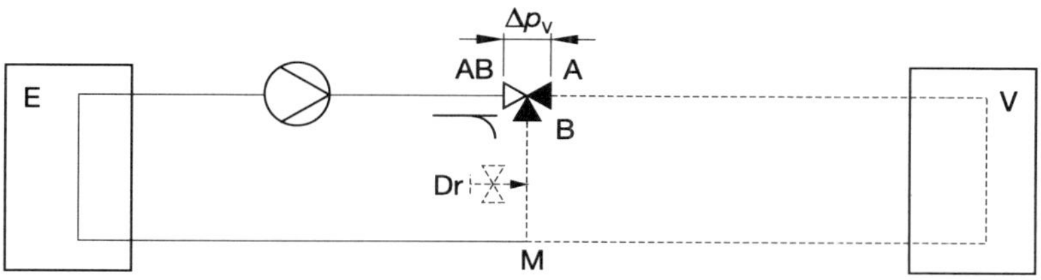

Bild 7.12
Umlenkschaltung

Dreiwegeventil

Bei der **Umlenkschaltung** (Bild 7.12) kommt ebenfalls ein Dreiwegeventil (Achtung: Verteilventil) zum Einsatz, das wiederum die gesamte Anlage in einen durchflußvariablen Teil durch den Verbraucher und einen durchflußkonstanten Abschnitt durch den Erzeuger aufteilt. Diese Grundschaltung arbeitet für den Verbraucher wie die Drosselungsschaltung mit ihren Nachteilen. Da die Pumpe im durchflußkonstanten Abschnitt arbeitet und damit im annähernd gleichen Arbeitspunkt fördern kann, kommt es zu keiner Beeinflussung der Streckenkennlinie durch die Pumpe. Eine Anordnung des Verteilventils in der Nähe des Verbrauchers vermindert die Auskühlung entlang der Transportleitung.

Umlenkschaltungen werden besonders in Anlagen eingesetzt, die erzeugerseitig einen konstanten Massenstrom verlangen. Dazu gehören zum Beispiel Kaltwassersätze oder Umformer.

Der Druckverlust im durchflußvariablen Teil wird durch den Verbraucherkreis gebildet.

Konstanter Massenstrom

Bei der **Einspritzschaltung** (Bild 7.13) wird sowohl der Erzeuger als auch der Verbraucher mit einem konstanten Massenstrom gespeist. Dazu wird das Ventil in Umlenkschaltung im Erzeugerkreis angeordnet. Der Stellort hingegen stellt sich am Rücklaufmischpunkt ein. Der durchflußvariable Teil liegt zwischen den beiden Nebenschlüssen. Wenn das Verteilventil teilweise öffnet, fließt heißes Wasser von der Primärpumpe zur Heizkreispumpe. Zuvor wird am Mischpunkt kälteres Rücklaufwasser beigemischt, so daß die Temperatur für den Heizkreis im Gegensatz zur Umlenkschaltung vorgegebene Werte nicht überschreiten kann. Ohne Schäden für einen angeschlossenen Heizkreis kann somit das Dreiwegeventil über den vollen Bereich arbeiten.

Für eine einwandfreie Arbeit müssen allerdings die Volumenströme im Primär- und Sekundärkreis abgeglichen werden. Auch die Pumpen

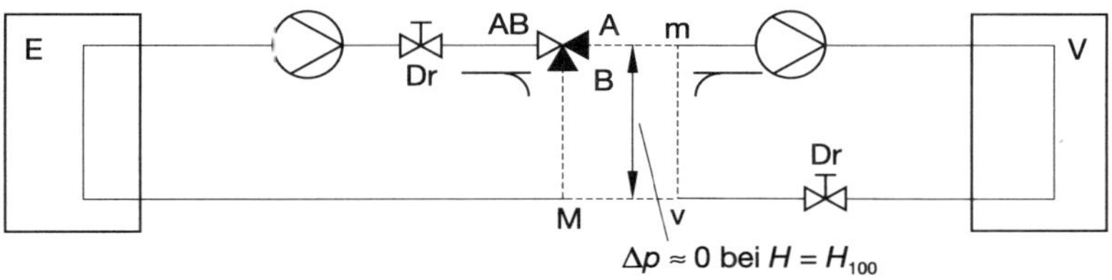

Bild 7.13
Einspritzschaltung

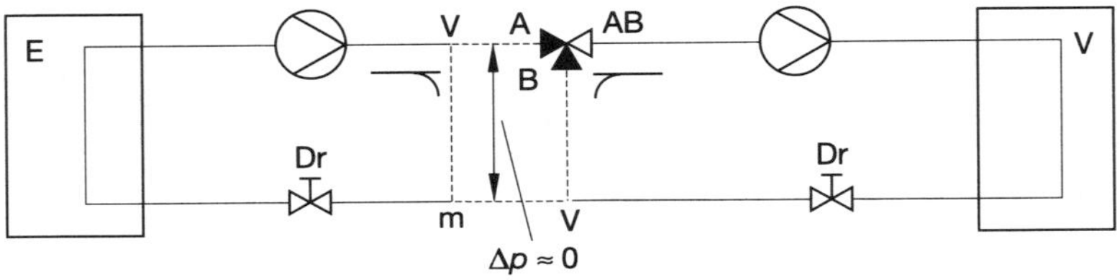

Bild 7.14
Beimischschaltung mit drucklosem Verteiler

müssen aufeinander abgestimmt sein, speziell wenn mehrere Sekundärkreise bedient werden müssen.

Um Energieverluste möglichst gering zu halten, müßte das Verteilventil nahe am Erzeuger, der Mischpunkt nahe am Verbraucher liegen.

Auch bei der **Beimischschaltung mit drucklosem Verteiler** (Bild 7.14) werden eine Primär- und entsprechende Strangpumpen benötigt. Die Hauptpumpe überwindet nur die Strömungswiderstände zwischen Vorlaufverteiler, Kurzschlußleitung und Sammler, so daß zwischen Vor- und Rücklauf keine Druckdifferenz auftritt. Mit dem Dreiwege-Mischventil wird dann der Verbraucher wie bei der herkömmlichen Beimischschaltung versorgt. Bei dem Zu- oder Abschalten weiterer vorhandener Kreise kommt es zu keiner gegenseitigen Beeinflussung, so daß diese Schaltung zum Anschluß mehrerer Kreise ihre Anwendung findet.

Die letzten beiden hydraulischen Grundschaltungen sind energetisch und regelungstechnisch optimal. Die Massenströme in den Erzeuger- und Verbraucherkreisen sind konstant, und es wird nur so viel Wärme transportiert, wie im Verbraucher auch benötigt wird.

7.4.1.4 k_V-Wert-Berechnung

k_V-Wert-Gleichungen

Ein reales, in einer Anlage betriebenes Stellventil wird normalerweise nicht bei den definierten Einheitsbedingungen durchströmt. Neben unterschiedlichen Medien mit verschiedenen Betriebstemperaturen kommen vor allem andere Druckabfälle über dem Stellventil zum Wirken. Mit der k_V-Wert-Berechnung wird die Umrechnung der tatsächlichen Betriebsbedingungen auf die vorgegebenen Einheitsbedingungen vorgenommen. Dazu existieren eine ganze Reihe von sogenannten k_V-Wert-Gleichungen für die unterschiedlichen Medien. Recht häufig handelt es sich um zugeschnittene Gleichungen, bei denen die Werte in den vorgegebenen Einheiten einzusetzen sind. Tabelle 7.3 enthält eine Übersicht verschiedener Gleichungen für unterschiedliche Medien, die für Berechnungen herangezogen werden können.

Der errechnete k_V-Wert für Flüssigkeiten mit einer Zähigkeit $v > 20\ \text{mm}^2/\text{s}$ muß über einen Korrekturfaktor korrigiert werden. Dazu wird über die folgende Gleichung die Zähigkeitszahl Z ermittelt:

$$Z = \frac{3845 \cdot \dot{V}}{\sqrt{v \cdot k_V}} \qquad \text{(Gl. 7.2)}$$

Tabelle 7.3 k_V-Wert-Gleichungen

	Flüssigkeiten		Gase		Dampf Massenstrom
	Volumenstrom	Massenstrom	Volumenstrom	Massenstrom	
$p_2 > \frac{p_1}{2}$	$k_V = \dot{V} \cdot \sqrt{\frac{\varrho_1}{1000 \cdot \Delta p_v}}$	$k_V = \frac{\dot{m}}{\sqrt{\varrho_1 \cdot \Delta p_v \cdot 1000}}$	$k_V = \frac{\dot{V}_N}{514} \cdot \sqrt{\frac{\varrho_N \cdot T_1}{\Delta p_v \cdot p_2}}$	$k_V = \frac{\dot{m}}{514} \cdot \sqrt{\frac{T_1}{\varrho_N \cdot \Delta p_v \cdot p_2}}$	$k_V = \frac{\dot{m}}{\sqrt{1000}} \cdot \sqrt{\frac{v_2}{\Delta p_v}}$
$p_2 < \frac{p_1}{2}$			$k_V = \frac{\dot{V}_N}{257 \cdot p_1} \cdot \sqrt{\varrho_N \cdot T_1}$	$k_V = \frac{\dot{m}}{257 \cdot p_1} \cdot \sqrt{\frac{T_1}{\varrho_N}}$	$k_V = \frac{\dot{m}}{\sqrt{1000}} \cdot \sqrt{\frac{2 \cdot v^*}{p_1}}$

k_V m³/h
$\dot{V}$ Volumenstrom in m³/h
$\dot{V}_N$ Volumenstrom bei 0 °C u. 760 mmHg
p_1 Vordruck absolut in bar
p_2 Nachdruck absolut in bar
Δp_v Druckabfall über dem Ventil in bar
ϱ_1 Dichte des Betriebsmittels vor Ventil in kg/m³
ϱ_N Normdichte bei °C u. 760 mm Hg
T_1 absolute Temperatur des Betriebsmittels vor dem Ventil in K
v_2 spezif. Volumen bei p_2 u. t_1
v^* spezif. Volumen bei $\frac{p_1}{2}$ u. t_1
t_1 Temperatur des Betriebsmittels in °C vor Ventil

Bild 7.15
Korrekturfaktor für zähe Flüssigkeiten

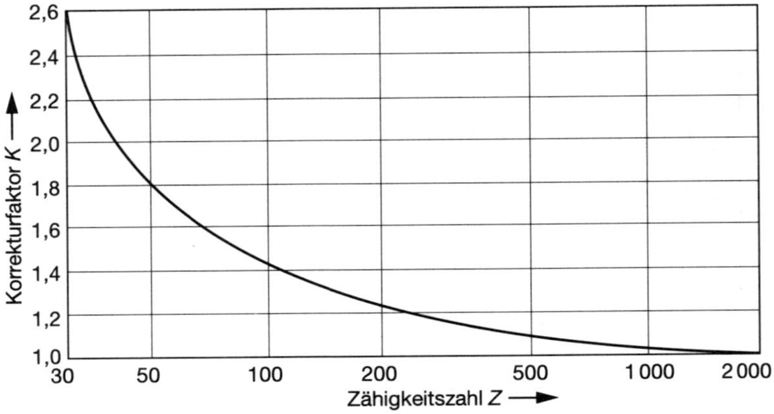

Mit deren Hilfe wird dann aus dem Diagramm (Bild 7.15) der Korrekturfaktor abgelesen und der bisher ermittelte k_V-Wert damit multipliziert.

$$k_{Vkor.} = k_V \cdot K \tag{Gl. 7.3}$$

Richtlinien für die Ventildimensionierung

Für die Berechnung des k_V-Wertes wird der Druckverlust über dem voll geöffneten Regelventil benötigt. In manchen Fällen ergibt sich dieser über die Anlagendaten. Bei einer Druckregelung mit Reduzierung ist meist der Vor- sowie Nachdruck und damit der Druckabfall über dem Ventil bekannt.

Ist der Druckabfall über dem Stellventil nicht gegeben, so muß für eine einwandfreie Arbeitsweise des Ventils ein Druckabfall angenommen werden. Dieser Druckabfall über dem Ventil Δp_{V100} ergibt sich dabei aus dem maximalen Druckverlust des durchflußvariablen Teiles der Anlage, der vom Regelventil direkt beeinflußt wird. Daher ist auch die Betrachtung der Ventile in den verschiedenen Grundschaltungen von Bedeutung. Bei Dreiwegeventilen ist der durchflußvariable Teil der Anlage an das Regeltor A angeschlossen.

Ventilautorität

Die Festlegung des Druckverlustes über dem Ventil wird auch noch über die Ventilautorität P_V ausgedrückt. Sie ist das Verhältnis des Druckabfalls am voll geöffneten Ventil (Δp_{V100}) zum gesamten Druckabfall am zu regelnden Leitungszug (Δp_{gesamt}).

$$P_V = \frac{\Delta p_{V100}}{\Delta p_{gesamt}} = \frac{\Delta p_{V100}}{\Delta p_{V100} + \Delta p_{Anlagevar.100}} \tag{Gl. 7.4}$$

Die Ventilautorität sollte größer oder mindestens gleich 0,5 gewählt werden. Das bedeutet, daß bei $P_V = 0{,}5$ der Druckverlust über dem voll geöffneten Ventil Δp_{V100} gleich dem Druckverlust über dem durchflußvariablen Teil der Anlage $\Delta p_{Anlagevar.100}$ ist, der durch das Ventil beeinflußt wird.

Die zuvor genannten beiden Ansätze gelten allerdings nicht für Einspritzschaltungen bzw. Schaltungen mit drucklosem Verteiler. Käme hier die Empfehlung $P_V >= 0{,}5$ zur Anwendung, ergäben sich wegen der sehr geringen Druckdifferenz im durchflußvariablen Teil der Anlage zu große k_{VS}-Werte und verbunden damit zu große Nenndurchmesser. Es sollte in diesem Fall die Nennweite des Regelventils gleich der Nennweite des Rohres und bei dieser Nennweite das Ventil mit dem größten k_{VS}-Wert gewählt werden. Die hydraulischen Eigenschaften werden dadurch kaum beeinflußt, jedoch die Streckenkennlinie verbessert. Kommen mehrere Heizkreise an einem drucklosen Verteiler zur Anwendung, sollte der Druckverlust über dem Regeltor ca. 10 bis 20 % größer als der Druckverlust über dem Kesselkreis sein. Es kommt zu einer Rückflußvermeidung [1].

Als praktische Richtwerte für den Druckverlust über dem Regelventil können auch die folgenden Hinweise Verwendung finden:

Richtwerte für den Druckverlust

- bei Durchgangsarmaturen ca. 100 mbar (Werte von 200 mbar oder mehr führen oft zu Geräuschbildungen);
- bei Dreiwegearmaturen und Mischern ca. 50 mbar;
- bei Hochdruckdampf und Gasen ca. 40 % vom Druck vor der Armatur;
- bei kondensatseitiger Regelung etwa 10 bis 20 % des Vordruckes, jedoch nicht mehr als 200 ... 300 mbar.

Nach der erfolgten Berechnung des k_V-Wertes gilt es aus den Herstellerunterlagen ein geeignetes Ventil anhand des k_{VS}-Wertes auszuwählen. Dabei muß vermieden werden, daß das Regelventil unnötig überdimensioniert wird. Dies hätte zur Folge, daß das Ventil häufig oder länger im kleinen Hubbereich arbeiten würde. Selbst bei Nennlast wäre das Ventil nur zu einem Teil geöffnet. Durch den starken Kennlinienanstieg bei kleinen Hubbereichen (vgl. Bild 7.9) kommt es sonst zur Abnahme der Stabilität des Regelkreises. Man wählt daher eher das kleinere Ventil und nimmt geringere Durchflußmengen, sofern keine anderen Forderungen bestehen, in Kauf. Nach der Wahl des k_{VS}-Wertes ist weiterhin zu klären, ob evtl. ein Ventil mit der Nennweite der Rohrleitung zum Einsatz kommen kann.

Die Druckstufe des Ventils ist bei Temperaturen bis 120 °C nach dem größten Betriebsdruck auszuwählen.

Sind bei dem Einsatz des Regelventils sehr unterschiedliche Durchflußwerte zu realisieren, so ist die Prüfung des Schwachlastfalles im Interesse der Stabilität des Regelkreises sinnvoll. Der errechnete k_V-Wert für die Schwachlast sollte nicht kleiner als 5 % des k_{VS}-Wertes sein, ansonsten ist eine Aufteilung in zwei Regelventile sinnvoll.

7.4.1.5 Kennlinien

Grundkennlinie des Ventils

Für das Regelverhalten eines Ventils ist die Abhängigkeit des Durchflusses von den Teilhüben des Ventils von Bedeutung. Dieser Zusammenhang wird durch die Grundkennlinie des Ventils beschrieben. Im Grunde genommen kann über die Gestaltung des Drosselkörpers jede beliebige Kennlinienform hergestellt werden. Aus Kostengründen werden zwei regelungstechnisch bedeutsame Zusammenhänge, Durchfluß–Hub, gefertigt.

Diese Grundkennlinien gelten aber nur, wenn der gesamte zur Verfügung stehende Druck über dem Regelventil abfällt. Dies entspricht der Ventilautorität $P_V = 1$ und würde einem Ventil mit freiem Auslauf entsprechen.

Kennlinien

Mit der **linearen Grundkennlinie** werden bei gleichen Hubänderungen gleiche Änderungen des k_V-Wertes realisiert, der Volumenstrom steigt proportional zum Ventilhub an. In Bild 7.16 ist eine lineare Grundkennlinie dargestellt.

Bei der **gleichprozentigen Kennlinie** gehören zu gleichen Hubänderungen gleiche prozentuale Änderungen des Durchflusses. Der Volumenstrom wächst somit von Schritt zu Schritt nicht um den gleichen Betrag, sondern um den gleichen Faktor. Damit ergibt sich der in Bild 7.17 dargestellte Kennlinienverlauf.

Es ist für das Ventil eine solche Grundkennlinie anzustreben und auszuwählen, die für die Regelstrecke insgesamt eine möglichst lineare Streckenkennlinie zur Folge hat.

Durch den Einbau eines Regelventils in eine Anlage ergeben sich andere Druckverhältnisse als bei einem Ventil mit freiem Auslauf. Der Druckabfall über dem Ventil wird ein Anteil vom Gesamtdruckgefälle der Anlage und ändert sich mit dem Durchfluß und weicht vom Druckverlust über dem Ventil von 1 bar ab. Damit ist die Bedingung für die Gültigkeit der Grundkennlinie verletzt. Diese wirkliche Abhängigkeit des Durchflusses vom Hub des Ventils wird als **Betriebskennlinie** be-

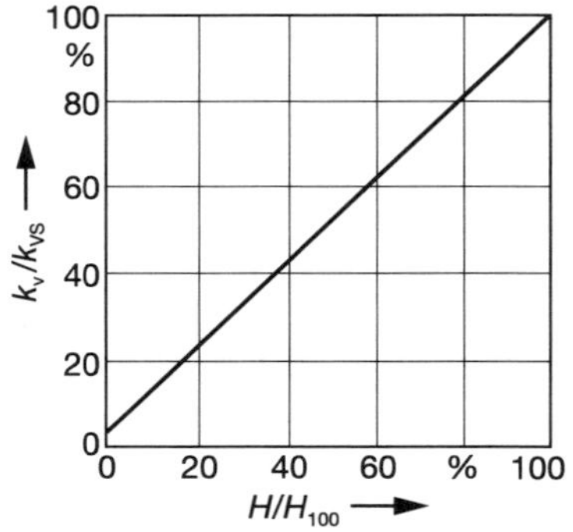

Bild 7.16
Lineare Grundkennlinie eines Stellventils

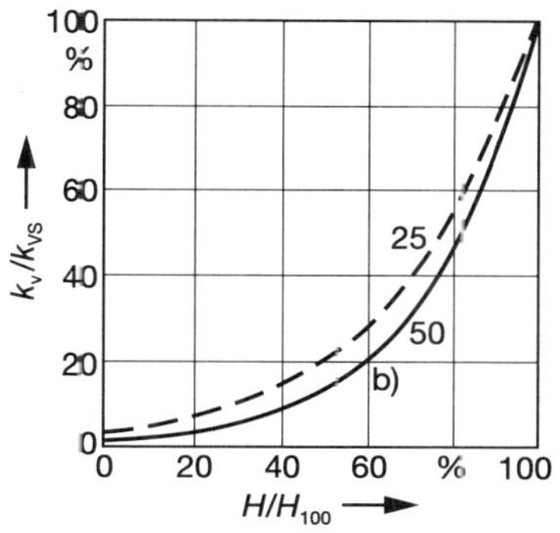

Bild 7.17
Gleichprozentige Grundkennlinie eines Stellventils

zeichnet. Sie wird maßgeblich durch die Ventilautorität bestimmt. Durch diesen Einfluß wird die Grundkennlinie je nach Ventilautorität mehr oder weniger stark verformt. Hier zeigt sich auch, daß im Interesse eines guten Regelungsverhaltens der Strecke die Ventilautorität größer oder gleich 0,5 gewählt wird. Kleinere Werte führen zu einer zu starken Abweichung von der Grundkennlinie.

Die Bilder 7.18 und 7.19 zeigen die Abhängigkeit der Betriebskennlinien von der Ventilautorität bei linearer bzw. gleichprozentiger Grundkennlinie.

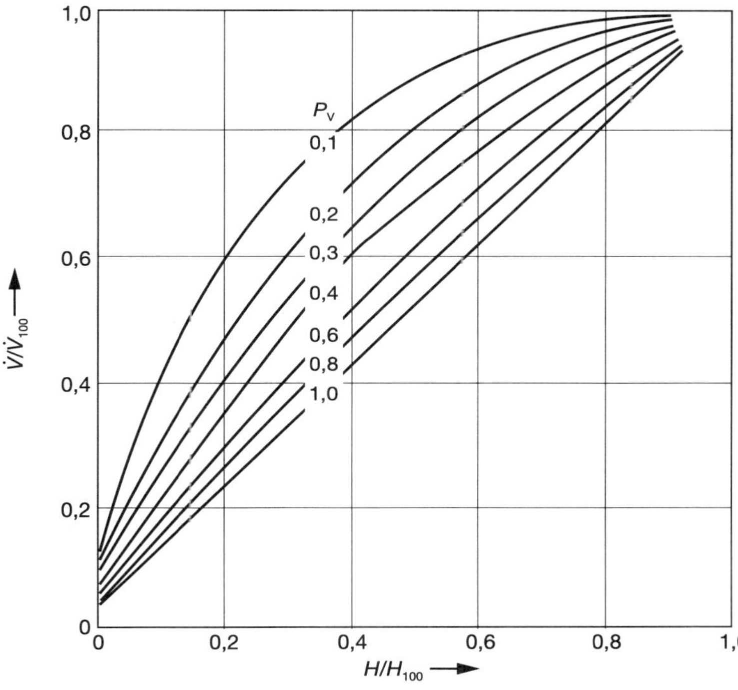

Bild 7.18
Betriebskennlinien eines Ventils mit linearer Grundkennlinie
P_V Ventilautorität
$\dot{V}$ Durchfluß
$\dot{V}_{100}$ Nenndurchfluß
H Hub
H_{100} Nennhub

Bild 7.19
Betriebskennlinien eines Ventils mit gleichprozentiger Grundkennlinie
P_V Ventilautorität
$\dot{V}$ Durchfluß
$\dot{V}_{100}$ Nenndurchfluß
H Hub
H_{100} Nennhub

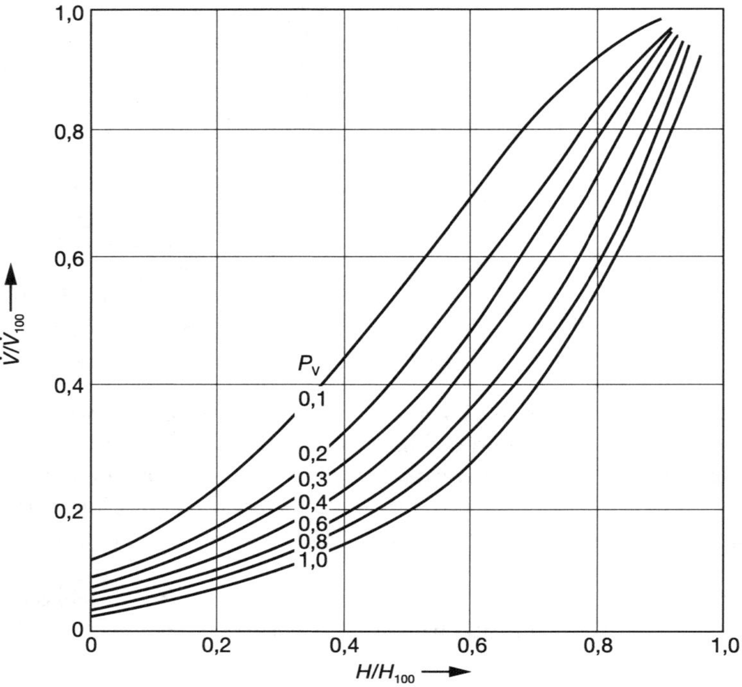

7.4.2 Stellklappen

Im Bereich raumlufttechnischer Anlagen werden Stellklappen als Stellglieder eingesetzt. In ihrem Aufbau sind sie Drosselgeräte, deren freier Querschnitt durch Drehbewegung einer oder mehrerer Drosselscheiben um eine zur Strömungsrichtung senkrechte Antriebswelle variiert wird.

Klappen mit Flanschanschlüssen

Sandwichklappen

Jalousieklappen

In Abhängigkeit ihrer Gehäuseform unterscheidet man Klappen mit Flanschanschlüssen und Sandwichklappen, die zwischen zwei Flanschen des Kanals eingeschoben werden.

Recht häufig findet man bei Lüftungsanlagen auch Jalousieklappen vor. Ihr Strömungsquerschnitt wird durch Verdrehen mehrerer miteinander verkuppelter Lamellen verändert. Laufen die Lamellen dabei gleichsinnig, so werden sie als gleichlaufende Klappen und bei gegenläufigem Verhalten als gegenläufige Klappen bezeichnet.

Schlägt der Drosselkörper beim Schließen gegen ein Hindernis (Anschlag, Wandung), so handelt es sich um anschlagende Klappen, andernfalls sind es durchschlagende Klappen.

Um für Klappen und Ventile gleichartige Berechnungsverfahren zu erhalten, wurden die Kennwerte analog zu den Ventilen durch die Richtlinie VDI/VDE 2176 festgelegt. Im folgenden sind die wichtigsten Kennwerte kurz dargelegt.

Der **Stellwinkel ϕ** gibt die Drehung der Klappenscheibe bezogen auf die Schließstellung an.

Kennwerte

Der Winkel zwischen der Senkrechten zur Durchflußrichtung und der Schließstellung bildet den **Anschlagwinkel ϕ_0**. Er kennzeichnet damit die Schließstellung von anschlagenden Klappen.

Unter **Nennstellwinkel ϕ_{100}** wird der größte für die Regelung nutzbare Stellwinkel verstanden. Er ist in der Regel kleiner 90°.

Der **maximale Stellwinkel ϕ_a** kennzeichnet die Stellung der vollständig geöffneten Klappe.

Der **k_{VS}-Wert** dient zur Kennzeichnung einer Bauserie von Klappen und ist der größte für Regelzwecke vorgesehene k_V-Wert beim Nennstellwinkel.

Der tatsächlich erreichte k_V-Wert einer Stellklappe beim Nennstellwinkel wird als **k_{V100}-Wert** angegeben.

Der **k_{Va}-Wert** ist der zum maximalen Stellwinkel ϕ_a gehörige größtmögliche k_V-Wert.

Mit dem **k_{Vr}-Wert** wird der kleinste für Regelzwecke sinnvoll anwendbare k_V-Wert angegeben.

Unter dem **k_{Vl}-Wert** wird der Leckverlust einer Klappe beim Stellwinkel Null verstanden. Der Leckverlust liegt bei Klappen höher als bei Ventilen.

Für Stellklappen ist die Grundkennlinie bei gegebener Bauform weitestgehend festgelegt.

Widerstandskennlinie

Recht häufig wird auch anstelle der Grundkennlinie die Widerstandskennlinie einer Klappe angegeben. Sie steht im formelmäßigen Zusammenhang, so daß sich Werte untereinander umrechnen lassen.

Beim Betrieb in einer Anlage kommt es wie bei den Ventilen zu einer Verformung der Grundkennlinie zu den Betriebskennlinien. Hier hat die Klappenautorität wesentlichen Einfluß auf die Verformung. Die Klappenautorität ist genauso zu berechnen wie die Ventilautorität.

7.4.3 Drehzahlsteller für Pumpen bzw. Ventilatoren

Viele Heizungspumpen sind in der Praxis überdimensioniert, da der Heizungsbauer befürchtet, es könnte nicht warm genug werden. Wurde das Rohrnetz jedoch nach VOB und DIN 18380 abgeglichen, so kann dieser Fall auch bei knapp kalkulierten Pumpen nicht eintreten.

Trotz Abgleich und richtiger Dimensionierung der Pumpe ist die Pumpenleistung aber auch über die meiste Zeit des Jahres bei Systemen mit schwankenden Volumenstrom noch zu hoch. Selten werden in Heizungsanlagen Belastungen von 100 % erreicht. Durch Fremdwärmeeinflüsse und Eingriffe durch Benutzer werden viele Thermostatventile gedrosselt.

Wird nun der Volumenstrom geringer, dann sinken auch die Rohrnetzwiderstände. Hierbei besteht ein quadratischer Zusammenhang. Am Verbraucher steigt unterdessen der Differenzdruck an. Bei Nullast, d.h., wenn auf dem Weg von der Pumpe zum Verbraucher kein Druckverlust mehr auftritt, wird bei ungeregelten Pumpen sogar die Nullförderhöhe erreicht. Dies wiederum kann zu Geräuschproblemen oder gar zu Schäden an den Pumpen führen. Wenn nun z.B. bei Schwachlastbetrieb ein übermäßiger Differenzdruck zu erwarten ist, so sind geeignete Gegenmaßnahmen zu treffen, z.B. der Einbau differenzdruckregelnder Einrichtungen (siehe Abschnitt 8.1). Sie stellen aber energieökonomisch gesehen keine optimale Lösung dar. Es besteht nämlich durch Leistungsreduzierung die Möglichkeit zur Einsparung elektrischer Energie. Die neue Heizungsanlagen-Verordnung schreibt so auch vor, daß Umwälzpumpen in Heizungsanlagen nach den Regeln der Technik zu dimensionieren sind. Sie müssen dabei auch, wenn sie nach dem 1. Januar 1996 eingebaut wurden, bei Kesselleistungen über 50 kW so ausgestattet oder beschaffen sein, daß die elektrische Leistungsaufnahme dem betriebsbedingten Förderbedarf selbsttätig mindestens in drei Stufen angepaßt wird, soweit sicherheitstechnische Belange des Wärmeerzeugers dem nicht entgegenstehen. In kleineren Anlagen mit einer Heizleistung unter 50 kW ist die Regelung von Umwälzpumpen zwar noch keine Vorschrift, aber auch hier sollten aus Gründen der Energieeinsparung geregelte Pumpen zum Einsatz kommen. Nicht zu vergessen ist hier ebenso der Umweltschutz. Die für Pumpen benötigte Antriebsenergie trägt auch zur CO_2-Emission bei.

Die Regelung des Förderstromes erfolgt durch entsprechende Drehzahländerung der Pumpe in Abhängigkeit des auftretenden Differenzdruckes. Er wird erfaßt und mit Hilfe einer Elektronik ausgewertet. Als Ergebnis erfolgt eine stufenweise bzw. eine stufenlose Drehzahlverstellung und verbunden damit die Förderstromänderung.

Varianten

Die erste einfache Variante ist die Nutzung von **polumschaltbaren Motoren** als Antrieb für Pumpen bzw. auch für Ventilatoren. Dazu sind aber Motoren mit einer unterschiedlichen Anzahl von Polpaaren notwendig. Dies kann durch eine entsprechende Anzahl von Ständerwicklungen mit ihren unterschiedlichen Verschaltungen realisiert werden. Über geeignete Steuer- und Schaltglieder werden dann die Wicklungen in Abhängigkeit des Differenzdruckes verschiedenartig an das Netz angeschaltet (z.B. Dahlander-Schaltung) und damit die Drehzahlen stufenweise variiert.

Polumschaltbare Motoren sind aber aufgrund ihres Aufbaus folglich teurer und schwerer als herkömmliche.

Eine andere Möglichkeit besteht in der Variation der angelegten Motorspannung. Dazu werden für Wechsel- bzw. Drehstrommotoren **phasenanschnittgesteuerte Steller** eingesetzt. Sie dienen der kontinuierlichen Regelung der Spannung bzw. Leistung von elektrischen Energieverbrauchern.

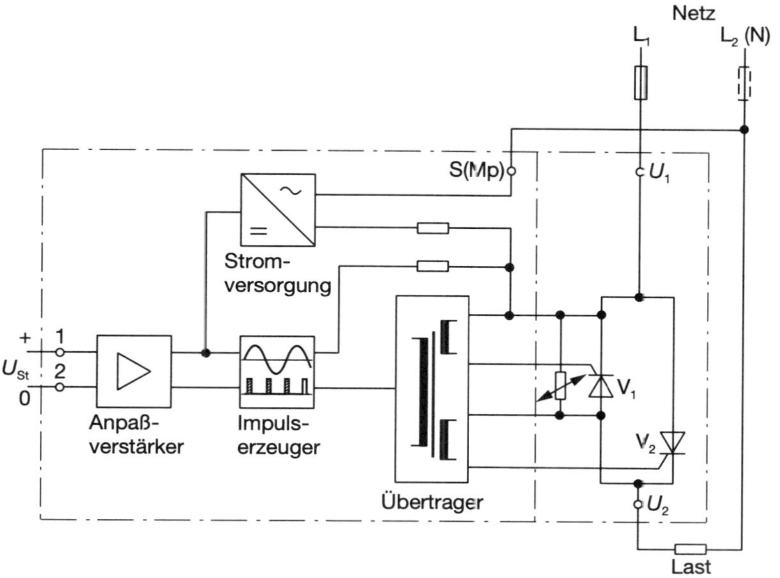

Bild 7.20
Prinzipbild eines phasenanschnittgesteuerten Wechselstromstellers

Diese Steller enthalten zwei Thyristoren als steuerbare Halbleiter in Gegenparallelschaltung bzw. einen Triac. Die Verbraucher und Thyristoren bzw. Triacs werden dabei in Reihe geschaltet. Durch zeitverschobenes Zünden der Thyristoren mittels Steuerimpulsen läßt sich die am Verbraucher anliegende Spannung verändern. Sie kann somit bis zum Wert Null in Abhängigkeit des Zündwinkels der Spannungshalbwelle verkleinert werden. Dieser Zusammenhang ist aus Bild 7.20 erkennbar. Der Zündwinkel wird durch zeitversetzte Steuerimpulse am Thyristor in Abhängigkeit der eingehenden Steuerspannung verändert. Die sich ergebende Ausgangskennlinie (Bild 7.21) stellt einen linearen Zusammenhang zwischen Steuerspannung und Leistung am Verbraucher dar (Bild 7.22). Die Steuerspannung selbst wird z.B. aus den unterschiedlichen herrschenden Differenzdrücken im System durch Meßwandler gewonnen.

Für die Auslegung und Auswahl sind folgende Kriterien zu beachten:

Kriterien für Auslegung und Auswahl

- ❑ Nennspannung und -strom des Verbrauchers,
- ❑ Stromart (Wechselstrom oder Drehstrom),
- ❑ Verbraucherart.

Für die Drehzahlregelung von Gleichstrommotoren, die ebenfalls in der Heizungs- und Klimatechnik in vielfältigen Formen als Pumpen- bzw. Lüfterantriebe vorzufinden sind, werden **thyristorgesteuerte Stromrichter** eingesetzt. Sie stellen einen durch Phasenanschnitt steuerbaren Gleichrichter dar. Sie ermöglichen es, daß am Ausgang des Gerätes eine wellige, durch Phasenanschnitt gesteuerte Gleichspannung für den

Bild 7.21
Zeitverlauf der Verbraucherspannung in Abhängigkeit der Zündwinkel

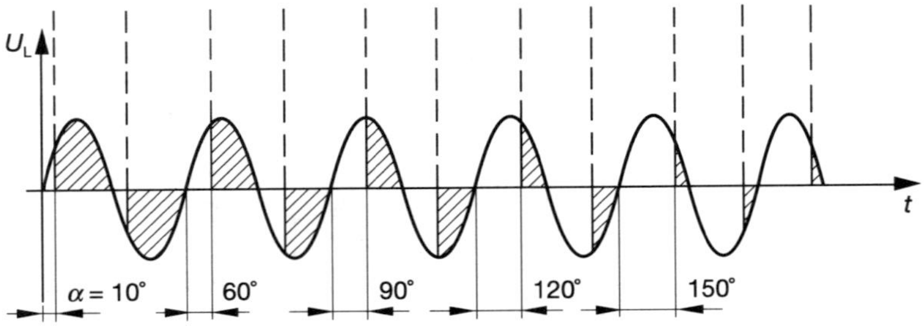

Bild 7.22
Abhängigkeit der Leistung von der Steuerspannung bei einem Wechselstromsteller

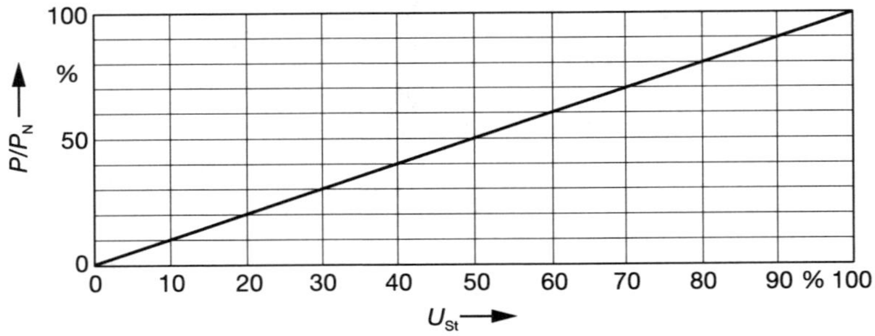

Gleichstrommotor zur Verfügung steht. Die Phasenanschnittsteuerung erfolgt dabei analog zu den Stellern für Wechsel- bzw. Drehstrom. Der Unterschied besteht nur in der Anordnung der Thyristoren als Gleichrichter (Bild 7.23).

Mit den unterschiedlichen anliegenden Spannungen verändert sich aber nicht nur die Drehzahl der Motoren. Vielfach wird auch das Drehmomentverhalten ungünstig durch diese Drehzahlstellung beeinflußt. Dieser Nachteil kann durch statische Umrichtergeräte für Wechsel- bzw. Drehstrom-Asynchronmotoren, auch als **Frequenzumrichter** bekannt, umgangen werden (ein vereinfachtes Prinzipbild zeigt Bild 7.24). Die Drehzahl folgt bei dieser Steuerungsmöglichkeit der Frequenz der am Motor anliegenden Spannung.

Damit am Ausgang diese Spannung mit variabler Frequenz entstehen kann, muß die wellige Gleichspannung, die durch einen gesteuerten Netzgleichrichter entstanden ist, mittels zyklischen Schaltens von Thyristoren oder anderen Halbleiterbauelementen wieder in eine Wechselspannung umgewandelt werden. Diese Wechselspannung ist dann im Gegensatz zur konstanten Spannung und Frequenz des energieliefernden Netzes in Abhängigkeit des anliegenden Steuersignals frequenzvariabel. Somit kann die Drehzahlstellung des Motors erfolgen.

Die Drehzahlregelung von Asynchronmotoren über die Frequenz, die eine lineare Abhängigkeit darstellt, wird im Bereich der Heizung bevorzugt. Sie ermöglicht eine Regelung im Frequenzbereich von etwa 5 Hz

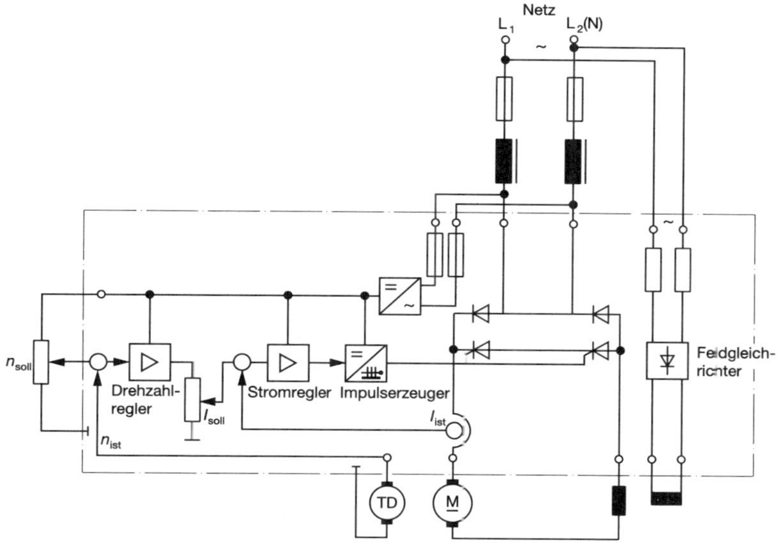

Bild 7.23
Prinzipbild eines phasenanschnitt-gesteuerten Stromrichters

bis 80 Hz. Dies entspricht einem Drehzahlstellbereich von mehr als 1:10. Eventuell muß aber berücksichtigt werden, daß dann eine Fremdbelüftung der Motoren erforderlich ist, wenn die Eigenkühlung für die erforderliche Last nicht ausreicht. 📖

📖
Siehe Themenband «Heizungsanlagen»

7.4.4 Stellungsregler/Stellungsrelais

Stellungsregler, auch Stellrelais genannt, gewährleisten einen engen proportionalen Zusammenhang zwischen dem zugeführten Stellsignal und dem ausgeführten Hub des Stellgliedes. Einwirkende Störgrößen, wie

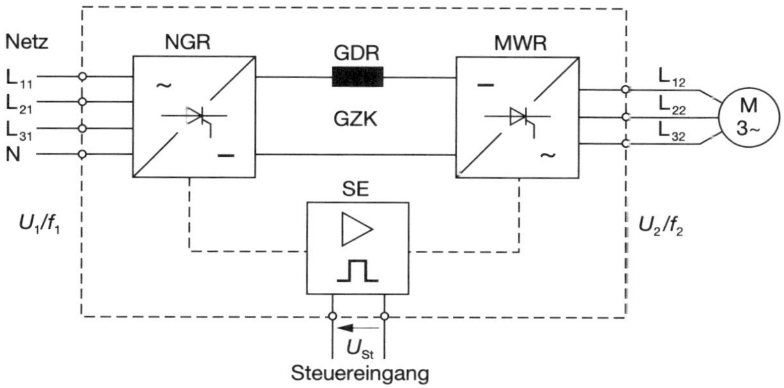

Bild 7.24
Prinzipbild eines Frequenzumrichters

Bild 7.25
Schaltkreis eines Stellungsrelais

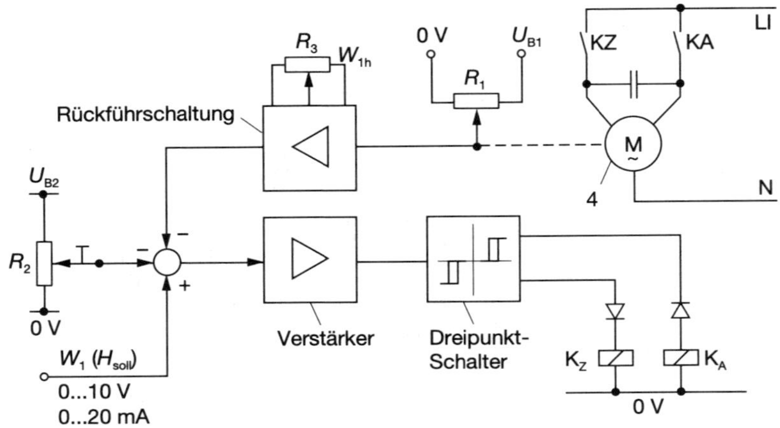

Druckänderungen am Ventilkegel/-sitz, Reibungskräfte oder Hystereseerscheinungen können den Zusammenhang Stellsignal–Hub beeinflussen und werden durch den Stellungsregler ausgeglichen. Er arbeitet als ein Folgeregler, der seinen Sollwert als Stellsignal vom eigentlichen Regler der Prozeßgröße erhält.

Mit Hilfe eines Potentiometers (R_1), dessen Stellung der Hub des Ventils und damit der Stellmotor (4) bestimmt, wird die aktuelle Hubposition des Stellgerätes erfaßt und dessen Wert auf den Eingang des Stellungsreglers gegeben. Über ein weiteres Potentiometer (R_2) wird der Ansprechwert der Stellungsregelung festgelegt und ebenfalls dem Eingang zugeführt, genauso wie das eigentliche Stellsignal für das Stellgerät. Der Stellungsistwert und der vorgegebene Sollwert (in Form des Stellsignals des Reglers) werden unter Berücksichtigung des eingestellten Ansprechwertes miteinander verglichen und das Differenzsignal entsprechend verstärkt. Weicht nun der Ist-Hubwert vom angestrebten Soll-Hub ab, so wird je nach Wirkungssinn des Stellantriebes das zugehörige Relais K_A oder K_Z angesteuert und damit der Motor verfahren, bis Soll- und Istwert wieder übereinstimmen.

Mittels der Widerstände R_2 und R_3 kann man am Stellungsregler auch festlegen, daß nur ein bestimmter Bereich des anliegenden Eingangssignals für den vollen Hubbereich genutzt wird (Bild 7.25). Dies findet beispielsweise bei Sequenzregelungen (vgl. auch Abschnitt 10.2) Anwendung.

8 Thermostat- und Sicherheitsventile

- ❑ Thermostatventile
- ❑ Hydraulischer Abgleich von Heizungssystemen
- ❑ Sicherheitsventile
- ❑ Anwendungen und Größenbemessungen

8.1 Thermostatventile

Thermostatventile stellen eine preiswerte Variante zur Erfüllung der in der Heizungsanlagen-Verordnung § 7 Absatz 2 geforderten raumweisen Temperaturregelung dar.

Für eine einwandfreie Funktion sind aber einige Gesichtspunkte bei der Auswahl und dem Einbau der Ventile zu beachten.

Proportionalregler

Die Thermostatventile sind Proportionalregler und gehören zu den Reglern ohne Hilfsenergie. Die zur Verstellung des Ventils notwendige Kraft wird durch den Temperaturfühler selbst aufgebracht.

8.1.1 Aufbau und Wirkungsweise

Die Thermostatventile vereinen mehrere Baugruppen in einer Einheit (Bild 8.1). Dazu gehören:

Baugruppen

- ❑ der Temperaturfühler,
- ❑ der Temperaturregler,
- ❑ der Stellantrieb und
- ❑ das Stellglied selbst.

Paraffingefüllte Dehnkörper

Als Temperaturfühler kommen verschiedene Dehnsysteme mit entsprechenden Füllungen zum Einsatz. In älteren Fühlern findet man mit Paraffin gefüllte Dehnkörper. Mit zunehmender Temperatur dehnt sich die Füllung aus und erzeugt eine Hubänderung an der Ventilspindel. Diese Fühler stellen zwar eine preiswerte Ausführung dar, allerdings sind sie durch größere Hysterese und ein langsameres Ansprechen gekennzeichnet.

Gasdruckfühler

Gasdruckfühler enthalten eine leicht verdampfende Flüssigkeit, so daß sich im Temperaturfühler in Abhängigkeit der Temperatur ein be-

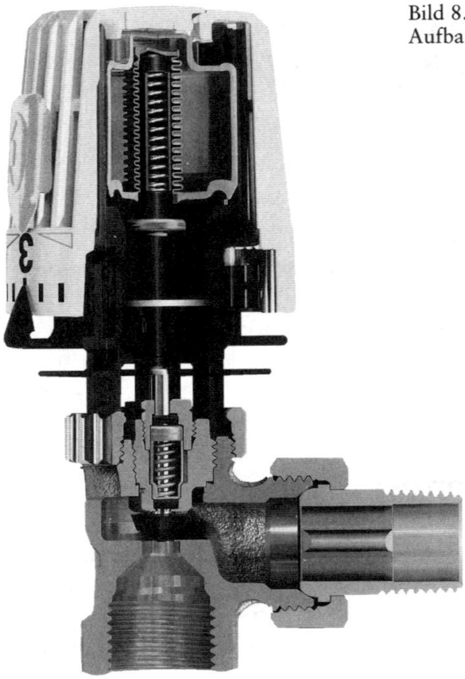

Bild 8.1
Aufbau eines Thermostatventils [21]

stimmter Gasdruck aufbaut, der dann auf die Ventilspindel wirkt und eine Hubänderung erzeugt.

Flüssigkeitsfühler

Flüssigkeitsfühler sind, wie der Name schon sagt, mit einer Flüssigkeit gefüllt, die sich in Abhängigkeit der Temperatur ebenfalls ausdehnt und auf die Ventilspindel als Hubänderung wirkt. Flüssigkeitsfühler haben gegenüber den Gasdruckfühlern den Vorteil, daß keine Kompression der Füllung durch den Spindelgegendruck auftritt und sie damit eine noch höhere Genauigkeit besitzen. Kommen Fernfühler zum Einsatz, so sind diese überwiegend mit Flüssigkeit gefüllt. Vom zeitlichen Verhalten her zeigen die Gasdruckfühler ein schnelleres Ansprechen.

Drosselungsschaltung

Durch eine Verstellung des Regulierkopfes wird der erforderliche Sollwert für die Regelung eingestellt. Der Soll-Ist-Wertvergleich erfolgt als Weg- bzw. als Kraftvergleich. Im Ergebnis des Vergleiches kommt es letzten Endes zur Verstellung der Ventilspindel und damit zur Durchflußbeeinflussung. Thermostatventile arbeiten somit in Drosselungsschaltung.

8.1.2 Zusammenhang der Größen

Um ein gutes regelungstechnisches Verhalten und einen zugehörigen Komfort zu erhalten, ist der Proportionalbereich für die Regelung auf etwa 2 Kelvin einzustellen. Dieser Bereich läßt sich nach den Einstellregeln nach ZIEGLER und NICHOLS anhand der Erfahrungswerte für Wohnräume mit Radiatorheizung ableiten. Der Schwierigkeitsgrad liegt erfahrungsgemäß für diese Räume bei $S = 0{,}1$. Ein bevorzugter Wert für den Regelbereich der Strecke liegt zwischen 8 ... 28 °C, gleichbedeutend gleich 20 K. Damit wäre der optimale Proportionalbereich

$$X_{P\,\mathrm{opt}} = 0{,}1 \cdot 20\ \mathrm{K} = 2\ \mathrm{K} \qquad \text{(Gl. 8.1)}$$

Dieser Wert sollte möglichst nicht unterschritten werden, da es sonst zu einer Zunahme der Schwingneigung des Regelverhaltens kommt, ein Auf/Zu-Betrieb der Thermostatventile wäre die Folge.

Damit ein Proportionalregler einen Stelleingriff vornehmen kann, ist bei ihm eine gewisse Abweichung der Raumtemperatur vom Sollwert notwendig.

Zwischen «Ventil geschlossen» und «Vollast» (Ventil hat den für die Auslegung notwendigen Durchfluß) liegt der Proportionalbereich X_P als Raumtemperaturbereich. Damit ergeben sich beim Sollwert in der Mitte dieses Bereiches Abweichungen der Raumtemperatur von –1 K bei Vollast und +1 K bei Schwachlast.

Größere Proportionalbereiche würden diese Abweichungen vergrößern, gleichbedeutend mit einer Komforteinbuße und höherem Energiebedarf.

Der Proportionalbereich wird bei industriellen Heizkörper-Thermostatventilen heute auf 2 ... 3 K unveränderlich bei der Herstellung festgelegt. Ältere Thermostatventile besaßen einen Proportionalbereich von ca. 6 K.

Nennhub

Dies bedeutet, daß bei einem festgelegten Proportionalbereich von 2 K das Ventil eine Stellhubänderung (von 0 nach 100 %) von ca. 0,45 mm zurücklegt (Stellhub ca. 0,22 mm/K). Damit hat das Stellventil einen Hub von 0 mm für «Ventil geschlossen», da die Raumtemperatur zu hoch liegt, bzw. von etwa 0,45 mm, um den für die Nennauslegung erforderlichen Volumenstrom zu bringen. Man bezeichnet diesen Hub auch Nennhub; er gilt für den Nenndurchfluß bei einem festgelegten Druckabfall über dem Ventil von 100 mbar (DIN 3841 Teil 2).

Bei gleichen Abweichungen der Raumtemperatur, wie oben festgelegt, treten aber beim Betrieb in einer Anlage andere Werte für den Druckabfall am Ventil auf. Dadurch verändert sich der Proportionalbereich X_P im Betrieb und ist von verschiedenen Fakten abhängig.

$$X_p = X_{PN} \cdot \left(\frac{\dot{V}}{\dot{V}_N}\right) + \sqrt{\frac{\Delta p_{VN}}{\Delta p_V}} \qquad \text{(Gl. 8.2)}$$

X_{PN} Proportionalbereich für Nennbedingungen
$\dot{V}_N$ Nennvolumenstrom
Δp_{VN} Druckverlust am Ventil von 0,1 bar
Δp_V Druckverlust real am Ventil
$\dot{V}$ realer Volumenstrom

Tritt bei gleichem Volumenstrom durch das Ventil tatsächlich ein kleinerer Druckverlust als angenommen am Ventil auf, so erhöht sich der Proportionalbereich des Reglers. Ein kleinerer Volumenstrom durch beispielsweise zu großer Heizfläche bei gleichem Druckabfall über dem Ventil führt zu einer Verkleinerung des Proportionalbereiches.

Werte für den Druckverlust

Dies hat zur Folge, daß beim Betrieb mit P-Bereichsänderungen durch verschiedene Arbeitspunkte zu rechnen ist. Für die Auslegung von Thermostatventilen müssen daher auch sinnvolle Werte für den Druckverlust über dem Ventil angesetzt werden. Dieser Druckabfall sollte im Bereich von etwa 40 bis 100 mbar (150 mbar) liegen. Werte über 200 mbar sollten vermieden werden, da die Gefahr von Geräuschbildungen im Ventil nicht auszuschließen ist. Zu klein gewählte Druckverluste erhöhen den Proportionalbereich unnötig.

8.1.3 Auswahl

Vielfach werden die Thermostatventile mit ihren Abmessungen (man gibt heute kaum noch den k_{VS}-Wert, sondern die Nennweite an) über die Heizkörperzuordnung ausgewählt und dann durch Voreinstellungen auf die Einsatzbedingungen eingestellt. Dazu wird dann über den erforderlichen Durchfluß der Druckverlust am Ventil bestimmt. Dabei werden dann auch diskussionslos häufig Werte ermittelt und hingenommen, die entweder vom Druckverlust her zu klein bzw. zu groß ausfallen. Verschlechterungen des Proportionalbereiches bzw. Geräuschbildungen sind die Folge.

Hinter der Zuordnung der Ventile zu den Heizkörperdaten steht aber ebenfalls eine nachvollziehbare Auswahl, die die Anbieter den Nutzern abnehmen.

Massenstrom

Ein auszustattender Heizkörper besitzt eine bestimmte Leistung und damit für die Nennauslegung mit der geplanten Temperaturspreizung der Heizung einen erforderlichen Massenstrom. Dieser soll bei einem vorgegebenen Druckverlust am Thermostatventil von etwa 40 … 100 mbar erreicht werden. Dabei soll weiterhin der Proportionalbereich bei etwa 2 K liegen. Mit diesen Daten ist ein geeignetes Thermostatventil zu wählen.

Beispiel

Angenommen, der ungünstigste Heizkörper benötigt für seine Nennleistung und bei vorgegebener Temperaturspreizung einen Massenstrom von 72 kg/h, und der Druckverlust soll 40 mbar über dem Thermostatventil betragen. Durch die k_V-Wertberechnung

$$k_V = \frac{\dot{m}}{\sqrt{(1000 \cdot \varrho_1 \cdot \Delta p_V)}} \qquad \text{(Gl. 8.3)}$$

$\dot{m}$ in kg/h
ϱ in kg/m^3
Δp_V in bar

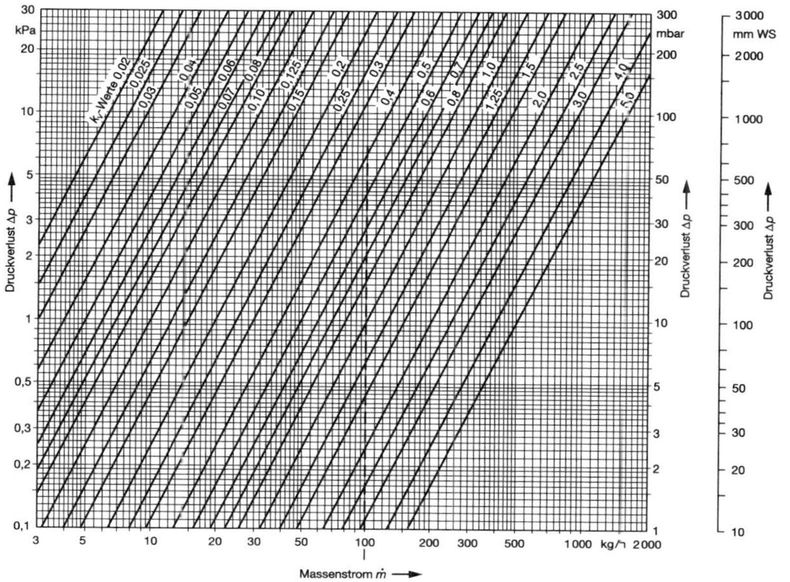

Bild 8.2
Nomogramm k_V-Wert-Ermittlung [21]

bzw. Nomogramme in den Herstellerunterlagen (Bild 8.2) ergibt dies einen k_V-Wert von ca. 0,36 m^3/h.

Damit läßt sich über Tabelle 8.1 ein Thermostatventil DN 15 ($^1/_2$″) zuordnen, wobei sich der Proportionalbereich auf 1,5 K einstellt.

Damit sich im Betrieb auch der notwendige Durchfluß für die Nennwärmeleistung einstellt, muß eine Voreinstellung des Ventils vorgenommen werden. Ansonsten würde es z. B. nach Nachtabsenkungen oder bei starkem Unterschreiten der Sollwerte bzw. auch bei Differenzdruckänderungen im System durch schließende andere Thermostatventile zu größeren Durchflußwerten kommen. Diese Überversorgung geht dann zu Lasten anderer Abnehmer, die evtl. unterversorgt werden. Für das gewählte Ventil ergäbe sich entsprechend Bild 8.3 die Voreinstellungsstufe 5. Damit würde bei einem sich höher einstellenden Druckabfall über dem Ventil durch schließende andere Ventile der Durchfluß auf den notwendigen Wert beschränkt und eine Überversorgung vermieden.

Liegt ein gewünschtes Ventil zwischen zwei lieferbaren Exemplaren, so ist zu beachten, daß bei Wahl des Ventils mit kleinerer Nennweite sich das Proportionalband zu größeren Werten und bei Wahl des größeren Ventils zu kleineren Werten verschiebt.

8.1.4 Einflüsse auf das Verhalten des Thermostatventils

Hysterese

Durch den mechanischen Aufbau des Thermostatventils ergeben sich zwischen den bewegten Teilen Reibungskräfte, die den Ablauf hemmen

Tabelle 8.1 Technische Daten Thermostatventile [21]

Thermostatkopf mit Ventilunterteil	k_V-Wert [m³/h] Regeldifferenz [K] 1,0	1,5	2,0	2,5	3,0	k_V-Wert [m³/h] ET DT 3-W.	WET	Zulässige Betriebstemperatur TB [°C]	Zulässiger Betriebsüberdruck PB [bar]	Zulässiger Differenzdruck, bei dem das Thermostatventil noch schließt Δp [bar]
DN 10 (3/8″) ET (Eck.) DT (Durchg.) WET (Winkeleck) AT (Axial)	0,25	0,37	0,49	0,58	0,66	1,25	1,10	130	10	1,00
DN 15 (1/2″) ET (Eck.) DT (Durchg.) WET (Winkeleck) AT (Axial)	0,25	0,37	0,49	0,58	0,66	1,35	1,15	130	10	1,00
DN 20 (3/4″) ET (Eck.) DT (Durchg.)	0,40	0,60	0,79	0,98	1,26	2,50	–	130	10	1,00
DN 25 (1″) ET (Eck.) DT (Durchg.)	0,95	1,42	1,89	2,29	2,60	4,20	–	130	10	0,25
DN 32 (1 1/4″) ET (Eck.) DT (Durchg.)	1,50	2,28	3,00	3,50	3,80	5,80	–	130	10	0,25
DN 15 (1/2″) flachdichtend (Durchg.)	0,25	0,37	0,49	0,58	0,66	1,35	–	130	10	1,00
DN 15 (1/2″) flachdichtend (Durchg.)	0,38	0,59	0,73	0,95	1,10	1,70	–	130	10	1,00
DN 15 (1/2″) flachdichtend (Durchg.)	0,46	0,68	0,87	1,04	1,23	2,50	–	130	10	0,60
DN 20 (3/4″) flachdichtend (Durchg.)	0,40	0,60	0,79	0,98	1,26	2,50	–	130	10	1,00
DN 15 (1/2″) Dreiwege	0,38	0,55	0,73	0,87	0,98	1,45	–	130	10	1,00
DN 10 (3/8″) Daten mit k_{VS}-Blende für mit * gekennzeichnete Ventile	0,22	0,29	0,33	0,36	0,38	0,41	0,41	130	10	1,00
DN 15 (1/2″) Daten mit k_{VS}-Blende für mit * gekennzeichnete Ventile	0,25	0,37	0,47	0,54	0,59	0,73	0,73	130	10	1,00

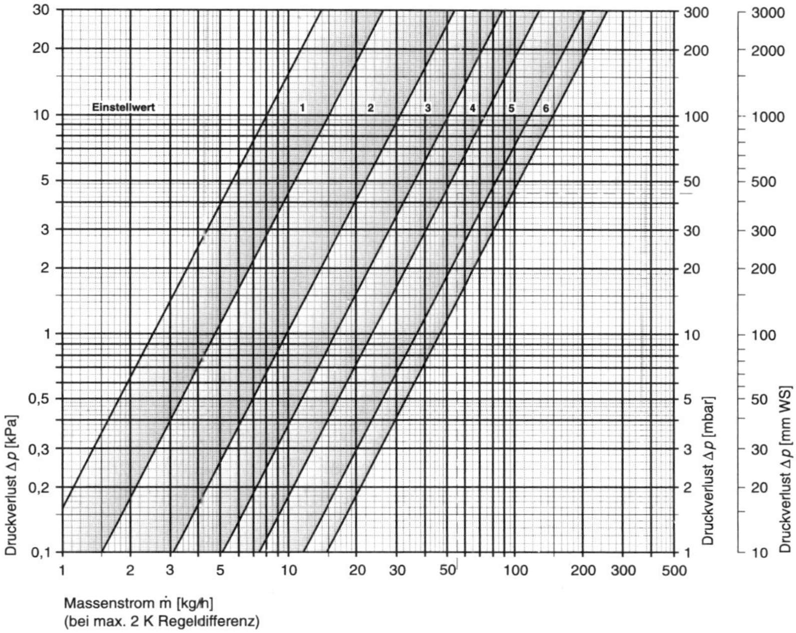

Thermostatkopf mit Ventilunterteil		Voreinstellungen 1	2	3	4	5	6	Zulässige Betriebstemperatur TB [°C]	Zulässiger Betriebsüberdruck PB [bar]	Zulässiger Differenzdruck, bei dem das Thermostatventil noch schließt Δp [bar]
DN 10/15 ($^3/_8$"/$^1/_2$") ET, DT, AT, WET	min k_V-Wert max*	0,025 – 0,047	> 0,047 – 0,098	> 0,098 – 0,161	> 0,161 – 0,234	> 0,234 – 0,364	> 0,364 – 0,468	120	10	4,0
DN 20 ($^3/_4$") ET, DT	k_{VS}-Wert [m³/h]	0,054	0,104	0,174	0,247	0,459	0,73			
	Durchflußtoleranz* ± [%]	20	15	10	8	7	6			

*) nach DIN EN 215 bei 2 K Regeldifferenz

k_V-Wert [m³/h]

Berechnungsbeispiel

Gesucht: Voreinstellwert

Gegegeben: Wärmestrom $\dot{Q} = 1280$ W
Temperaturspreizung $\Delta t = 20$ K (70/50 °C)
Druckverlust Thermostat-Ventil $\Delta p_V = 44$ mbar

Lösung: Massenstrom: $\dot{m} = \dfrac{\dot{Q}}{c\,\Delta t} = \dfrac{1280}{1{,}163 \cdot 20} = 55$ kg/h

Bild 8.3 Voreinstellung des Thermostatventils [21]

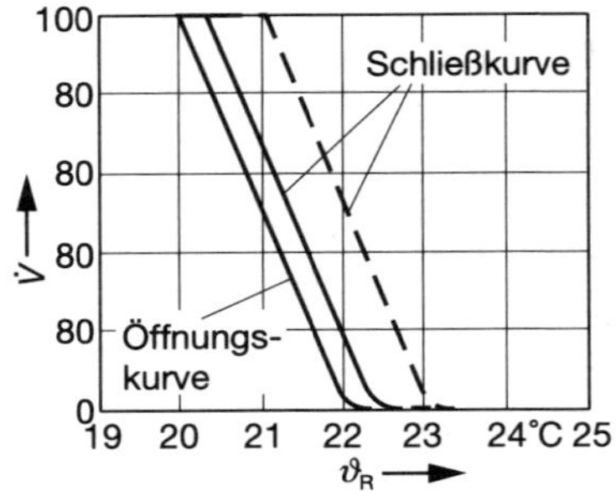

Bild 8.4
Hysterese bei Thermostatventilen

und zu unterschiedlichem Verhalten bei Öffnen bzw. Schließen des Ventils führen. Auch die Kraft der Rückstellfeder spielt hier eine Rolle. In Bild 8.4 ist eine solche Hysterese dargestellt. Sie beträgt bei guten Ventilen nicht mehr als 0,5 K. Thermostatventile mit Paraffinfühler haben meist eine höhere Hysterese.

Druckdifferenzen

Auch sehr hohe Druckdifferenzen am Ventil beeinflussen die Hysterese unangenehm. Durch hohe Drücke am Thermostatventil wird das Schließen erschwert bzw. werden die Ventile in ihrem Öffnen unterstützt. Auch deshalb sollte der Wert des Druckverlustes über dem Ventil nicht über den Werten für die Auslegung liegen.

Heizwassertemperatur

Auch die Heizwassertemperatur stellt einen Einflußfaktor dar. Ein Thermostatventil ist in seiner Anordnung am Heizkörper nicht rückwirkungsfrei. Durch hohe Vorlauftemperaturen wird Wärme über das Ventil zum Temperaturfühler weitergeleitet und verfälscht damit die Raumtemperatur. Diese auftretende Abweichung ist wegen der witterungsgeführten Vorlaufregelung nicht konstant, sondern ändert sich mit der Außentemperatur. Hinzu kommt noch der thermische Einfluß des unmittelbar in der Nähe befindlichen Heizkörpers. Kleiner Proportionalbereich, überhöhte Vorlauftemperatur und falsche Anordnung des Thermostatventils führen oft zum An/Aus-Betrieb eines Heizkörpers.

8.1.5 Richtiger Einbau/Weiterentwicklungen

Um den gerade erläuterten Effekt zu verhindern bzw. zumindest zu minimieren, ist der Anordnung des Thermostatventils besonderes Augenmerk zu schenken. Da der Heizkörper als Störquelle Nummer eins fungiert, ist besonders auf die Thermostatköpfe zu achten. Ein Fühler ist aber nur dann richtig angeordnet, wenn er

Kriterien

- ❑ sich nicht im Einflußbereich von erwärmter Luft des Heizkörpers oder der Anschlußleitungen befindet,

Bild 8.5
Richtige und falsche Anbringung von Thermostatköpfen

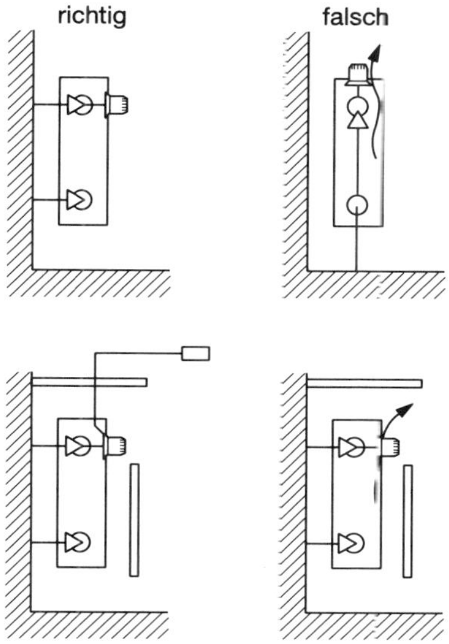

- er ohne Einflüsse von Vorhängen, Heizkörperverkleidungen, Möbeln, Nischen oder Simsen die Raumtemperatur erfassen kann,
- keiner anderen Wärmestrahlung ausgesetzt ist.

In Bild 8.5 sind richtige bzw. falsche Anbringungen des Thermostatkopfes dargestellt.

Steht der Thermostatkopf nicht über die Heizkörperfront hinaus, so sollte mindestens ein seitlicher Abstand von 50 mm realisiert werden. Als Abstände zu Fensterbrettern oder Fensternischen sind nach oben mindestens 200 mm zu berücksichtigen. Der seitliche Abstand in Nischen muß außerdem 150 mm betragen.

Thermostatventile mit Fernfühlern

Abhilfe schaffen gegenüber direkten Heizkörpereinflüssen beispielsweise auch Thermostatventile mit Fernfühlern.

Schwierigkeiten mit Thermostatventilen gibt es auch sehr leicht, wenn mehrere thermostatisch geregelte Heizkörper auf engem Raum angeordnet sind und im Grunde genommen sich die Ventile im gegenseitigen thermischen Einflußbereich befinden. Die Folge ist häufig, daß ein Ventil öffnet, der Heizkörper heizt, während der andere Heizkörper durch das im Einflußbereich befindliche Ventil nicht versorgt wird und umgekehrt. Eine Ausstattung jedes Heizkörpers ist nur dann sinnvoll, wenn jeder einen eigenen größeren Luftsektor versorgt. Ist das nicht der Fall, erscheint die Grundversorgung mit einem ungeregelten Heizkörper und die Anpassung der Raumspezifika über einen geregelten Heizkörper sinnvoller. Eine andere Variante wäre die Regelung aller Heizkörper über einen Raumregler und zugehörigem Zonenventil mit thermoelektrischem Antrieb.

Zu beachten ist, daß bei zentraler Regelung mit einem aufgeschalteten Raumfühler der Raumthermostat und das Thermostatventil gegeneinander arbeiten.

Elektronische Heizkörperregler

Seit einigen Jahren bieten die Hersteller auch elektronische Heizkörperregler (Bild 8.6) an, die auf die Thermostatventil-Unterteile passen und den Fühler mit Regler ersetzen. Sie ermöglichen individuelle Raumtemperaturregelungen, die über die integrierte Schaltuhr verschiedene Zeitprogramme (z.B. Bad nur in den Frühstunden richtig aufheizen, über Tag abgesenkter Betrieb) ermöglichen. Sie stellen PI-Regler dar und ermöglichen so auch höhere Komfortansprüche an die Raumtemperatur, speziell durch einfachen nachträglichen Austausch des Ventiloberteils.

Diese Heizkörperregler bestehen aus einem Gleichstrom-Getriebemotor, einer Handverstellung und Adapterring sowie dem prozessorgesteuerten Bedien- und Reglerteil mit Anzeige und Temperaturfühler. Die Speisung des Reglers erfolgt entweder über Batterien oder direkt aus dem Netz. Spontane Sollwertänderung und auch die Umschaltung von Spar- auf Tagesbetrieb bzw. umgekehrt sind problemlos jederzeit machbar. Eine spezielle Fensterfunktion erkennt außerdem zum Lüften geöffnete Fenster und läßt das Ventil geschlossen. Die Frostschutzfunktion bleibt dabei erhalten. Herkömmliche Thermostatventile würden beim Auftreffen des Kaltluftstromes öffnen.

8.1.6 Hydraulischer Abgleich von Heizungssystemen

Voraussetzung für einen einwandfreien und wirtschaftlichen Betrieb einer Heizungsanlage ist der einwandfreie hydraulische Abgleich der Anlage. Ziel ist es, alle Verbraucher mit den richtigen Durchflußmengen zu

Bild 8.6
Elektronischer Heizkörperregler [22]

versorgen. Ist dies nicht der Fall, so werden die in unmittelbare Nähe zur Heizzentrale befindlichen Abnehmer mit höheren Durchflüssen bedient, während entfernt liegende Heizkörper evtl. unterversorgt werden und somit die benötigte Wärmeleistung nicht bringen können. Besonders gravierend werden diese Einflüsse, wenn die Ausmaße der Anlagen immer weiter anwachsen. Funktioniert manches noch «relativ problemlos» bei Heizungsanlagen ohne hydraulischen Abgleich im Ein- bzw. Zweifamilienhaus-Bereich, so treten bei Wohnblöcken erhebliche Probleme auf, die dann oft auch zu Streitigkeiten zwischen Planer, Ausführenden und Bauherren führen.

Um diesen Erscheinungen vorzubeugen, ist bereits in der VOB/C DIN 18 380 folgende Festlegung getroffen worden:

Definition nach VOB

«Die Anlagenteile sind so einzustellen, daß die geforderten Funktionen und Leistungen erbracht, die gesetzlichen Bestimmungen erfüllt werden. Der hydraulische Abgleich ist so vorzunehmen, daß bei bestimmungsmäßigem Betrieb, d.h. auch nach Raumtemperaturabsenkungen oder Betriebspausen, alle Wärmeverbraucher entsprechend ihrem Wärmebedarf mit Heizungswasser versorgt werden.»

Voreinstellung bzw. Einregelung der Thermostatventile

Der erste Schritt sollte immer die Voreinstellung bzw. die Einregulierung der Thermostatventile sein. Verzichtet man darauf, so übernimmt das Thermostatventil den zusätzlichen Druckabfall. Folglich schließt das Ventil weiter; dies betrifft auch den Vollastfall. Diese geringere Hubstellung hat dann eine Verkleinerung des Proportionalbereiches zur Folge, die Regelung geht weiter in Richtung Instabilität. Zusätzlich können bei hohen Differenzdrücken – besonders im Teillastbereich – am Ventil Fließgeräusche auftreten.

Sind die Heizkörper untereinander nicht eingestellt, entsteht außerdem eine ungleichmäßige Wassermengenverteilung. Die ersten Heizkörper in einem Zweig werden überversorgt, die letzten erhalten eine zu geringe Durchflußmenge. Man findet dann recht oft die Meinung vor, daß das Thermostatventil durch Schließen einen Mengenausgleich vornimmt. Diese Aussage stimmt allerdings erst, wenn das Ventil zu schließen beginnt, also die Raumtemperatur den eingestellten Wert erreicht hat. Vielfach wird sie von den Nutzern jedoch recht hoch eingestellt bzw. werden die Thermostatventile voll geöffnet, so daß dieser Reguliereffekt nicht eintritt bzw. die anderen Nutzer benachteiligt werden.

Strangregulierventile

Können durch die Einregulierung bzw. Voreinstellung der Thermostatventile noch keine vernünftigen Werte, bedingt durch die Anlagenabmessungen (teilweise zu hohe Drücke an den Thermostatventilen), erreicht werden, sind entsprechende Strangregulierungen notwendig. Dafür gibt es spezielle Strangregulierventile (Bild 8.7). Sie verlieren jedoch im Teillastbereich ihre Wirksamkeit, da sie sich wie hydraulische Festwiderstände verhalten und ihr Druckverlust auch entsprechend abnimmt. Da der Förderdruck der Pumpe im Teillastbereich zunimmt, kommt es an den Thermostatventilen zum Differenzdruckanstieg mit

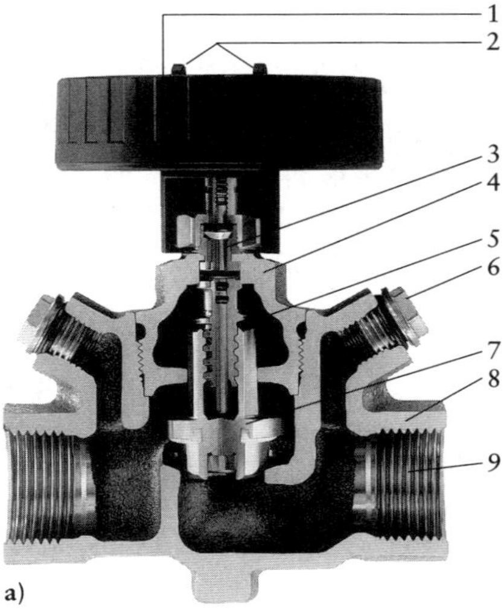

a)

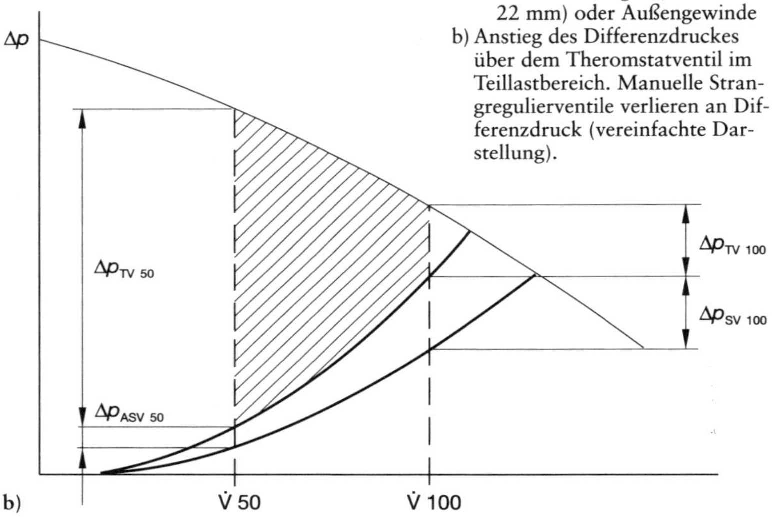

b)

Bild 8.7
Strangregulierventil Strato R [21]
a) 1 Kunststoff-Handrad mit Anzeigefenster der Voreinstellung
2 Ösen für Plombendraht
3 Spindel mit doppelter O-Ring-Abdichtung
4 Oberteil mit O-Ring-Abdichtung
5 Innenspindel zur Hubbegrenzung
6 Stopfen mit O-Ring für Mehrzweckstutzen
7 Regulierkegel mit PTFE-Dichtung
8 Ventilgehäuse
9 Innengewinde nach DIN 2999 für Gewinderohr und Klemmverschraubungen (bis Ø 22 mm) oder Außengewinde
b) Anstieg des Differenzdruckes über dem Theromstatventil im Teillastbereich. Manuelle Strangregulierventile verlieren an Differenzdruck (vereinfachte Darstellung).

Automatische Strangregulierventile

Siehe Themenband «Heizungsanlagen»

seinen Folgen. Automatische Strangregulierventile (Bild 8.8) passen sich durch ihren Differenzdruckregler den Anlagenbedingungen an und versorgen die Thermostatventile mit einem gleichmäßigen Druckverlust.

Weitergehende Informationen zu Einregulierungen von Anlagen der Heizungs- und Klimatechnik findet man in [5].

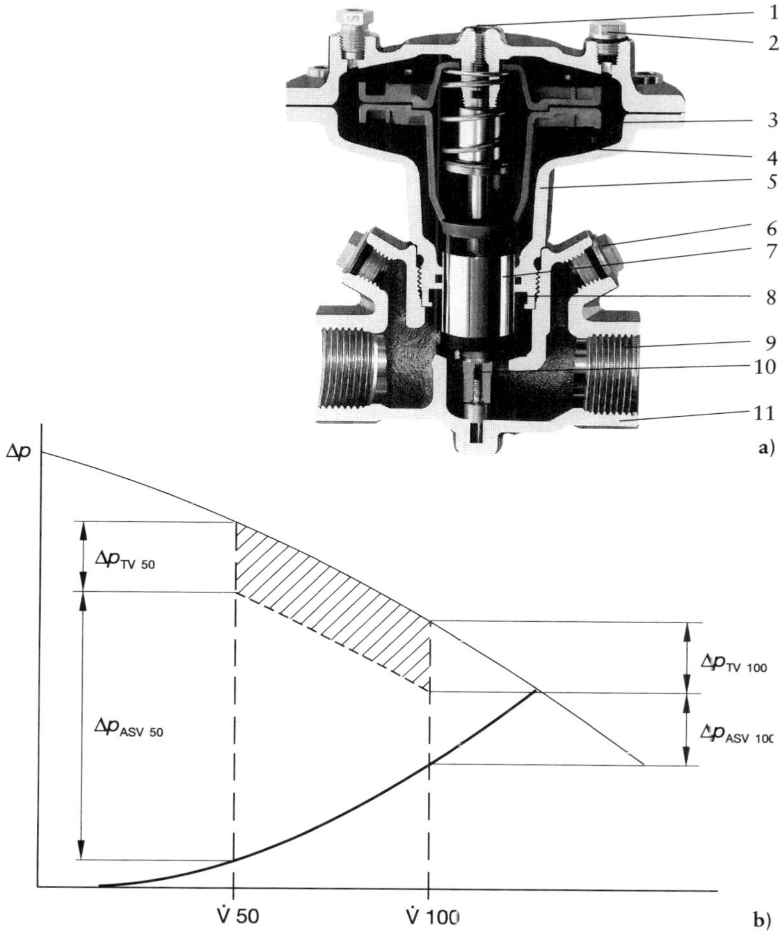

Bild 8.8
Automatisches Strangregulierventil Strato D [21]

a) 1 Absperrspindel mit doppelter O-Ring-Abdichtung
2 Anschluß Impulsleitung, beidseitig
3 Membrane in Sickenausführung aus EPDM
4 Sollwertfeder
5 Membranantrieb mit O-Ring-Abdichtung, Stopfen mit O-Ring für Entleerungsstutzen
6 Stopfen mit O-Ring für Entleerungsstutzen
7 Regulierkolben mit EPDM-Dichtung
8 Schmutzabstreifring
9 Innengewinde nach DIN 2999 für Gewinderohr und Klemmverschraubungen (bis Ø 22 mm)
10 Impulsführung, gegen Schmutzeinspülung geschützt
11 Ventilgehäuse

b) Gleichbleibende Verhältnisse für Thermostatventile. Automatische Strangventile als Differenzdruckregler übernehmen den Druckanstieg im Teillastbereich (vereinfachte Darstellung).

TV Thermostatventil; ASV automatisches Strangegulierventil

8.2 Sicherheitsventile

❶ *Armaturen, die durch selbständiges Öffnen die Überschreitung eines vorbestimmten Überdruckes verhindern und nach Druckabsenkung wieder selbständig schließen*

Behälter und Rohrleitungen sind für vorgesehene Betriebsbedingungen ausgelegt. Durch Sicherheitseinrichtungen gegen Drucküberschreitung werden sie vor unzulässig hohem Druck geschützt. Dabei muß die Einrichtung bei einem bestimmten vorgegebenen Druck öffnen und soviel Medium aus dem System abführen, daß kein weiterer Druckanstieg stattfindet. ❶ **Sicherheitsventile** sollen den Druck soweit absenken, bis wieder normale Anlagenbedingungen vorliegen und dann dicht schließen.

Sicherheitsabsperrventile

Als Sicherheitsabsperrventile werden Armaturen bezeichnet, die durch selbständiges Schließen die Überschreitung eines festgelegten Überdruckes verhindern.

Für die Untergliederung der Sicherheitsventile wird zum einen das Verhalten nach der Öffnungscharakteristik bzw. die Einteilung nach den Bauarten herangezogen.

8.2.1 Einteilung nach der Öffnungscharakteristik

In bezug auf ihr Öffnungsverhalten werden die Sicherheitsventile nachfolgend unterschieden.

Arten

Zu den **Normalsicherheitsventilen** zählen die Armaturen, die nach dem Ansprechen innerhalb eines Druckanstieges von maximal 10 % den für den abzuführenden Massenstrom notwendigen Hub erreichen.

Vollhub-Sicherheitsventile sind Armaturen, die nach dem Ansprechen innerhalb von 5 % Drucksteigerung schlagartig bis zum Anschlag (begrenzter Hub) öffnen.

Armaturen, die in Abhängigkeit vom Druckanstieg nahezu stetig öffnen, werden als **Proportional-Sicherheitsventile** bezeichnet. Sie erreichen innerhalb eines Druckanstieges von maximal 10 % den für den abzuführenden Massenstrom erforderlichen Hub.

In den Bildern 8.9 bis 8.11 sind diese Öffnungscharakteristiken als Kennlinien dargestellt.

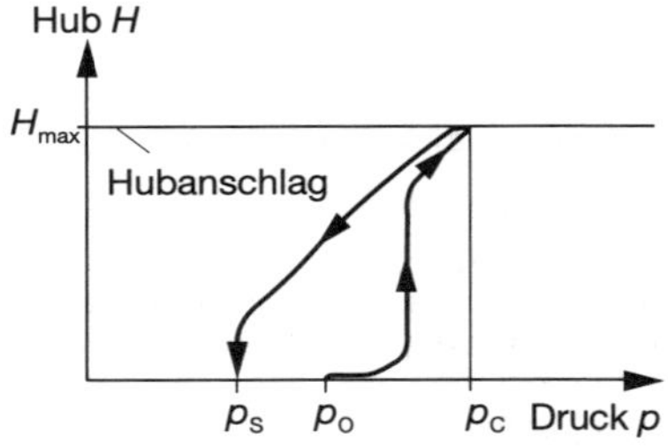

Bild 8.9
Öffnungsverhalten eines Normalsicherheitsventils

Bild 8.10
Öffnungsverhalten eines Vollhub-Sicherheitsventils

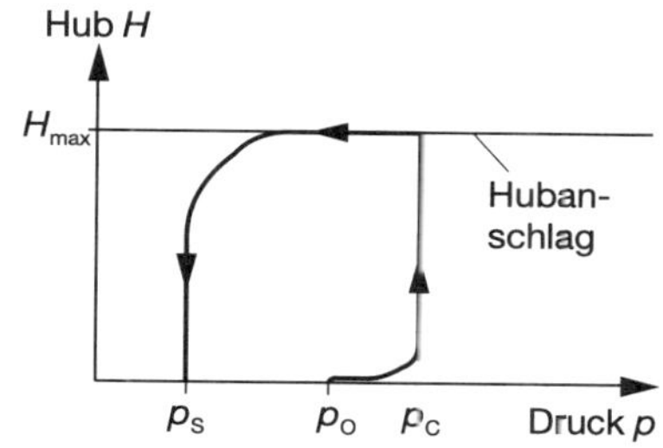

Bild 8.11
Öffnungsverhalten eines Proportionalsicherheitsventils

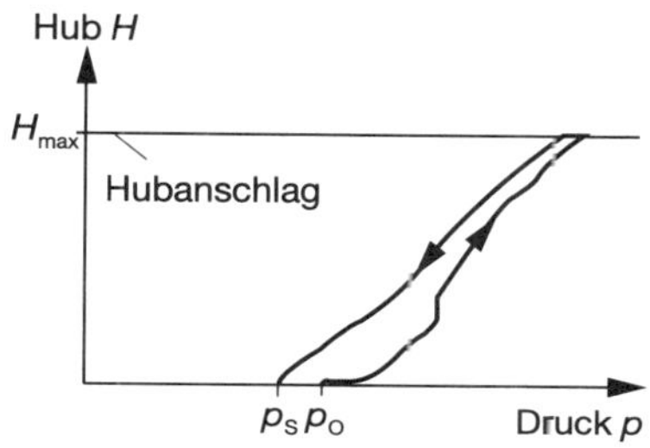

8.2.2 Einteilung nach Bauarten

Entsprechend dem Aufbau erfolgt eine weitere Klassifizierung der Sicherheitsventile.

Arten

Bei **direktbelasteten Sicherheitsventilen** wirkt der in der Anlage herrschende Druck auf den Ventilteller. Dadurch wird je nach Druck und Tellerfläche eine Öffnungskraft erzeugt, die der Schließkraft durch Feder oder Gewicht entgegenwirkt. Wird die Schließkraft durch eine vorgespannte Feder erzielt, spricht man von federbelasteten Sicherheitsventilen. Dazu zählen auch die Membransicherheitsventile (Bild 8.12), bei denen gleitende und drehende Teile sowie der Federraum über eine Membran vom Ventilsitz hermetisch vom Medium getrennt sind.

Membransicherheitsventil

Über die Federvorspannung wird der Ansprechdruck durch den Hersteller eingestellt und die Einstellschraube verplombt. Der Ansprechdruck darf nicht mehr verändert werden.

Gewichtsbelastete Sicherheitsventile erzeugen die Schließkraft durch über einen Hebelarm wirkende Gewichtsbeaufschlagung.

Gesteuerte Sicherheitsventile bestehen aus einer Steuereinrichtung und einem Hauptventil. Die Schließkraft kann mechanisch, durch Fremdenergie oder Eigenmedium aufgebracht werden. Diese Kraft wird bei Überschreiten des Ansprechdruckes selbsttätig aufgehoben bzw. soweit verringert, daß das Hauptventil durch den auf den Ventilteller wirkenden Mediendruck öffnet. Hierbei gibt es das Be- und Entlastungsprinzip sowie Ruhe- und Arbeitsprinzip.

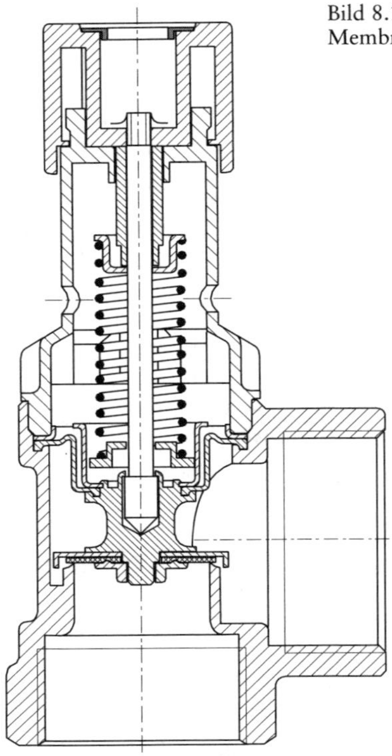

Bild 8.12
Membransicherheitsventil

8.2.3 Kenngrößen

Die genauere Kennzeichnung von Sicherheitsventilen bezüglich ihrer Leistungsdaten erfolgt über eine Reihe von Größen, die in der DIN 3320 entsprechend festgelegt sind.

Kenngrößen

Unter dem **Ansprechdruck des Ventils** p (in bar) wird der Überdruck verstanden, bei dem unter Betriebsbedingungen direkt belastete Sicherheitsventile zu öffnen beginnen bzw. bei gesteuerten Sicherheitsventilen die Steuerung das Öffnen des Hauptventils einzuleiten beginnt.

Der **Öffnungsdruck** p_c (in bar) ist der Überdruck, bei dem das Sicherheitsventil den für den abzuführenden Massenstrom notwendigen Hub erreicht hat.

Der im abzusichernden System herrschende Überdruck bei normalen Betriebsbedingungen wird als **Arbeitsdruck** p_A (in bar) bezeichnet.

Der **Schließdruck** p_S (in bar) ist derjenige Druck, bei dem das direktbelastete Sicherheitsventil wieder geschlossen ist.

Nicht immer strömen die Sicherheitsventile gegen Luftdruck ab. Tritt auf der Austrittsseite beim Abblasen ein Überdruck auf, so wird er **Gegendruck** p_a (in bar) genannt. Er kann schon beim geschlossenen Sicherheitsventil vorhanden sein (Fremdgegendruck) bzw. durch das Abblasen selbst aufgebaut werden (Eigengegendruck).

Ein Sicherheitsventil ist aufgrund seiner baulichen Abmessungen in der Lage, einen bestimmten Massenstrom abzuführen. Dazu wird durch Messung am fertigen Sicherheitsventil der tatsächliche Ausflußmassenstrom gemessen. Dieser Wert wird wegen möglicher Fertigungstoleranzen um 10 % reduziert und als **zuerkannter Ausflußmassenstrom** Q_{mc} (in kg/h) dem Ventil zugeordnet.

Um die Überschreitung eines vorgegebenen Überdruckes im abzusichernden System zu vermeiden, muß eine bestimmte Medienmenge abgeführt werden. Sie wird als **abzuführender Massenstrom** q_m (in kg/h) angegeben.

Die **Ausflußziffer** α ist das Verhältnis vom tatsächlichen zum theoretischen Ausflußmassenstrom (errechneter Wert bei vergleichbarem Öffnungsquerschnitt ohne Berücksichtigung von Strömungsverlusten).

Die **zuerkannte Ausflußziffer** α_d ist die um 10 % reduzierte Ausflußziffer α.

Unter dem **engsten freien Strömungsquerschnitt** A_0 (in mm^2) wird der Durchgangsquerschnitt verstanden, der für die Berechnung der Ausflußmenge zugrunde gelegt wird.

Weitere, speziell für Hersteller wichtige Kenngrößen sind in der DIN 3320 aufgeführt und können dort nachgelesen werden.

Membransicherheitsventile, die zur Absicherung von Kesseln nach DIN 4751 eingesetzt werden, müssen nach TRD 721 bemessen werden. Die DIN enthält auch Angaben zur Nennweite des einzusetzenden Membransicherheitsventils in Form der **Abblasleistung**. Darunter wird die durch das Ventil abzusichernde Wärmeleistung des Wärmeerzeugers verstanden. Stehen für die Leistung keine Membransicherheitsventile mehr zur Verfügung, so sind feder- oder gewichtsbelastete Sicherheitsventile mit Eignungsnachweis nach TRD 721 zu verwenden.

8.2.4 Anwendung der verschiedenen Sicherheitsventile

Membransicherheitsventile

Membransicherheitsventile stellen im Bereich der Heizungs- und Sanitärtechnik die wichtigste Sicherheitsventilart dar. Sie werden zur Absicherung von Wärmeerzeugern und Warmwasser-Erwärmern bzw. von Solaranlagen eingesetzt. Dazu müssen sie entsprechend der einschlägigen Vorschriften bauteilgeprüft sein.

Jede geschlossene Brauchwasser-Erwärmungsanlage muß mit einem Sicherheitsventil ausgestattet sein, das durch eine Bauteilprüfung oder Sachverständigengutachten seine Zuverlässigkeit nachgewiesen hat (siehe AD-Merkblatt A2).

Tabelle 8.2 Membransicherheitsventile für Brauchwasser-Erwärmer

Nenninhalt des Wasserrraumes [l]	Maximale Beheizungsleistung [kW]	Anschluß-Durchmesser
bis 200	75	DN 15
über 200 bis 1000	150	DN 20
über 1000 bis 5000	250	DN 25

Für Wassererwärmer bis 5000 l Inhalt sind nur federbelastete Membransicherheitsventile zugelassen. Die Anordnung erfolgt in der Kaltwasserleitung und darf zum Wassererwärmer hin nicht absperrbar sein, damit die Funktion des Sicherheitsventils nicht aufgehoben werden kann. Der Einbau von Schmutzfängern oder Verengungen ist ebenfalls unzulässig. Die Auswahl des Anschlußdurchmessers erfolgt nach Tabelle 8.2. Liegt die Beheizungsleistung höher als die dem Nenninhalt zugeordnete, so wird ein Ventil für die aktuelle Beheizungsleistung gewählt. Bei Wassererwärmern über 5000 l erfolgt die Bestimmung des Ventils in Abhängigkeit der größten Beheizungsleistung.

Die Anordnung des Sicherheitsventils hat so zu erfolgen, daß es gut zugänglich ist. Während des Betriebs kann es so zur Kontrolle gut angeliftet werden. Gleichzeitig muß aber auch gewährleistet sein, daß beim Ansprechen des Ventils Personen nicht durch heißes Wasser oder Dampf gefährdet werden können. Die Abblasleitung wird mit Gefälle verlegt und muß über einen Ablauftrichter enden. Die Abblasleitung muß dabei immer mindestens eine Nennweite größer ausgeführt sein als auf der Eintrittsseite, wenn die Länge höchstens 2 m beträgt und nur zwei Bögen umfaßt. Bei größerer Länge (max. 4 m) oder mehr Bögen (max. 4) muß nochmals um eine Nennweite erweitert werden.

Jeder Wärmeerzeuger muß ebenfalls durch Sicherheitsventile nach TRD 721 gegen Drucküberschreitung gesichert sein, wobei maximal 3 Sicherheitsventile pro Wärmeerzeuger angebracht werden dürfen.

Sie müssen ebenfalls leicht zugänglich am höchsten Punkt des Wärmeerzeugers oder in unmittelbarer Nähe angebracht sein. Die Anbringung muß senkrecht erfolgen und darf eine steigend verlaufende Zuleitung von maximal einem Meter haben. Bezüglich der Bemessung der Sicherheitsventile, Zu- und Abblasleitungen sind die TRD 721 bzw. AD-A2 Merkblatt heranzuziehen bzw. enthält die DIN 4751 Teil 2 Größen und Nennweiten bzw. Anforderungen (Tabelle 8.3). Es gelten außerdem die allgemeinen Regeln zur Anbringung von Sicherheitsventilen bzw. Abblasleitungen, wie bereits oben erwähnt.

Tabelle 8.3 Größen und Nennwerte für Membransicherheitsventile für Heizungsanlagen nach DIN 4751 Teil 2

1	Membran-Sicherheitsventile (MSV)	Abblasleistung **) in kW		50	100	200	350	600	900
2		Nennweite DN	d_0	15	20	25	32	40	50
3		Anschlußgewinde *) für die Zuleitung	d_1	$^1/_2$	$^3/_4$	1	$1^1/_4$	$1^1/_2$	2
4		Anschlußgewinde *) für die Abblaseleitung	d_2	$^3/_4$	1	$1^1/_4$	$1^1/_2$	2	$2^1/_2$

*) Nenngröße
**) Durch das Sicherheitsventil abzusichernde Wärmeleistung
Für Leistungen und Drücke, für die keine Membran-Sicherheitsventile verfügbar sind, sind federbelastete oder gewichtsbelastete SV mit entsprechendem Eignungsnachweis nach TRD 721 zu verwenden. Ihre Auslegung erfolgt nach TRD 721 und den Herstellerangaben.

Tabelle 8.4 Sicherheitsventilgrößen (Größe des Eintrittsquerschnittes) für geschlossene Solaranlagen

Kollektorfläche in m^2	Sicherheitsventilgröße DN
... 50	15
51 ... 100	20
101 ... 200	25
201 ... 350	32
351 ... 600	40

Membransicherheitsventile kommen auch bei Solaranlagen zum Einsatz. Dabei ist der Druckanstieg bei Stillstand der Anlage und dabei stattfindender Sonneneinstrahlung zu berücksichtigen. Die Anordnung erfolgt in unmittelbarer Nähe der Kollektor-Vorlaufleitung. Größenmäßig erfolgt die Auswahl nach Tabelle 8.4.

Proportional-Sicherheitsventile

Proportional-Sicherheitsventile werden vorzugsweise für Flüssigkeiten eingesetzt. Sie finden ihre Anwendung, wenn der abzuführende Massenstrom im Anforderungsfall sehr unterschiedlich sein kann. Es kann sich dem Massenstrom gut anpassen.

Vollhub-Sicherheitsventile

Vollhub-Sicherheitsventile werden bei Gasen und Dämpfen bevorzugt angewandt. Sie sind in der Lage, auch innerhalb kurzer Zeit durch den vollen Hub größere Massenströme abzuleiten. Damit kommen sie dort zum Einsatz, wo schnelle Druckanstiege zu erwarten sind (chemische Industrie, Dampfanlagen).

Normalsicherheitsventile

Normalsicherheitsventile werden sowohl für Gase, Dämpfe als auch Flüssigkeiten eingesetzt, wenn keine besonderen Anforderungen gestellt werden.

8.2.5 Ausführliche Größenbemessung von Sicherheitsventilen

Neben den Auswahlmöglichkeiten für Membransicherheitsventile über die angegebenen Tabellen werden feder- bzw. gewichtsbelastete Sicherheitsventile ausführlich nach den folgenden Bemessungsgleichungen nach DIN 3320 bestimmt. Zur Auswahl wird dazu der engste freie Strömungsquerschnitt A_0 ermittelt. Alle Drücke werden als Absolutdrücke eingesetzt.

8.2.5.1 Gase und Dämpfe allgemein

Für sie lautet die Bemessungsgleichung:

$$A_0 = \frac{q_m}{\psi \cdot \alpha_d \sqrt{2 \frac{p_0}{v}}} \qquad \text{(Gl. 8.4)}$$

A_0 engster Strömungsquerschnitt [mm²]
q_m anzuführender Massenstrom [kg/h]
p_0 Ansprechdruck [bar]
v spezifisches Volumen des Mediums im Druckraum [m³/kg]
α_d zuerkannte Ausflußziffer
ψ Ausflußfunktion

Für die unterkritische Entspannung über dem Sicherheitsventil ermittelt sich die Ausflußfunktion ψ nach Gleichung 8.5, anderenfalls nach Gleichung 8.6.

unterkritische Druckverhältnisse:

$$\frac{p_{a0}}{p_0} > \left(\frac{2}{k+1}\right)^{\frac{k}{k-1}} \qquad \text{(Gl. 8.5)}$$

$$\psi = \sqrt{\frac{k}{k-1}} \cdot \sqrt{\left(\frac{p_{a0}}{p_0}\right)^{\frac{2}{k}} - \left(\frac{p_{a0}}{p_0}\right)^{\frac{k+1}{k}}}$$

überkritische Druckverhältnisse:

$$\psi = \psi_{max} = \sqrt{\frac{k}{k+1}} \cdot \left(\frac{2}{k+1}\right)^{\frac{k}{k-1}} \qquad \text{(Gl. 8.6)}$$

p_{a0} absoluter Gegendruck [bar]
k Isotropenexponent des Mediums im Druckraum

8.2.5.2 Technische Gase

Sicherheitsventile für technische Gase werden über Gleichung 8.7 bzw. 8.8 errechnet. Die dabei erforderlichen Ausflußfunktionen werden nach den Gleichungen 8.5 oder 8.6 oder in Abhängigkeit vom Druckverhältnis und vom Isotropenexponenten aus Bild 8.13 ermittelt.

$$A_0 = 0{,}001964 \cdot \frac{q_m}{\psi \cdot \alpha_d \cdot p_0} \sqrt{R_1 \cdot T \cdot Z} \qquad \text{(Gl. 8.7)}$$

Bild 8.13
Ausflußfunktion

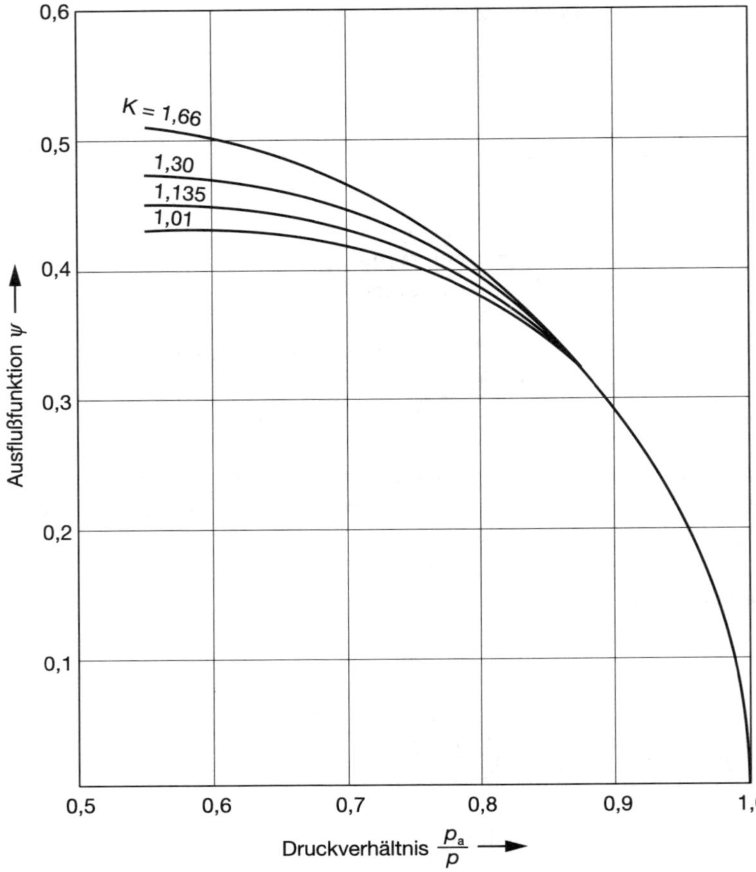

$$A_0 = 0{,}1791 \cdot \frac{q_m}{\psi \cdot \alpha_d \cdot p_0} \cdot \sqrt{\frac{T \cdot Z}{M}} \qquad \text{(Gl. 8.8)}$$

A_0 [mm²]
M molare Masse [kg/kmol]
q_m [kg/h]
R_1 Gaskonstante [J/(kg · K)]
p_0 [bar]
T absolute Temperatur [K]
Z Realgasfaktor

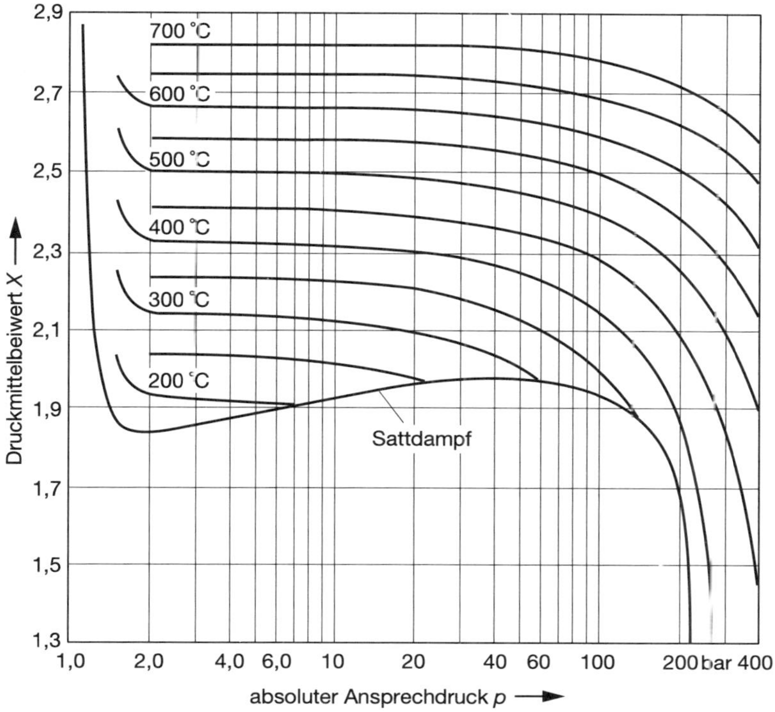

Bild 8.14
Druckmittelbeiwert

8.2.5.3 Wasserdampf

Speziell für Wasserdampf gilt Gleichung 8.9. Der Druckmittelbeiwert x wird für unterkritische Entspannung bzw. Drücke kleiner 2 bar nach Gleichung 8.10 bestimmt. Für überkritische Entspannung über dem Sicherheitsventil wird der Druckmittelbeiwert x aus Bild 8.14 entnommen.

$$A_0 = \frac{x \cdot q_m}{\alpha_d \cdot p_0} \quad \text{(Gl. 8.9)}$$

$$\text{mit } x = 0{,}6211 \cdot \frac{\sqrt{p_0 \cdot v}}{\psi} \qquad x \text{ in } \frac{h \cdot mm^2 \cdot bar}{kg} \quad \text{(Gl. 8.10)}$$

v $[m^3/kg]$

8.2.5.4 Nichtsiedende Flüssigkeiten

Nichtsiedende Flüssigkeiten sind solche, die beim Einströmen in die Abblasleitung keine Phasenumwandlung erfahren. Für diese Flüssigkeiten wird der engste freie Strömungsquerschnitt nach Gleichung 8.11 errechnet.

$$A_0 = 0{,}6211 \cdot \frac{q_m}{\alpha_d \cdot \sqrt{\Delta p \cdot \varrho}} \qquad \text{(Gl. 8.11)}$$

ϱ Dichte [kg/m³]

$\Delta p = p_0 - p_{a0}$ Druckdifferenz [bar]

9 Steuerungs- und regelungstechnische Lösungen aus dem Bereich der Heizungstechnik

- Regelungstechnische Anforderungen bei Kesseln
- Anforderungen laut Heizungsanlagen-Verordnung an MSR-Technik und deren Umsetzung
- Betriebsarten und Zusatzfunktionen
- Heizkurveneinstellung
- Regelungstechnische Geräte in der Heizungstechnik
- Einbindung von Solaranlagen

Der Betrieb zum Beispiel einer Heizungs- oder kombinierten Heizungs-Warmwasser-Anlage ist aus sicherheitstechnischen Aspekten, Fragen der rationellen Einergieanwendung bzw. des Bedien- und Nutzungskomforts ohne Komponenten der Steuerungs- und Regelungstechnik unmöglich. Daher werden auch schon seitens des Gesetzgebers Mindestanforderungen an die Ausstattung mit solchen Geräten vorgeschrieben.

9.1 Regelungstechnische Anforderungen bei Kesseln

Aus Sicherheitsgründen werden an die Kesselanlagen bezüglich der Steuerungs- und Regelungstechnik besondere Anforderungen gestellt. Dazu sind diese Wärmeerzeuger entsprechend DIN 4751 Teil 1 bis 3 auszustatten.

Temperaturregler

Für jeden Wärmeerzeuger wird zur Anpassung der Beheizung an den Wärmeverbrauch ein geeigneter Temperaturregler gefordert, der frühzeitig den Kessel abschaltet oder die Wärmezufuhr soweit drosselt, daß die gewünschte Vorlauftemperatur nicht oder nur kurzfristig und geringfügig überschritten wird. Der höchste einstellbare Sollwert darf dabei die zulässige Vorlauftemperatur des Wärmeerzeugers nicht übersteigen. Er liegt in der Regel unterhalb dieses Wertes, um einen genügend großen Abstand zum eingestellten Wert des Sicherheitstemperaturbegrenzers zu erhalten.

Sicherheitstemperaturbegrenzer

Da der Ausfall des Kesselwasserreglers nicht ausgeschlossen werden kann, muß jeder direkt beheizte Wärmeerzeuger zusätzlich mit einem Sicherheitstemperaturbegrenzer mit eigenem Fühler ausgestattet sein. Dieser Sicherheitstemperaturbegrenzer unterbricht beim Ansprechen oder bei Ausfall der Hilfsenergie die Brennstoffzufuhr ohne Verzögerung und verriegelt sich gegen selbständiges Wiedereinschalten. Er kann nur mit einem Werkzeug entriegelt werden. Der eingestellte Wert des Sicherheitstemperaturbegrenzers darf nicht höher liegen als der zulässige Wert des Wärmeerzeugers.

Die Funktion dieser Sicherheitskette wird bei konventionellen Kesseln sehr einfach realisiert und ist in den Kesselgrundsteuerungskästen enthalten.

Sicherheitsventil

Neben der temperaturmäßigen Absicherung gehört zu jedem Wärmeerzeuger die Ausstattung mit Einrichtungen gegen unzulässige Drucküberschreitung (Sicherheitsventil). Die Anforderungen diesbezüglich wurden bereits in Abschnitt 8.2.4 beschrieben.

9.2 Anforderungen laut Heizungsanlagen-Verordnung an MSR-Technik und deren Umsetzung

Da die in Abschnitt 9.1 angegebene Ausstattung aber nicht den heutigen Anforderungen an einen effektiven Energieeinsatz mit zugehörigem Komfort entspricht, müssen weitere Regelungsvarianten dieser Sicherheitsgrundausstattung vorgeschaltet werden. In der Heizungsanlagen-Verordnung [6] sind dazu konkrete gesetzliche Forderungen formuliert. An dieser Stelle seien dabei nur die regelungstechnischen Anforderungen erwähnt.

9.2.1 Raumweise Temperaturregelung

Nach § 7 dieser Verordnung müssen heizungstechnische Anlagen mit einer raumweisen Temperaturregelung ausgestattet werden. Für Raumgruppen gleicher Art und Nutzung in Nichtwohnbauten ist auch Gruppenregelung zulässig.

Die einfachste und in der Praxis am häufigsten realisierte Variante der Umsetzung dieser Forderung stellt der Einsatz von Thermostatventilen dar. Bei ihnen handelt es sich um Proportionalregler, mit deren Hilfe der Volumenstrom durch den Heizkörper zur Anpassung der Raumtemperatur variiert wird. Sie arbeiten in Drosselungsschaltung und haben die Aufgabe, evtl. vom Nutzer gewünschte unterschiedliche Temperaturniveaus in den Räumen zu gewährleisten sowie Störungen und Fremdwärmeeinflüsse für den Raum auf ein Minimum zu beschränken. Spezielle Hinweise zur Auslegung, Anbringung u.a. findet man in Abschnitt 8.1.

Thermostatventile

Elektronische Heizkörperregler dienen der exakten und wirtschaftlichen Temperaturregelung einzelner Räume nach einem individuellen Programm und sind dezentrale Einrichtungen zur raumweisen Temperaturregelung.

Dezentrale Einrichtungen zur raumweisen Temperaturregelung

Nur zeitweise benutzte Räume wie Bad, Küche, aber auch Praxen, kleinere Büros oder ähnliche gewerbliche Räume erlauben mit ihnen eine gezielte Heizung für die individuellen Bedarfsfälle. Ein integriertes Tages- und Wochenprogramm erlaubt so die effektive Energienutzung. Weitere Einzelheiten sind ebenfalls bereits in Abschnitt 8.1 aufgeführt.

Zentrale Einrichtung zur Raumtemperaturregelung

Eine weitere, wenn auch aufwendigere Möglichkeit ist eine zentrale Einrichtung zur Raumtemperaturregelung. Dabei wird über einen im Raum angebrachten Fühler die Raumtemperatur erfaßt und an einen zentralen Regler weitergeleitet. Er ist aufgrund seines Aufbaus und der Ausstattung in der Lage, eine Vielzahl von Einzelräumen nach individuellen verschiedenen Programmen zu regeln. Solche Anwendungen liegen beispielsweise in großen Bürohäusern mit unterschiedlicher Raumnutzung oder in Bildungseinrichtungen, wo dieser Regler dem Einsatz einer Vielzahl von elektronischen Heizkörperreglern vorzuziehen ist.

9.2.2 Vorregelungen

> Nach § 7 der Heizungsanlagen-Verordnung sind Zentralheizungsanlagen mit selbständig wirkenden Einrichtungen zur Verringerung und Abschaltung der Wärmezufuhr sowie zur Ein- und Ausschaltung der elektrischen Antriebe in Abhängigkeit der Außentemperatur oder einer anderen geeigneten Führungsgröße und der Zeit auszustatten.

Regelungsvarianten

Bei der **Regelung der Heizungsanlage nach einem Referenzraum** (Bild 9.1) wird ein exklusiver Raum zur Regelung der Anlage herangezogen. Er fungiert dabei als Referenzraum; alle auf ihn einwirkenden Faktoren werden erfaßt und gehen in die Regelung ein. Als Referenzraum wird meist das Wohnzimmer verwendet.

Bild 9.1
Prinzip einer Vorregelung mit Raumführung

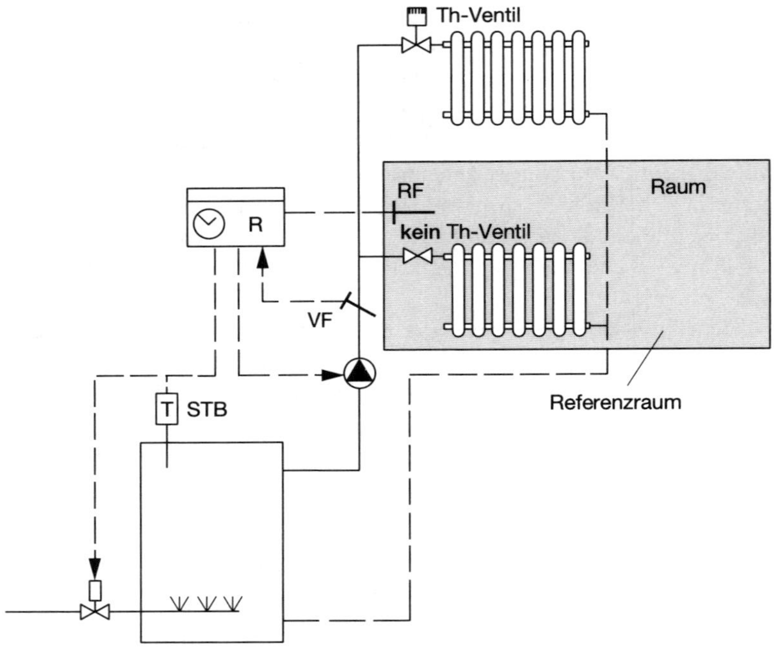

Im Raum selbst wird ein Raumtemperaturfühler angebracht und auf die Regelung aufgeschaltet. Im einfachsten Fall handelt es sich um einen Zweipunktregler, der je nach Bedarf den Brenner des Gaskessels direkt ein- bzw. ausschaltet.

Liegt im Referenzraum die Temperatur zu niedrig, so wird die Führungsgröße automatisch erhöht bzw. die Anlage bei Abweichungen in Betrieb genommen. Es werden damit alle Räume geheizt. Mit dem Vorlauffühler werden die Änderungen der Vorlauftemperatur gemessen und dem Regler ebenfalls zu Verfügung gestellt. Der Regler vergleicht die Vorlauftemperatur mit dem erforderlichen evtl. veränderten Sollwert und bringt die Vorlauftemperatur auf den notwendigen Wert. Ohne Vorlauffühler wären durch die Trägheit der Strecke stärkere Abweichungen feststellbar.

Da alle Räume mit dieser Regelung beeinflußt werden, sind entsprechend der Heizungsanlagen-Verordnung die restlichen Räume zusätzlich mit Thermostatventilen zur raumweisen Regelung auszustatten.

Diese einfache Regelungsvariante ist aber nicht unproblematisch:

Problem

Der Referenzraum müßte für alle zu beheizenden Räume repräsentativ sein. Dies ist aber kaum möglich. Liegt dieser Raum auf der Südseite und sind andere Räume dieser Seite abgewandt, so wird durch die Sonnenaufheizung des Referenzraumes der Regler die Wärmezufuhr drosseln. Die restlichen Räume ohne Sonneneinfluß werden dann in der Regel nicht ausreichend beheizt. Zusätzliche Wärmequellen im Referenzraum, wie z. B. Kamine, verfälschen das Ergebnis vollkommen; solche Räume können nicht als Referenzräume dienen. Nicht unerheblich ist auch der Einfluß bei innenliegendem Referenzraum und außenliegenden zu beheizenden Räumen bzw. bei Räumen in Unter- bzw. Erdgeschossen.

Die Plazierung des Raumtemperaturfühlers muß sorgsam ausgeführt werden. Fremdeinflüsse durch Sonnenbestrahlung, die unmittelbare Nähe zu wärmeabgebenden Geräten oder auch der Einfluß ungünstiger Raumecken verschlechtert das angestrebte Ergebnis bzw. machen die Regelung unbrauchbar.

Witterungsveränderungen werden erst nach Einwirkungen auf die Raumtemperatur des Referenzraumes mit erheblicher Verzögerung erkannt.

Thermostatventile im Referenzraum arbeiten gegen die zentrale Regelung. Sie müßten voll geöffnet bleiben, besser noch: gar nicht vorhanden sein.

Die Regelung nach Referenzraum eignet sich daher nur für Etagenheizungen bzw. für Anlagen, bei denen neben dem Referenzraum nur untergeordnete Räume zu beheizen sind. Für andere Anlagen werden sie heute kaum noch eingesetzt, da sie auch das Energiesparpotential nicht ausschöpfen.

Die **witterungsgeführte Vorlauftemperaturregelung** (Bild 9.2) kann keinesfalls eine Einzelraumregelung ersetzen. Störfaktoren auf die einzelnen Räume werden von ihr nicht erfaßt. Trotzdem stellt sie eine wich-

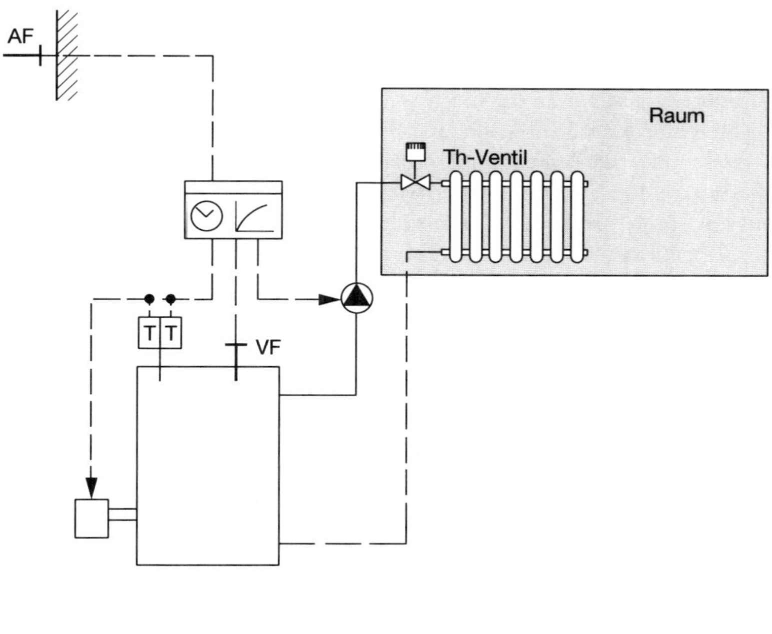

Bild 9.2
Prinzip einer außentemperaturgeführten Vorlaufregelung

tige Ergänzung der Heizungsregelung dar. Durch die Außentemperaturführung des Sollwertes wird das Heizungswasser nur mit der für die Aufheizung notwendigen Temperatur transportiert. Damit sinken die Verteil- und Bereitschaftsverluste. Zum anderen wird durch sie der Einsatz einfacher Raumtemperaturregler wie Thermostatventile ermöglicht bzw. diese Geräte in ihrer Funktion verbessert.

Außentemperaturgeführte Regelungen

Die unter dem Begriff witterungsgeführte Vorlaufregelung angebotenen Regeleinrichtungen stellen sich bei genauerer Betrachtung eigentlich als außentemperaturgeführte Regelungen dar. Zur Berücksichtigung von Witterungseinflüssen gehört nicht nur die Außentemperatur, vielmehr haben auch andere Faktoren, wie z.B. Wind, Einflüsse auf das Heizverhalten.

In den meisten Fällen reicht aber die Aufschaltung der Außentemperatur aus, nur bei Gebäuden mit ausgewählter Lage bzw. bei Hochhäusern macht die separate Windaufschaltung Sinn.

Je nach eingesetztem Kessel mit seinen speziellen Anforderungen wird die Vorlauftemperaturregelung entweder über Mischer bzw. als gleitend gefahrener Kessel realisiert.

Bei beiden Varianten werden über Temperaturfühler auf Widerstandsbasis die Außen- und die Vorlauftemperatur erfaßt und auf den Regler aufgeschaltet. In Abhängigkeit der eingestellten Heizkurve ordnet der Regler der Außentemperatur Sollwerte für den Vorlauf zu. Über die Einstellung der Heizkurve (vgl. auch Abschnitt 9.4) erfolgt die Anpassung der Heizung an die Gebäudespezifikation.

Regelung über Mischer

Um Korrosion an den Wärmeerzeugern zu vermeiden, geben die Kesselhersteller ihre niedrigste zulässige Kesseltemperatur bzw. die Mindestbrennerlaufzeit an. Die Mindesttemperatur kann je nach Hersteller und Kesseltyp zwischen 35 und 55 °C schwanken.

Stetig-ähnlicher Regler mit PI-Verhalten

Bei einer niedrigen Auslegung der Vorlauftemperatur würden diese Werte durch die Außentemperaturführung in den Übergangsperioden durchaus unterschritten. Daher wird der Kessel mit einem Kesselregler auf seinem geforderten Minimum bzw. nach der Außentemperatur angepaßt gefahren und mit einem Mischer die notwendige Vorlauftemperatur eingestellt. Die Ansteuerung des Mischers erfolgt meist über einen stetig-ähnlichen Regler mit PI-Verhalten und fest eingestellten Reglerparametern.

Stellt der Regler eine zu niedrige Vorlauftemperatur fest, so wird weniger kaltes Rücklaufwasser zugemischt, bei Überschreiten wird dieser Anteil erhöht.

Gleitend gefahrener Kessel

Mit der Weiterentwicklung des Kesseltechnik erhöht sich auch der Anteil der Anlagen, die unmittelbar gleitend betrieben werden können. Sie besitzen keinen Mischer, die Kesseltemperatur wird in Abhängigkeit der Außentemperatur variabel gehalten. Regelungsseitig wird bei kleinen Kesseln recht häufig zur Temperaturregelung ein Zweipunktregler eingesetzt, der je nach Bedarf den Brenner ein- bzw. ausschaltet. Größere Kessel werden meist mehrstufig angesteuert bzw. es kommt ein modulierender Brenner zum Einsatz, bei dem der Gasstrom kontinuierlich beeinflußt wird.

Werden mehrere Heizkreise mit unterschiedlichem Regime betrieben, so kommt man auch bei dieser Kesselfahrweise nicht um den Einsatz von Mischern herum. Allerdings kann dann ein Heizkreis direkt auf den Kessel gefahren werden, während die restlichen Kreise über Mischer anzubinden sind. Der Kreis mit der höchsten Vorlauftemperatur wird direkt auf den Kessel geschaltet.

9.2.3 Brauchwassererwärmung

Auch für die Brauchwassererwärmung sind in der Heizungsanlagen-Verordnung regelungstechnische Mindestanforderungen formuliert. So muß die Brauchwassertemperatur durch selbständig wirkende Einrichtungen auf höchstens 60 °C im normalen Betrieb begrenzt werden. Anlagen, die zwingend eine höhere Temperatur fordern, blieben von dieser Temperaturbeschränkung unberührt. Außerdem sind die Zirkulationspumpen in Abhängigkeit der Zeit abschaltbar zu gestalten.

Schlußfolgerung daraus ist die Ausstattung der Brauchwasseranlagen mit einer Temperaturregelung, die zusätzlich über Zeitschaltuhren bei Nichtbedarf die Zirkulationspumpe abschaltet. Diese Regelungen sind entweder in der Heizungsregelung integriert bzw. werden als Zusatzmodule in den Heizungsregler gesteckt. Sie erfüllen normalerweise die folgenden Funktionen:

Funktionen

- Brauchwassertemperatur-Bereich zwischen 30 und 60 °C einstellbar,
- zeitabhängige Brauchwassersteuerung über Schaltuhr (Abschaltung über Nacht),
- Brauchwasser-Vorrangschaltung bei Verbundanlagen,
- Frostschutzüberwachung für Warmwasserbereiter,
- Mischersteuerung, wenn Mischer vorhanden.

Bild 9.3 zeigt eine mögliche Prinzipschaltung.

Die Anlagen werden heute fast ausschließlich über Brauchwasser-Vorrangschaltung betrieben. Im Anforderungsfall, wenn die Wassertemperatur unter den eingestellten Wert absinkt, wird die Heizungsumwälzpumpe abgeschaltet und ein evtl. vorhandener Mischer zugefahren. Die Speicherladepumpe wird zugeschaltet und der Wärmeerzeuger auf maximale Temperatur gebracht. Bei Erreichen der Brauchwassertempe-

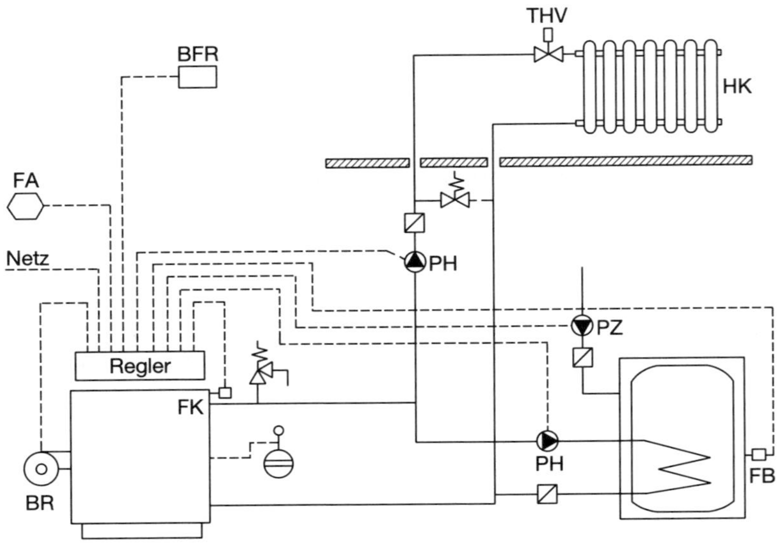

Bild 9.3 Prinzip einer Verbundanlage mit Brauchwasservorrangschaltung

FA	Außentemperaturfühler	FB	Brauchwassertemperaturfühler
BR	Brenner	BFR	Fernbedienung mit Raumtemperaturfühler
HK	Heizkörper	PH	Speicherladepumpe/ Umwälzpumpe
FK	Kesselwasssertemperaturfühler	HS	Ecomatic-Regelgerät
THV	Thermostatventile		
PZ	Zirkulationspumpe		

ratur wird der Kessel abgeschaltet und die Speicherladepumpe eine bestimmte Zeit nachlaufen gelassen.

Manche Anlagen besitzen auch ein Umschaltventil, das den Kesselvorlauf von der Heizung auf den Brauchwasser-Erwärmer umsteuert.

Die erforderliche Ausstattung eines Brauchwasser-Erwärmers mit Sicherheitsventil wurde bereits in Abschnitt 8.2.4 beschrieben.

Legionellenschaltung

Einige Regelsysteme für Brauchwasser-Erwärmung erlauben auch eine automatische thermische Desinfektion (auch als Legionellenschaltung bezeichnet). Hier wird zu einem bestimmten Zeitpunkt einmal pro Woche der Brauchwasser-Erwärmer über 60 °C (z. B. 75 °C) hinaus aufgeheizt und über eine bestimmte Zeit (z. B. ca. 1 Stunde) auf diesem Wert gehalten. Gleichzeitig wird die Zirkulationspumpe mit in Betrieb genommen und somit die Zirkulationsleitung in diese Desinfektion einbezogen. Diese Maßnahme erfolgt meist zu Zeitpunkten, bei denen nicht mit einer Wasserentnahme gerechnet werden muß (z. B. Nachtstunden). Thermostatische Mischarmaturen vermindern die Gefahren der hohen Warmwassertemperaturen und sollten entsprechend vorgesehen werden.

9.3 Betriebsarten und Zusatzfunktionen

Die Realisierung der Zeitabhängigkeit des Heizbetriebes erfolgt über in die Regelung integrierte Schaltuhren. Waren es bisher meist Analoguhren, so stehen heute Mehrkanaluhren auf Prozessorbasis mit Funkanbindung sowie automatischer Sommer-/Winterzeit-Umschaltung zur Verfügung. Damit können je nach Schaltpunktanzahl der Digitaluhr mehrere verschiedene Heizkreise oder mehrere zeitliche Heizregime für einen oder mehrere Kreise gefahren bzw. die Brauchwasser-Erwärmung zeitabhängig gesteuert werden.

Für die Anlage stehen mehrere Betriebsarten je nach Komfort des Reglers zur Verfügung.

Betriebsarten

Im **normalen Heizbetrieb** wird die Anlage ganz normal ohne Absenkung der Heiztemperatur betrieben. Die Vorlauftemperatur wird nur durch die Außentemperaturführung bestimmt.

Nachtabsenkung

Die Anlage wird im **reduzierter Heizbetrieb** (Nachtabsenkung) mit einer verminderten Vorlauftemperatur gefahren. Das Ein- und Ausschalten dieser Betriebsweise erfolgt zeitabhängig. Am gängigsten ist die Absenkung über die Nachtstunden, auch als Nachtabsenkung bekannt. Darüber hinaus kann evtl. auch zu anderen Zeiten (tagsüber) die Vorlauftemperatur gesenkt werden, weil Nutzer beispielsweise nicht anwesend sind.

Stütztemperatur

Im **Haltebetrieb** wird die Anlage total abgeschaltet, bis eine eingestellte Raumtemperatur, auch Stütztemperatur genannt, unterschritten wird. Anschließend geht sie in den normalen Heizbetrieb über. Voraussetzung dafür ist hier die Aufschaltung eines Raumfühlers auf den Regler (z. B. Fernbedienung mit Raumfühler).

Beim **Abschaltbetrieb** wird die Heizungsanlage total abgeschaltet. Bei Unterschreiten einer Außentemperatur von ca. 5 °C wird die Heizung in Betrieb genommen und mit einer sehr niedrigen Vorlauftemperatur gefahren, so daß ein Frostschutz besteht. Die Umwälzpumpe bleibt dabei in Betrieb.

❶ *Ein zweckentsprechendes Ansteuern der Umwälzpumpe, um den Kessel vor schädlicher Kondenswasserbildung zu schützen*

Viele Hersteller geben für ihre Kesselregelungen in den Unterlagen den Begriff ❶ **Pumpenlogik** an. Sinkt die Kesselwassertemperatur unter einen vorgegebenen Wert und geht gleichzeitig der Brenner in Betrieb, so wird die Heizungsumwälzpumpe abgeschaltet. Damit kann der Kessel ohne Wärmeabgabe an den Abnehmerkreis aufgeheizt werden. Wird nun eine um eine Schaltdifferenz höher liegende Temperatur erreicht und überschritten, so wird die Pumpe wieder zugeschaltet.

Frostschutzfunktion

Über Nacht geht die Umwälzpumpe im reduzierten Betrieb nur in Funktion, wenn die Außentemperatur 1 °C unterschreitet. Damit wird ebenfalls eine Frostschutzfunktion gewährleistet. Weitere Schaltmöglichkeiten gibt es in Verbindung mit angeschlossener Fernbedienung und muß den Herstellerunterlagen entnommen werden.

Sommer-Winter-Umschaltung
Reine Heizungsanlagen können im Nichtheizbetrieb komplett abgeschaltet werden. Bei Verbundanlagen muß jedoch die Brauchwasserbereitung weiter gewährleistet werden. Die Heizfunktionen der Anlage können außer Betrieb gehen, die Umwälzpumpen werden abgeschaltet, vorhandene Mischer werden zugefahren.

Früher mußten Heizungsanlagen von Hand zwischen Sommer- und Winterbetrieb um- bzw. abgeschaltet werden. Heute besitzen die Heizungsregelungen Steuereinrichtungen, die diese Umschaltung in Abhängigkeit der Außentemperatur selbst vornehmen. Über einen separaten Einstellregler für die Umschalttemperatur wird der Umschaltpunkt festgelegt. Die Außentemperatur kann über den sowieso vorhandenen Außenfühler gemessen werden. Nach dem elektronischen Vergleich beider Werte erfolgt die entsprechende Einstellung.

Hausmeisterschaltung
Manche Hersteller bieten bei ihrem Regelsystem auch diese Funktion an. Sie realisiert während der Nichtheizperiode in entsprechenden Zeitabständen ein kurzes Anlaufen der Pumpen bzw. Mischer. Damit wird ein Festgehen der Pumpen und Mischer durch längeres Stehen vermieden, was sonst durch Bedienpersonal realisiert werden müßte.

9.4 Heizkurveneinstellung

Für Heizungsregelungen ist durch spezielle Einstellungen die Anpassung der Regelung an die Gebäudespezifikation erforderlich. Dazu befinden sich an den Reglern Einstellmöglichkeiten für die Steilheit S bzw. Neigung und das Niveau N der Heizkurve.

Meist werden die am Regler einstellbaren Heizkurven gemäß Bild 9.4 als Geraden mit dem Drehpunkt Vorlauftemperatur t_v = +20 °C bei der Außentemperatur t_a = +20 °C gezeichnet, wobei der Drehpunkt aller Steilheitsparameter mit dem Achsenschnittpunkt identisch ist. Wegen der Umkehrung der t_a-Achse ergeben sich dann steigende Geraden. Mitunter wird das Nomogramm auch mit nicht verdrehter t_a-Achse dargestellt (–20 °C links, +20 °C Außentemperatur rechts); in diesem Fall ergeben sich fallende Geraden, was letztlich vernünftiger erscheint, da einem Anstieg der Außentemperatur t_a ein Absinken der Vorlauftemperatur t_v zugeordnet ist.

Die Steilheit S ist das Verhältnis der Vorlauftemperaturänderung Δt_v zur Außentemperaturänderung Δt_a.

$$S = \frac{\Delta t_v}{\Delta t_a} \qquad \text{(Gl. 9.1)}$$

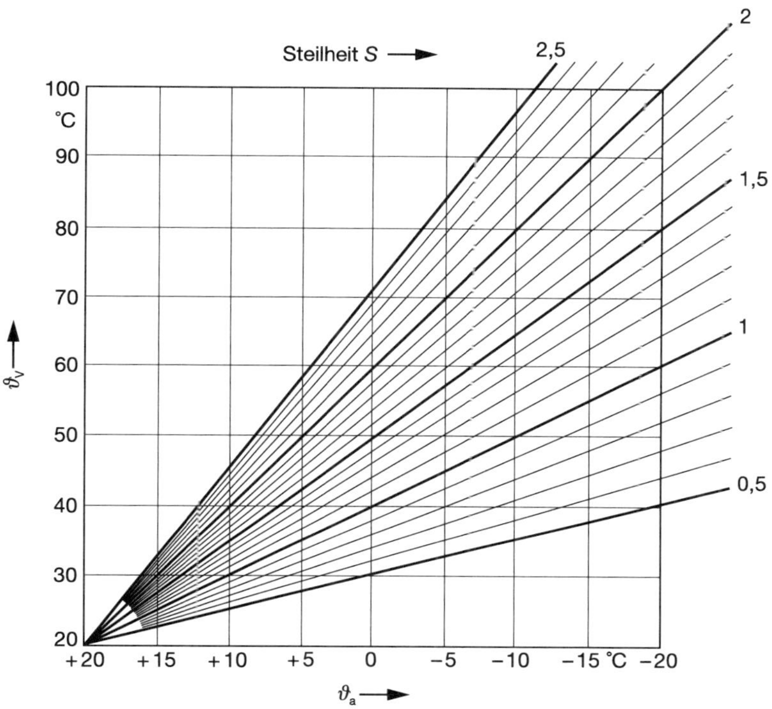

Bild 9.4
Heizkurven, vereinfacht

Wählt man am Regler als Grundeinstellung beispielsweise eine Steilheit $S = 1{,}7$ K/K, so bedeutet dies, daß sich bei einem Fallen der Außentemperatur um $\Delta t_a = -1$ K eine Erhöhung des Sollwertes für die Vorlauftemperatur um $\Delta t_v = -S \cdot \Delta t_a = -1{,}7 \cdot (-1) = +1{,}7$ K einstellt.

Jede gewählte Heizkurve einer bestimmten Steilheit S kann außerdem an einem weiteren am Regler vorhandenen Einstellregler nach oben oder unten parallel verschoben werden. Damit erfolgt die Niveaueinstellung N. Es wird damit über den gesamten Bereich die Vorlauftemperatur um den eingestellten Wert angehoben bzw. abgesenkt. Diesen Fakt nutzt man beispielsweise zur Nachtabsenkung automatisch.

Die Vorlauftemperatur läßt sich entsprechend aus den eingestellten Kennwerten nach der folgenden Gleichung nur vereinfacht ermitteln, da die Kennlinien auch über eine Krümmung verfügen (Bild 9.5).

$$t_V = -S \cdot (t_A - 20) + 20 + N \qquad \text{(Gl. 9.2)}$$

Nicht bei allen Herstellern sind die einzelnen S- bzw. N-Parameter als definierte Werte am Regler angegeben. Vielfach sind Nomogramme mit Kennwerten angegeben, die dann am Einstellregler zur Verwendung kommen.

Mit der Steilheit S läßt sich bei einer Anlage sehr gut die Abweichung bei niedrigen Außentemperaturen korrigieren. Kommen hingegen Be-

Bild 9.5
Heizkurven, real

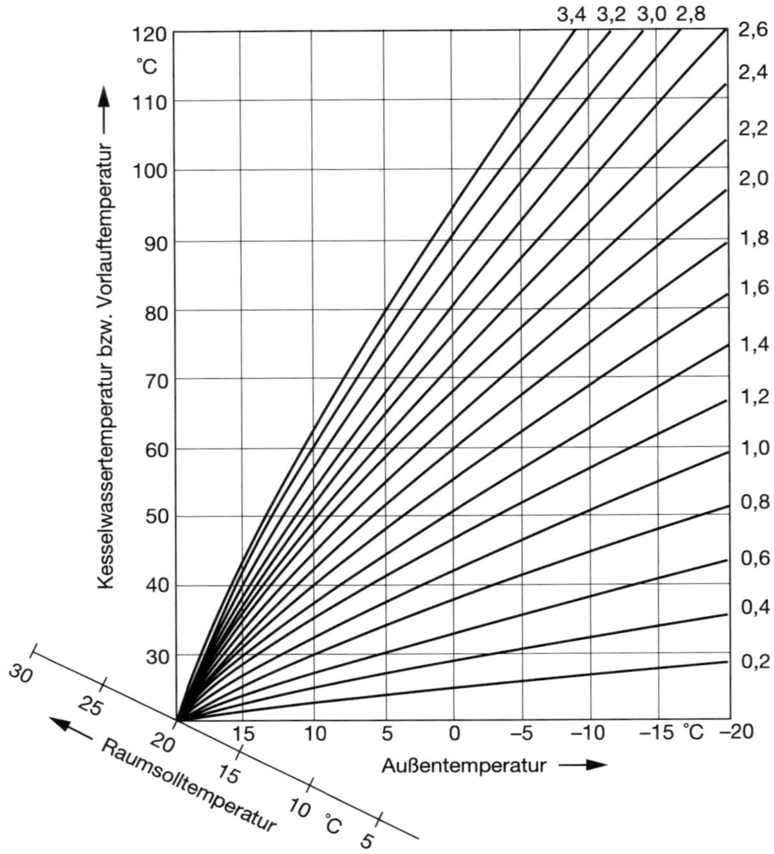

schwerden, daß bei relativ hohen Außentemperaturen die Räume nicht ausreichend beheizt werden, so sollte über eine Niveauerhöhung die Vorlauftemperatur angepaßt werden. Evtl. ist anschließend eine Korrektur der Steilheit erforderlich, da ja auch bei niedrigen Außenwerten die Vorlauftemperatur mit angehoben wird. Die Steilheit ist in diesem Fall etwas zurückzunehmen.

Automatische Heizkennlinienadaption

Mit der fortschreitenden Entwicklung der Elektronik verbessern die Hersteller ihre Regelungen auch bezüglich der Heizkennlinienanpassung. Sie statten ihre Geräte mit einer automatischen Heizkennlinienadaption aus.

Die automatische Adaption erfordert neben der ständigen Messung von Außen- sowie Vorlauftemperatur auch die Ermittlung der Raumtemperatur. Es muß also pro Regelkreis ein Raumtemperaturfühler aufgeschaltet werden. Dieser ist ebenfalls in einem repräsentativen Raum anzuordnen, und es sind die Anbaubedingungen für Raumfühler zu beachten.

Bei der automatischen Heizkennlinienadaption werden über eine bestimmte Zeitspanne die Temperaturdifferenzen zwischen den Meßwerten ausgewertet und durch einen Prozessor eine Kennlinienoptimierung durchgeführt. Als Zeitspanne wird bei manchen Herstellern der gesamte Bereich des normalen Heizbetriebes verwendet, andere beziehen nur bestimmte Intervalle (ca. eine halbe bis eine Stunde) des Normalbetriebes zur Korrektur ein.

Eine Adaption sollte aber nicht unmittelbar nach dem Übergang vom reduzierten zum Normalbetrieb, unmittelbar nach einem Sollwertwechsel, bei starkem Lüftungsbetrieb bzw. bei einer fast gänzlichen Übereinstimmung der Außen- und Sollraumtemperatur erfolgen. Dies würde zu Abweichungen führen, die später wieder rückgängig gemacht werden müssen und zu vorübergehenden Abweichungen führen können. Außerdem sollte man die automatische Adaption als ergänzende Anpassung des Reglers an die Hausspezifikation sehen, um nach einer Voreinstellung kleinere Abweichungen zu korrigieren. Der Korrekturbereich ist auch meist beschränkt.

9.5 Steuerungs- und Regelungseinrichtungen an Gasbrennern

Um einen sicheren und komfortablen Betrieb von Gaskesseln zu ermöglichen, werden verschiedene Steuer- und Regeleinrichtungen für den Brennerbetrieb notwendig.

9.5.1 Gasfeuerungsautomaten

Zur Steuerung und Überwachung des Brenners von Gaskesseln kommen sogenannte Gasfeuerungsautomaten zum Einsatz.

Gasfeuerungsautomaten müssen den Anforderungen der DIN EN 298 entsprechen und eine ❶ DVGW-Registrierung besitzen.

❶ *Deutscher Verein des Gas- und Wasserfaches*

Das Steuergerät besteht im wesentlichen aus einem Schaltwerk mit entsprechenden Relais bzw. aus einem Mikroprozessor mit zugehörigen elektronisch geschalteten Ausgängen zur Steuerung des Ablaufs des Brennerbetriebes.

Bei Wärmeanforderung laufen die folgenden Schritte zur Brennersteuerung ab:

Als erstes erfolgt eine Kontrolle, ob die anlagenabhängigen Anforderungen erfüllt sind. Dazu zählt beispielsweise die Kontrolle des Gasdruckwächters, ob ein ausreichender Versorgungsdruck vorhanden ist. Anschließend erfolgen die Überprüfung des Flammenüberwachungskreises und die Zuschaltung der Zündeinrichtung ebenfalls zur Funktionskontrolle. Erst dann kommt es zur Freischaltung des Brennstoffes. Schließlich wird die Flammenüberwachung aktiviert.

Zwischen den einzelnen Schritten sind teilweise feste Zeitabstände vorgegeben, die nicht überschritten werden dürfen. Kommt es innerhalb dieser Sicherheitszeiten nicht zur Bildung der Hauptflamme, so muß der Feuerungsautomat die Gaszufuhr unterbrechen und auf Störabschaltung gehen.

Die Abschaltung des Brenners, da keine Wärmeanforderung mehr vorliegt, erfolgt selbständig durch Abschalten der Steuerenergie.

9.5.2 Gasstraße

Die Gaszufuhr aus dem Versorgungsnetz erfolgt über sogenannte Gasstraßen. In Bild 9.6 sind solche Prinzipien von Gasstraßen für atmosphärische und Gebläsebrenner dargestellt.

Die Gaszufuhr beginnt mit einer Absperrmöglichkeit durch einen Gasabsperrhahn mit folgendem Gasfilter. Unmittelbar dahinter sind

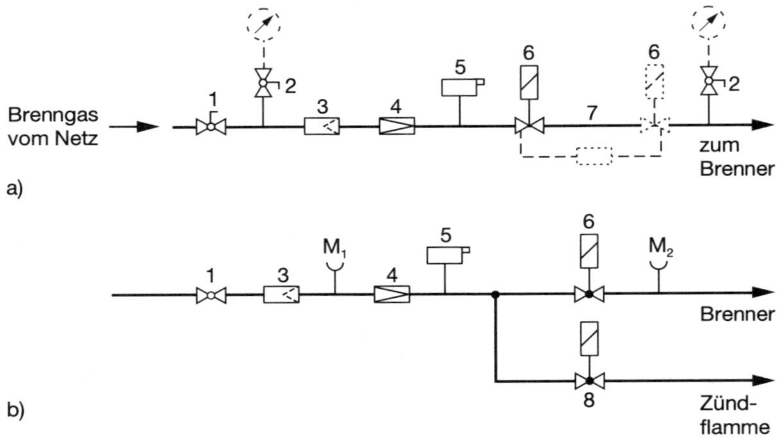

Bild 9.6 Gasstraßen für atmosphärische und Gebläsebrenner
a) Gebläsebrenner
b) atmosphärischer Brenner
1 per Hand zu betätigende Absperreinrichtung
2 absperrbare Druckmeßstellenanschlüsse
3 Gasfilter
4 Gasdruckregler
5 Gasdruckwächter
6 Sicherheitsabsperreinrichtung
7 Leckgassicherung
8 Zündgasventil

der Gasdruckregler, Gasdruckwächter und das Hauptgasventil angeordnet.

9.5.3 Gasdruckregler

Zu den Gasdruckreglern werden diejenigen Druckregler gezählt, die unmittelbar am Brenner eingebaut sind. Sie haben dafür zu sorgen, daß trotz Schwankungen im Versorgungsnetz der Brenner stets mit einem konstanten Versorgungsdruck gespeist werden kann. Die Höhe des einzustellenden Druckes richtet sich in Abhängigkeit der Gasfamilie nach dem erforderlichen Gasdurchsatz.

Alle Gasdruckregler müssen nach DIN 3392 geprüft sein und eine DVGW-Registriernummer besitzen.

In Bild 9.7 ist ein Gasdruckregler als Schnittdarstellung wiedergegeben. Der zu regelnde Druck wirkt auf die Meßmembran und erzeugt dort aus Druck und Fläche eine Kraft nach oben. Ihr wirkt die Kraft der vorgespannten Feder entgegen. Es erfolgt ein Kräftevergleich, in dessen Ergebnis der Ventilteller weiter geöffnet bzw. geschlossen wird. Über der

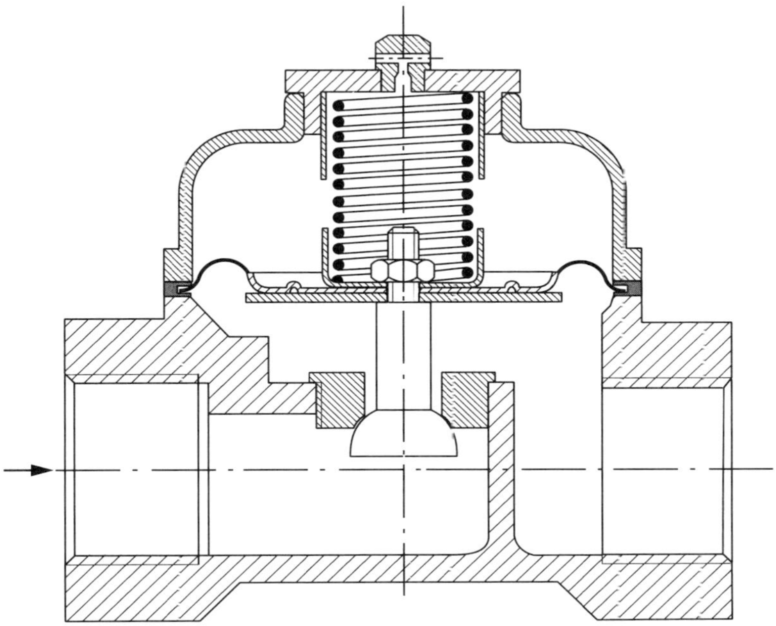

Bild 9.7
Schnittdarstellung eines Gasdruckreglers

Membran befindet sich im Gehäuse eine Atmungsbohrung. Sie sorgt für eine störungsfreie Beweglichkeit der Membran.

Der am Brenner eingesetzte Gasdruckregler kann nur in einem bestimmten Bereich Druckdifferenzen ausregeln. Deshalb ist bei höheren Versorgungsdrücken der Einbau eines weiteren Gasdruckreglers notwendig.

9.5.4 Gasdruckwächter

Sie dienen der Überwachung des Mindestdruckes des Versorgungsnetzes. Wird der für die störungsfreie Funktion des Brenners erforderliche Mindestdruck unterschritten, so wird die Gaszufuhr über das elektrisch betätigte Hauptgasventil unterbrochen und der Brenner nicht gestartet bzw. abgeschaltet. Der Ansprechdruck (gleichbedeutend mit Mindestdruck) wird vom Brennerlieferanten oder auf der Baustelle eingestellt und kann ohne Werkzeug nicht verändert werden.

Der Druckwächter besitzt ebenfalls eine Membran als Meßglied, die mit einer vorgespannten Feder belastet ist. Die Federvorspannung legt den Ansprechdruck des Druckwächters fest. Sinkt der Versorgungsdruck unter den geforderten Wert, so ist die Kraft der Feder größer und betätigt durch den Bewegungsspielraum einen Kontakt (Mikroschalter). Damit wird die Stromzufuhr für das Hauptgasventil unterbrochen.

Gasdruckwächter müssen der DIN 3398 entsprechen und eine DVGW-Registriernummer besitzen.

9.5.5 Gasventile

Magnetventile

Gasventile dienen der Beeinflussung des Gasstromes. Je nach Ausführung wird das Hauptgas dem Brenner schnell/langsam, zweistufig oder stetig (modulierend) zugeführt. Am häufigsten werden dazu Magnetventile eingesetzt. Bei ihnen wird bei Wärmeanforderung und Berücksichtigung der Sicherheitsforderungen eine Spule stromdurchflossen; es kommt zum Anzug des Ankers, der wiederum den Ventilteller vom Sitz abhebt. Die Rückstellung erfolgt über eine Feder. Über zusätzliche konstruktive Maßnahmen kann auch ein zweistufiges bzw. langsames Freigeben realisiert werden.

9.6 Zündeinrichtungen

Halbautomatische Zündung

Zur Zündung der zündfähigen Gemische werden elektrische Funkenbildungen zwischen zwei Elektroden ausgenutzt. Diese Elektroden haben in der Regel einen Abstand von einigen Millimetern, so daß zur Ausbildung dieser Funken zugehörige hohe Spannungen benötigt werden. Mit den gebildeten Funken können entweder die Zündflamme oder die Hauptflamme selbst gezündet werden. Bei der Zündung der Hauptflamme über eine bereits brennende Zünd- oder Pilotflamme spricht man von einer halbautomatischen Zündung. Nachteilig ist hierbei, daß über die Heizperiode durch die Pilotflamme bereits ein Gasverbrauch auftritt, da die Zündflamme nach einer Zündung von Hand mittels eines Piezozünders ständig brennt.

Piezozünder

Beim Piezozünder (Bild 9.8) wird ein Quarzkristall durch Krafteinwirkung deformiert. Er gibt damit an Elektroden, die an seiner Oberfläche angebracht sind, eine Spannung ab. Je größer die Krafteinwirkung ist, desto höher wird die abgegebene Spannung. Um hohe Kräfte zu erreichen, wird eine Feder bei Betätigung gespannt und dann schlagartig freigegeben. Zur Erzeugung der zur Zündung notwendigen hohen Spannung werden mehrere solcher Piezo-Elemente in Reihe geschaltet.

Vollautomatische Zündung

Bei der vollautomatischen Zündung (Bild 9.9) wird die Spannung über einen speziellen Hochspannungstransformator aus dem elektrischen Netz gewonnen. Heute sind hierzu spezielle Steuerelektroniken im Einsatz. Die Abmessungen und Masse der Transformatoren können somit auf ein Minimum reduziert werden. Vergleichbar ist diese Zündfunkengewinnung mit der Zündanlage eines Autos.

Über das elektronische Steuergerät werden die Transformatoren bei Zündbedarf für eine bestimmte Zeit an das Netz angeschlossen oder getaktet. Sie liefern damit Zündspannungen im Bereich von etwa 7 bis 15 kV. Mit den entstehenden Zündfunken wird entweder die Hauptflamme selbst bzw. eine Zündflamme gezündet. Da die Zündflamme immer wieder neu gezündet wird, entsteht ein geringerer Energieverbrauch.

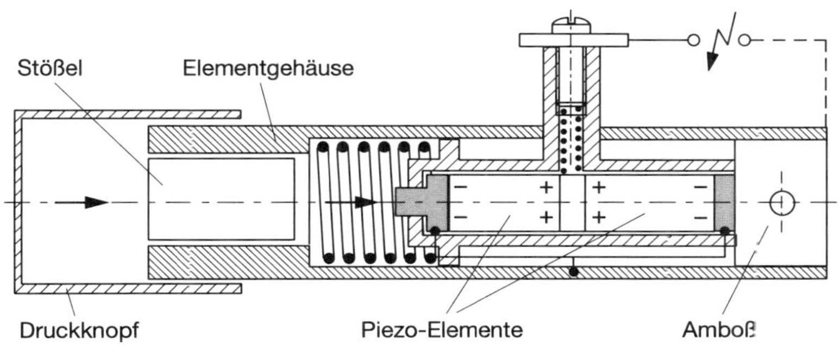

Bild 9.8
Piezozünder

Bild 9.9
Vollautomatische Zündeinrichtung

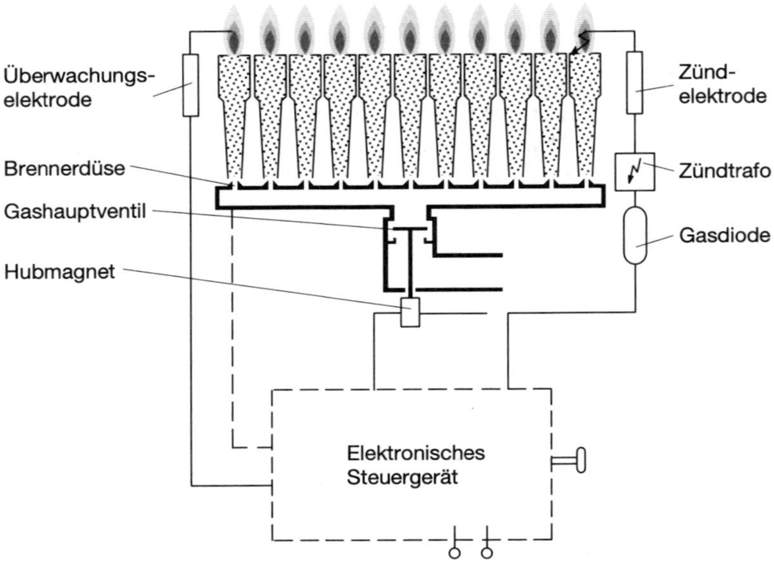

9.7 Zündsicherungen

Automatisch arbeitende Brenner verlangen eine Flammenüberwachung. Bei Nichtzustandekommen der Zündung bzw. ungewolltem Verlöschen während des Betriebes muß die Energiezufuhr sofort unterbrochen werden. Anderenfalls kommt es zu folgenschweren Havarien. Dabei ist zu beachten, daß sich nicht jede mögliche Zündsicherung auch für alle Anwendungsfälle eignet.

9.7.1 Thermoelektrische Zündsicherung

Diese Flammenüberwachung (Bild 9.10) wird bei der halbautomatischen Zündung für Zündflammen eingesetzt. Als Fühlerglied kommen Thermoelemente zum Einsatz, die der Zündflamme ausgesetzt werden. Die Folge ist die Entstehung einer Thermospannung (vgl. in Abschnitt 3.1.2 «Thermoelemente»), die einen Strom durch die Spule des Gasventils erzeugt und dieses damit offen gehalten wird. Nach einer Einwirkdauer der Flamme von etwa 10 Sekunden hat sich die Thermospannung und damit das Magnetfeld aufgebaut, das das zuvor von Hand geöffnete Gasventil offenhält.

Bei Ausfall der Flamme gibt innerhalb kurzer Zeit das Thermoelement keine Spannung mehr ab, das Gasventil schließt dadurch und un-

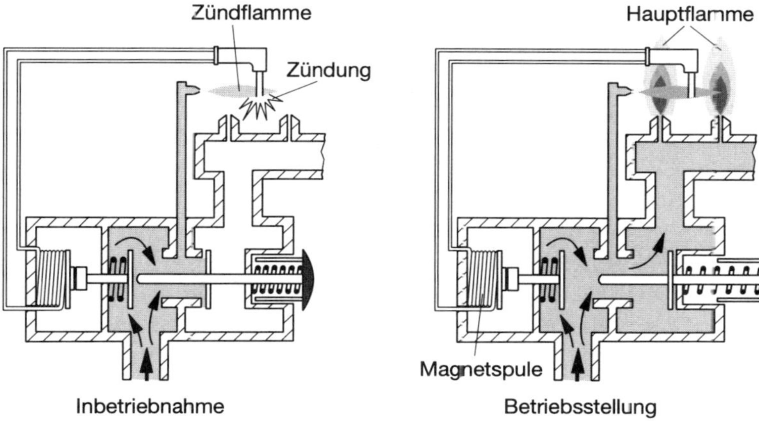

Bild 9.10
Thermoelektrische Zündsicherung

terbricht die Zufuhr sowohl für die Zündflamme als auch für das Hauptventil.

Aufgrund der entstehenden Schließzeit werden Thermoelemente nicht zur Überwachung der Hauptflammen eingesetzt. Hier sind Verfahren mit geringeren Schließzeiten notwendig.

9.7.2 Ionisationszündsicherung

Die Ionisationszündsicherung (Bild 9.11) findet zur Überwachung der Hauptflamme mit ihren hohen Temperaturen Anwendung.

Durch die hohe Temperatur- und UV-Lichteinwirkung in Flammennähe geht neutrale Materie (Atome und Moleküle) in einen elektrisch leitenden Zustand über. Es entstehen frei bewegliche Elektronen sowie Ionen. Ein Bereich der Umgebung der heißen Flamme wird somit leitfähig. Werden in diesen Bereich zwei Elektroden angebracht und an ihnen eine elektrische Spannung (Wechselspannung) angelegt, so kommt es zum Stromfluß zwischen ihnen. Dieser fließende Strom wird über die elektronische Steuereinrichtung überwacht und bei Unterschreiten eines bestimmten vorgegebenen Wertes das Gasventil geschlossen.

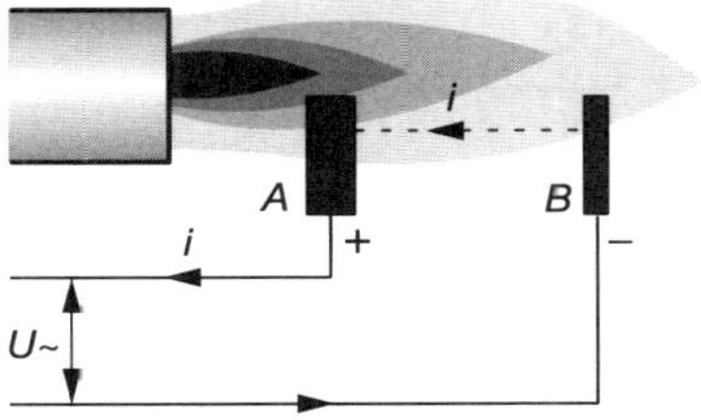

Bild 9.11
Ionisationszündsicherung

Gleichrichtereffekt Durch die Blaswirkung der Flamme kommt es dabei zu einem Gleichrichtereffekt; die negativ geladenen Elektronen mit äußerst geringer Masse fließen dabei je nach Polarität der angelegten Spannung in beide Richtungen, d.h. zum als auch vom Brenner weg. Die positiv geladenen Ionen mit ihrer relativ hohen Masse können gegen die Flamme nicht ankommen. Sie können nur vom Brenner weg fließen. Es ergibt sich damit bei einer angelegten Wechselspannung ein pulsierender Gleichstrom, der überwacht wird. Fließt ein Wechselstrom, so liegt ein Defekt (Schluß zwischen den beiden Elektroden) in der Flammenüberwachung vor, und die Elektronik schaltet das Gasventil ab. Recht häufig wird das Brennergehäuse selbst als die Pluselektrode verwendet.

Die Elektroden müssen hohe Anforderungen an Temperatur- und Zunderbeständigkeit erfüllen, um einen Einfluß auf den fließenden Strom auszuschließen.

9.7.3 UV-Flammenüberwachung

Ultraviolett-Flammenüberwachung (Bild 9.12) wird überwiegend zur Zündsicherung blau bzw. transparent brennender Flammen eingesetzt; gelegentlich kommen sie auch zur Überwachung von Zweistoffbrennern zur Anwendung.

Zur Detektion werden spezielle UV-Dioden eingesetzt. Sie besitzen eine Gasfüllung, die ohne UV-Bestrahlung nicht leitfähig ist. Unter UV-Einfluß wird das Gas ionisiert, und es steht ein leitfähiges Medium zwischen den in der Röhre befindlichen Elektroden zur Verfügung. Auch hier erfolgt über die Steuerelektronik die Überwachung eines fließenden Stromes. Verlischt die Flamme, so fehlt das UV-Licht, und der Stromfluß durch die UV-Diode wird unterbrochen, was zur Abschaltung des Gasventils führt.

Sichtbares Licht, entstanden z.B. durch glühende Brennerteile, hat keinen Einfluß auf die Funktion. Vorteilhaft ist weiterhin, daß die UV-

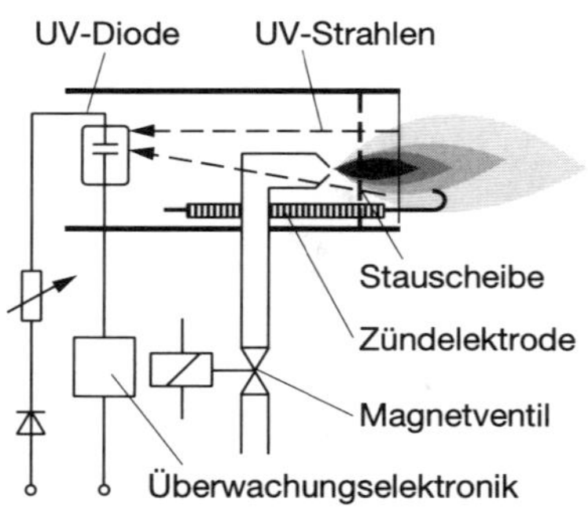

Bild 9.12
UV-Flammenüberwachung

Dioden außerhalb des Brennerbereiches angeordnet werden können. Allerdings haben sie nur eine begrenzte Lebensdauer und müssen dann gewechselt werden.

9.7.4 Photoelektrische Flammenüberwachung

Ölbrenner emittieren beim Brennvorgang Licht im sichtbaren Bereich mit einem hohen Anteil. Damit können hier einfache optische Flammenüberwachungen realisiert werden. Dazu werden heutzutage oft Fotowiderstände eingesetzt, die ihren Widerstand (und damit den fließenden Strom) mit dem Lichteinfall verändern. Dieser fließende Strom wird wiederum mit einer Elektronik überwacht. Liegt der Wert unter dem eines voreingestellten, so schaltet die Brennstoffzufuhr sofort ab.

9.8 Kesselfolgeschaltungen

Kesselfolgeschaltungen haben besonders bei mittleren und größeren Kesselanlagen ihre Bedeutung. Auch in der Heizungsanlagen-Verordnung wird im § 4 Absatz 3 die Ausstattung von Zentralheizungen mit einer Leistung von über 70 kW mit Einrichtungen für eine mehrstufige oder stufenlos verstellbare Feuerungsleistung oder die Verwendung mehrerer Wärmeerzeuger vorgeschrieben. Hinzu kommt die technische Notwendigkeit der Begrenzung einzelner Kesselgrößen sowie der Bereich der Sicherheit in bezug auf Verfügbarkeit.

Es wäre selbstverständlich unwirtschaftlich, alle Kessel ständig auf Betriebsbereitschaft zu halten. Um die Stillstandsverluste zu reduzieren, wird nur ein Kessel in Betrieb gehalten. Erst wenn er die Wärmeanforderungen nicht mehr abdecken kann, werden schrittweise weitere Kessel hinzugeschaltet. Gleiches gilt für das Abschalten.

Welche hydraulische Schaltung bevorzugt und welche Kesselstrategie gefahren wird, hängt weitestgehend vom eingesetzten Kessel, Brenner und nicht zuletzt von den Möglichkeiten der Regelung ab.

9.8.1 Kesselrücklaufanhebung

Werden Niedertemperaturkessel ohne untere Begrenzung eingesetzt, kann in der Regel auf jede Art der Anhebung oder Begrenzung verzichtet werden.

Bild 9.13
Rücklaufanhebung durch zentrale Beimischpumpe

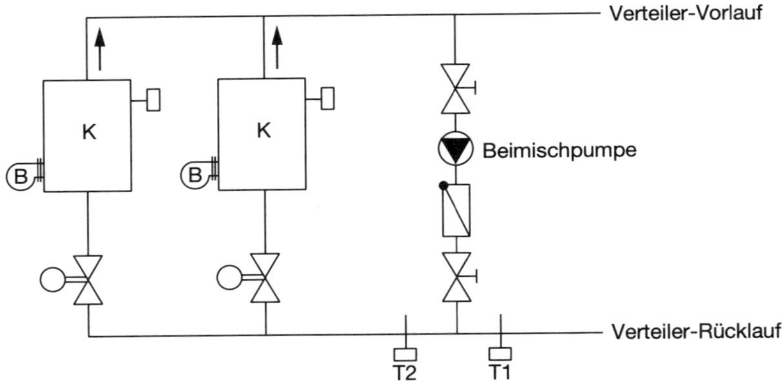

Kessel mit Begrenzung der unteren Kesseltemperatur bedürfen auf jeden Fall Maßnahmen zur Vermeidung von zu niedrigen Kesseltemperaturen, um Korossionsproblemen vorzubeugen.

Rücklauftemperatur-Minimalbegrenzung

Denkbar ist beispielsweise die Rücklauftemperatur-Minimalbegrenzung. Bild 9.13 zeigt eine Rücklaufanhebung durch eine **zentrale Beimischpumpe**, die durch einen Minimalthermostaten im gemeinsamen Rücklauf vor der Einmündung der Bypassleitung gesteuert wird. So wird ein ständiges Ein- und Ausschalten der Pumpe vermieden, wie es bei der Anordnung des Minimalthermostaten hinter der Einmündung auftreten würde (Zweipunktregelung).

Zu beachten ist allerdings, daß diese Schaltung zu Fehlzirkulationen bei Anlagen mit einem nachgeschalteten Kreis mit Vierwegemischer führt und daher dort nicht geeignet ist.

Beimischpumpe pro Kessel

Es kann aber auch jeder Kessel einzeln mit einer Beimischpumpe ausgestattet werden. Es ergeben sich kleinere Pumpen (gegenüber einer zentralen Beimischpumpe), die nur bei Betrieb des entsprechenden Kessels und notwendiger Rücklaufanhebung arbeiten müssen. Für den Rücklauf-Minimalthermostaten gilt das bei einer zentralen Beimischpumpe Ausgeführte.

Rücklaufanhebung mit eigener Kesselkreispumpe

Eine andere Variante der Rücklaufanhebung zeigt Bild 9.14. Hier besitzt jeder Kessel eine eigene Kesselkreispumpe, und über einen Dreiwegemischer erfolgt eine Kesselrücklauftemperatur-Regelung. Es ist hierzu ein entsprechender Rücklauftemperaturregler notwendig, der als stetiger Regler ausgelegt sein sollte. Der zugehörige Temperaturfühler ist möglichst nah am Stellglied und hinter der Kesselkreispumpe anzuordnen. Bei Nichtbetrieb des Kessels fährt der Mischer auf Durchgang zwischen den Toren B und AB. Damit wird eine Durchströmung des Kessels vermieden.

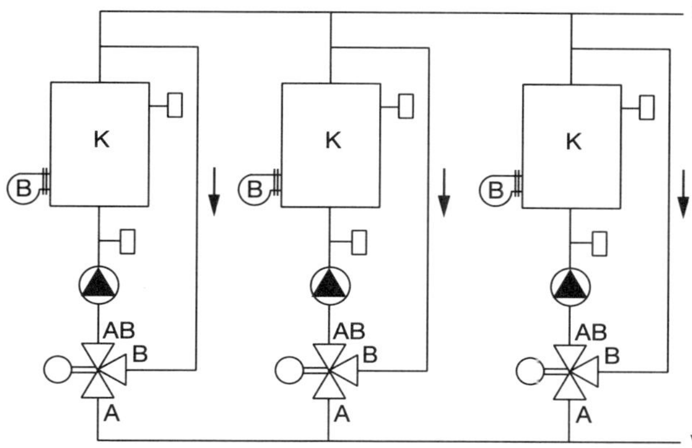

Bild 9.14
Rücklauftemperaturregelung

9.8.2 Regelung der Zu- und Abschaltung

Entsprechend dem abgeforderten Wärmebedarf ist die Zu- bzw. Abschaltung der einzelnen Kessel durch steuerungs- und regelungstechnische Maßnahmen zu realisieren. Es kommt bei der Zuschaltung eines Kessels besonders darauf an, daß eine Zuschaltung für eine angemessene Zeit realisiert wird.

Die Zu- bzw. Abschaltverfahren sind in fünf Gruppen einordenbar.

Verfahren

Zu- und Abschalten nach der Außentemperatur

Zuschaltsperre

Unterschiedliche Außentemperaturen bedeuten in der Regel unterschiedlichen Wärmebedarf einer Anlage. Höhere Außentemperaturen weisen darauf hin, daß eine geringere Kesselleistung ausreicht und weniger Kessel benötigt werden. Somit erfolgt die Zu- oder Abschaltung der einzelnen Kessel in Abhängigkeit der Außentemperatur. Dieses Verfahren berücksichtigt aber nicht den tatsächlichen Wärmebedarf der Abnehmer und wird in der Regel nur noch als Zuschaltsperre genutzt.

Betrieb mit Sequenzthermostaten

Als Führungsgröße der Kesselzu- und -abschaltung dient die Vorlauftemperatur. Jeder Kessel ist mit einem Zweipunktregler als Sequenzthermostat und Kesselsperrthermostaten ausgestattet (Bild 9.15). Die Kesselsperrthermostaten geben die einzelnen Kessel erst bei einer vorgegebenen Temperatur durchflußmäßig frei. Damit wird ein schnelleres Aufheizen des Kessels ermöglicht und das Zumischen von kaltem Wasser vermieden.

Bei Inbetriebnahme der Anlage schalten beide Kessel zu und ermöglichen damit ein schnelles Aufheizen der angeschlossenen Verbraucher. Bei der eingestellten Abschalttemperatur der Thermostaten, die für

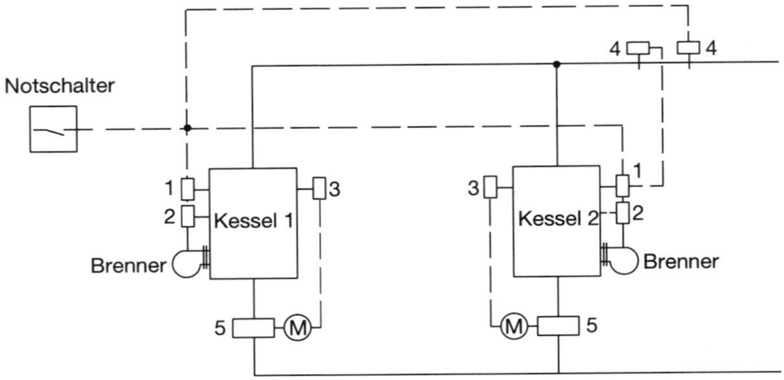

Bild 9.15 Folgeschaltung zweier Kessel mit Sequenzthermostaten
1 Kesseltemperaturregler
2 Sicherheitstemperaturbegrenzer
3 Sperrthermostate
4 Sequenzthermostate
5 Motorabsperrklappen

beide gleich ist, schalten beide Kessel ab. Sinkt die Vorlauftemperatur auf bzw. unter den Einschaltwert des Sequenzthermostaten 1, so schaltet sich der Kessel 1 wieder zu und heizt. Er würde wiederum bei der eingestellten Abschalttemperatur außer Betrieb gehen. Sinkt die Vorlauftemperatur noch weiter ab und erreicht den Einschaltpunkt vom Sequenzthermostat 2, so wird auch er zugeschaltet, und beide Kessel heizen. Bild 9.16 zeigt den Temperaturverlauf und die Schaltpunkte der Kessel.

Konstante Kesseltemperatur

Diese einfache Variante wird meist bei Kesseln mit konstanter Kesseltemperatur angewandt.

Proportionales Verfahren

Bei dem proportionalen Verfahren wird zur Zu- bzw. Abschaltung der einzelnen Kessel die Abweichung der Vorlauftemperatur vom vorgegebenen Sollwert herangezogen.

Bild 9.16 Temperaturverlauf der Kesselfolgeschaltung mit Sequenzthermostaten

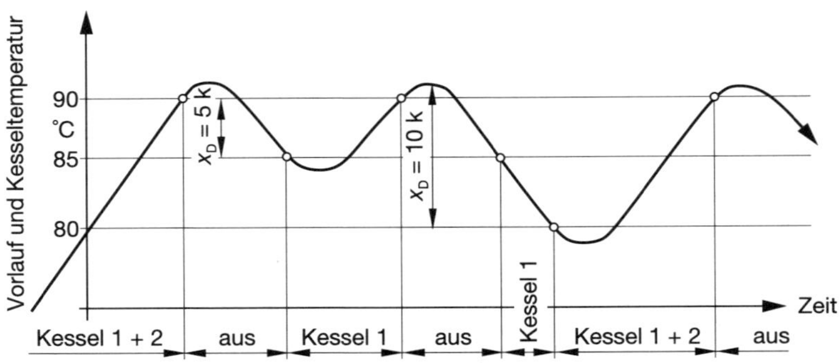

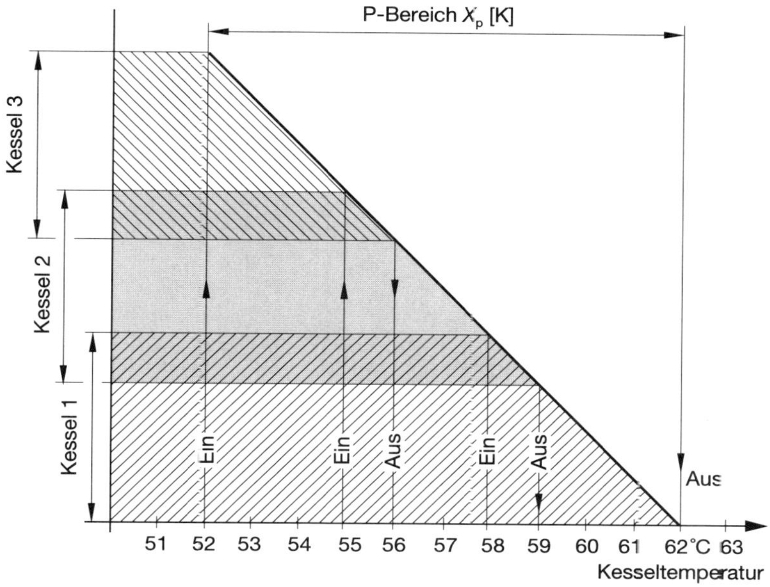

Bild 9.17
Kesselzu- bzw. -abschaltung in Abhängigkeit der Regelgröße beim Proportionalverfahren

In Bild 9.17 ist an einem Beispiel mit drei Kesseln mit jeweiliger Zweipunktregelung die Abhängigkeit der Kesselzu- bzw. -abschaltung von der Regelabweichung dargestellt.

Bei einem vorgegebenen Sollwert von z. B. 60 °C schaltet der Kessel 1 (Führungskessel) bei einer Vorlauftemperatur von 58 °C ein. Steigt daraufhin die Vorlauftemperatur auf Werte von 62 °C oder mehr, so schaltet er wieder ab. Da aber Kessel 1 die Grundversorgung übernimmt, ist mit diesem Verhalten nur in Übergangsperioden zu rechnen.

Kommt es jedoch durch erhöhten Wärmebedarf trotz des Betriebes von Kessel 1 zu einem weiteren Absinken der Vorlauftemperatur unter 55 °C, so schaltet der Kessel 2 (Folgekessel) zu. Ein Ansteigen der Vorlauftemperatur auf einen Wert von 59 °C würde ihn wieder außer Betrieb nehmen, während Kessel 1 weiterläuft. Sinkt die Vorlauftemperatur trotz Betriebes der beiden Kessel weiter und unterschreitet einen Wert von 52 °C, so wird auch Kessel 3 zusätzlich zugeschaltet. Ein Ansteigen der Vorlauftemperatur auf 56 °C führt zum Abschalten des Kessels 3, die anderen beiden Wärmeerzeuger würden bei den bereits erwähnten Temperaturwerten außer Betrieb gesetzt.

Beim Proportionalverfahren handelt es sich um ein einfaches und zuverlässiges Prinzip. Allerdings zeigt sich bei der größten Wärmeanforderung und verbunden damit der vollen Leistungsabgabe aller drei Kessel die größte Regelabweichung.

Integrationsverfahren

Schwellwert

Die Zu- bzw. Abschaltung der einzelnen Kessel wird bei diesem Prinzip auf ein Fehler- oder Flächenintegral, auch als Schwellwert definiert, zurückgeführt.

Unterschreitet die Vorlauftemperatur einen fest vorgegebenen Einschaltwert, so wird über den Mikroprozessorregler eine Integrationsrechnung ausgelöst, bei der die aufgetretene Regelabweichung über der Zeit integriert wird (Bild 9.18). Dieser Wert wird mit dem eingestellten Schwellwert verglichen und daraus der Einschaltzeitpunkt des Kessels bestimmt. Ist beispielsweise ein Schwellwert von 2500 Ks eingestellt, so wird bei einer aufgetretenen Regelabweichung von 1 K der Folgekessel nach 2500 Sekunden zugeschaltet. Tritt dagegen eine Abweichung von 10 K auf, so erfolgt die Inbetriebnahme des Folgekessels bereits nach 250 Sekunden. Bei Erreichen einer vorher festgelegten Bedingung (ebenfalls Temperatur) setzt die Integration aus bzw. wird auf null zurückgesetzt.

Wird durch den Heizbetrieb der Kessel der Abschaltpunkt überschritten, erfolgt ebenfalls eine Integration, die jedoch eine umgekehrte Wirkungsweise besitzt und damit die Kessel der Reihe nach abschaltet.

Häufig wird dieses Verfahren in Verbindung mit zweistufigen Brennern bei den Kesseln genutzt. Damit ergibt sich eine weitere feinere Abstufung der Leistungen. Innerhalb der Deaktivierungsgrenzen der Integration taktet dann der entsprechende Kessel zwischen seinen Stufen.

Die Festlegung des Schwellwertes wird u. a. durch die Kesselleistung, das Speichervermögen und den Durchsatz bestimmt und ist im Einzelfall konkret für das gewünschte Regelverhalten festzulegen.

Zieltangentenverfahren

Beim Zieltangentenverfahren legt man eine zeitliche Vorgabe fest, nach der bei einem Sollwertwechsel eine angestrebte Zieltemperatur erreicht sein soll. Es eignet sich sehr gut im Zusammenhang mit modulierend betriebenen Kesseln.

Gradienten-Wartezeit

Nach einer größeren Sollwerterhöhung (z. B. größer 10 K) und damit verbundenen Regelabweichung wird der Kessel 1 mit 100 % freigege-

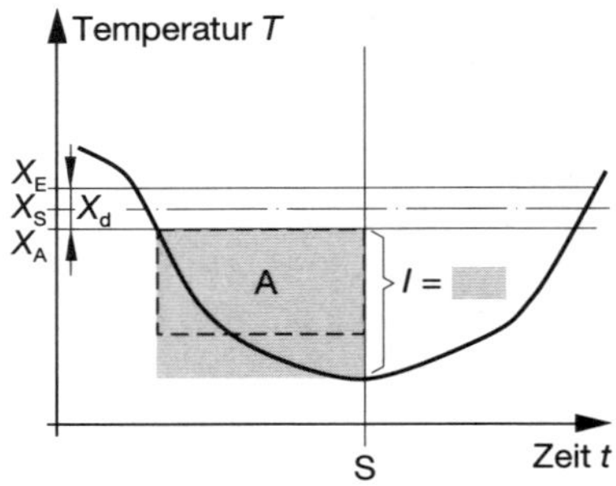

Bild 9.18
Verlauf der Zu- und Abschaltungen beim Integrationsverfahren
I ermittelte Integralfläche

ben. Nach einer bestimmten Zeit, auch als Gradienten-Wartezeit bezeichnet, prüft die Regelung die Anstiegsgeschwindigkeit der Vorlauftemperatur. Wenn in der vorgegebenen Zielzeit bei der vorhandenen Kesselleistung der Sollwert nicht erreicht wird, wird der nächste Kessel mit 100 % freigegeben. Dieser Vorgang wiederholt sich, bis die volle Anlagengesamtleistung erreicht ist bzw. die Leistung ausreicht, um in der gewählten Zielzeit den Sollwert zu erreichen (Bild 9.19).

Bei einem Sollwertsprung in anderer Richtung (Abschaltverhalten) wird der zuletzt gestartete Kessel (z.B. 3) abgeschaltet und von dem vorhergehenden Kessel (2) die Brennermodulation freigegeben. Auch hier wird nach einer bestimmten Zeit die Abkühlgeschwindigkeit der Vorlauftemperatur geprüft. Ist die Kesselleistung noch zu groß, so ergibt sich eine Zielzeit für das Erreichen des neuen Sollwertes, die höher liegt als die angestrebte Zeit. Damit wird der nächste Kessel (2) abgeschaltet und für den vorhergehenden Kessel (1) die Modulation freigegeben. Auch dieser Vorgang wiederholt sich, entweder bis zur Kesselleistung 0 % oder bis zur ausreichenden Leistung, um die Zielzeit zu erreichen.

Liegen die Sollwertsprünge und damit die Regelabweichungen bei kleinen Werten (Bild 9.20), so startet der Kessel 1 mit Grundlast und moduliert dann hoch bis auf 100 %. Kommt es nun nach oben beschriebenem Vorgang zum Zuschalten des Kessels 2, so startet er mit Grundlast, und Kessel 1 moduliert um diesen Betrag zurück, er gleicht also die Grundlast vom Kessel 2 aus. Besteht eine weitere Wärmeanforderung, so moduliert er wieder bis auf 100 % hoch, dann moduliert Kessel 2 weiter. Ähnlich ist es beim Abschaltvorgang.

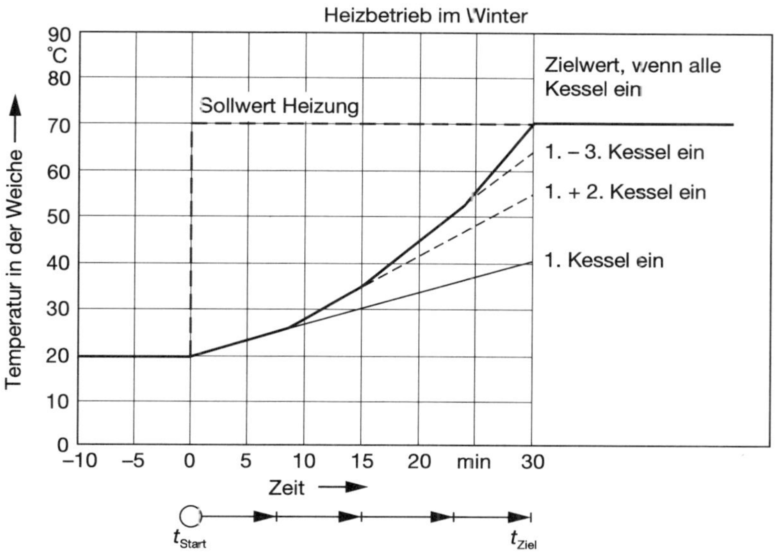

Bild 9.19
Temperaturverlauf beim Zieltangentenverfahren mit großem Sollwertsprung

Bild 9.20
Temperaturverlauf beim Zieltangentenverfahren mit kleinem Sollwertsprung

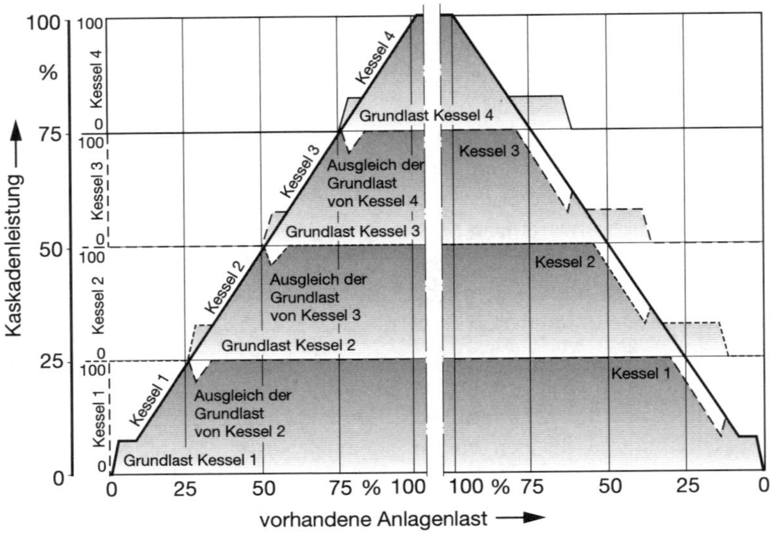

Sequentielle Arbeitsweise

In diesem Fall ergibt sich damit eine sequentielle Arbeitsweise. Die Kessel werden hierbei nacheinander freigegeben.

Das Zieltangentenverfahren findet beispielsweise bei der Kaskaden-Steuereinheit HW 4202 KSE x von Buderus Anwendung [7].

9.8.3 Führungskesselwahl

Bei den aufgeführten Beispielen übernimmt Kessel 1 die Funktion des Führungskessels. Er befindet sich ständig in Betrieb. Kommt es zu einer Abschaltung, z. B. infolge einer Havarie, dann wird er erst hydraulisch und regelungstechnisch abgetrennt.

Bei einer manuellen Sperrung bzw. einem Störfall muß der in der Rangfolge nächste Kessel automatisch die Führungsfunktion übernehmen.

Einwandfreie Temperaturerfassung

Der Führungskessel sorgt außerdem für eine ungestörte Anströmung des gemeinsamen Vorlauftemperaturfühlers. Dadurch ist eine einwandfreie Temperaturerfassung möglich. Es ist auch Aufgabe der regelungstechnischen Einheit, auf Ersatzverfahren umzuschalten bzw. abzuschalten, wenn es durch Lastwechsel zur Unterbindung der Anströmung kommt.

Um eine kontinuierliche betriebsstundenkonforme Auslastung der Kessel über das Jahr zu erreichen, wird ein Wechsel der Kessel als Führungskessel über die Regelung realisiert. Die Umschaltung kann manuell oder automatisch betriebszeitabhängig erfolgen. Bei der manuellen Umschaltung kann durch geschultes Personal auf verschiedene Betriebsarten Rücksicht genommen werden.

Da Kesselregelungen und Kesselfolgeschaltungen heute auf Mikroprozessorbasis als ❶ **DDC-Regelungen** eingesetzt werden, können problemlos die Betriebszeiten der einzelnen Wärmeerzeuger erfaßt und ausgewertet werden. Die Umschaltung der Kessel in ihrer Reihenfolge als Führungskessel kann dann anhand der Betriebsstunden oder nach Ablauf einer Zeitspanne automatisch erfolgen. Dabei ist aber zu beachten, daß ein Vertauschen nur innerhalb einer Gruppe gleicher Betriebsart erfolgen darf.

❶
Spezielle Prozeßrechner, die entsprechende programmierte Steuer- und Regelabläufe ausführen und ihre erforderlichen Meßwerte unmittelbar von den Fühlern erhalten bzw. die Stellsignale errechnen und damit die Stellgeräte ansteuern

9.9 Steuerung und Regelung von Solarkreisläufen

Durch die ständig steigenden Energiepreise und das erhöhte Umweltbewußtsein werden moderne Anlagen, die die Sonnenenergie zur Erwärmung von Brauch- und Schwimmbadwasser nutzen, eingesetzt. Außerdem sinkt durch die modernen Bauweisen neuer Gebäude der Wärmebedarf entsprechend ab, so daß Sonnenenergie für die Unterstützung der Raumheizung ebenfalls interessant wird. Die wirtschaftliche Nutzung solcher Solaranlagen ist aber nur durch den Einsatz geeigneter Regelungs- und Sicherheitstechnik möglich. Dazu werden im folgenden einige grundlegende Betriebsweisen dargestellt und aus regelungstechnischer Sicht beschrieben.

9.9.1 Thermische Solaranlagen zur Brauchwassererwärmung

Der tägliche Bedarf an Warmwasser im Privatbereich für Duschen, Waschen, Reinigungszwecke u. ä. beträgt je Person und Tag zwischen ca. 40 und 70 Liter. Großer Bedarf besteht speziell in Hotels, Schulen, Krankenhäusern, Sportstätten oder ähnlichen Einrichtungen. Bei ausreichender Dimensionierung können hier Solaranlagen (Bild 9.21) zu einer entsprechenden Einsparung von Energie führen. Dazu wird der herkömmliche Brauchwassererwärmungskreis um die Einbindung des Solarkreises erweitert.

Durch den Absorber fließt ein frostsicherer Wärmeträger, der je nach Sonneneinstrahlung entsprechend erwärmt wird. Seine aufgenommene Energie gibt er im Speicher über einen gesonderten, im unteren Bereich des Speichers angeordneten Wärmetauscher an das Brauchwasser ab. Damit dieser Vorgang effektiv ablaufen kann, muß jede thermische Solaranlage mit geschlossenem Kreislauf mit einem Regelsystem aus-

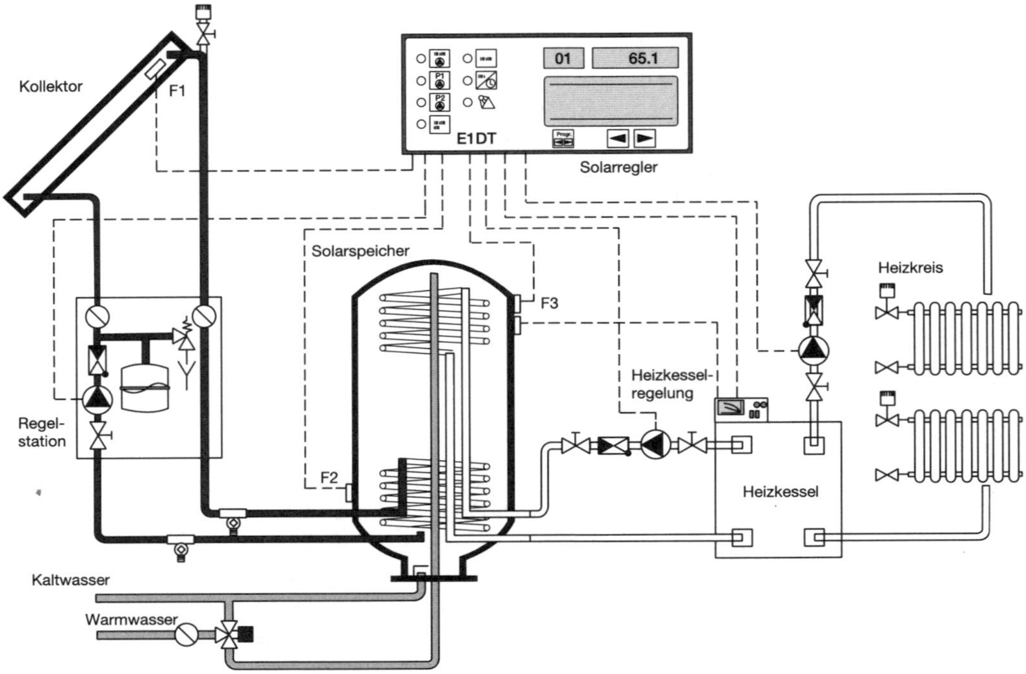

Bild 9.21 Solaranlage für die Warmwasserbereitung (Einspeichersystem) [23]

gestattet sein. Dabei sind insbesondere folgende Funktionen abzusichern:

Notwendige Funktionen des Regelsystems

- ❑ Ansteuerung der Umwälzpumpe, sobald die Temperatur im Absorber um einen bestimmten Betrag höher liegt als im Speicher;
- ❑ Abschaltung der Umwälzpumpe, wenn die Temperaturdifferenz zwischen Kollektorfeld und Speicher um einen bestimmten Betrag abfällt;
- ❑ Gewährleistung einer Speichertemperaturbegrenzung/Speicherkühlung;
- ❑ Gewährleistung einer evtl. notwendigen Nachheizung bei geringer Sonneneinstrahlung durch die konventionelle Heizung beispielsweise mittels Boilervorrangschaltung.

Die Ansteuerung der Umwälzpumpe im Solarkreis übernimmt ein spezieller Temperaturdifferenzregler. Seine aktuellen Meßwerte erhält er durch einen Fühler im Solarvorlauf und einen weiteren Temperaturfühler im unteren Speicherbereich. Wird die am Regler eingestellte Temperaturdifferenz (Sollwert, sinnvolle Werte liegen bei ca. 5 … 8 K) überschritten, so wird durch einen Relais-Schaltausgang am Regler die Umwälzpumpe im Solarkreis zugeschaltet und erwärmter Wärmeträger umgewälzt. Sinkt die Temperaturdifferenz daraufhin um einen festgelegten Wert ab (Standardwert in der Regel 3 K), so erfolgt die Abschaltung der Pumpe. Eine Ausschaltverzögerung verhindert sinnvollerweise ein wiederholtes Ein- bzw. Ausschalten der Pumpe, da beim Anlaufen kühlerer Wärmeträger in das Kollektorfeld strömt und somit die Temperaturdifferenz verringert. Nach kurzer Standzeit im Kollektorfeld heizt sich das Medium wieder auf und würde wiederum zum Einschalten der Pumpe führen.

Bei Unterschreitung der gewünschten Speichertemperatur im Entnahmebereich wird durch den Solarregler ein Signal gebildet und an den eigentlichen Heizungsregler als Aufforderung zum Kesselstart mit beispielsweise Boilervorrangschaltung gegeben.

Erfolgt keine Brauchwasserentnahme über den Zeitraum von mehreren Tagen, so besteht die Möglichkeit des Temperaturanstieges im oberen Teil des Speichers bis zu 100 °C. Hinzu kommt, daß ab Temperaturen von ca. 70 °C und hartem Wasser starke Kalkablagerungen eintreten. Daher findet eine einstellbare Temperaturbegrenzung im Bereich zwischen 50 und 90 °C Anwendung. Sie schaltet ab der eingestellten Temperatur die Speicherladepumpe und evtl. die Heizkreispumpe ein. Somit wird über den oberen Wärmetauscher im Speicher überschüssige Wärme in den kalten Kessel bzw. Heizkreis und damit an die Umgebung abgeführt.

Einbindung bei Nutzung eines vorhandenen ausreichend großen Brauchwasserspeichers

Solaranlagen sind aber nicht nur bei Neubauten interessant. Oftmals können bestehende Anlagen durch thermische Solaranlagen erweitert werden. Dabei kann der vorhandene Brauchwasserspeicher bei Erfüllung der folgend aufgeführten Forderungen die Funktion des Solarspeichers übernehmen. Dabei muß das Speichervolumen ausreichend groß sein, um die Warmwasservorhaltung sicherzustellen. Im Idealfall hat der vorhandene Speicher das gleiche Aufnahmevermögen wie ein neu anzulegender Solarspeicher; normalerweise sollte das 1,7- bis 2fache des Warmwassertagesbedarfs als Speichervolumen zur Verfügung stehen. Anderenfalls sinkt die solare Deckungsrate stark ab. Weiterhin muß es sich um einen stehenden Speicher handeln, der eine thermische Schichtung gewährleistet und über eine zusätzliche seitliche Anschlußmöglichkeit (z. B. Zirkulationsanschluß) verfügt.

Die Ankopplung des Solarkreises erfolgt, wie in Bild 9.22 dargestellt, über einen zusätzlichen Gegenstrom-Plattenwärmetauscher. Das kalte Frischwasser wird am Kaltwassereintritt des Speichers angeschlossen und nach Durchströmen des Wärmetauschers als erwärmtes Brauchwasser seitlich dem Speicher zugeführt. Der Solarkreis wird über eine eigene Pumpe durch den Wärmetauscher umgewälzt. Für die Umwälzung auf Speicherseite sorgt eine zusätzliche Pumpe, die über den Temperaturdifferenzregler bei einer festgelegten Temperaturdifferenz zwischen Solarvorlauf und Speicher gemeinsam mit der Solarkreispumpe eingeschaltet und bei Unterschreiten eines bestimmten Wertes der Temperaturdifferenz wieder abgeschaltet wird. Das evtl. notwendige Nachheizen

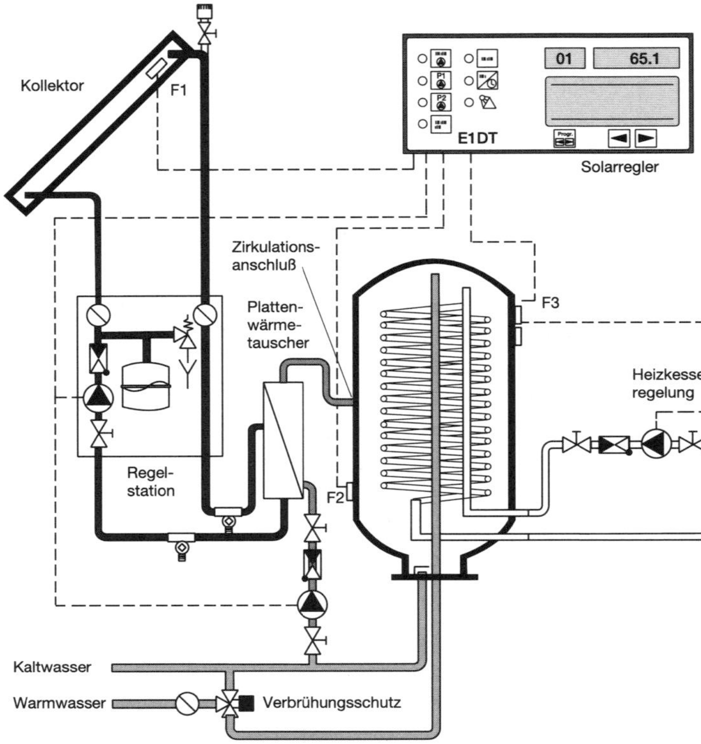

Bild 9.22 Solaranlage für Warmwasserbereitung unter Nutzung des vorhandenen Brauchwasserspeichers [23]

des Speichers erfolgt wie bisher über einen eigenen Brauchwasser-Temperaturfühler und die Heizungsregelung.

Reihenschaltung von Solar- und Brauchwasserspeicher mit geregelter Zirkulation

Erfüllt der vorhandene Brauchwasserspeicher die oben aufgeführten Bedingungen nicht, so ist es trotzdem möglich, die vorhandene Anlage um einen Solarkreis mit separatem Solarspeicher zu erweitern. Im Falle einer Rekonstruktion kann der Solarspeicher dann weiterverwendet werden.

Der Solarkreis wird hierbei genutzt, um über den unteren Wärmetauscher des Solarspeichers Kaltwasser zu erwärmen. Der in Reihe nachgeschaltete Brauchwasserspeicher bekommt sein Kaltwasser als erwärmtes Wasser des vorgeschalteten Solarspeichers. Bei Zapfung strömt es entsprechend nach. Die Nachheizung des Brauchwasserspeichers bleibt bei Unterschreiten der Brauchwassertemperatur wie bisher über den Kessel mit seiner Heizungsregelung erhalten. Der Solarspeicher wird wiederum mit dem Temperaturdifferenzregler geregelt. Ein zusätzlicher Temperaturdifferenzregler wertet die Unterschiede zwischen dem Solar- und dem Brauchwasserspeicher aus (Bild 9.23). Liegt die Temperatur im Solarspeicher höher, so wird über eine weitere Pumpe Wasser

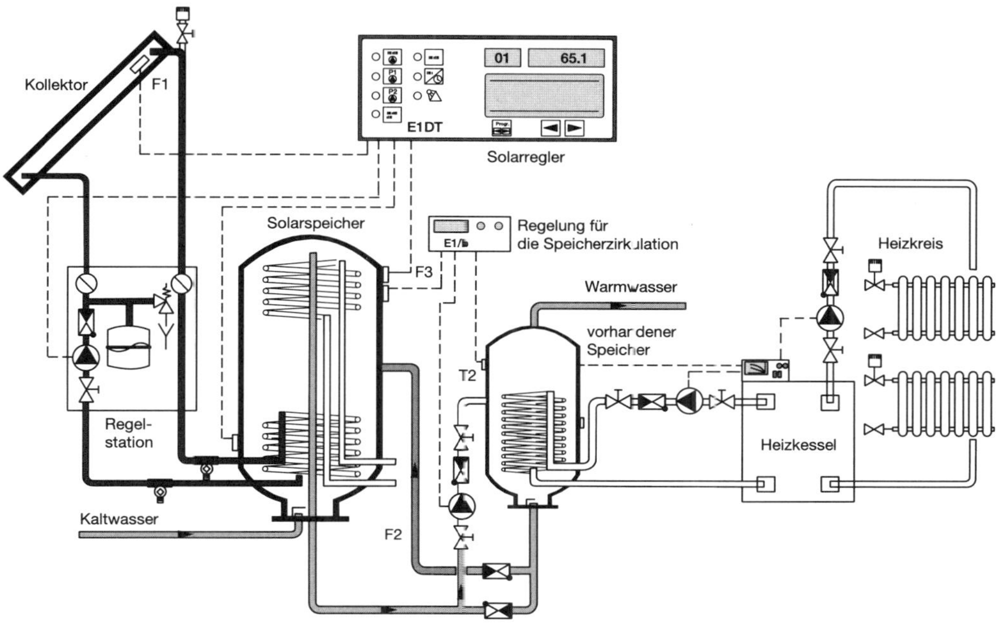

Bild 9.23 Solaranlage für die Warmwasserbereitung; Reihenschaltung mit geregelter Zirkulation [23]

aus dem Solarspeicher in den nachgeschalteten Brauchwasserspeicher gefördert. Damit wird gewährleistet, daß die Sonnenenergie jederzeit sofort genutzt werden kann. Bei einem Abkühlen des Brauchwasserspeichers kann es ansonsten zu einem Einschalten der Nachheizung kommen, obwohl im Solarspeicher noch Brauchwasser mit höher Temperatur zur Verfügung steht.

9.9.2 Thermische Solaranlage zur Warmwasserbereitung und zusätzlichen Heizungsunterstützung über ein Zweispeichersystem

Bei dieser Variante (Bild 9.24) versorgt der Solarkreis vorrangig über den Temperaturdifferenzregler und die Solarkreispumpe den Brauchwasserspeicher. Ist seine Aufladung abgeschlossen oder reicht die momentane Einstrahlung nicht zu einer weiteren Erwärmung, so wird das Dreiwegeventil mittels des Reglers umgesteuert und damit der Solarkreis auf den Solarpufferspeicher umgeschaltet. Es erfolgt jetzt der Temperaturvergleich zwischen Solarvorlauf und Pufferspeicher. Wird die eingestellte Temperaturdifferenz überschritten (Vorlauf höher als Puf-

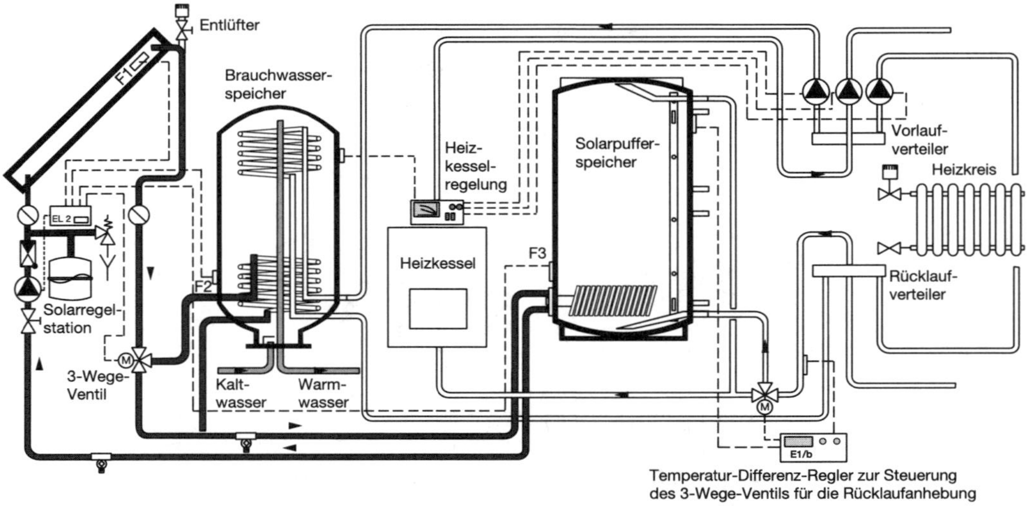

Bild 9.24 Solaranlage für die Warmwasserbereitung und zusätzliche Heizungsunterstützung [23]

ferspeichertemperatur), erfolgt somit die Ladung des Pufferspeichers. Über einen zweiten Temperaturdifferenzregler erfolgt im Heizungsbetrieb bei einer höheren Pufferspeichertemperatur gegenüber der Rücklauftemperatur die Ansteuerung des Dreiwegeventils, so daß wärmeres Speicherwasser dem Rücklauf beigemischt und dieser angehoben wird. Die Vorlauftemperatur der Heizung wird wie bisher über die Heizungsregelung kontrolliert. Im Falle einer zu niedrigen Brauchwassertemperatur erfolgt ebenfalls über die konventionelle Heizungsregelung und den Kessel das Nachwärmen.

9.9.3 Thermische Solaranlage zur Schwimmbaderwärmung

Die in Bild 9.25 dargestellte Solaranlage ermöglicht eine solarthermische Erwärmung von Schwimmbadwasser. Dazu wird der Solarkreis teilweise in den Filterkreislauf des Beckenwassers integriert. Die Solaranlage kann dabei auch im Bypass betrieben werden, so daß bei Absorbertemperaturen unterhalb der Temperatur des Beckenwassers die Filterung wirksam bleibt und auch in den Morgen- und Abendstunden bzw. bei ungünstigem Wetter das Beckenwasser entsprechend behandelt werden kann.

Steigt die Wassertemperatur im Kollektorfeld um einen bestimmten Betrag über die Beckenwassertemperatur, so erfolgt das Einschalten der

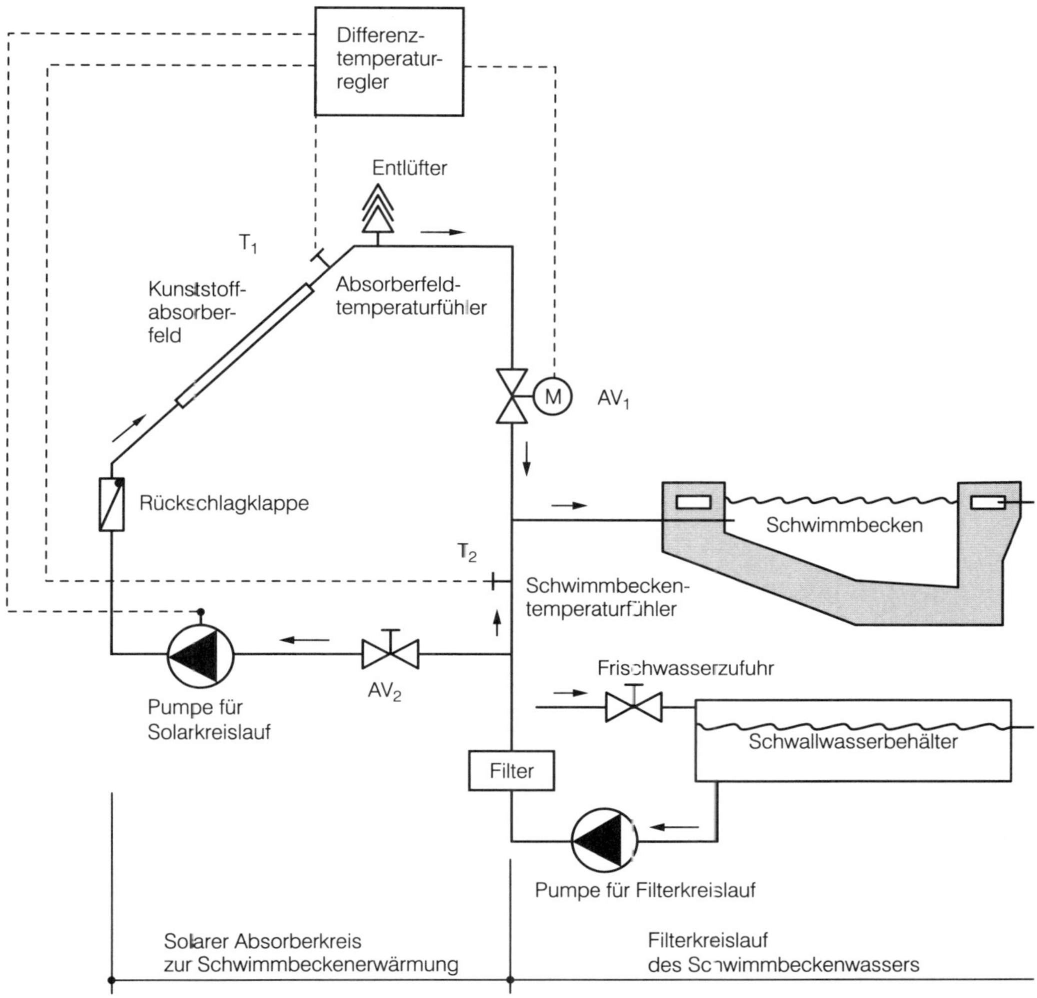

Bild 9.25 Solaranlage für Schwimmbaderwärmung [15]

Solarpumpe und das Öffnen des motorgetriebenen Absperrventils, wodurch ein Teil des gefilterten Beckenwassers über das Kollektorfeld fließt und dort erwärmt wird. Über dieses Ventil kann gleichzeitig durch dessen Verstellung die über den Absorber fließende Wassermenge beeinflußt werden. Die zugehörige Ansteuerung der Pumpe bzw. des Ventils wird wiederum durch einen Temperaturdifferenzregler realisiert. Fällt die Temperaturdifferenz zwischen Absorber- und Beckenwasser unter den eingestellten Wert, so erfolgt die Abschaltung der Solarpumpe, und das Absperrventil schließt wieder entsprechend. Die vorhandene Rückschlagklappe verhindert ein Leerlaufen des Absorbers. Die normale Filterung des Beckenwassers erfolgt über die Filterpumpe, das gefilterte Beckenwasser fließt hierbei im Bypass an der Solaranlage vorbei.

9.9.4 Thermische Solaranlage zur Brauchwasser- und Schwimmbaderwärmung

Einen hohen Energiegewinn erzielt man mit thermischen Solaranlagen, wenn die unterschiedlichen Strahlungsleistungen für verschiedene Temperaturniveaus auf Abnehmerseite genutzt werden. Dies ist beispielsweise bei der Kopplung Brauch-/Schwimmbadwassererwärmung gegeben.

Die in Bild 9.26 dargestellte Solaranlage arbeitet mit ihrem Solarkreis mittels des Temperaturdifferenzreglers vorrangig auf den Speicher. Wird seine Maximaltemperatur erreicht bzw. reicht die geringere Sonneneinstrahlung nicht mehr für eine weitere Erwärmung, so schaltet das

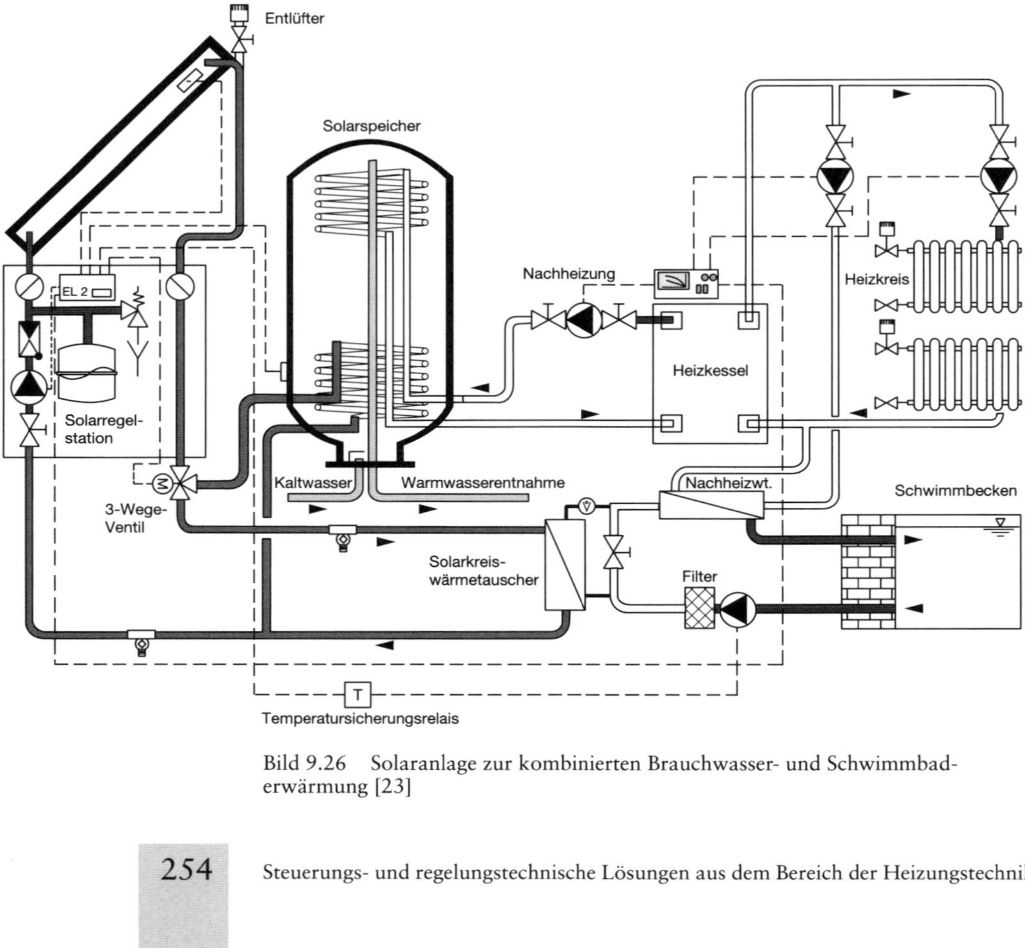

Bild 9.26 Solaranlage zur kombinierten Brauchwasser- und Schwimmbaderwärmung [23]

Dreiwegeventil über den Regler auf Schwimmbaderwärmung um. Dabei wird die Trennung zwischen Solarkreis- und Schwimmbadwasser über einen Plattenwärmetauscher erreicht, der hinter dem Filter des Schwimmbadkreislaufs angeordnet ist und von einem Teil des Beckenwassers durchflossen wird. Es erfolgt folglich die Erwärmung des Beckenwassers. Liegt die Absorbertemperatur unterhalb der Beckentemperatur, wird die Solarpumpe abgeschaltet.

Das Nachheizen des Brauchwasserspeichers erfolgt konventionell über den im oberen Bereich des Speichers befindlichen Wärmetauscher, Kessel und Heizungsregelung. Im Bedarfsfall kann der Beckenwasserkreislauf auch über einen weiteren Wärmetauscher, der vom Heizkessel gespeist wird, geführt und damit über die Heizungsanlage das Schwimmbeckenwasser aufgeheizt werden.

9.9.5 Sicherheitsanforderungen an solarthermische Anlagen

Solaranlagen, die mit organischen Flüssigkeiten als Wärmeträger zur Anwendung kommen, müssen entsprechend DIN 4757 Teil 2 mit der folgenden Sicherheitstechnik ausgestattet sein:

Sicherheitsanforderungen

- Sicherheitsventil
  Bei Überschreiten des zulässigen Betriebsdruckes öffnet das Sicherheitsventil und führt die Wärmeträgerflüssigkeit ab. Die Ablaufleitung ist mit Einbringung ins Abwasser vorzusehen. Näheres zu Membransicherheitsventilen und deren Auswahl wurde bereits in Abschnitt 8.2.4 dargestellt.
- Membranausdehnungsgefäß
  Das Membranausdehnungsgefäß dient der Aufnahme von Wärmeträgerflüssigkeit bei der Volumenvergrößerung von der niedrigsten zur höchstzulässigen Betriebstemperatur. Zu beachten ist, daß die Membran des Ausdehnungsgefäßes beständig gegen den Frostschutzzusatz sein muß. Der Vordruck im Gefäß wird durch ein Stickstoffpolster oberhalb der Membran geschaffen und angepaßt.
- Manometer/Thermometer
  Mittels des Manometers kann der Betriebsdruck im Solarkreis verfolgt und der minimale Betriebsdruck bei Befüllung eingestellt werden. Aus den angezeigten Temperaturen von Vor- und Rücklauf können Rückschlüsse zur Wärmeaufnahme im Absorber und evtl. Temperaturgefährdungen gezogen werden.
- Schmutzfänger
  Der Einsatz von leicht reinigbaren Schmutzfängern an geeigneter Stelle zur Vermeidung von Schmutz u.ä. ist vorzusehen.

Entleerungs- und Befüllventile, Rückflußverhinderer, Absperrventil und Entlüfter gehören nicht mehr zu den Sicherheitseinrichtungen, ermöglichen aber einen unkomplizierten und ungestörten Betrieb der Anlage.

9.10 Weitere regelungstechnische Geräte in der Heizungstechnik

In Abschnitt 8.1.6 wurde bereits auf die Notwendigkeit gleicher Druckverhältnisse an den Wärmeverbrauchern hingewiesen. Daher spielen die Möglichkeiten der Druckregelung in heizungstechnischen als auch in anderen Anlagen eine nicht unerhebliche Rolle. Dabei muß zwischen den Druckreglern, Differenzdruckreglern bzw. Überströmventilen unterschieden werden.

9.10.1 Druckregler/Druckminderer

Ein Druckregler hat die Aufgabe, bei schwankendem Vordruck als auch bei unterschiedlichen Abnahmen den Druck hinter der Armatur konstant zu halten. Dazu wird, wie in Bild 9.27 dargestellt, ein Druckminderer eingesetzt, der in Reihe zum Verbraucher in Drosselungsschaltung eingebaut ist. Um eine einwandfreie Funktionsweise zu gewährleisten, wird dabei der höhere Druck vor dem Regler p_1 auf ein niedrigeres Niveau p_2 gebracht.

Impulsleitung

Über eine Entnahmeleitung, auch als Impulsleitung bezeichnet, wird die eine Seite der Membran mit dem zu regelnden Druck beaufschlagt und über Druck und Fläche eine Kraft erzeugt. Die Einstellung des Sollwertes erfolgt durch eine entsprechend vorgespannte Feder. Dadurch kommt es zu einem Kräftevergleich, in dessen Folge der Ventilsitz ver- und damit der Druck eingestellt wird. Bei einem Druckanstieg hinter dem Druckminderer nimmt die Kraft, die durch den Druck über die Membran erzeugt wird, zu. Damit überwiegt die Schließkraft, und der Ventilsitz wird weiter geschlossen.

Es handelt sich dabei um einen Proportionalregler ohne Hilfsenergie. Auch hier gilt die Feststellung, daß mit zunehmendem Druck vor der Armatur der Proportionalbereich des Reglers ähnlich wie beim Thermostatventil verändert wird (Bild 9.28).

9.10.2 Differenzdruckregler/Überströmventile

Drosselungsverfahren

Aufgabe eines Differenzdruckreglers ist das Aufrechterhalten eines bestimmten vorgegebenen Differenzdruckes zwischen zwei Anschluß-

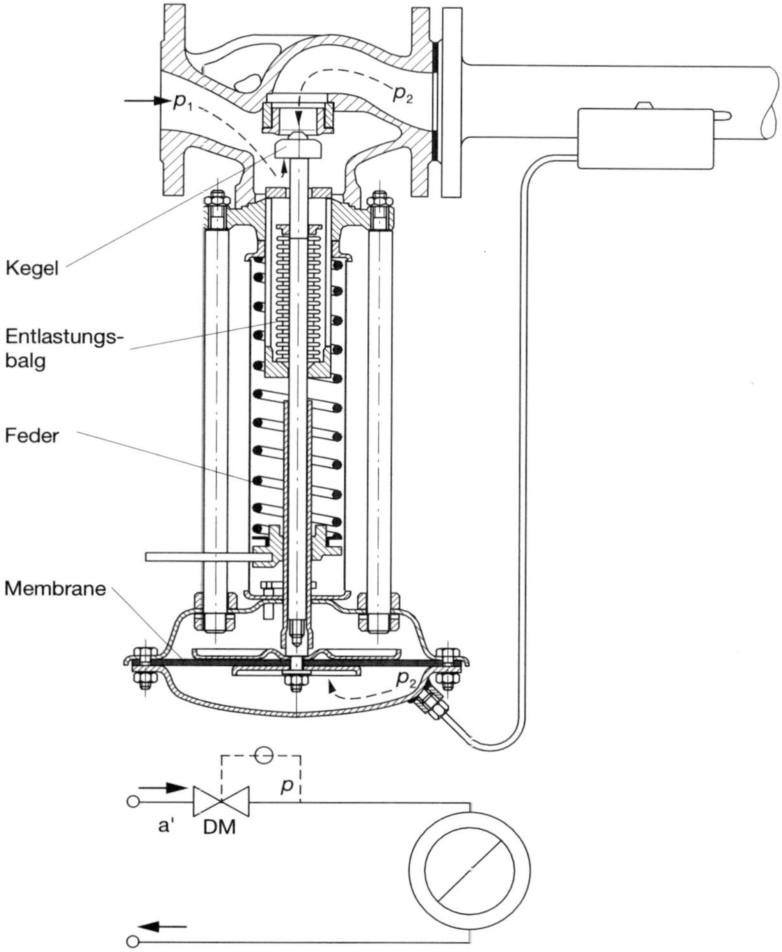

Bild 9.27
Druckminderer

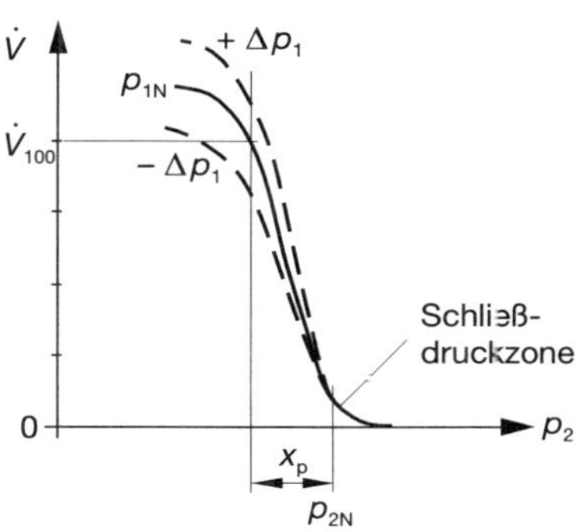

Bild 9.28
Typische Kennlinie
eines federbelasteten
Druckminderers

Bild 9.29 Prinzipbilder
a) Drosselverfahren
b) Überströmverfahren

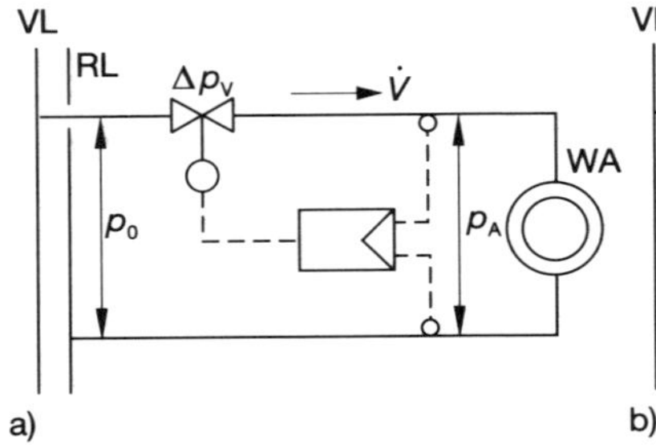

Überströmverfahren

punkten. Dabei gibt es die Möglichkeiten, diesen Differenzdruck durch ein in Reihe geschaltetes Regelventil (Drosselungsverfahren) oder eine parallel zum Verbraucher geschaltete Armatur (Überströmverfahren) zu erzwingen. Beide Prinzipien sind in Bild 9.29 dargestellt.

Differenzdruckregler als Überströmventile werden vorrangig in Heizungsanlagen eingesetzt. Geht hier der Förderstrom durch schließende Thermostatventile zurück, so steigt der Förderdruck der Pumpe an. Es baut sich ein höherer Differenzdruck zwischen Vor- und Rücklauf auf.

Differenzdruckregler arbeiten ebenfalls nach dem Prinzip des Kräftevergleiches, wobei bei ihnen allerdings die beiden Seiten der Membran mit den Druckwerten beaufschlagt werden. Durch zusätzliche Feder- oder Gewichtsbelastung wird eine Sollwerteinstellung vorgenommen. Je nachdem, welcher Druckanteil im Zusammenspiel mit der Sollwerteinstellung nun größer ist, wird das Ventil weiter geöffnet bzw. geschlossen. Damit kann mehr oder weniger Medium fließen, es baut sich ein konstanter Differenzdruck auf.

Bild 9.30
Federbelasteter Differenzdruckregler

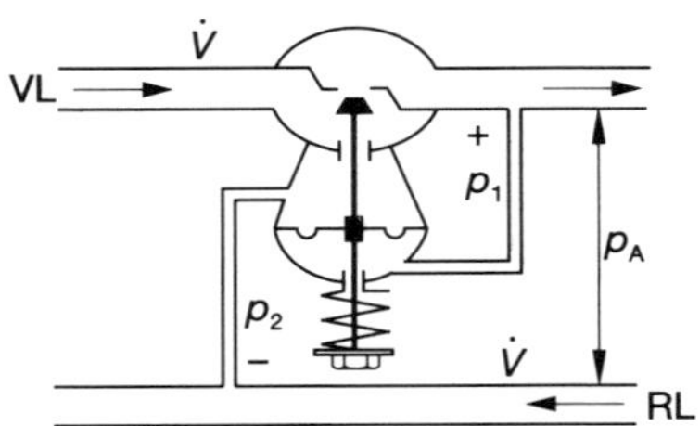

Bild 9.31
Gewichtsbelasteter Differenzdruckregler

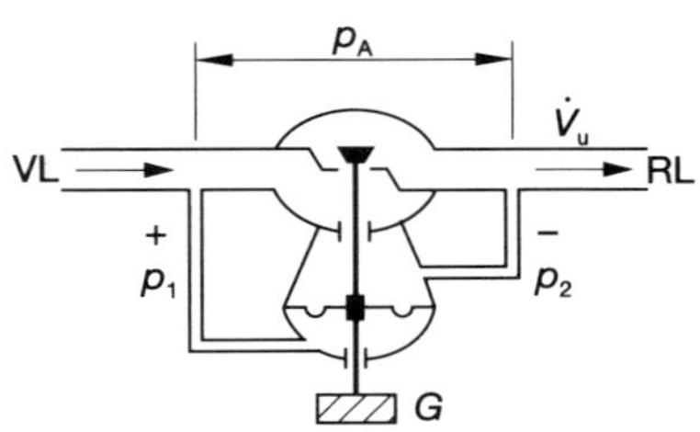

Federbelastete Differenzdruckregler (Bild 9.30) besitzen ein Proportionalverhalten. Bei gewichtsbelasteten Differenzdruckreglern (Bild 9.31) stellt sich dagegen ein Integralverhalten ein.

Bei den in Abschnitt 8.1.6 erwähnten automatischen Strangregulierventilen handelt es sich um Differenzdruckregler in Drosselungsschaltung. Die als Überströmventile bezeichneten Differenzdruckregler arbeiten parallel zum Verbraucher. 📖

📖
Siehe Themenband «Heizungsanlagen»

10 Steuerungs- und regelungstechnische Lösungen aus dem Bereich der Lüftungs- und Klimatechnik

- Einfache raumlufttechnische Anlagen mit Klappenverstellung
- Regelung raumlufttechnischer Anlagen mit Lufterhitzer/-kühler
- Gleitende Temperaturregelung
- Raumluft-Temperaturregelung/Kaskadenregelungen
- Luftfeuchteregelung bei raumlufttechnischen Anlagen
- Beispiel einer Klimaanlagenregelung
- Druckregelung von raumlufttechnischen Anlagen
- Variable Volumenstromregelung (VVS)
- Frostschutz- und Energiemanagementmaßnahmen bei raumlufttechnischen Anlagen

Lüftungs- und Klimaanlagen sind in erster Linie dazu gedacht, die durch die Nutzer bzw. technologischen Prozesse gestellten Anforderungen optimal zu erfüllen. Dazu zählen beispielsweise die Einhaltung von vorgegebenen Sollwerten über den Betriebszeitraum genauso wie Schutzfunktionen. Die Steuerung und Regelung dient dabei zuerst einmal der Schaffung eines angenehmen oder notwendigen Umfeldes (Komfort, Behaglichkeit) für Menschen bzw. Maschinen und Anlagen. Unter dem Aspekt der Funktionsgarantie sind dann weiterhin wirtschaftliche Aspekte zu berücksichtigen. So ermöglichen bestimmte Anlagenfahrweisen auch eine entsprechende wirtschaftliche Energienutzung speziell bei großen raumlufttechnischen Anlagen (vgl. auch Abschnitt 10.10).

Insbesondere durch den Einsatz neuer Regelungssysteme (in zunehmendem Maße auch ❶ DDC-Technik) ist für die Planung, den Betrieb bzw. auch die Wartung solcher raumlufttechnischen Anlagen der Dienstleistungsaufwand, der in einem erheblichen Umfang Qualität und Funktionsweise mitbestimmt, gestiegen. Ein ausreichendes Grundwis-

❶ *Direct Digital Control*

sen der Steuerungs- und Regelungstechnik solcher Anlagen ist daher notwendig.

10.1 Einfache raumlufttechnische Anlagen mit Klappenverstellung

Vielfach reicht es bei raumlufttechnischen Anlagen aus, daß entsprechende Räumlichkeiten belüftet werden bzw. die Einhaltung bestimmter Temperaturen durch Mischung von Außen- und Umluft durch Klappenverstellung gewährleistet wird. Zum Ziel der wirtschaftlichen Energienutzung wird dabei in Abhängigkeit bestimmter Außenzustände der Außenluftanteil unter Beachtung der von der Anwendung entsprechend geforderten Außenluftmindestmengen (siehe beispielsweise DIN 1946 T2) gedrosselt.

10.1.1 Klappen-Auf-Zu-Steuerung

Die einfachste Variante einer raumlufttechnischen Anlage (Bild 10.1) finden wir beispielsweise in einer Anlage mit kurzer Betriebszeit wie bei der sporadischen Belüftung von Garagenanlagen. Hier wird gefordert, daß mit dem Einschalten der Ventilatoren die Klappen über entsprechende Stellantriebe (z. B. Elektromotoren) geöffnet bzw. bei Abschalten wieder geschlossen werden. Bei größeren Ventilatoren ist dabei zu gewährleisten, daß diese erst bei geöffneten Klappen anlaufen dürfen. Ansonsten kann es durch extreme Druckverhältnisse zu Kanalschäden kommen. Dazu besitzen die Klappen einen Endlagenschalter, der erst bei

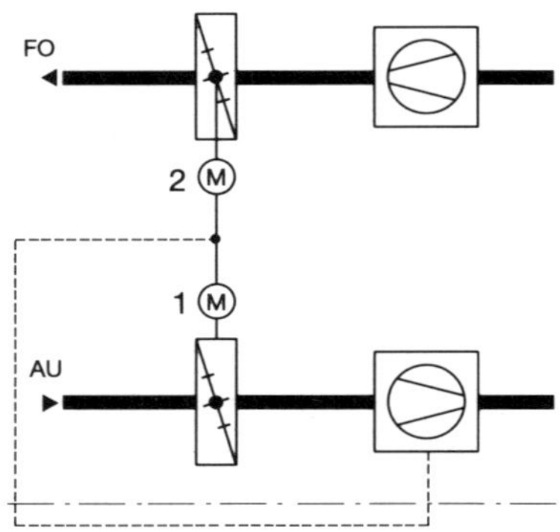

Bild 10.1
Klappen-Auf-Zu-Steuerung

vollständigem Öffnen der Klappe einen Kontakt schließt und damit das Zuschalten der Ventilatoren bewirkt.

Bei kleinen ❶ **RLT-Anlagen** können zwei Klappen mitunter auch von einem Antrieb verstellt werden, wenn sie sich räumlich nah beieinander befinden. Die Klappen werden in der Regel auch so angesteuert, daß sie bei Ausfall der notwendigen Hilfsenergie (Spannung oder Druck) schließen.

❶ *Raumlufttechnische Anlagen*

Klappenverstellung mit wählbarer Außenluftrate

Bild 10.2 stellt eine andere einfache RLT-Anlage dar, bei der durch eine mögliche Klappenbeeinflussung die Außenluftrate frei wählbar ist. Sie kann mit Hilfe eines Einstellpotentiometers (1) (im Stellungsregler integriert oder als Ferneinsteller) zwischen 0 und 100 % gewählt werden. Hier erfolgt die Vorgabe der gewünschten Klappenstellung. Die beiden Stellungsregler (2) geben entsprechend ein Stellsignal an die Stellantriebe (5, 6) der Klappen ab. Diese Antriebe sind zusätzlich mit Rückführpotentiometern ausgestattet, die zugehörig zur momentanen Klappenstellung eine Rückmeldung an den Stellungsregler geben, so daß eine genaue Positionierung der Klappen erfolgen kann. Bei Anlagen mit großer Luftleistung bzw. solchen, bei denen die Fort- und Umluftklappe räumlich weit getrennt liegen, wird eine Ausführung mit Einzelklappenantrieben genutzt. Der gerätetechnische Aufwand erhöht sich somit entsprechend (weiterer Antrieb, weiterer Stellungsregler).

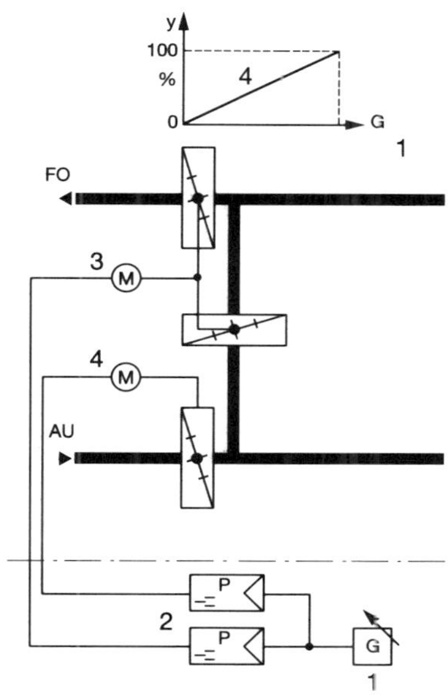

Bild 10.2
Klappensteuerung mit wählbarer Außenluftrate

10.1.2 Mischluft-Temperaturregelung

Im folgenden werden die Regelkreise zur Regelung der Lufttemperatur in der Mischkammer betrachtet (Bild 10.3). Damit ist gegenüber den ersten einfachen Varianten eine Einsparung von Heiz- bzw. Kühlleistung möglich; somit wird die Wirtschaftlichkeit der Anlage verbessert. Die Regelung wird beispielsweise für Räume mit großem Wärmeanfall, wie wir ihn bei Werkstätten vorfinden, eingesetzt.

Einfache Mischluft-Temperaturregelung

Bei der einfachen Mischluft-Temperaturregelung (vgl. Bild 10.3) erfaßt ein über dem Kanalquerschnitt gleichmäßig verteilter Kapillarrohrfühler (1) die Mischlufttemperatur und gibt seinen Wert an den Proportionalregler weiter. Hier erfolgt der Vergleich der tatsächlichen Temperatur (Istwert) mit dem eingestellten Sollwert. Der P-Regler bildet im Ergebnis des Vergleichs ein entsprechendes Stellsignal (z. B. Dreipunktsignal zur Elektromotoransteuerung) zur Weiterleitung an die Klappenantriebe. Diese werden zugehörig verstellt, bis sich der gewünschte Zustand einstellt. Dabei ist zu beachten, daß der P-Regler eine bleibende Regelabweichung aufweist.

Mischluft-Temperaturregelung mit einstellbarer Außenluftrate

Bei der in Bild 10.4 dargestellten Mischluft-Temperaturregelung mit einstellbarer Außenluftrate erfaßt ebenfalls ein Kapillarrohrfühler die mittlere Mischlufttemperatur. Der P-Regler vergleicht den eingestellten Sollwert mit dem erfaßten Istwert. Das Stellsignal wirkt wiederum auf die Klappenantriebe. Im dargestellten Beispiel sind dies drei getrennte Antriebe für die Außenluft-, Fortluft- und Umluftklappe. Mit einem zusätzlichen Einstellpotentiometer kann ein minimaler Außenluftanteil,

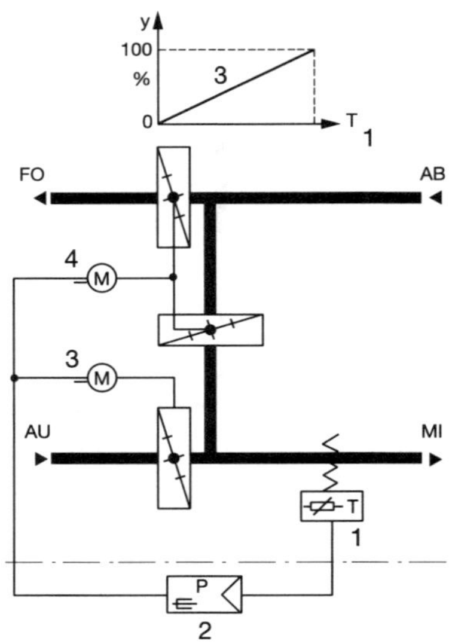

Bild 10.3
Mischluft-Temperaturregelung

Bild 10.4
Mischluft-Temperaturregelung mit wählbarer Außenluftrate

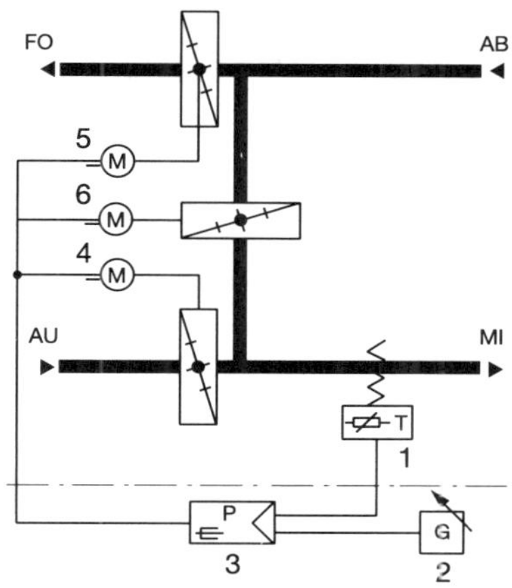

wie er bei speziellen Anwendungen gefordert wird, eingestellt werden. Es kommt hier bei niedrigen Außentemperaturen nicht zu einem vollständigen Schließen der Außenluftklappe; über den Stellungsregler des Antriebs wird ein bestimmter Stellwinkel und damit ein minimaler Zuluftstrom garantiert.

Problematisch bei diesen Betriebsweisen ist die Tatsache, daß sich die Mischlufttemperatur bedingt durch Fort- und Zulufttemperatur nur in einem bestimmten Bereich bewegen und unter Umständen stark vom Sollwert abweichen kann. Würde beispielsweise bei Sommerbetrieb die Mischlufttemperatur oberhalb vom Sollwert liegen, so ist die Zuluftklappe voll geöffnet und läßt wärmere Luft zuströmen als die Abluft. Ein Überhitzen des Raumes wäre die Folge. Um dies zu verringern, wird der Zuluftanteil in Abhängigkeit der Außentemperatur beeinflußt, die Zuluftklappe schließt zunehmend. Ähnliches gilt für den Winterbetrieb. Hier ist dann notwendig, daß ab einem bestimmten Wert der Außentemperatur bei weiterem Absinken die Außenluftklappe allmählich geschlossen wird.

Für die Festlegung eines Mindestanteils an Außenluft sind zusätzliche Begrenzungsmaßnahmen notwendig. Diese bewirken, daß das Reglerausgangssignal einen bestimmten Wert entsprechend dem Mindestanteil der Außenluft nicht unterschreiten kann; der Regler wird dann unwirksam.

Durch die folgenden Angaben der Lüftungstechnik werden sowohl die Reglerkennlinie als auch die Mischungstemperaturen definiert, bis zu denen der Regler noch wirksam ist:

- Mindestanteil an Außenluft,
- Mischungstemperatur bei Winterbetrieb, bei der 100 % Außenluftanteil erreicht wird.

Für den Sommerbetrieb wird die Außentemperatur, oberhalb derer eine Drosselung des Außenluftanteils erfolgen soll, angegeben. Dadurch werden die Mischungstemperaturen festgelegt, bis zu denen der Regler wirksam ist.

Außentemperaturabhängige Mischluft-Temperaturregelung

Bild 10.5 zeigt eine außentemperaturabhängige Mischluft-Temperaturregelung für eine Anlage mit Winterbetrieb. Mit dem Kapillarrohrfühler (1) wird die mittlere Mischungstemperatur erfaßt und dem P-Regler (3) zugeführt. Weiterhin wird mit dem Kanaltemperaturfühler (2) die Außenlufttemperatur ermittelt und dem Regler zugeführt. Stellt er eine Abweichung zwischen Sollwert und Mischungstemperatur fest, so erfolgt über sein Stellsignal eine Klappenverstellung durch die Antriebe (4, 5).

Zum Beispiel wird bei einer zu hohen Mischungstemperatur der Anteil der Außenluft durch Öffnen der Außenluftklappe erhöht und gleichzeitig die Umluftklappe weiter geschlossen. Es stellt sich eine neue Mischungstemperatur ein. Bei voller Öffnung (100 %) der Außenluftklappe stellt sich die zugehörige Mischungstemperatur ein, die ja zur Kennlinienfestlegung vorgegeben wurde. Geht die Temperatur der Außenluft weiter zurück, so veranlaßt der Regler allmählich die Schließung der Außenluftklappe und erhöht den Anteil an Umluft. Über das externe Einstellpotentiometer wird der Mindestanteil an Außenluft nach den geforderten Anlagenbedingungen festgelegt.

Unterschiedliche Arbeitspunkte für Sommer- und Winterbetrieb

Da recht häufig RLT-Anlagen mit unterschiedlichen Arbeitspunkten für Sommer- und Winterbetrieb existieren, sind Regelkreise erforderlich, die über eine solche, oben beschriebene Abhängigkeit nicht nur für

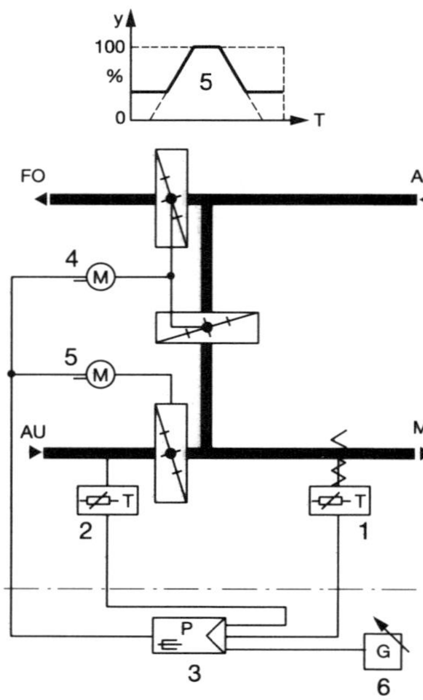

Bild 10.5
Außentemperaturabhängige Mischluft-Temperaturregelung

Winter-, sondern auch für den Sommerbetrieb verfügen. Beispiele solcher Anlagen findet man zur Luftheizung/Luftkühlung im Industriebereich. Es ergeben sich somit erzielbare Einsparungen von Heiz- bzw. Kühlleistungen.

Soll eine solche Abhängigkeit auch für Sommerbetrieb gelten, ist es dann notwendig, den Wirkungssinn gegenüber dem Winterbetrieb umzukehren. Dies erreicht man z. B. bei elektrischen Antrieben durch Umpolung; dabei wird die Laufrichtung des Antriebs umgekehrt. Der gerätetechnische Aufwand für Steuerung und Regelung erhöht sich entsprechend. Durch Differenzmessungen zwischen Ab- und Außenluft wird die Umschaltung zwischen Sommer- und Winterbetrieb vorgenommen.

Mischluft-Temperaturregelung mit temperaturabhängiger Sommer-Winter-Umschaltung

In Bild 10.6 ist eine solche Mischluft-Temperaturregelung mit temperaturabhängiger Sommer-Winter-Umschaltung dargestellt. Der Kapillarrohrfühler (1) erfaßt die mittlere Mischungstemperatur und leitet diesen Wert an den P-Regler (2) weiter. Hier erfolgt der Sollwert-Istwert-Vergleich, und es wird ein entsprechendes Stellsignal gebildet, das über die Universaleinheit (3) an die Stellgeräte (Antriebe mit eingebautem Stellungsregler zur genauen Positionierung) (4, 5) weitergeleitet wird. So ist eine Ausregelung von eventuell vorhandenen Regelabweichungen möglich. Die Universaleinheit (3) hat dabei die Aufgabe, in Abhängigkeit der Temperaturdifferenz den Wirkungssinn der Stellantriebe umzukehren. So wird u.a. ermöglicht, daß bei höherer Außenlufttemperatur gegenüber der Fortlufttemperatur (Sommerbetrieb) die Außenluft- und

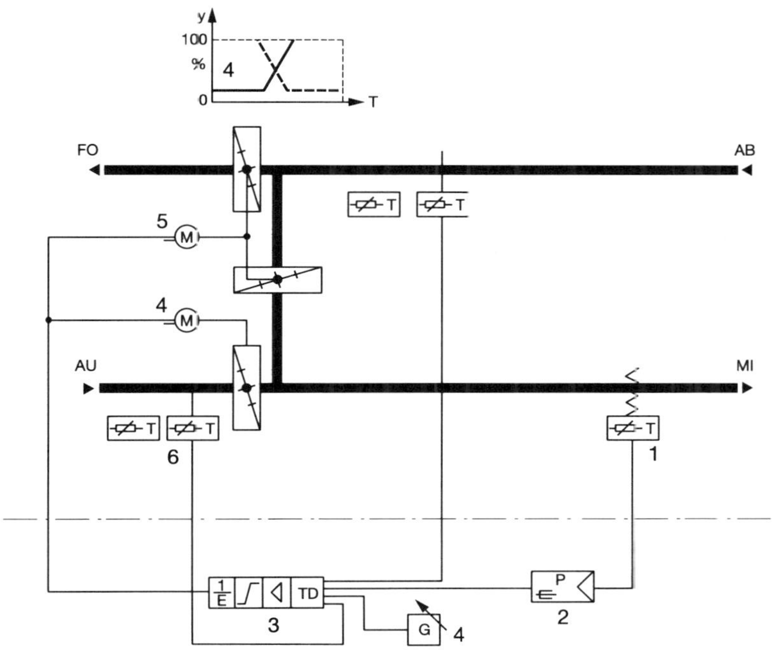

Bild 10.6
Mischluft-Temperaturregelung mit temperaturabhängiger Sommer-Winter-Umschaltung

die Fortluftklappe mit zunehmender Außentemperatur wieder geschlossen werden. Dazu wird über den Kanaltemperaturfühler (6) die Fortluft- und über den Kanaltemperaturfühler (7) die Außenlufttemperatur erfaßt und als Temperaturdifferenz in der Universaleinheit zur Umkehr des Stellantriebs-Wirkungssinnes weiterverarbeitet.

In der Lüftungstechnik besteht eine enge Verknüpfung von Temperatur und Feuchte. Bei RLT-Anlagen für Räume mit großem Wärme- und Feuchteanfall (Komfortbereich) erfolgt häufig die Umschaltung des Wirkungssinnes der Antriebe in Abhängigkeit der Enthalpie von Fort- und Außenluft.

Umfangreichere Mischluft-Temperaturregelung

Eine umfangreichere Mischluft-Temperaturregelung ist in Bild 10.7 dargestellt. Mit dem Kapillarrohrfühler (1) wird wiederum die mittlere Mischungstemperatur gemessen und dem P-Regler (2) zugeführt. Er vergleicht den eingestellten Sollwert der Mischtemperatur mit dem Istwert. Bei einer festgestellten Regelabweichung wird das auf die Stellgeräte (8, 9) wirkende Stellsignal des P-Reglers verändert und die Abweichung ausgeglichen. Die Umschaltung des Wirkungssinnes der Antriebe zwischen Sommer- und Winterbetrieb erfolgt mittels der Universaleinheit (3). Über die Kanaltemperaturfühler (4, 5) und die Absolutfeuchtefühler (6, 7) werden die Abluft- und die Außenluftenthalpie erfaßt und der Universaleinheit zur Umschaltung des Wirkungssinnes der Antriebe zugeführt. Mit steigender Außenluftenthalpie wird somit beispielsweise ein zunehmendes Schließen der Außenluftklappe veranlaßt, wenn die Außenluftenthalpie höher wird als die Abluftenthalpie.

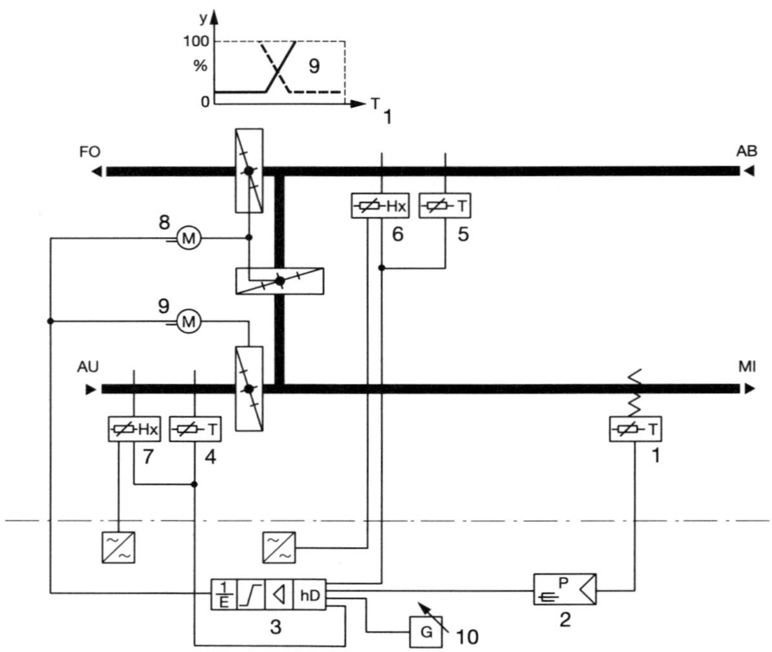

Bild 10.7
Enthalpieabhängige Mischluft-Temperaturregelung

10.2 Regelung raumlufttechnischer Anlagen mit Lufterhitzer/-kühler

Für höhere Anforderungen in puncto Einhaltung bestimmter Luftzustände/Komfort, wie sie z.B. bei Büro- und Versammlungsräumen, Gaststätten o.ä. auftreten, sind die bisher aufgeführten Steuerungs- und Regelungsmöglichkeiten nicht ausreichend. Daher wird vielfach zu der Mischluftbildung eine zusätzliche Erwärmungs- bzw. Kühlmöglichkeit in eine Anlage eingebunden. Es werden dazu Lufterhitzer bzw. -kühler zum Einsatz gebracht. Die notwendige Energie wird dabei über Zwischenträger (z.B. Wasser, Dampf, Kältemittel) an den Luftstrom übertragen. Zur notwendigen Dosierung der erforderlichen Energiemenge werden Regelventile in den Energieträgerstrom eingebaut und entsprechend in Regelkreise einbezogen. Bei kleineren Anlagen kommen auch manchmal elektrische Lufterhitzer zum Einsatz.

Aufgrund der am Wärmeaustausch beteiligten erheblichen Massen ist eine Veränderung des Energiestromes nur mit entsprechender Verzögerung möglich. Die eingesetzten Bauteile stellen also im regelungstechnischen Sinne Übertragungsglieder mit Verzögerung dar, die das Regelungsverhalten erschweren (vgl. auch Kapitel 5). Hinzu kommen durch Medientransport bei langen Rohrleitungen bzw. ungünstigen Einbauorten der Fühler Tot- oder Laufzeiten, die das Regelungsverhalten weiter verschlechtern können. Die Kennlinien des Lufterhitzers erweisen sich als ein weiteres Problem. Die nichtlineare Kennlinie des Wärmetauschers läßt sich nicht vollkommen durch die Kennlinie eines Stellgliedes kompensieren, schwankende Übertragungsbeiwerte innerhalb des gesamten Lastbereiches können somit auftreten. Speziell bei kleinen Leistungen und Einsatz der Drosselungsschaltung steigt die Neigung zur Instabilität des Regelkreises. Die Stabilität von Lufterhitzerregelkreisen, die mittels Dreiwegeventil und Beimischpumpe geregelt werden, zeigt sich im praktischen Einsatz diesbezüglich weniger kritisch.

Kanal-Temperaturregelstrecken einschließlich Wärmetauscher, Rohrleitungen und Stellgliedern können durch die Kenngrößen Verzugszeit T_u, Schwierigkeitsgrad S und Übertragungsbeiwert K_S nach VDI/VDE 3525 charakterisiert werden. Tabelle 10.1 stellt wichtige Eckwerte dazu dar.

Tabelle 10.1 Kennwerte von raumlufttechnischen Anlagen nach VDI/VDE 3525

Verzugszeit	T_u = 0,1 … 0,5 min T_u bis 1,5 min	Bei normalen Verhältnissen Bei ungünstigen Verhältnissen
Schwierigkeitsgrad	S = 0,1 … 0,3 S = 0,05 bzw. 0,5	In den meisten Fällen Als Extremwerte
Übertragungsbeitrag	K_S = 5 … 50 K pro totalem Ventilhub	Je nach Dimensionierung und Betriebsart des Wärmeübertragers

Als Regler können im einfachsten Fall P-Regler zum Einsatz kommen, wenn keine höheren Anforderungen in bezug auf Regelabweichung und Stabilität gestellt werden sowie kleinere Leistungen zu regeln sind. Da erfahrungsgemäß die dynamischen Verhältnisse bei einer Zuluft-Temperaturregelung schwieriger sind und die Einflüsse des Lufterhitzers mit eingehen, sind PI-Reglern der Vorzug zu geben. Reine Zuluft-Temperaturegelungen besitzen günstigere dynamische Eigenschaften als Raumtemperaturregelungen, da die Trägheit der Regelstrecken geringer ausfällt. Ihre Anwendung berücksichtigt aber keine im Raum auftretenden Störungen (wechselnde Heiz- oder Kühllasten), so daß ihr Einsatz zur Einhaltung der zugelassenen Abweichungen konstante Heiz- oder Kühllasten voraussetzt.

10.2.1 Konstante Zuluft-Temperaturregelung

Bei der in Bild 10.8 dargestellten konstanten Zuluft-Temperaturregelung wird im Winterbetrieb einer raumlufttechnischen Anlage, wie etwa einer Lagerhalle bzw. Autoeinstellhalle, die Zulufttemperatur auf einem konstanten Wert gehalten. Über den Kanalfühler (1) wird die Zulufttemperatur erfaßt und dem PI-Regler (2) zugeführt. Er vergleicht den eingestellten Sollwert mit dem Istwert der Zulufttemperatur und verän-

Bild 10.8
Konstante Zuluft-Temperaturregelung

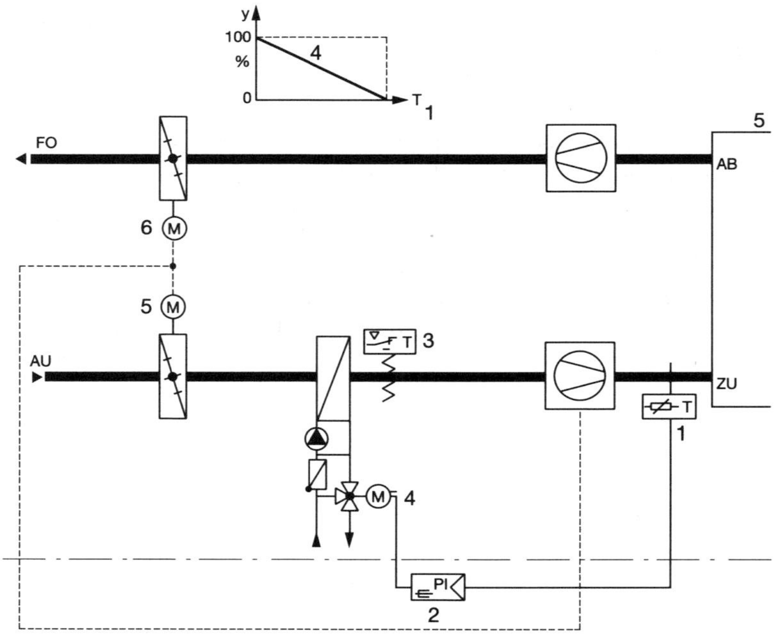

dert bei einer Regelabweichung sein auf das Stellgerät (4, Dreiwegeventil mit Motorantrieb und Stellungsregler) wirkendes Stellsignal. Somit werden Abweichungen ausgeregelt. Die Steuerung der Klappen erfolgt über die Stellantriebe (5, 6) in Abhängigkeit des Ventilatorbetriebs. Bei großen Leistungen der Ventilatoren ist über eine Verriegelung der Anlauf der Ventilatoren nur bei geöffneten Klappen zu ermöglichen, um extreme Druckverhältnisse im Kanal zu vermeiden.

Um Vereisungen am Lufterhitzer zu verhindern (vgl. auch Abschnitt 10.9), befindet sich unmittelbar hinter dem Heizregister ein Frostschutz-Temperaturwächter. Bei Unterschreiten seines eingestellten Sollwertes werden entsprechende Frostschutzmaßnahmen eingeleitet (siehe ebenfalls Abschnitt 10.9). Bei Kanälen mit einem Querschnitt von mehr als 2 m^2 ist der Einsatz von zwei Frostschutzwächtern sinnvoll.

Mitunter werden zur Lufterwärmung bei kleineren Volumenströmen auch elektrische Lufterhitzer eingesetzt. Hier wird, wie in Bild 10.9 dargestellt, ebenfalls mittels eines Kanaltemperaturfühlers (1) die Zulufttemperatur gemessen und dem PI-Regler (2) zugeführt. Bei Auftreten einer Regelabweichung verändert der PI-Regler sein Stellsignal, und die Energiezufuhr zum elektrischen Heizregister wird über den elektronischen Leistungssteller (4) verändert. In Reihe dazu gelangt das Stellsignal über die Universaleinheit (5) auf die Stellgeräte (6, 7) der Ab-, Um- und Außenluftklappe, an denen mittels Stellungsregler (auch häu-

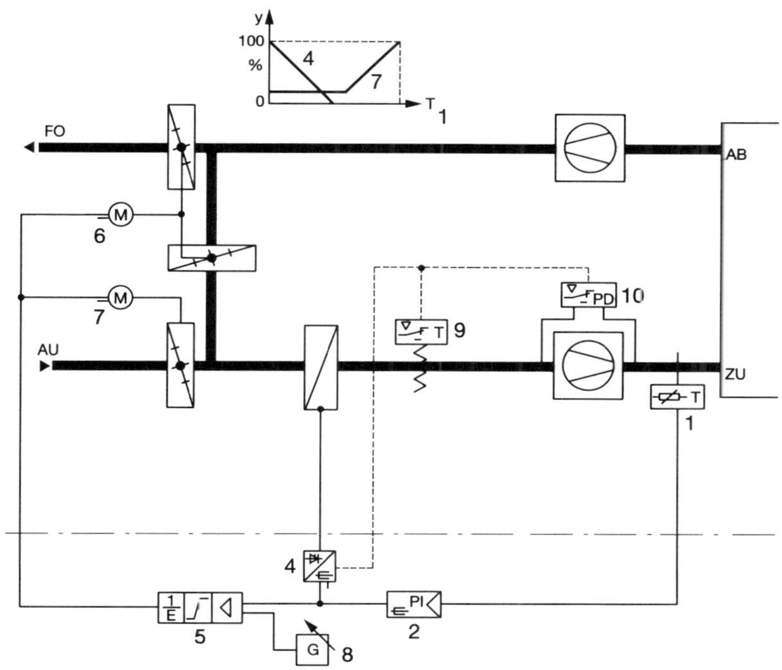

Bild 10.9
Zuluft-Temperaturregelung unter Verwendung eines elektrischen Heizregisters

fig als Stellrelais bezeichnet) Teilbereiche der Sequenz festgelegt werden. Ein geforderter Mindestaußenluftanteil kann über den Sollwertsteller (8) an der Universaleinheit eingestellt werden.

Das elektrische Heizregister wird durch eine Temperaturmaximalbegrenzung und einen Strömungswächter geschützt. Bei Überschreiten der Maximaltemperatur bzw. Unterschreiten einer minimalen Druckdifferenz am Ventilator wird das Heizregister abgeschaltet und so eine Überhitzung (verbunden mit einer möglichen Brandgefahr) vermieden.

10.2.2 Sequenzregelung Heizen–Kühlen

Diese Regelungsmöglichkeit findet bei raumlufttechnischen Anlagen Anwendung, bei denen die Zulufttemperatur sowohl im Sommer- als auch im Winterbetrieb auf einen konstanten Wert gehalten werden muß. Diese Anforderungen stehen beispielsweise bei Bädern, Duschen, Küchen bzw. Werkstätten.

In Bild 10.10 ist zur Verdeutlichung der Sequenz der Hubverlauf der Stellglieder für Heizen und Kühlen dargestellt. Dabei zeigt sich, daß die Richtung des Hubes für Heizen und Kühlen genau entgegengesetzt verläuft.

Tote Zone

Am unteren Ende des Proportionalbereiches des Reglers hat das Stellventil für Heizen den Nennhub. In der Mitte des P-Bereiches sind sowohl das Heiz- als auch das Kühlventil geschlossen. Dieser Bereich wird auch als tote Zone bezeichnet. Dadurch sollen Energieverluste durch plötzlichen Übergang von Heizen auf Kühlen bzw. umgekehrt vermieden werden, da aufgrund der in den Registern befindlichen Medienmengen Energiemengen gespeichert sind.

Anhand von Bild 10.11 wird die Sequenzregelung Heizen–Kühlen erläutert. Der Kanalfühler (1) erfaßt die Zulufttemperatur und leitet seinen Meßwert an den PI-Regler (2) weiter. Er vergleicht den vorgegebenen Sollwert mit dem gemessenen Istwert und verändert bei Auftreten einer Regelabweichung sein Stellsignal. Dieses wirkt in Sequenz auf das Stellgerät für den Lufterhitzer (3) und das Stellgerät für den Luftkühler (4) sowie die Stellgeräte für die Klappen (5, 6). Die Teilbereiche der Se-

Bild 10.10
Sequenz Heizen–Kühlen

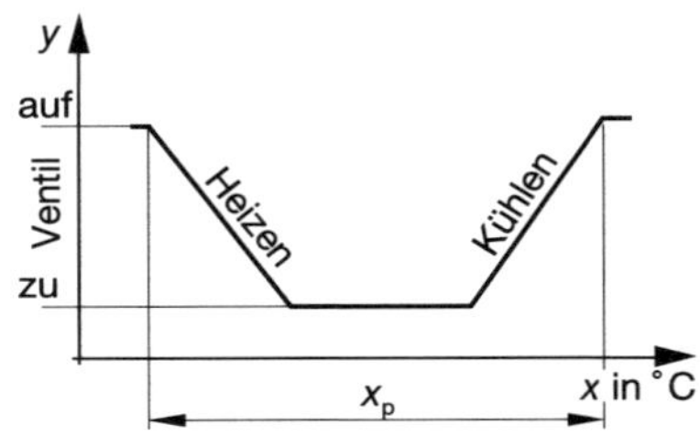

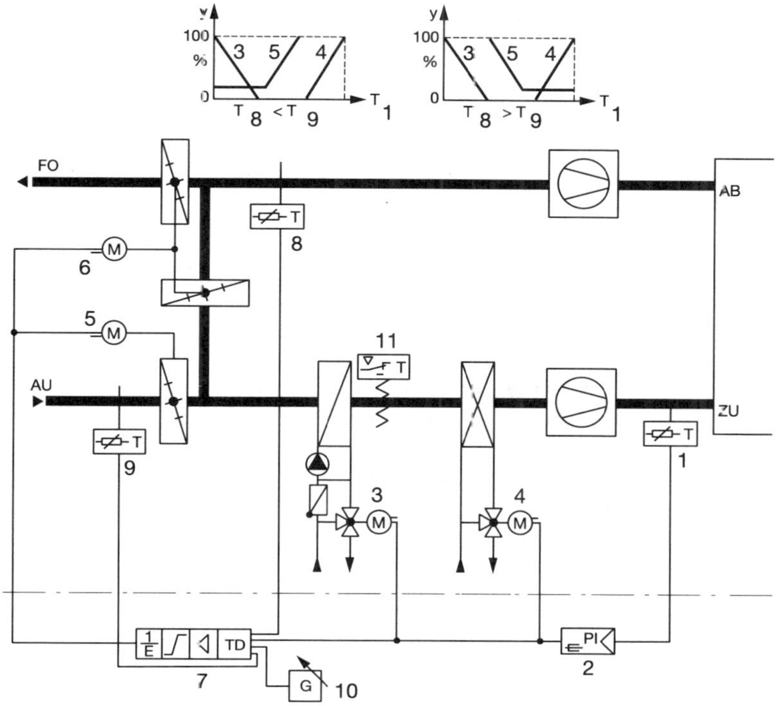

Bild 10.11 Sequenzregelung Heizen–Kühlen

quenz werden an den Stellantrieben der jeweiligen Stellgeräte mittels Stellungsregler eingestellt. Die Universaleinheit (7) kehrt den Wirkungssinn der Klappenstellantriebe (5, 6) in Abhängigkeit des Sommer-/Winterbetriebs um. Dazu werden über den Kanalfühler (8) die Fortlufttemperatur und über Kanalfühler (9) die Außenlufttemperatur ausgewertet (vgl. auch Abschnitt 10.1.2). Über das Einstellpotentiometer (10) kann die Mindestaußenluftrate festgelegt werden.

Winterbetrieb

Liegt der Istwert im Winterbetrieb unter dem geforderten Sollwert, so schließt die Außenluftklappe zunehmend bzw. öffnet bei Erreichen der Klappenstellung für die Mindestaußenluftrate dann das Heizventil. Liegt hingegen der Istwert höher als der Sollwert, so wird zunächst durch Öffnen der Außenluftklappe der Außenluftanteil erhöht. Erst danach öffnet im Bedarfsfall das Kühlventil.

Sommerbetrieb

Im Sommerbetrieb wird mit steigender Außentemperatur die Außen- und Fortluftklappe wieder geschlossen, sobald die Außenlufttemperatur höher liegt als die Ablufttemperatur. Überschreitet der Istwert immer noch den eingestellten Sollwert, so öffnet entsprechend das Kühlventil.

Der eingebaute Frostschutzwächter (11) übernimmt wiederum eine Schutzfunktion bei Unterschreiten seines Minimalwertes (vgl. Abschnitt 10.9).

10.2.3 Zuluft-Temperaturregelung mit Wärmerückgewinnungssystem

Werden bei raumlufttechnischen Anlagen zur Verbesserung der Energiebilanz Wärmerückgewinnungsanlagen eingebaut, so werden sie ebenfalls in das Regelungsprinzip integriert. Eine solche Variante ist in Bild 10.12 aufgezeichnet.

Der Kanalfühler (1) erfaßt die Zulufttemperatur und leitet den Meßwert an den PI-Regler (2) weiter, der ihn mit dem vorgegebenen Sollwert vergleicht. Der Sollwert wird außerdem in Abhängigkeit der Außentemperatur (gemessen mit Kanalfühler (3)) geführt. Bei Auftreten einer Regelabweichung wird das Stellsignal des PI-Reglers (2) verändert und somit die Abweichung ausgeregelt. Dazu wirkt das Stellsignal in Sequenz auf das Stellgerät (4) des Lufterhitzers, das Stellgerät (5) des Kühlers sowie über die Universaleinheit (8) auf das Stellgerät (6) der Wärmerückgewinnung (❶ **KV-System**). Die Teilbereiche der Sequenz werden durch integrierte Stellungsregler an den entsprechenden Stellantrieben festgelegt. Der Kanalfühler (3) stellt die Temperatur der Außenluft fest. Mittels Kanalfühler (7) wird die Ablufttemperatur erfaßt. Beide Meßgrößen werden der Universaleinheit (8) aufgeschaltet, die den Wirkungssinn des Stellsignals für den Stellantrieb der Wärmerückgewin-

❶ *Kreislaufverbundsystem*

Bild 10.12 Zuluft-Temperaturregelung mit Wärmerückgewinnungssystem

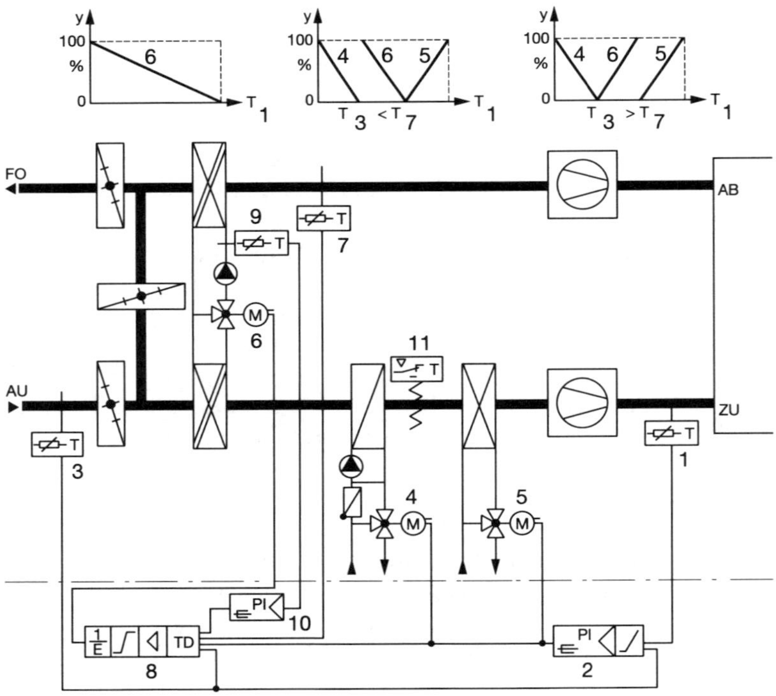

nung umkehrt. Dies hat zur Folge, daß die Außenluft durch die kühlere Abluft gekühlt wird, sobald die Außentemperatur höher liegt als die Ablufttemperatur. Mittels Tauchfühler (9) wird die Eintrittstemperatur des Wärmeaustauschermediums gemessen, auf den PI-Regler (10) aufgeschaltet und dort mit dem eingestellten Sollwert verglichen. Bei einer festgestellten Regelabweichung wird das Stellsignal dieses Reglers verändert. Die Universaleinheit (8) vergleicht außerdem die beiden Stellsignale von Regler (2) und Regler (10). Das kleinere der beiden Stellsignale wird an den Stellantrieb der Wärmerückgewinnung weitergeleitet. Somit wird ein Vereisungsschutz für das Abluftregister realisiert.

Liegt die Außentemperatur niedriger als die Ablufttemperatur, so bewirkt ein zu niedriger Istwert zuerst das Öffnen des Regelventils des Kreislaufverbundsystems. Ist dieses voll geöffnet und der Istwert liegt immer noch zu niedrig, so setzt das Öffnen des Heizventils ein. Liegt bei gleichen Außen- und Abluftverhältnissen der Istwert zu hoch, so schließt zunächst das Regelventil des KV-Systems. Erst danach kommt es zum Öffnen des Kühlventils.

Tritt jedoch der Fall ein, daß die Außentemperatur höher als die Ablufttemperatur liegt, so bewirkt ein zu hoher Istwert zunächst das stetige Öffnen des Regelventils des KV-Systems. Ist der volle Hub erreicht und der Istwert weiterhin zu hoch, so kommt es dann zum Öffnen des Kühlventils. Ein zu kleiner Istwert führt zuerst zum Schließen des Regelventils des KV-Systems. Erst bei Hub 0 % dieses Ventils setzt das Öffnen des Heizventils ein.

Der hinter dem Heizregister angeordnete Frostschutzwächter übernimmt bei Unterschreiten des an ihm eingestellten Grenzwertes die Auslösung der verschiedenen Frostschutzmaßnahmen.

10.3 Gleitende Temperaturregelung

Aus Gründen der Energieeinsparung und Verbesserung der Behaglichkeit kann der Sollwert für die Temperatur (sowohl Zuluft- als auch Raumtemperatur) in Abhängigkeit der Außentemperatur geführt werden. So läßt die DIN 1946 Teil 2 den in Bild 10.13 dargestellten Toleranzbereich für die Raumtemperatur zu. Damit kann die Raumtemperatur auf 26 °C bei einer Außentemperatur von 32 °C angehoben werden. Weiterhin kann sich eine Anhebung des Sollwertes auch bei sinkenden Außentemperaturen als sinnvoll darstellen, wenn dann mit höheren Wärmeverlusten gerechnet werden muß.

Regelung mit Störgrößenaufschaltung

Um diese Funktionalität zu gewährleisten, muß die Außentemperatur als Einflußgröße auf den Regler aufgeschaltet werden. Man erhält damit eine Folgeregelung, in diesem Fall spricht man auch von einer Regelung mit Störgrößenaufschaltung.

Bild 10.13
Bereich behaglicher Raumtemperaturen nach DIN 1946 Teil 2

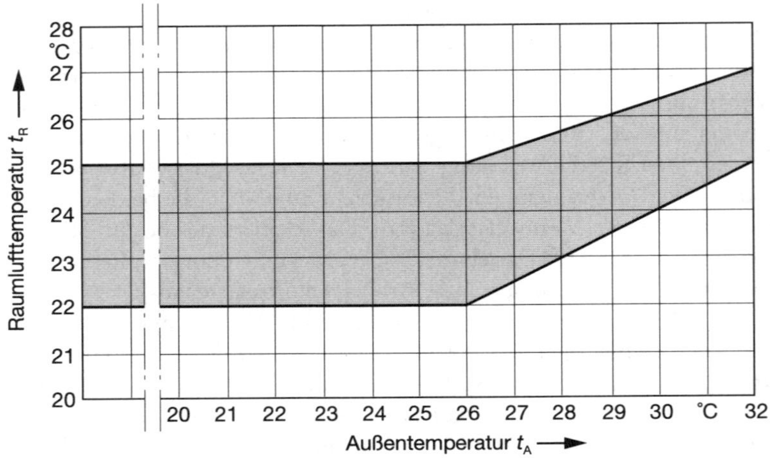

10.4 Raumluft-Temperaturregelung/ Kaskadenregelungen

Da verschiedene Räumlichkeiten wie z.B. Versammlungsräume, Kantinen, Hörsäle o.ä. über wechselnde Heiz- bzw. Kühllasten verfügen, ist bei diesen der Einsatz der reinen Zuluft-Temperaturregelung nicht sinnvoll. Die Einflüsse solcher wechselnden Raumbedingungen können am besten durch eine Raumtemperaturregelung berücksichtigt werden. Diese bringt hier bessere Ergebnisse.

Grundsätzlich würde es genügen, die Raum- oder Ablufttemperatur solcher Räume zu messen und in einem Regelkreis zu verarbeiten. Da die Regelstrecken aber in der Regel sehr träge sind bzw. über entsprechende Totzeiten verfügen, empfiehlt sich zur Verbesserung der Regelgüte der Einsatz sogenannter Kaskadenregelungen. Dafür sind zwei Regler erforderlich. An einen P-Regler (Regler 1) ist der Meßfühler für die Raum- bzw. Ablufttemperatur angeschlossen. Der Istwert wird mit dem eingestellten Sollwert verglichen und bei einer aufgetretenen Regelabweichung das Stellsignal gebildet. Dieses Stellsignal wird dem zweiten Regler (ebenfalls P-Regler oder bei höheren Anforderungen ein PI-Regler) als Sollwert neben der gemessenen Zulufttemperatur als Istwert zugeführt. Somit wird der Sollwert des zweiten Reglers in Abhängigkeit der aufgetretenen Regelabweichung der Raumtemperatur verschoben. Regler 2 gleicht damit Störungen wie Außentemperaturschwankungen, unterschiedliche Luftmengen o.ä., die sich auf die Zulufttemperatur auswirken, mit diesem Regelkreis sehr schnell aus. Regler 1 muß dann nur noch Störungen, die unmittelbar im Raum auftreten (z.B. zusätzliche Wärmequellen o.ä.), auffangen.

Die Anordnung des Temperaturfühlers ist für die einwandfreie Funktion der Regelung ausschlaggebend. Der Meßort muß zugfrei und ohne Sonnenbestrahlung sein. Die Strömungsverhältnisse im Raum sollten ebenso Beachtung finden. Der Meßort sollte sich an einer Stelle im Raum befinden, der den Raumluftzustand widerspiegelt. Da die Durchmischung der Luft im Raum nicht immer ideal verläuft, setzt man gerade bei großen Räumlichkeiten (z. B. Hörsäle, Kantinen o. ä.) den Raumtemperaturfühler in den Abluftkanal. Die Raumluft entspricht dann besser der mittleren Raumtemperatur, liegt aber auch häufig ca. 1 K über der repräsentativen Temperatur, was bei der Reglereinstellung zu beachten ist.

10.4.1 Zulufttemperatur-Minimalbegrenzung

Nach DIN 1946 Blatt 2 sind für verschiedene Lufttemperaturen die zulässigen Luftgeschwindigkeiten beim Anblasen sitzender Personen nach oben begrenzt. Da die Luftgeschwindigkeiten im Kanalsystem und den Räumen nicht verändert werden, ergibt sich zwangsläufig für eine festgelegte Luftgeschwindigkeit eine niedrigste zulässige Lufttemperatur. Es ist dafür Sorge zu tragen, daß die Zulufttemperatur nach unten begrenzt wird.

Treten im Raum positive Störgrößenänderungen auf (zusätzliche Wärmelasten durch Personenbelegung, zusätzliche Geräte usw.), so bewirkt der Raumtemperaturregler eine Absenkung der Zulufttemperatur. Dies kann dazu führen, daß die niedrigste zulässige Zulufttemperatur unterschritten wird und unangenehme Zugerscheinungen auftreten. Das Reglersystem wird daher mit einer Minimalbegrenzung (im Reglersystem integriert oder als Zusatzbaugruppe ausgeführt) ausgestattet, die das Unterschreiten dieses Grenzwertes verhindert. Die Minimalbegrenzung stellt dabei eine eigenständige Regelfunktion des Kaskadenreglers dar, die erst unterhalb bestimmter Werte für die Zulufttemperatur (Einsatzpunkt) wirksam wird und den Wert der Zulufttemperatur aufrechterhält bzw. sogar eine gleitende Sollwertanhebung veranlaßt.

Zwei gegensätzliche Forderungen

Auf welchen Einsatzpunkt die Minimalbegrenzung dabei eingestellt werden muß, läßt sich nicht aus der DIN-Forderung allein ableiten. Je nach Luftauslässen, Raumluftführung und Aufenthaltsbereichen können Einstellwerte beispielsweise zwischen 15 und 20 °C erforderlich werden. Bei der Festlegung des Einsatzpunktes sind dabei zwei gegensätzliche Forderungen zu beachten. Einerseits muß die Zulufttemperatur so gering liegen, daß die Kühllast für den Raum erbracht und die Fremdwärme erfolgreich abgeführt werden kann. Andererseits darf die Zulufttemperatur nur so gering sein, daß die oben erwähnten Zugerscheinungen ausbleiben. Eine Festlegung bzw. Korrektur des Einsatzpunktes an der betriebsfertigen Anlage ist meist unausweichlich.

10.4.2 Konstante Raumtemperaturregelung

Der im folgenden beschriebene und in Bild 10.14 dargestellte Regelkreis findet bei raumlufttechnischen Anlagen Anwendung, die bei Winterbetrieb die Raumtemperatur auf einen konstanten Wert halten sollen. Dies gilt beispielsweise für Küchen oder Versammlungsräume.

Mit Hilfe des Kanalfühler (3) wird die Zulufttemperatur erfaßt und dem PI-Hilfsregler (4) zugeführt. Hier erfolgt ein Sollwert-Istwert-Vergleich und im Ergebnis dessen eine Veränderung des Stellsignals, das auf das Stellgerät (5) des Lufterhitzers wirkt. Ein Absinken der Zulufttemperatur unter den Sollwert bewirkt damit ein Öffnen des Regelventils; liegt hingegen der Istwert zu hoch, so schließt das Regelventil des Lufterhitzers. Mit dem Kanalfühler (1) wird die Ablufttemperatur (Raumtemperatur) gemessen und dem P-Regler (2) zugeführt. Er vergleicht diese Temperatur mit seinem eingestellten Sollwert. Erkennt er eine Regelabweichung, so verstellt er über sein Stellsignal den Sollwert des nachgeschlagenen PI-Hilfsreglers (4). Somit wird mit steigender Raumlufttemperatur der Sollwert der Zulufttemperatur tiefergestellt bzw. bei fallender Raumlufttemperatur entsprechend erhöht. Der Sollwert wird folglich den jeweiligen Lasten im Raum angepaßt. Eine integrierte und einstellbare Zulufttemperatur-Minimalbegrenzung im Kaskadenreglersystem verhindert dabei eine zu tiefe Zulufttemperatur, die zu unangenehmen Zugerscheinungen führt.

Bild 10.14
Konstante Raumtemperaturregelung

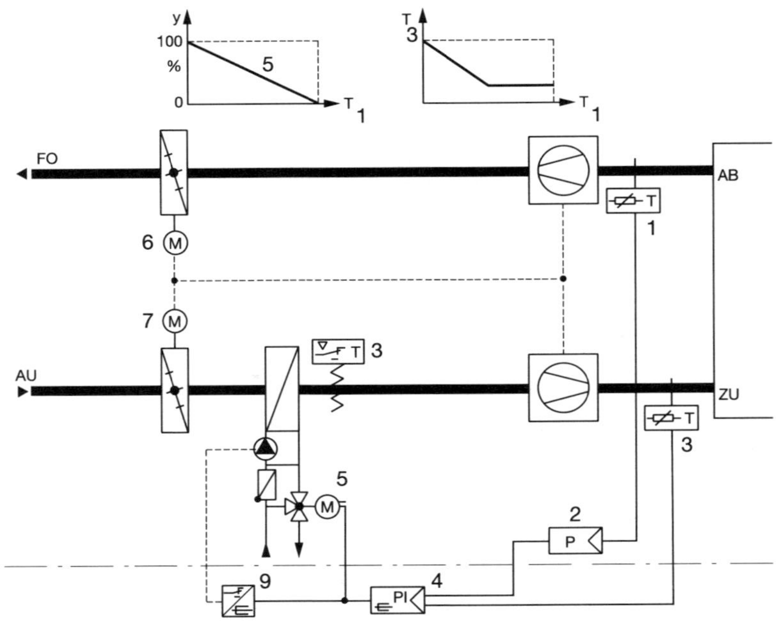

Die Ansteuerung der Klappen erfolgt hier über ihre Stellantriebe (6, 7) in Abhängigkeit des Ventilatorbetriebs. Der Frostschutzwächter (8) übernimmt wieder die Steuerung der Frostschutzmaßnahmen bei Unterschreiten seines eingestellten Grenzwertes.

10.4.3 Raumluft-Temperaturregelung mit Sommer-/Winterbetrieb

In Hotels, Büros, Verwaltungsgebäuden, Theater oder Schulen stehen Anlagenfahrweisen im Vordergrund, bei denen im Winterbetrieb die Raumtemperatur mit einem konstanten Wert sowie im Sommerbetrieb gleitend nach der Außentemperatur geregelt wird (Bild 10.15).

Der Kanalfühler (1) stellt die Zulufttemperatur fest und stellt den Meßwert dem PI-Hilfsregler des P-PI-Kaskadenreglers (2) zur Verfügung. Dieser vergleicht den Ist- mit dem Sollwert und regelt alle auf die Zulufttemperatur-Regelstrecke einwirkenden Störungen aus, indem das Stellsignal des Hilfsreglers in Sequenz auf das Stellgerät für den Lufterhitzer (3) und das Stellgerät des Luftkühlers (4) wirkt. Somit ist eine Erwärmung oder Abkühlung der Zulufttemperatur möglich. Die Teilbereiche der Sequenz werden an den Stellungsreglern der Antriebe entsprechend festgelegt.

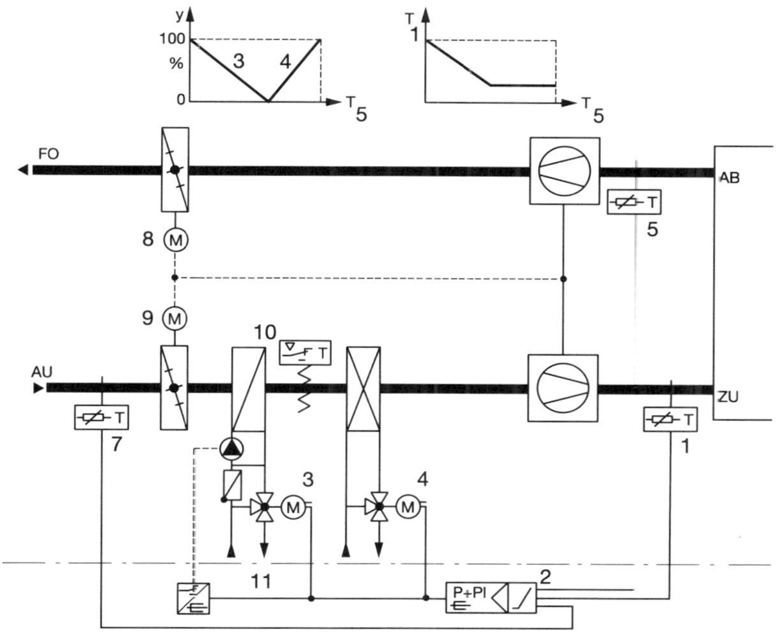

Bild 10.15
Raumluft-Temperaturregelung mit Sommer-/Winterbetrieb

Ein Lastwechsel im Raum verursacht eine Veränderung der Raumtemperatur, die durch den Kanalfühler (5) erfaßt und dem Hauptregler des P-PI-Kaskadenreglers (2) zugeführt wird. Er vergleicht den gemessenen Istwert mit seinem vorgegebenen Sollwert und verändert bei einer aufgetretenen Regelabweichung über sein Stellsignal den Sollwert des nachgeschalteten Hilfsreglers (Regler 2). Bei zu hoher Raumtemperatur wird der Sollwert des Hilfsreglers tiefer eingestellt bzw. bei zu niedriger Raumtemperatur erhöht. Eine im Kaskadenreglersystem integrierte und einstellbare Zulufttemperatur-Minimalbegrenzung verhindert dabei eine zu tiefe Zulufttemperatur, die zu unangenehmen Zugerscheinungen führt. Über den Hauptregler wird außerdem durch Aufschaltung der Außentemperatur über Fühler (7) eine entsprechende gleitende Anhebung des Sollwertes im Sommerbetrieb vorgenommen.

Die Steuerung der Klappen erfolgt einfach über ihre Antriebe (8, 9) in Abhängigkeit des Ventilatorbetriebs. Der Frostschutzwächter (10) übernimmt wieder die Steuerung entsprechender Frostschutzmaßnahmen bei Unterschreiten des eingestellten Grenzwertes.

10.4.4 Sequenzregelung Klappen, Lufterhitzer und Luftkühler

Klappenbeeinflussung

Dieser Regelkreis stellt eine Erweiterung der gerade beschriebenen Raumluft-Temperaturregelung mit Sommer- und Winterbetrieb dar. In die Sequenz wird zusätzlich die Klappenbeeinflussung aufgenommen und damit die mögliche Kühlung durch Außenluft bzw. Erwärmung durch Umluft berücksichtigt. Einsetzbar ist diese Regelungsmöglichkeit für Büros, Hotels, Theater, Schulen oder ähnliche Einrichtungen.

Durch die Kanalfühler (1) bzw. (2) (Bild 10.16) wird die Raum- bzw. die Zulufttemperatur gemessen und dem P-PI-Kaskadenregler (3) zugeführt. Der PI-Hilfsregler der Kaskade regelt dabei die auf die Zulufttemperatur-Regelstrecke einwirkenden Störungen aus, indem er die gemessene Zulufttemperatur mit seinem Sollwert vergleicht. Liegt beispielsweise der Istwert beim Winterbetrieb zu niedrig, so wird das Stellsignal des Hilfsreglers in Sequenz auf das Stellgerät (8) des Luftkühlers über den PI-Regler (4) der Frostschutz-Anfahrschaltung (in Verbindung mit Fühler (13), vgl. auch Abschnitt 10.9) auf das Stellgerät (5) des Lufterhitzers und über die Universaleinheit (6) an die Stellantriebe der Außenluft-, Umluft- und Fortluftklappe (9, 19, 11) weitergeleitet. Die Außenluftklappe schließt bis zu ihrem Minimum (Mindestaußenluftrate). Erst danach setzt das Öffnen des Regelventils für den Lufterhitzer ein. Über die an den Stellantrieben integrierten Stellungsregler erfolgt die genaue Festlegung der Sequenzbereiche.

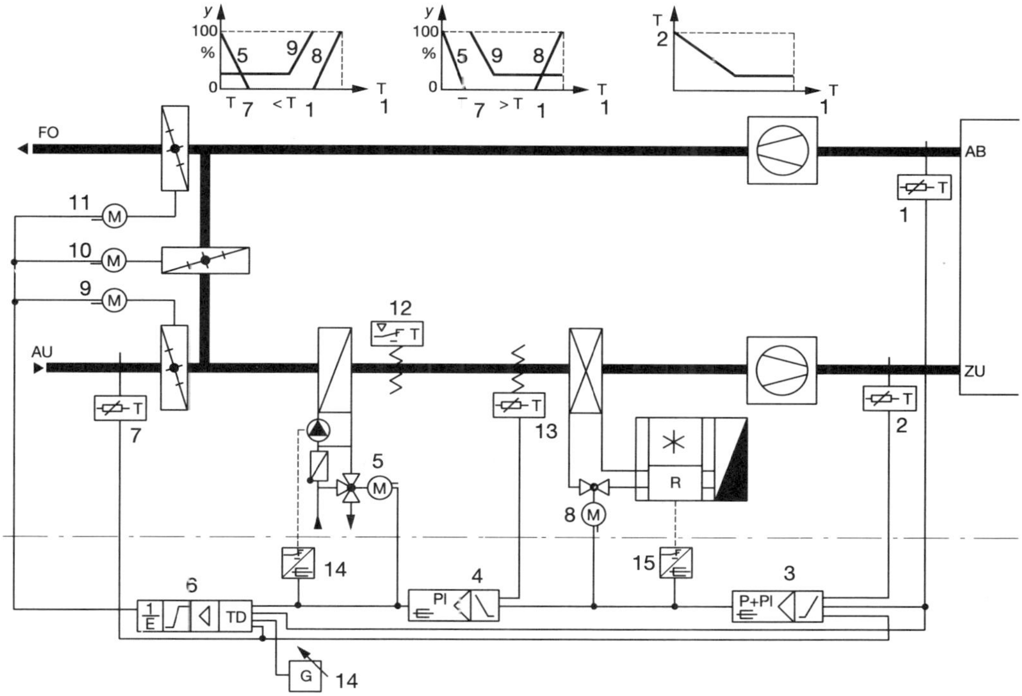

Bild 10.16 Sequenzregelung Klappen, Lufterhitzer und Luftkühler

Liegt hingegen der Istwert bei Sommerbetrieb zu hoch, so wird als erstes die Außenluftklappe bis zu ihrem Minimalwert geschlossen. Liegt die Temperatur dann immer noch zu hoch, so wird das Regelventil des Luftkühlers zunehmend öffnen. Durch das Aufschalten der mittels Kanalfühler (7) erfaßten Außentemperatur auf den Kaskadenregler erfolgt außerdem eine gleitende Anpassung des Raumtemperatur-Sollwertes bei Sommerbetrieb. Mit Hilfe des Hauptreglers der Kaskade und Kanalfühler (1) wird in Abhängigkeit der Raumbedingung der Sollwert für den PI-Hilfsregler der Kaskade geführt. Weiterhin wird über die in der Kaskade integrierte Zulufttemperatur-Minimalbegrenzung ein zu tiefes Absinken der Zulufttemperatur und damit störende Zugerscheinungen im Raum vermieden.

Die Universaleinheit (6) übernimmt im Zusammenhang mit der ihr zugeführten Raum- und Außenlufttemperatur die Umsteuerung des Wirkungssinnes für die Klappenantriebe durch Vergleich der beiden genannten Temperaturwerte. Über ein an die Universaleinheit angeschlossenes Einstellpotentiometer kann außerdem die minimale Außenluftrate für die Anlage bestimmt werden. Der Frostschutzwächter (12) zeichnet für die Einleitung von Frostschutzmaßnahmen verantwortlich, wenn unmittelbar hinter dem Heizregister eine Temperatur von unter +5 °C unterschritten wird.

10.5 Luftfeuchteregelung bei raumlufttechnischen Anlagen

Bisher wurde nur die Beeinflussung der Lufttemperatur durch Zuluft- bzw. Raumtemperaturregelung betrachtet. In raumlufttechnischen Anlagen kommt es aber sehr häufig auch auf die Regelung der Luftfeuchte an, um bestimmte Raumanforderungen zu erfüllen. Solche Regelkreise weichen zwar von den Temperaturregelkreisen ab, können aber grundsätzlich nicht losgelöst von der Temperaturregelung betrachtet bzw. umgesetzt werden.

10.5.1 Taupunktregelung

Der Feuchtegehalt der Luft kann indirekt über eine Taupunkttemperaturmessung erfaßt und geregelt werden. Als Regelgröße dient dabei die Temperatur der Luft unmittelbar hinter dem Befeuchter, exakt die Temperatur der 100% gesättigten Luft. Der Sollwert wird durch die Taupunkttemperatur, die dem gewünschten Luftzustand entspricht, festgelegt. Durch eine entsprechende Nachwärmung werden die geforderten Werte bezüglich Feuchte und Temperatur erreicht. Nachteilig ist bei dieser Regelungsart, daß Änderungen der Feuchtelast im Raum durch diese Regelung ohne zusätzlichen Regelungsaufwand nicht ausgeglichen werden können.

Im allgemeinen genügt für die Taupunktregelung ein Proportionalregler, höhere Ansprüche werden durch einen PI-Regler abgedeckt. Bei Verwendung einer Kaskadenregelung, bei der die Raumfeuchte miteinbezogen wird, erreicht man ebenfalls höhere Genauigkeiten und berücksichtigt gleichzeitig im Raum auftretende Feuchtelasten.

Reduzierung des Energieverbrauchs

Zur Reduzierung des Energieverbrauchs kann die Taupunktregelung mit einer integrierten Umluftklappensteuerung versehen werden, wobei die Stellgeräte in Sequenz anzusteuern sind.

Hydraulische Grundschaltung des Kühlers

Besondere Beachtung bei der Feuchteregelung ist der hydraulischen Grundschaltung des Kühlers zu geben. Bei bereits kleiner Öffnung des Kühlerventils wird eine Wasserausscheidung benötigt. Dies wäre mit einer Beimischschaltung nicht möglich, es würde nur zur Luftabkühlung kommen. Verwendet man hingegen eine Umlenkschaltung (Verteilschaltung), so tritt das Kühlwasser auch bei kleiner Durchflußmenge mit sei-

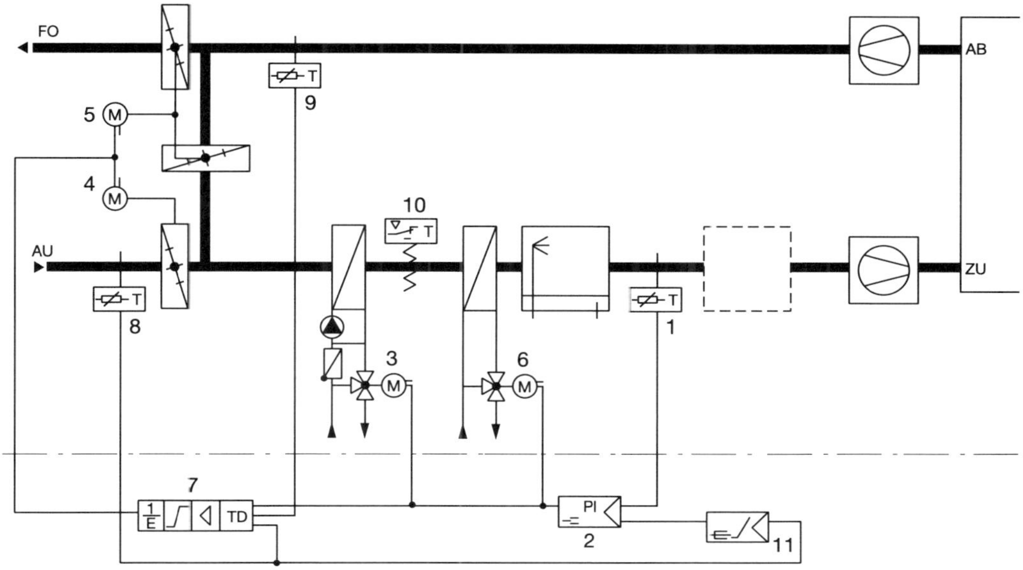

Bild 10.17 Wäscheraustritts-Temperaturregelung mit integrierter Klappensteuerung und Sommer-Winter-Umschaltung

ner niedrigsten Temperatur ein, und es kann eine Wasserausscheidung erfolgen. Es ist aber dabei zu beachten, daß der Kühlwassereintritt unten liegen muß.

Wäscheraustritts-Temperaturregelung mit integrierter Umluftklappensteuerung und Sommer-Winter-Umschaltung

Bild 10.17 zeigt eine Wäscheraustritts-Temperaturregelung mit integrierter Umluftklappensteuerung und Sommer-Winter-Umschaltung. Mittels des Kanalfühlers (1) wird in dieser Anlage die Temperatur hinter dem Luftwäscher ermittelt und dem PI-Regler (2) zugeführt. Er vergleicht diesen Istwert mit seinem vorgegebenen Sollwert und bildet sein Stellsignal, das in Sequenz an das Stellgerät für den Lufterhitzer (3), an die Stellgeräte für die Außen-, Umluft- und Abluftklappen (4, 5, 6) und an das Stellgerät für den Kühler gegeben wird. Ausgehend vom Winterbetrieb ist das Kühlventil geschlossen und die Außenluftklappe auf Mindestaußenluftrate eingestellt. Steigt die Wäscheraustrittstemperatur an, so wird zunächst das Stellgerät des Lufterhitzers allmählich geschlossen, anschließend öffnet zunehmend die Außenluftklappe. Danach erst kommt es zum Öffnen des Kühlerventils. Durch die Universaleinheit erfolgt die Umkehrung des Stellsignals für die Klappenantriebe. Dazu wird über Kanalfühler (7) die Abluft- und über Kanalfühler (8) die Außenlufttemperatur gemessen und dieser Universaleinheit zugeführt.

Liegt bei Sommerbetrieb (Außenlufttemperatur höher als Ablufttemperatur) die Wäscheraustrittstemperatur zu hoch, so schließt zunächst die Außenluftklappe bis zu ihrer Minimalstellung. Danach öffnet zunehmend das Kühlerventil. Der eingebaute Frostschutzwächter leitet bei Unterschreiten seines eingestellten Sollwertes geeignete Frostschutzmaßnahmen ein.

Kaskade einer Raumfeuchteregelung mit Wäscheraustritts-Temperaturregelung

Eine Erweiterung der gerade beschriebenen Wäscheraustritts-Temperaturregelung ist in Bild 10.18 dargestellt. Es handelt sich um die Kaskade einer Raumfeuchteregelung mit Wäscheraustritts-Temperaturregelung. Mit dem Feuchtefühler (9) erfolgt die Messung der Raumfeuchte, die dann auf den Hauptregler (10) der Kaskade aufgeschaltet wird. Hier erfolgt der Vergleich von Soll- und Istwert. Entsprechend der auftretenden Regelabweichung wird durch das Stellsignal der Sollwert (Wäscheraustrittstemperatur) des Hilfsregler (2) verstellt. Somit werden Feuchtelasten im Raum berücksichtigt. Außerdem kann der eingesetzte Luftwäscher einen niedrigeren Befeuchtungsgrad aufweisen, da ein Raumfeuchteregler dies entsprechend ausgleicht.

10.5.2 Direkte Feuchteregelung

Bei der direkten Feuchteregelung erfolgt die Erfassung der Regelgröße mit Hilfe von Feuchtefühlern. Dabei kann die Regelung ansonsten ähnlich der Temperatur über eine Zuluftfeuchte- bzw. über eine Raumfeuchteregelung erfolgen.

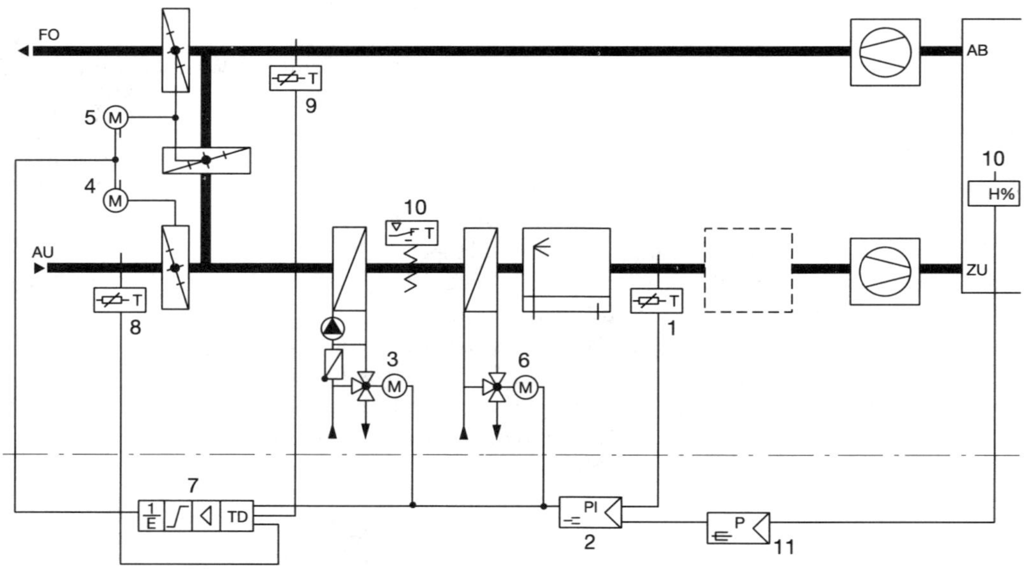

Bild 10.18 Kaskade einer Raumfeuchteregelung mit Wäscheraustritts-Temperaturregelung

Die Regelung für konstante Zuluftfeuchte findet bei raumlufttechnischen Anlagen Anwendung, bei denen die Zuluftfeuchte auf einen konstanten Wert geregelt werden soll und im Raum mit einer gleichmäßigen Feuchtelast zu rechnen ist. Die Zuluft wird gleichzeitig vor- und nachbehandelt. Einen solches Regelschema findet man in Bild 10.19. Zur Messung der absoluten Zuluftfeuchte wird der Kanalfühler (1) mit seinem Speisegerät eingesetzt, dessen Meßwert dem PI-Regler (2) zugeführt wird. Der Regler vergleicht den Soll- mit dem Istwert und bildet je nach Regelabweichung das Stellsignal. Dieses wird dem Stellgerät des Umlauf-Sprühbefeuchters (3) zugeführt und damit über dessen Befeuchtungsleistung die Zuluftfeuchte geregelt. Mit dem zusätzlich vorhandenen Zuluftfeuchtewächter (4) erfolgt eine Überwachung und Maximalbegrenzung. Die zugehörige Wäscherpumpe kann im Zusammenhang mit dem Stellsignal des Reglers (2) über eine Schalteinheit zu- bzw. abgeschaltet werden.

Regelung für konstante Zuluftfeuchte

Erfolgt die Verlegung des Feuchtefühlers aus dem Zuluftkanal in den Raum bzw. Abluftkanal, so werden die Feuchtelasten des Raumes bei der Regelung berücksichtigt; es entsteht eine Regelung für eine konstante relative Raumfeuchte. Allerdings ergeben sich dadurch größere Verzögerungszeiten, verbunden mit einer höheren Schwierigkeit bei der Regelung. Mit dem Abluftfühler (1) wird entsprechend Bild 10.20 die relative Feuchte erfaßt. Der nachgeschaltete Regler (2) bildet nach dem

Regelung für eine konstante relative Raumfeuchte

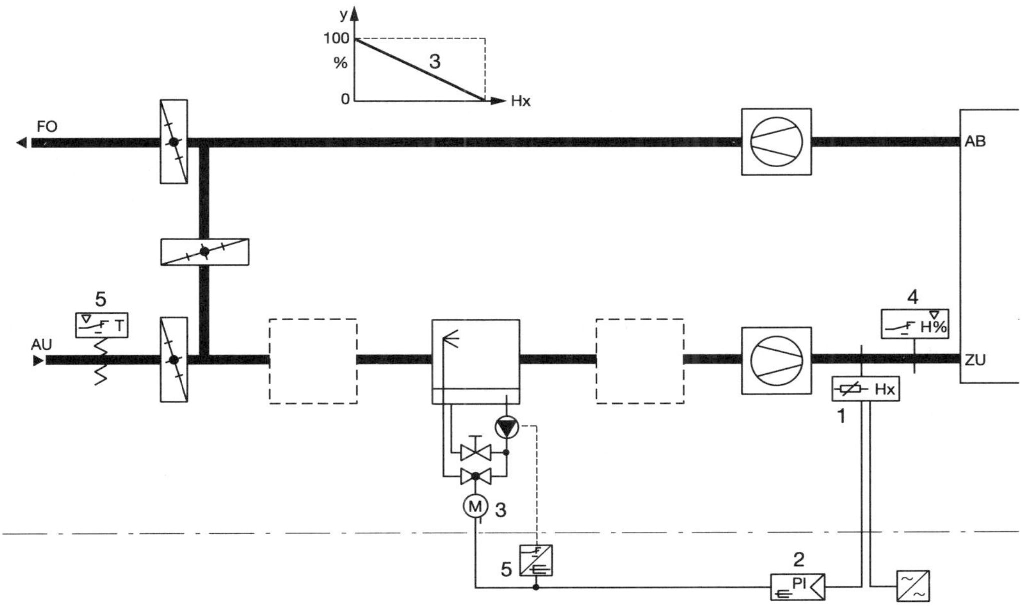

Bild 10.19 Regelung für eine konstante relative Zuluftfeuchte

Bild 10.20
Regelung für eine konstante relative Raumfeuchte

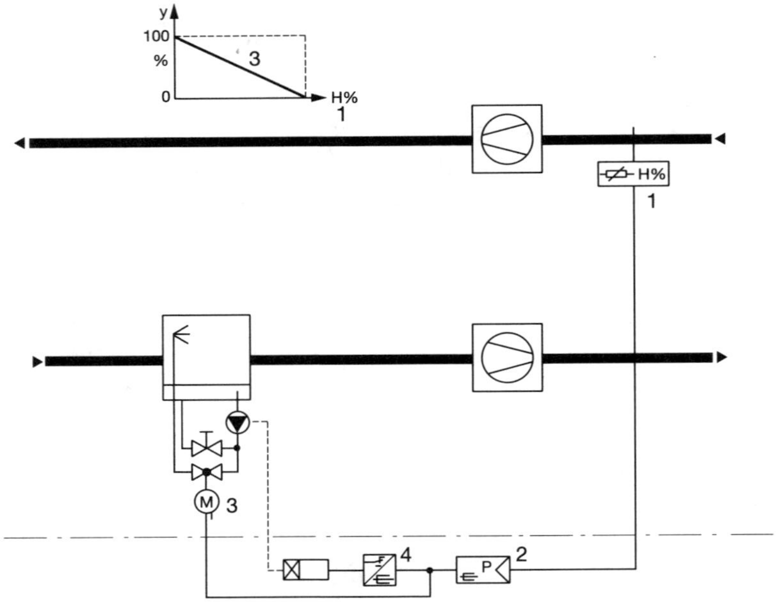

Sollwert-Istwert-Vergleich das entsprechende Stellsignal, das an das Stellgerät (3) des Luftwäschers weitergeleitet wird. Somit wird die Befeuchtungsleistung und damit die Raumfeuchte beeinflußt. Die zugehörige Wäscherpumpe kann im Zusammenhang mit dem Stellsignal über eine Schalteinheit zu- bzw. abgeschaltet werden.

Feuchteregelung mittels Dampfbefeuchter

Zunehmend finden für die Feuchteregelung sogenannte Dampfbefeuchter ihren Einsatz (Bild 10.21). Der Vorteil liegt darin, daß durch die Dampfbefeuchtung keine zusätzlichen Störgrößen in den Temperaturregelkreis hineingetragen werden. Bei dieser Befeuchtung kommt es zu keiner nennenswerten Anhebung der Lufttemperatur. Die gegenseitige Beeinflussung der beiden Regelkreise für Temperatur und Feuchte ist also gering. Schwierigkeiten mit Dampfbefeuchtern sind dort zu erwarten, wo die Befeuchtungsstrecke relativ knapp räumlich bemessen ist. Die strömende Luft muß genügend Gelegenheit haben, den eingeblasenen Dampf aufnehmen zu können. Ist dies nicht der Fall, kann es zu örtlichen Kondensationen an den Kanalwänden kommen. Zur Vollständigkeit solcher Regelungen gehören daher immer Feuchtewächter zur Maximalbegrenzung, die bei Bedarf die Dampfzufuhr unterbrechen können.

Mittels des Kanalfühlers (1) mit seinem Speisegerät wird die absolute Zuluftfeuchte im geeigneten Abstand zum Dampfbefeuchter gemessen und dem Regler (2) zum Sollwert-Istwert-Vergleich zugeführt. Bei Auftreten einer Regelabweichung verändert der Regler sein auf das Stell-

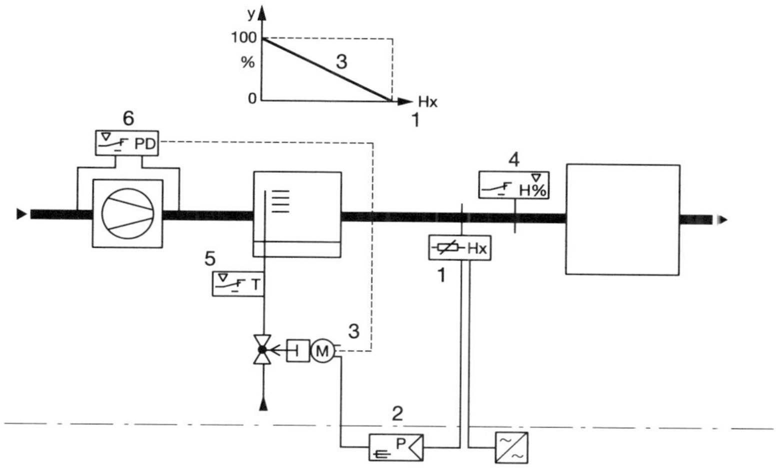

Bild 10.21
Regelung der Feuchte mittels Dampfbefeuchter

gerät (3) wirkendes Stellsignal und regelt somit die Feuchteabweichung aus. Der Zuluftfeuchtewächer (4) unterbricht die Dampfzufuhr, wenn die an ihm eingestellte max. relative Feuchte überschritten wird. Damit diese Funktion auch nur bei Betrieb des Dampfbefeuchters auftritt, wird mit dem Temperaturwächter (5) der Betrieb des Befeuchters überwacht und nur dann die Unterbrechung der Dampfzufuhr ermöglicht. Ein Strömungswächter in Form einer Differenzdrucküberwachung über dem Ventilator schließt bei Unterschreiten eines eingestellten Wertes das Dampfbefeuchterventil.

10.6 Beispiel einer Klimaanlagenregelung

Bisher wurden Regelungsmöglichkeiten der Temperatur bzw. Feuchte immer als alleinige Regelkreise betrachtet. In einer realen Anlage, z.B. als Komfortklimaanlage für Hotels, Theater, DV-Räume, Präzisionswerkstätten, Museen o.ä., sind die Mischlufttemperaturregelung mit Klappen, der Feuchteregelkreis und ein Nacherwärmer-Regelkreis zu finden. Damit läßt sich die Raumluftfeuchte sowohl im Winter- als auch im Sommerbetrieb auf einen konstanten Wert regeln. Die Temperatur wird im Winterbetrieb ebenfalls auf einen konstanten Wert gefahren und bei Sommerbetrieb gleitend der Außenlufttemperatur angepaßt.

Bei der in Bild 10.22 dargestellten RLT-Anlage mit ihren Regelkreisen finden wir ein solches Regelungskonzept umgesetzt. Außenluftklappe, Vorwärmer, Luftkühler und Nachwärmer werden in Sequenz betrieben. Die Teilbereiche der Sequenz werden an den Stellungsreglern

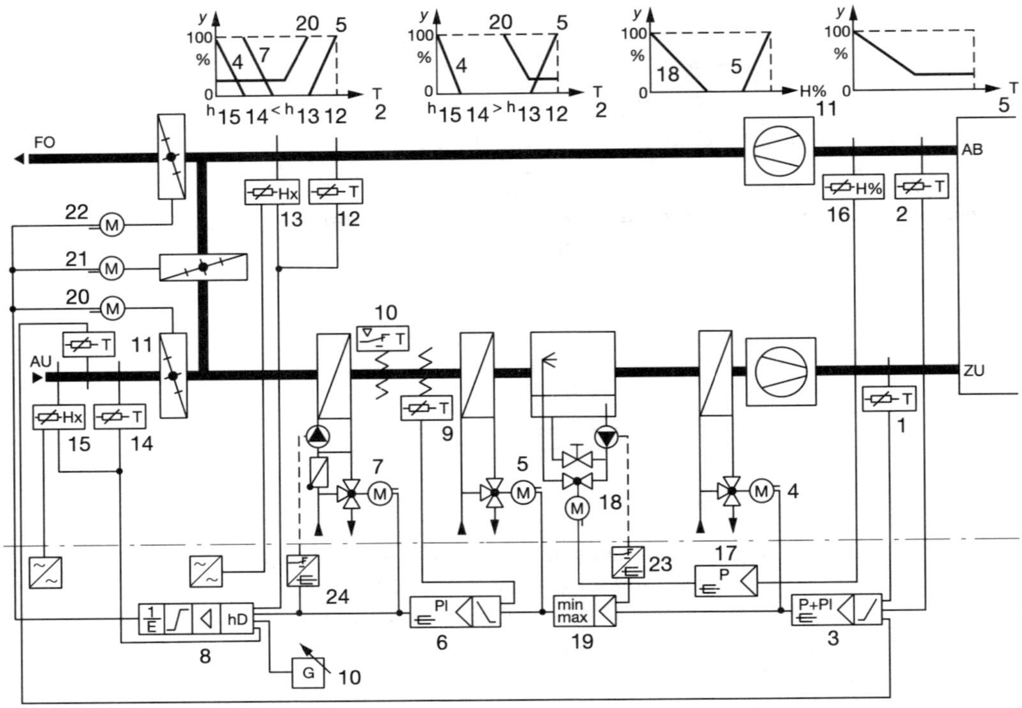

Bild 10.22 Beispiel einer Klimaanlagenregelung

der entsprechenden Stellantriebe bzw. an der Universaleinheit eingestellt.

Die Kanalfühler (1) und (2) messen die Zuluft- bzw. die Abluft-(Raum-)temperatur. Der P-PI-Kaskadenregler (3) bildet das Stellsignal für die Aussteuerung des Stellgerätes des Nachwärmers (4) und des Stellgerätes für den Luftkühler (5). Gleichzeitig wird das Stellsignal über den PI-Regler (6) zur Beeinflussung des Stellgerätes des Vorwärmers (7) und der Stellantriebe der Außenluft-, Umluft- und Fortluftklappen über die Universaleinheit (8) verwendet. Die Zulufttemperatur-Regelstrecke bildet mit dem P-PI-Kaskadenregler (3) einen PI-Hilfsregelkreis, mit dessen Hilfe alle auf diese Strecke einwirkenden Störungen ausgeregelt werden. Der Hauptregelkreis besteht aus dem Raum mit dem Abluftfühler und dem P-Regler der Kaskade. Der Hauptregler legt mit der Raumtemperatur als Regelgröße den Sollwert des nachgeschalteten Hilfsreglers fest. Mit zunehmender Raumtemperatur wird der Sollwert der Zuluft proportional tiefer gestellt unter der Beachtung der Minimal-Zuluft-Temperaturbegrenzung, die im Kaskadenregler integriert ist. Mit dem PI-Regler (6) und dem zugehörigen Kanaltemperaturfühler (9) wird eine Frostschutz-Anfahrschaltung zum problemlosen Anfahren der Anlage bei niedrigen Außenlufttemperaturen realisiert. Der Kaskadenregler gibt dabei dem PI-Regler (6) je nach Zulufttemperatur einen Sollwert vor, der im Normalfall das Ansprechen des Frostschutzwächters (10) mit seinen Frostschutzmaßnahmen verhindert.

Die Raumtemperatur wird im Winter konstant geregelt und im Sommer gleitend der Außentemperatur unter Zuhilfenahme des Kanalfühlers (11) angepaßt. Über die Universaleinheit (12) erfolgt im Zusammenhang mit dem Abluft-Temperaturfühler (13), dem Abluft-Feuchtefühler (14) sowie dem Außentemperaturfühler (15) und dem Außenluft-Feuchtefühler (16) die Umsteuerung des Wirkungssinnes der Außen-, Umluft- und Fortluftklappe. Der Feuchtefühler (19) dient als Meßglied für die Regelung der relativen Raumluftfeuchte. Dazu wird der Meßwert dem Feuchteregler (18) zur Ermittlung der Regelabweichung und entsprechender Stellsignalbildung zugeführt. Der Feuchteregler beeinflußt zugehörig das Stellgerät (20) des Befeuchters und damit die Raumluftfeuchte. Die Auswahllogik (17) leitet das größere der beiden Stellsignale des Kaskadenreglers (3) bzw. des Feuchtereglers (18) an das Stellgerät des Luftkühlers (5) zur Kühlung bzw. Entfeuchtung weiter.

10.7 Druckregelung von raumlufttechnischen Anlagen

Bei größeren RLT-Anlagen steht die Forderung, neben der Feuchte- und Temperaturregelung den Druck als eine weitere Regelgröße konstant zu halten. Durch Verändern des Luftstromes über Drehzahlstellung der Ventilatoren oder Klappenverstellung wird der Druck im Kanal bzw. den Räumen beeinflußt. In großen Anlagen, bei denen Teilkomponenten zu- bzw. abgeschaltet werden, ist dazu der Druck im Zuluftkanal zu regeln. Bei anderen Anlagen geht es um die Einhaltung von Raumdrücken entweder als Überdruck (z. B. bei Präzisionswerkstätten, Reinräumen) bzw. als Unterdruck (z. B. Laboratorien). Die benötigten Drücke für Über- bzw. Unterdruck gegenüber dem atmosphärischen Druck sind dabei verhältnismäßig gering (ca. 50 Pa). Die Messung der Druckdifferenz erfolgt über entsprechende Differenzdruck-Meßeinrichtungen, die den Kanal- bzw. Raumdruck gegenüber der Atmosphäre feststellen. Zu beachten ist aber, daß bei großen Gebäudekomplexen sehr schnell Abweichungen des atmosphärischen Druckes durch die verschiedenen Gebäudeseiten mit unterschiedlichen Windlasten auftreten können. Die Meßstelle für den atmosphärischen Druck muß daher frei von Windeinflüssen sein.

Kanaldruckregelung

Eine Kanaldruckregelung ist in Bild 10.23 dargestellt. Diese Regelung findet ihre Anwendung in Anlagen, in denen der Überdruck im Zu-

Bild 10.23
Kanaldruckregelung

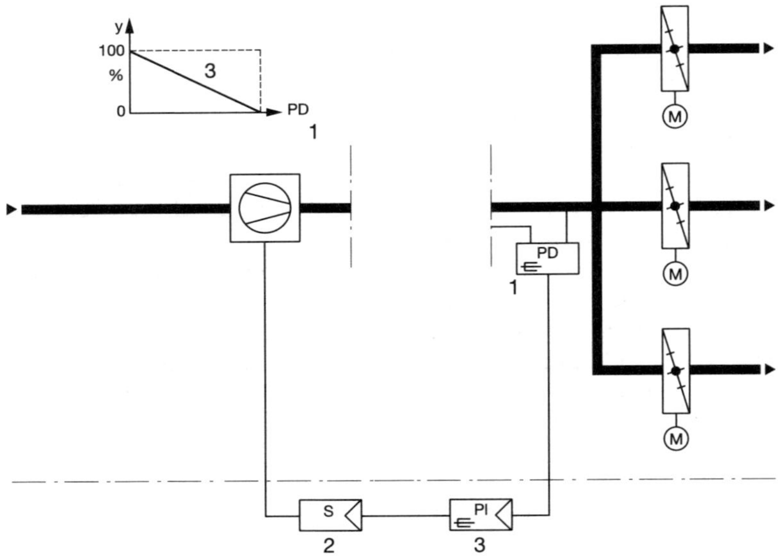

luftkanal auf einen konstanten Wert geregelt werden muß. Dies trifft beispielsweise bei Mehrzonenanlagen mit Volumenstromregelung (siehe auch Abschnitt 10.8) zu. Durch unterschiedliche Abnahmen schwankt der Kanaldruck.

Der Differenzdruck-Meßumformer (1) erfaßt den Überdruck im Kanal gegenüber der Atmosphäre und leitet den Meßwert an den PI-Regler (2) weiter. Hier erfolgen der Sollwert-Istwert-Vergleich und die Veränderung des Stellsignals bei einer festgestellten Regelabweichung. Das Stellsignal wird an den Drehzahlsteller (3) gegeben und damit die Ventilatordrehzahl variiert. So können Druckschwankungen ausgeregelt werden.

Raumüberdruckregelung

Raumüberdruckregelungen werden bei Anlagen eingesetzt, die ein unkontrolliertes Einströmen von Luft über Raumöffnungen bzw. eventuelle Undichtigkeiten verhindern sollen. Entsprechend Bild 10.24 wird auch hier mit einem Differenzdruck-Meßumformer (1) der Druck im Raum gegenüber der Atmosphäre (bzw. umgebenden Räumen) ermittelt und das Signal an den PI-Regler (2) weitergegeben. Bei Ermittlung einer Regelabweichung durch Sollwert-Istwert-Vergleich wird durch das Stellsignal des Reglers über den Stellantrieb (3) mit Stellungsregler die Druckschwankung durch Klappenverstellung im Abluftkanal ausgeregelt. Auch die Ansteuerung des Ventilators über einen Drehzahlsteller durch das Stellsignal des Reglers ist möglich. Sie bietet den Vorteil, daß Antriebsenergie für den Abluftventilator (speziell in großen Anlagen) gespart wird.

Raumunterdruckregelung

Ähnlich funktioniert auch die in Bild 10.25 dargestellte Raumunterdruckregelung. Hier wird ebenfalls mit einem Differenzdruck-Meßum-

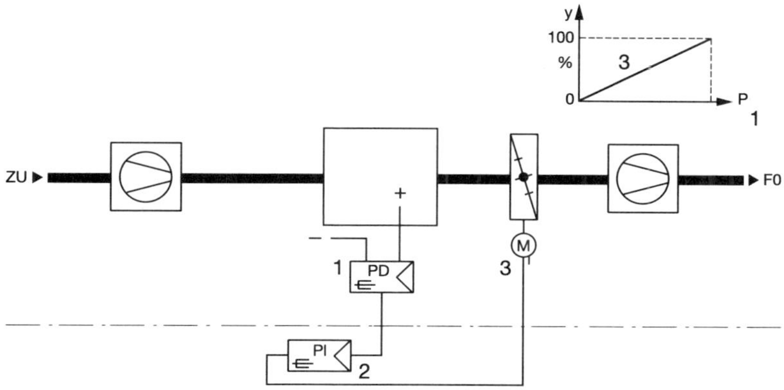

Bild 10.24
Raumüberdruck-
regelung

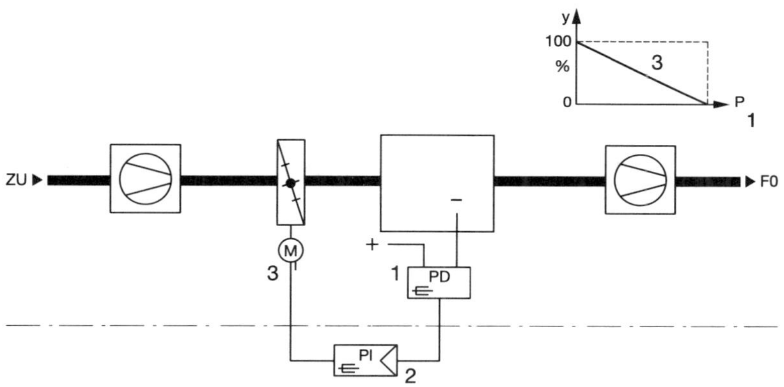

Bild 10.25
Raumunterdruck-
regelung

former (1) der Unterdruck im Raum gegenüber der Atmosphäre (bzw. umgebenden Räumen) festgestellt und das Meßsignal dem Regler (2) zugeführt. Bei einer aufgetretenen Regelabweichung wird das auf den Stellantrieb (3) der Drosselklappe wirkende Stellsignal verändert und die Abweichung ausgeregelt.

10.8 Variable Volumenstromregelung

An die haustechnischen Anlagen eines Gebäudes werden immer höhere Anforderungen bezüglich des Komforts in den Räumen und auch bezüglich der Betriebskosten gestellt. Dabei treten zwei Arten von Energieproblemen auf: Einerseits muß die motorische Leistung zur Förderung des Volumens und andererseits die Energie zur Änderung des Wärmeinhaltes der geförderten Medien aufgebracht werden. Dank Wärmerückgewinnung werden die Kosten für die Erwärmung der Luft gesenkt. Dafür treten aber Schwierigkeiten mit der Lufterneuerung und der Abfuhr von Fremdwärme auf. Lufterneuerung ist insbesondere dort notwendig, wo sich durch Menschenansammlungen, Prozesse bzw. Maschinen die Luftqualität verschlechtert. In einzelnen Räumen können die Störungen durchaus variieren bzw. zeitlich zu einem anderen Zeitpunkt auftreten.

Um den Anforderungen trotzdem optimal gerecht zu werden, verändert sich die Anlagentechnik von Zonen- zu Einzelraumregelungen. Somit kann jeder Raum individuell nach seiner Nutzung und Gewohnheiten des Nutzers energieoptimal gefahren werden. Da beispielsweise die Sonneneinstrahlung als ein Grund für den Fremdwärmeeintrag in die Räume nicht über den ganzen Tag konstant ist, verteilen sich die Kühllasten. Die Gesamtkühllast ist damit nie die Summe aller Einzelmaxima; die Auslegung der Luftaufbereitungsanlage sowie des Verteilnetzes kann durch ❶ **VVS-Anlagen** auf das zeitliche Maximum beschränkt werden. Ebenso wird von den Einzelräumen nicht immer die größte Last gefordert. Durch ein VVS-System lassen sich die wichtigsten hygienischen und thermischen Anforderungen an das Raumklima mit relativ geringem Aufwand (speziell an Energie) erfüllen. In den Einzelräumen befinden sich entsprechende Volumenstromregler, die im Bedarfsfall den zugeführten Volumenstrom erhöhen.

❶ *Anlagen mit variabler Volumenstromregelung*

Im Vergleich zu Regelungen mit konstantem Volumenstrom variabler Temperatur zeigen sich folgende Vorteile:

Vorteile der variablen Volumenstromregelung

- ❑ zunehmende Fremdwärme ist sehr häufig mit schlechter Luftqualität (z.B. durch Menschenansammlungen, technische Prozesse o.ä.) gekoppelt;
- ❑ bei kleinerer Kühllast geht der Energiebedarf zur Luftaufbereitung und Umwälzung auf ein Minimum zurück;
- ❑ bei großen Kühllasten wird die Luftmenge erhöht und nicht die Temperatur abgesenkt, dies ist mit weniger Verlusten bei der Luftaufbereitung verbunden, und es tritt eine bessere Raumdurchmischung auf (keine kalten Luftschichten im Fußbereich).

Gleichgewichtsregler

Gleichzeitig ist aber zu berücksichtigen, daß dem Kanalnetz ein höherer Stellenwert zukommt. Es übernimmt nicht nur die Verteilfunktion, sondern muß auch die Dosierung der einzelnen Luftströme gewährleisten. Die Strömungsverhältnisse sind durch die variierenden Volumenströme dynamisch. Zur Dosierung der individuellen Luftströme sind Volumenstromregler und evtl. motorisch verstellbare Luftauslässe nötig. Gleichgewichtsregler, wie in Bild 10.26 dargestellt, sorgen ohne zusätzliche Hilfsenergie auf mechanischer Basis für einen konstanten Volumenstrom. Durch das Vorbeiströmen der Luft wirkt auf die Klappe eine Kraft, die dem Staudruck proportional ist. Es entsteht somit ein Drehmoment, das durch eine Federkraft ausgeglichen wird. Das System befindet sich damit im Gleichgewicht. Tritt eine Volumenstromände-

Bild 10.26
Gleichgewichtsregler

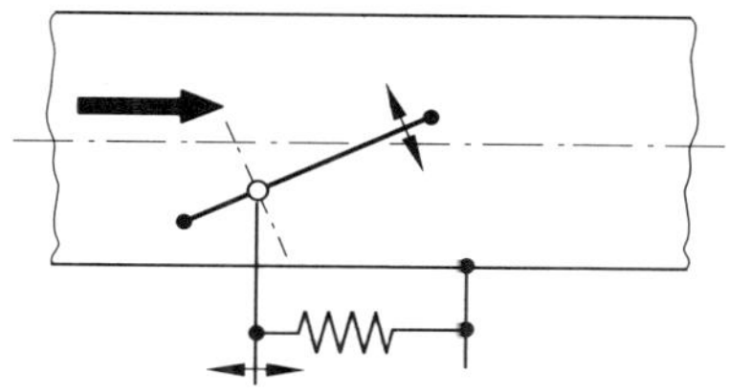

rung auf, so kommt es zu einer Veränderung des Gleichgewichtszustandes. Es kommt zu einer Verstellung der Klappe, bis der Gleichgewichtszustand wiederhergestellt ist.

Stellantrieb mit Hilfsenergie

Wird nun über eine Zusatzeinrichtung in Form eines Stellantriebs mit Hilfsenergie die Federkraft verändert (Bild 10.27), so können andere Volumenströme eingestellt und dann konstant gehalten werden. Es wird im Grunde genommen die Führungsgröße des Gleichgewichtsreglers variiert. Dieses System hat aber einige Eigenschaften, die störend wirken können:

Störende Eigenschaften

- mechanisch aufwendige Konstruktion mit hoher Verschmutzungsanfälligkeit,
- keine lineare Kinnlinie, bedingt durch die Federcharakteristik und Klappenkennlinie,
- minimaler Vordruck erforderlich,
- Hysterese bei wechselndem Systemdruck,
- Ungenauigkeiten bei kleinen Luftgeschwindigkeiten,
- notwendige Dämpfung der Klappe.

Am Markt werden mittlerweile aber auch vorteilhafte Systeme mit Hilfsenergie angeboten, die entsprechend genauer arbeiten und mit bereits vorhandenen Regelsystemen kombiniert werden können.

Einzelpunktmessung

Wirkdruckmessung

Da es für den Volumenstrom keine direkte Meßmöglichkeit gibt, wird er indirekt über eine dem Volumenstrom proportionale physikalische Größe (z.B. Druck, Geschwindigkeit o.ä.) gemessen. Im wesentlichen kommen dazu entweder Einzelpunktmessungen der Strömungsgeschwindigkeit mit elektronischen Systemen oder die Wirkdruckmessung mittels Staukreuz bzw. Stauring zum Einsatz. Im Regler wird das

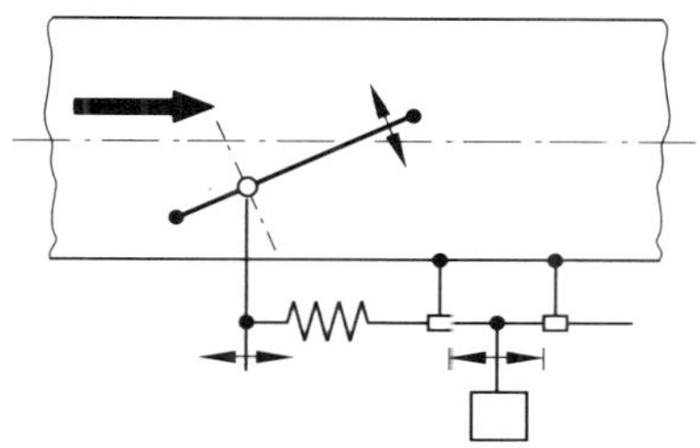

Bild 10.27
Gleichgewichtsregler für variierende Volumenströme

Meßsignal mit dem eingestellten Sollwert des Volumenstromes verglichen. Je nach Regelabweichung erfolgt die Verstellung der Regelklappe mittels seines Stellantriebs. Die Führungsgröße *w* des Reglers wird in Abhängigkeit der Raumbedingungen geführt. Die Regelung der Energiezufuhr in die Räume erfolgt immer über den Raum- bzw. Ablufttemperatur-Regelkreis. Die Abluftmenge wird dagegen nur dann geregelt, wenn es die Raumdruckverhältnisse erfordern. Die folgenden Raumregelungen haben sich als sinnvoll erwiesen:

Sinnvolle Raumregelung

- Zuluftmengenregelung über die Raumtemperatur (Abluftströmung ungeregelt),
- Zu- und Abluftmengenregelung parallel über die Raumtemperatur,
- Zuluftmengenregelung über die Raumtemperatur, Abluftmengenregelung über Raumdifferenzdruck,
- Sequenzregelung der Zuluftmenge und der Nacherwärmung über die Raumtemperatur, Abluftmengenregelung wie bereits oben aufgeführt.

Variable Luftmenge mit Nacherwärmung

Variable Luftmenge mit Nacherwärmung findet in den Räumen Anwendung, in denen der interne Wärmeanfall geringer als der Wärmeverlust ist. Neben dem Nacherhitzer können auch statische Heizflächen im Raum die Wärmedifferenz decken. Die minimale Luftmenge während des Heizbetriebes sorgt für den Mindestaußenluftanteil und sorgt für eine ausreichende Raumluftspülung. Bei zunehmender Raumtemperatur schließt das Heizventil, und die Zuluftmenge wird vergrößert. Der Sollwert der Raumtemperatur kann dabei konstant bleiben oder nach der Außentemperatur im Sommer angehoben werden.

Tritt häufig Leerstand des Raumes ein, so ist es aus Energiegründen sinnvoll, die Luftmengenregelung während dieser Zeit zu sperren. Der Raum wird mit einem Mindestvolumenstrom belüftet und im Winter auf Raumtemperatur gehalten. Im Sommerbetrieb mit Kühlung erfolgt eine Vollabsperrung der Zuluft.

Bei Abschaltung der Anlage werden zur Vermeidung von thermischen Strömungen die Klappen geschlossen, der Nachwärmer abgeriegelt. Wird die gesamte Energiezufuhr abgeschaltet, so sollte in den Referenzräumen die Überwachung der minimalen Temperatur erfolgen. Bei Unterschreitung wird einfach die Anlage mit 100 % Umluft gefahren und die Zulufttemperatur gegenüber Tagbetrieb angehoben. Nach Erreichen der minimalen Temperatur wird die Anlage wieder abgeschaltet.

Variable Luftmenge ohne Nachwärmung

Ist der innere Wärmeanfall immer größer als der Wärmeverlust (beispielsweise bei innenliegenden Räumen), so kann auf die Nachwärmung verzichtet werden. Man erhält somit eine variable Luftmenge ohne Nachwärmung. Um die Räume bei Nichtbelegung (geringer Wärmeanfall) nicht zu stark auskühlen zu lassen, sollte die Luftzufuhr zum Raum gestoppt werden, wenn die Raumtemperatur das untere P-Bandende erreicht. Kühlen die Räume bei abgeschalteter Anlage dennoch aus, so ist

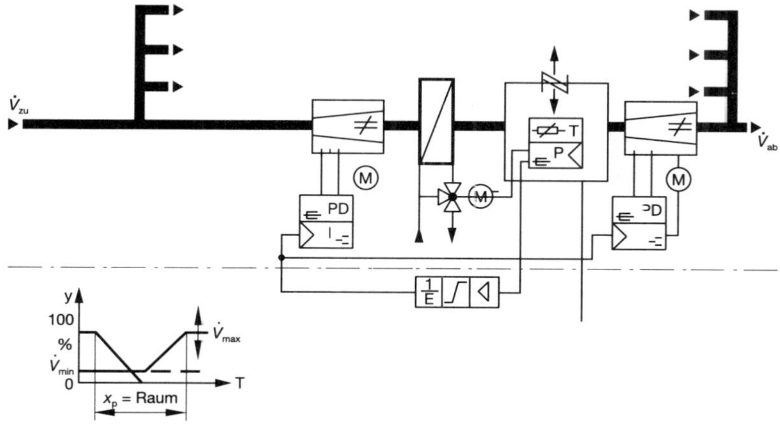

Bild 10.28
Variable Volumenstromregelung; Zu- und Abluft parallel geregelt

beim Morgenstart eine Aufheizphase einzuplanen. Dabei arbeitet die VVS-Anlage mit erhöhter Zulufttemperatur und 100 % Umluft.

Variable Volumenstromregelung mit Zu- und Abluft-Parallelbetrieb

Die einfachste Art der Volumenstromregelung ist der Parallelbetrieb von Zu- und Abluftgeräten mit eigenen Volumenstromreglern in Folge über einen Raumtemperaturregler als Führungsregler (Bild 10.28). Dabei sind die Luftmengenregler so eingestellt, daß über den gesamten Arbeitsbereich eine konstante Volumendifferenz zwischen Zu- und Abluft eingehalten wird. Dies setzt aber absolut linear und ohne Hysterese arbeitende Volumenstromregler voraus.

Bei der in Bild 10.29 dargestellten Sequenzregelung der Zu- und Abluft erfolgt die Regelung der Zuluftmenge über den Zuluftvolumenstromregler (1), der als Folgeregler dem Raumtemperaturregler (2) als

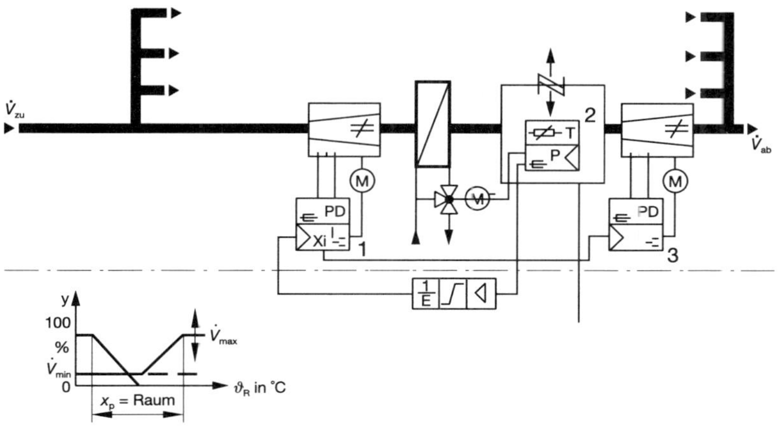

Bild 10.29
Sequenzregelung Zu- und Abluftvolumenstrom

Führungsregler nachgeschaltet ist, und stellt so den zugehörigen Zuluftvolumenstrom ein. Der Abluftvolumenstrom wird durch den Regler (3) geregelt. Er bekommt seine Führungsgröße wiederum als weiterer Folgeregler vom Zuluft-Volumenstromregler.

Bei den beiden erwähnten Beispielen werden weitgehend dichte Räume vorausgesetzt. Stehen aber Forderungen bestimmter Über- oder Unterdrücke des Raumes gegenüber umliegenden Gebäudeteilen, so muß die Regelung des Zu- und Abluftvolumenstromes getrennt erfolgen. Bei dem in Bild 10.30 dargestellten Regelschema wird der Zuluftvolumenstrom über den Regler (1) konstant gehalten. Er bekommt als Folgeregler seine Führungsgröße in Abhängigkeit der Raumtemperatur vom Raumtemperaturregler (2) als Führungsregler. Durch den Regler (3) wird der Abluftvolumenstrom geregelt. Als Führungsgröße dient diesem Regler der gemessene Raumüber- bzw. -unterdruck.

Die lastabhängig über die Räume geregelte variable Luftmenge führt zwangsläufig zu statischen Druckschwankungen im Kanalnetz der Anlage. Im Schwachlastfall baut sich ein hoher statischer Druck auf, der unnötig hohe Antriebsenergie vernichtet und zu Geräuschproblemen an den Luftauslässen führen kann. Im Vollastfall wird hingegen ein minimaler Druck benötigt, damit den Räumen der erforderliche Volumenstrom entsprechend der Anlagenauslegung zugeführt werden kann. Daher gilt es für beide Grenzfälle den statischen Druck im Kanalnetz den jeweiligen Betriebszuständen anzupassen. Dazu kann entweder über Regelklappen oder durch Bypassstrecken der Systemwiderstand (Kanalnetzkennlinie) oder durch Drehzahlstellung bzw. Leitschaufel- sowie Laufschaufelverstellung der Anlagendruck verändert werden. Welche

Bild 10.30
Variable Volumenstromregelung mit Raumüberdruckhaltung

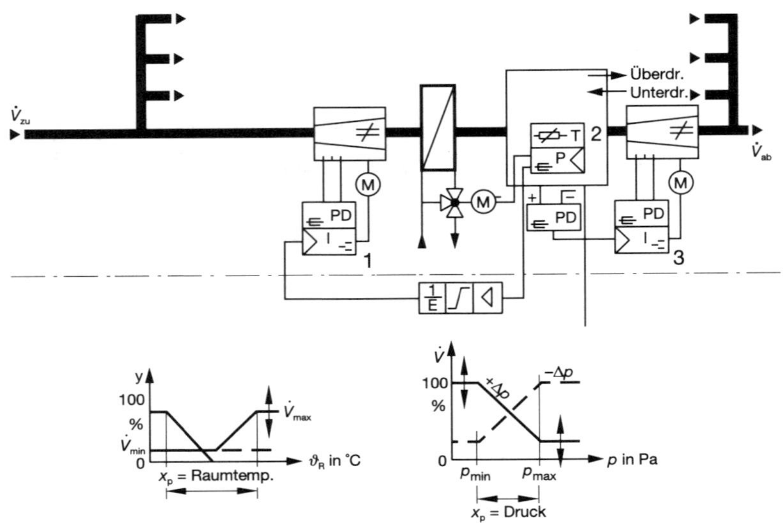

Lösung dabei den Vorrang erhält, ist von mehreren Faktoren abhängig: beispielsweise Investitionskosten, Regelbereich der Luftmenge, Betriebskosten usw.

In Systemen mit mehreren Hauptsträngen muß der Zuluftventilator nach dem niedrigsten Druck geregelt werden. Erreicht ein anderer Strang einen zu hohen Druck, so kann hier eine zusätzliche Druckbegrenzung je Strang zu einem besseren Betriebsverhalten führen.

10.9 Frostschutzmaßnahmen bei raumlufttechnischen Anlagen

Um raumlufttechnische Anlagen ausreichend zu schützen, sind geeignete Maßnahmen in der Anlage vorzusehen. Besonders den wasserführenden Bauteilen der Anlage droht bei ungünstigen Bedingungen Einfriergefahr. Gefährliche Zustände ergeben sich besonders bei:

Gefährliche Zustände

- Anfahren nach längerem Stillstand der Anlage,
- Ausfall des Heizmediums während des Betriebes,
- Stillstand der Anlage durch Auskühlen der Lufterhitzer.

Die einfachste Schutzvariante ist der Einsatz eines entsprechenden Frostschutzwächters, der bereits bei den besprochenen Regelvarianten erwähnt wurde. Dabei erfaßt ein Kapillarrohrfühler direkt hinter dem zu schützenden Bauteil die Zulufttemperatur. Bei Unterschreiten des eingestellten Wertes von 5 °C schaltet der Wächter und löst damit verschiedene Funktionen aus. Je nach Anlagengröße werden in der Regel die Außen- und Fortluftklappen geschlossen, das Vorerhitzerventil geöffnet und zusätzlich ein Alarmsignal ausgelöst. Der übrige Betriebszustand der Anlage sollte so lange aufrechterhalten werden, bis die Einfriergefahr beseitigt ist.

Frostschutz-Anfahrschaltung

Besteht die Gefahr des Einfrierens bei Anlageninbetriebnahme, so kommt die in Bild 10.31 gezeigte Frostschutz-Anfahrschaltung zum Einsatz. Der Kapillarrohrfühler (1) erfaßt hierbei die Zulufttemperatur hinter dem zu schützenden Register. Sein Istwert wird auf den PI-Regler (2) aufgeschaltet und dort mit dem eingestellten Sollwert verglichen. Je nach Regelabweichung wird das auf das Stellgerät (3) einwirkende Stellsignal verändert und einwirkende Störungen ausgeregelt. Das Stellsignal kann dabei in Sequenz auf andere Anlagenteile, wie Klappen oder Wärmerückgewinnung, wirken. Die Teilbereiche der Sequenz werden durch Stellungsregler an den einzelnen Stellgeräten festgelegt. Da der Regelkreis Bestandteil einer Sequenz einer Regelkaskade mit übergeordnetem Hauptregler ist, wird der Sollwert der Frostschutz-Anfahrschaltung entsprechend angehoben und damit ein sicherer Schutz gewährlei-

Bild 10.31
Frostschutz-Anfahrschaltung

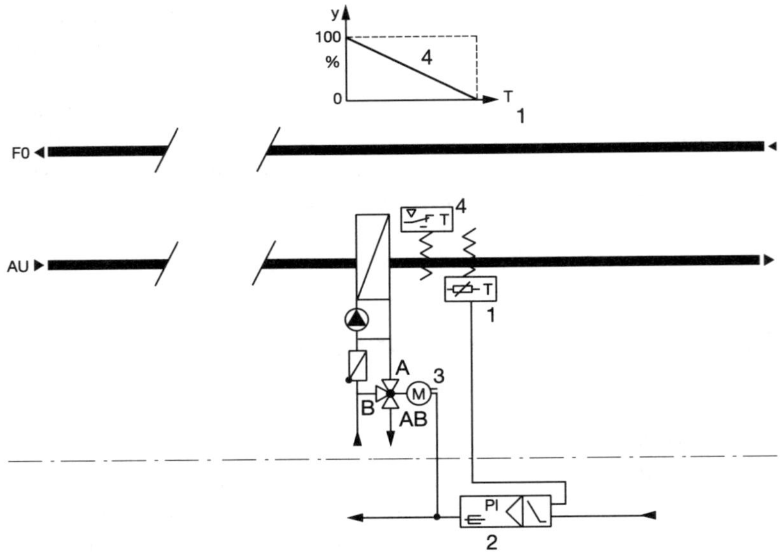

stet. Der zusätzlich vorhandene Frostschutzwächter übernimmt nur noch eine Sicherheitsaufgabe, um im Falle eines Defektes im Regelkreis das Einfrieren von Anlagenteilen zu verhindern. Vorteilhaft ist diese Schaltung insbesondere deshalb, da bei niedrigen Außenlufttemperaturen der Schutz in Form einer Regelung unabhängig vom Hauptregelkreis wirksam wird. Es treten damit praktisch keine Totzeiten auf, die in der Zwischenzeit zum Ansprechen des Frostschutzwächters führen können.

Bild 10.32
Vereisungsschutzregelung der Wärmerückgewinnung

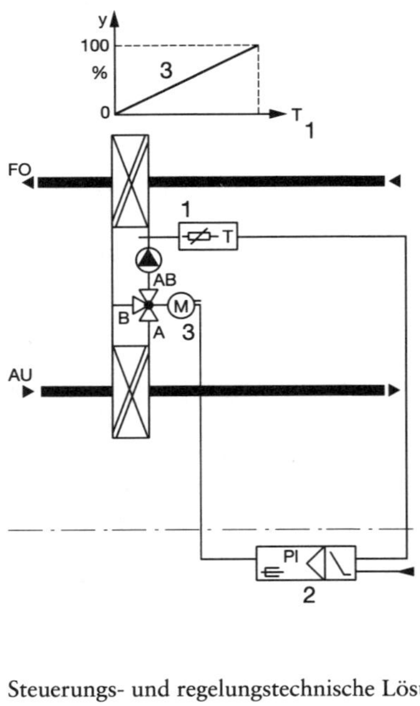

Bei Anlagen mit Wärmerückgewinnung besteht zusätzlich die Gefahr des Vereisens des Abluftregisters. Man wendet daher hier sogenannte Vereisungsschutzregelungen an. Eine solche Regelung ist als Prinzipdarstellung in Bild 10.32 zu finden. Der Tauchfühler (1) mißt die Eintrittstemperatur des Wärmeaustauschermediums ins Abluftregister. Der nachgeschaltete PI-Regler (2) vergleicht die Eintrittstemperatur mit einem vorgegebenen Sollwert. Tritt eine Regelabweichung auf, so wird das auf das Stellgerät (3) einwirkende Stellsignal verändert und die Abweichung durch Rücklaufbeimischung ausgeregelt. Da die Regelung der Wärmerückgewinnung Bestandteil einer Sequenz einer Kaskade ist, wird der Sollwert über den Hauptregelkreis geführt und entsprechend angehoben.

Vereisungsschutz-regelungen

10.10 Energiemanagementmaßnahmen bei raumlufttechnischen Anlagen

Neben der Schaffung eines geforderten bzw. angenehmen Umfeldes dient der Einsatz der Steuerungs- und Regelungstechnik heute in der Lüftungstechnik auch der wirtschaftlichen Betriebsweise einer Anlage. Durch die bei raumlufttechnischen Anlagen erheblichen Betriebskosten sind die Ansprüche im wirtschaftlichen Bereich gestiegen und damit seitens der Hersteller der Gerätetechnik in ihren Produkten berücksichtigt. Unter der wirtschaftlichen Betrachtungsweise spielen spezielle Energiemanagementfunktionen bei der Steuerung und Regelung der Anlagen eine Rolle bzw. stehen als Forderung. Mit der Verwendung sogenannter Gebäudeleittechnik werden die verschiedensten Maßnahmen der Einsparung erst möglich und voll wirksam.

Zu den Maßnahmen gehören:

Maßnahmen zur Einsparung

- Begrenzung der Außenluftrate bei tiefen und hohen Außentemperaturen,
- gleitende Fahrweise der Raumtemperaturen und -feuchten in Abhängigkeit der Außentemperatur,
- Einsatz und Optimierung von Nacht- und Wochenendabsenkungen,
- enthalpiegesteuerte Wärmerückgewinnung,
- Nutzung von freier Kühlung bei Luft-Luft- und Wasser-Luft-Systemen,
- Nutzung der Nachtkühle zur Entspeicherung der Gebäudewärme,
- Wärme-Kälte-Verschiebung zwischen verschiedenen Bereichen mit gleichzeitigem Kälte-Wärme-Bedarf,
- Nutzung alternativer Energieformen wie Wärmepumpenbetrieb o.ä.,

- Anlagenkopplung zur Verbesserung des Jahresnutzungsgrades,
- Kopplung von Brauchwassererwärmung mit Kältemaschinenrückkühlung,
- Gewinnung und Speicherung von Wärme und Kälte in tarifgünstigen Zeiten,
- Lastabwurf von Anlagenkomponenten nach festgelegten Prioritäten bei Überschreiten des vereinbarten Tarifmaximalwertes,
- intelligente Jalousiesteuerungen zur Ersparnis von Kühl- und Beleuchtungsenergie,
- Helligkeits- und/oder zeitgesteuerte Beleuchtungsschaltung,
- Festlegung maximaler Einschaltdauer von parallel arbeitenden Maschinen bei Teillast zwecks Wirkungsgradoptimierung bzw. Laufzeitausgleich,
- zeitlich auf Lücke versetzter Betrieb intermittierend arbeitender Anlagen zur Vermeidung von Stromspitzen.

Im einzelnen gehören die folgenden Optimierungsmaßnahmen in moderne Anlagenkonzepte:

Start-Optimierungsprogramm
Darunter versteht man die spätestmögliche Einschaltung der Anlage für Heiz- bzw. Kühlbetrieb unter der Maßgabe, daß erst zu Beginn der Nutzungsphase die notwendigen Komfortbedingungen erfüllt werden. Während der Aufheiz- bzw. Auskühlzeit werden die Komponenten wie Außen-/Umluftklappen, Kessel, Kältekreislauf u. ä. für minimalen Energieverbrauch gesteuert.

Stopp-Optimierungsprogramm
Anlagen sollten frühestmöglich bezüglich des Heiz- bzw. Kühlbetriebes ausgeschaltet werden. Dabei ist aber zu beachten, daß am Nutzungsende die Bedingungen innerhalb der Komfortgrenzen bleiben.

Sommerlicher Nachtkühlbetrieb
Liegt eine ausreichende Differenz zwischen dem Raum- und Außenluftzustand vor, so wird vor Betriebsbeginn die raumluftechnische Anlage mit maximalem Außenluftanteil betrieben und somit das Gebäude heruntergekühlt. Noch vorhandene, in den Wänden gespeicherte Wärme kann somit ohne Aufwand für die Kühlung abgeführt werden. Über die Speicherfähigkeit der Gebäudeteile wird während eines Teiles der Nutzungszeit weniger Kühlleistung benötigt.

Nullenergieband
Solange die Raumtemperaturen innerhalb bestimmter Komfortgrenzen liegen, wird zum Zwecke der maximalen Nutzung der Gebäudespeicherkapazität bzw. der Außenluft zum Kühlen die Heiz- bzw. Kühlenergie abgeschaltet.

Aussetzbetrieb/Laufzeitreduzierung
Liegen während der Gebäudenutzungszeiten keine Vollasten an, so erfolgt ein zyklisches Abschalten von Anlagenkomponenten. Dabei wird eine automatische Korrektur der Ausschaltzeit in Abhängigkeit der Raumlast für Sommer- und Winterbetrieb vorgenommen. Bei dieser Betriebsweise wird elektrische Energie eingespart, da die elektrischen Komponenten wie Ventilatoren, Pumpen o. ä. geringere Laufzeiten zum kontinuierlichen Betriebsfall aufweisen.

Stützbetrieb Sommer/Winter
Dazu erfolgt die Überwachung und Einhaltung minimaler und/oder maximaler Grenzwerte für die Raumkonditionen außerhalb der Gebäudenutzungszeiten. Die Anlage bzw. Anlagenteile werden zum Erreichen der geforderten Grenzwerte nur kurzzeitig zugeschaltet. Es ergeben sich wiederum kürzere Laufzeiten mit geringerem Energieaufwand.

Sollwertoptimierung
Mit einer energiegünstigen Führung der Sollwerte zentraler Luftaufbereitungsanlagen für Heizung als auch Kühlung in der Art und Weise, daß Gebäudezonen mit höchster Kühl- bzw. Heizlast noch ausreichend versorgt werden, lassen sich auch über die Nutzungszeit der Anlage entsprechende Betriebskosten einsparen.

Enthalpiesteuerung
Durch einen ständigen Vergleich des Gesamtwärmeinhaltes der Außenluft und der Fortluft wird im Sommerbetrieb auf minimalen Außenluftanteil geschaltet, wenn die Verwendung der Fortluft weniger Kühl- bzw. Entfeuchtungsenergie benötigt als die Außenluft. Mit der Festlegung einer minimalen Außenluftrate kann die Forderung nach einer bestimmten Mindestqualität der Luft erfüllt werden.

Sommerkompensation
Die Anhebung des Sommersollwertes entsprechend DIN 1946 Teil 2 in Abhängigkeit der Außentemperatur ist bereits in Abschnitt 10.3 beschrieben.

Bedarfsabhängiges Schalten von Pumpen, Ventilatoren u. ä. Verbrauchern
Werden im Bedarfsfall bestimmte Pumpen oder andere elektrische Antriebe nicht benötigt, so können sie über das Regelsystem außer Betrieb gesetzt und nur im Bedarfsfall aktiviert werden. Somit läßt sich ebenfalls wertvolle Antriebsenergie einsparen.

Für den momentanen Zustand notwendiger Energieaufwand

Automatische Adaption der Heizkennlinie/Aufschaltung Sonne/Wind
Der unterschiedliche Heizlastbedarf bei unterschiedlichen äußeren Bedingungen, hervorgerufen durch die Speicherwirkungen des Gebäudes, kann durch eine automatische Anpassung der Heizkennlinie zu einer weiteren Einsparung von Energie führen. Die Anlage fährt nur mit dem für den momentanen Zustand notwendigen Energieaufwand und paßt sich automatisch veränderten Bedingungen an. Durch die Aufschaltung von Sonne-/Windeinflüssen kann dieser Effekt bei gleichzeitiger Gewährleistung der geforderten Bedingungen noch verstärkt werden.

Lastabhängige Führung der Regelgrößen (Temperatur und Feuchte)/ Sequenzregelung
Durch die Aufschaltung der Raumgrößen in Kaskadenregelungen, wie bereits in den vorangegangenen Abschnitten beschrieben, kann nicht nur die Regelung verbessert, sondern auch durch rechtzeitiges Eingreifen der Komponenten der Energieverbrauch reduziert werden. Sinnvolle Sequenzfestlegungen tragen ebenfalls zur Reduzierung bei.

10.11 Gerätetechnik zur Realisierung der Steuerungs- und Regelungsaufgaben

DDC-Regelungen

Diese aufgeführten und weitere Funktionen (z. B. Hausmeisterschaltung) können heute durch die auf dem Markt befindlichen DDC-Regelungen der verschiedensten Hersteller abgedeckt werden. Gleichzeitig werden die standardmäßigen Regelfunktionen erfüllt. Durch einen modularen Aufbau mit Grund- und Zusatzbausteinen können sie an die unterschiedlichsten Anlagenerfordernisse angepaßt und erweitert werden sowie über Datenschnittstellen mit anderen Regelgeräten kommunizieren bzw. Regelhierarchien bis zu zentraler Leittechnik ausgebaut werden.

Zentrale Leittechnik

Die zentrale Leittechnik wird in Gebäuden bzw. Gebäudekomplexen mit umfangreichen betriebstechnischen Anlagen zur Überwachung, Steuerung und Regelung sowie Parametrisierung eingesetzt. Diese Sachverhalte treffen beispielsweise bei Krankenhäusern, Schulen, Hochschulen, großen Verwaltungseinheiten, Flughäfen o. ä. zu. Durch die Einbeziehung von HLK-Anlagen, Überwachungskomponenten (für die Versorgung mit Elektroenergie, Wasser, Gas u.ä.), Sicherheitsanlagen mit Zutrittskontrollen, Beleuchtungs- und Transportanlagen u. a. m. ergeben sich auch erhebliche Einsparungseffekte. Außergewöhnliche Anlagenzustände werden sofort erkannt und zur Anzeige gebracht. Die Protokollierung ermöglicht eine auswertbare Betriebsanalyse und kann für Optimierungen der gesamten Anlage herangezogen werden. Die Verfügbarkeit der Anlagen wird erhöht.

Um die Vorteile von Energiemanagementmaßnahmen (siehe Abschnitt 10.10), insbesondere die Kombination verschiedener Maßnahmen, nutzen zu können, bedarf es geeigneter Steuerungs- und Regelungstechnik. Lüftungs-, Klima- bzw. Heizungsregler sind grundsätzlich so konzipiert, daß sie im Stand-alone-Betrieb (Einzelbetrieb) alle relevanten Funktionen nebst Anzeige und Bedienung realisieren können.

Interfaces

Da solche Energiesparmaßnahmen nur in Kombination der einzelnen Regelkreise sinnvoll umgesetzt werden können, ist die Kommunikation zwischen den einzelnen Reglern zum Informationsaustausch bzw. zum Empfang entsprechender Kommandos von übergeordneten Ebenen zur Koordinierung der Maßnahmen notwendig. Die einzelnen Reglerbaugruppen verfügen daher über geeignete Datenschnittstellen, sogenannte Interfaces, oder können über Zusatzbaugruppen diesbezüglich nachgerüstet werden. Dies ist herstellerseitig unterschiedlich geregelt.

DDC-Technik

Da die Funktionen der Einzelregler mit ihren Grenzwertauswertungen schon recht umfangreich sind, verwendet man hier nicht die bisher üblichen analogen Regler. Man nutzt die Vorteile der raschen Entwicklung der Rechentechnik. Die Aufgaben der herkömmlichen Regler übernehmen speziell angepaßte und ausgestattete Computer. So können problemlos Meßwerte erfaßt, andere Größen daraus berechnet, angepaßte Regelalgorithmen abgearbeitet und Grenzwertaufgaben realisiert werden. Solche Regelsysteme werden auch als DDC-Technik bezeichnet.

Eine Anlage mit zentraler Leittechnik kann je nach Umfang und Anforderungen unterschiedlich aufgebaut sein. Da die einzelnen Prozeßinformationen in ihrer Vielzahl als Meßwerte teilweise räumlich weit entfernt von der Zentrale gewonnen werden, wäre der Verdrahtungsaufwand entsprechend groß. Durch den Einsatz sogenannter Unterstationen in Form der DDC-Technik werden die Informationen bereits möglichst vor Ort verdichtet und aufgearbeitet. Diese Stationen übernehmen einen Teil der erforderlichen Verabeitungsfunktionen in Form festgelegter Funktionsabläufe. Diese Abläufe können dabei selbständig entsprechend der programmierten Regelalgorithmen oder durch Befehle aus der übergeordneten Unter- bzw. der Leitzentrale ausgelöst werden. Zu den Aufgaben der Unterstationen gehören beispielsweise die Temperatur- und/oder Feuchteregelungen der Lüftungs- und Klimatechnik als auch Heizungsregelungen von Heizzentralen genauso wie spezielle Sicherheitsfunktionen. Unterstationen können völlig losgelöst (autark) von übergeordneten Systemen arbeiten und damit die Anlagen regeln bzw. steuern. Sie besitzen dazu auch Möglichkeiten der Handbedienung.

Parametrisierung

Bussysteme

Um die einzelnen Funktionsmodule einsatzbereit zu machen, ist die sogenannte Parametrisierung notwendig. Dabei werden die Soll- bzw. Grenzwerte festgelegt sowie Zuweisungen der Ein- und Ausgänge an den Modulen vorgenommen. Die Möglichkeit der Handbedienung ist eine Variante, die aber dem Bedienpersonal nicht entgegenkommt. Komfortabler können diese Aufgaben mittels Unterzentralen verwirklicht werden, die auf der Basis bedienfreundlicher Rechner umgesetzt werden. An diesen Unterzentralen können weiterhin die aktuellen Zustände der technologisch zusammenhängenden Anlagenteile überwacht und angezeigt sowie Vorgänge an den untergeordneten Unterstationen ausgelöst werden. Eine Unterzentrale kann problemlos mehrere Unterstationen bedienen. Der Informationsaustausch zwischen den Unterstationen und der Unterzentrale erfolgt über adernsparende Technik, den

Bild 10.33
Prinzip DDC mit Leitzentrale

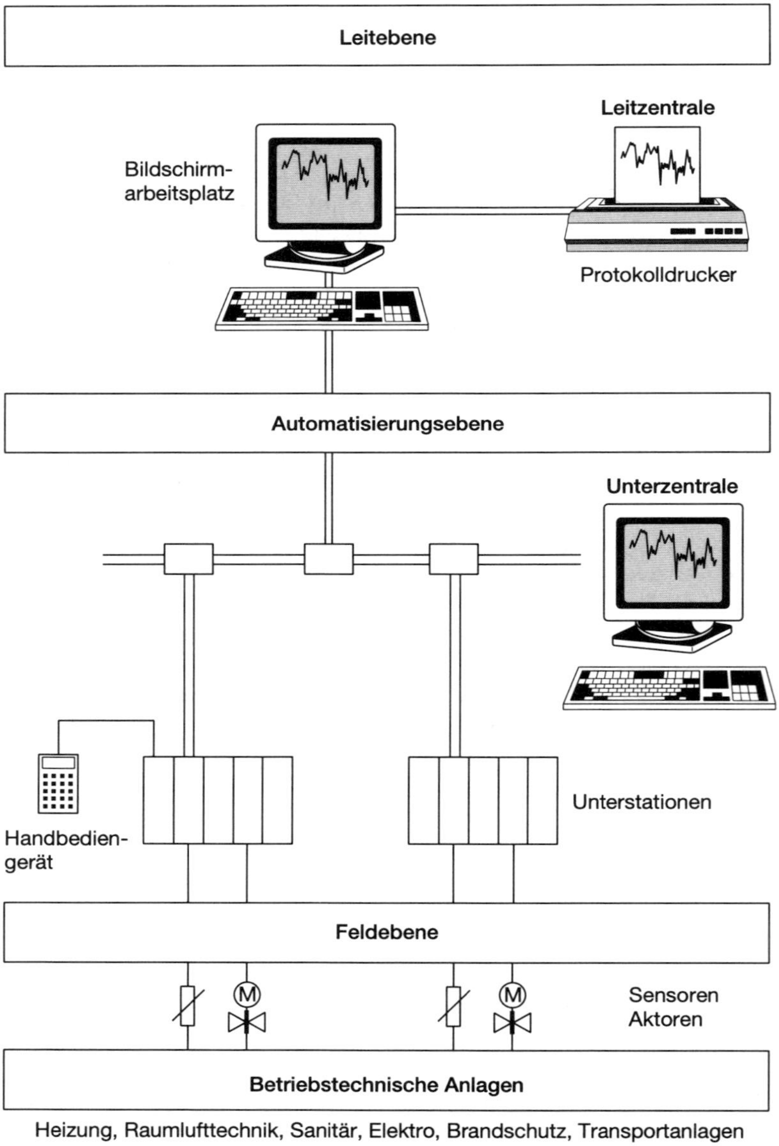

sogenannten Bussystemen. Über einen minimalen Verdrahtungsaufwand (z.B. eine für alle Geräte gemeinsam genutzte Zweidrahtleitung) können die einzelnen Komponenten ihre Informationen austauschen, indem jedes Gerät über seine Schnittstelle auf diese Busleitung zugreifen kann. Dabei kommen entweder herstellerspezifische oder auch standardisierte Bussysteme zum Einsatz (vgl. auch [14]). Die Art und Weise des Datenzugriffs auf das Bussystem wird durch technische Parameter und Übertragungsprotokolle des verwendeten Systems geregelt, so daß ein geordneter Datenaustausch nach diesen festgelegten Regeln erfolgen kann. Zu beachten ist hier natürlich, daß alle eingesetzten Komponenten mit der Schnittstelle für das angewandte Bussystem ausgerüstet sind und auch das gleiche Übertragungsprotokoll nutzen. Anderenfalls kommt keine Kommunikation untereinander zustande.

Sind die betriebstechnischen Anlagen räumlich noch weitläufiger verteilt, so werden in der Regel an einer zentralen Stelle, der Leitzentrale, die Aufschaltung sowie die optische Darstellung aller Anlagenparameter durchgeführt (Bild 10.33). Durch die Auswertung und Verknüpfung dieser Anlagenzustände können dann an zentraler Stelle wichtige Vorgänge, wie zum Beispiel Lastabwurf von Anlagenteilen bei Überschreitung der Energiespitzen u.ä., ausgelöst und in Form von Steuerbefehlen an die Unterzentralen bzw. Unterstationen weitergereicht werden. Durch die dadurch stattfindende Verquickung greifen die eingeleiteten Energiemanagementmaßnahmen.

Quellenverzeichnis

[1] Arbeitskreis der Dozenten für Regelungstechnik: *Regelungstechnik in der Versorgungstechnik*. Heidelberg: C. F. Müller Verlag. 4. Auflage.

[2] Firmenschrift der Fa. Kulite Semi-Conductor GmbH, Hofheim/Ts.

[3] Bundesgesetzblatt Teil 1 Nr. 3 vom 26.01.1989: *Verordnung über die verbrauchsabhängige Abrechnung der Heiz- und Warmwasserkosten.*

[4] Buderus Heizungstechnik GmbH: *Handbuch für Heizungstechnik*. Berlin–Wien–Zürich: Beuth Verlag GmbH. 33. Auflage 1994.

[5] Tour & Andersson: *Die hydraulische Einregelung von Regelkreisen. Die hydraulische Einregelung von Verteilungssystemen*. Handbücher der Fa. Tour & Andersson, Mülheim/Ruhr.

[6] Bundesgesetzblatt Teil 1 Nr. 19 vom 31.03.1994: *Verordnung über energiesparende Anforderungen an heizungstechnische Anlagen und Brauchwasseranlagen.*

[7] Firmenschrift Fa. Buderus: *Regelsystem Ecomatic 4000* (A1.02.1)

[8] SCHROWANG, ANDREAS: *Regelungstechnik für Heizungs- und Lüftungsbauer*. Düsseldorf: Krammer Verlag, 1994.

[9] ADUNKA, F.: *Handbuch der Wärmeverbrauchsmessung*. Essen: Vulkan Verlag, 1991.

[10] MERZ; JASCHEK: *Grundkurs der Regelungstechnik*. München–Wien: R. Oldenbourg Verlag, 1992.

[11] SCHMIDT, H.: *Schalltechnisches Taschenbuch*. Düsseldorf: VDI-Verlag. 4. Auflage.

[12] FREYWALD: *Heizkosten-Abrechnung leicht gemacht*. Freiburg i. Br.: Haufe Verlag, 1993.

[13] SOLLER; MUNKELT: *Der Heizungsbauer*. Stuttgart: Deutsche Verlagsanstalt, 1996.

[14] Arbeitskreis der Dozenten für Regelungstechnik: *Digitale Regelung und Steuerung in der Versorgungstechnik*. Berlin–Heidelberg–New York: Springer Verlag. 2. Auflage, 1995.

[15] HADAMOVSKY; JONAS: *Solarstrom, Solarwärme*. Würzburg: Vogel Buchverlag. 1. Auflage,1996.

Weiterhin wurden Unterlagen folgender Firmen verwendet:

[16] Ahlborn Meß- und Regelungstechnik, Holzkirchen

[17] GORATEC Technology GmbH & Co. KG, München

[18] GALLTEC Meß- und Regeltechnik GmbH, Bondorf

[19] Schiltknecht Meßtechnik AG, Gossen/CH

[20] Brunata-Metrona, München

[21] Heimeier Metallwerke GmbH, Erwitte

[22] Landys & Staefa, Frankfurt

[23] Wagner & Co. Solartechnik, Cölbe/Marburg

[24] Spanner-Pollux GmbH, Ludwigshafen

Formelverzeichnis

Im Buch verwendete Formelzeichen und ihre Einheiten

Formelzeichen	Erläuterung	Einheit
A	Querschnitt; Fläche	mm^2
A_0	engster freier Strömungsquerschnitt	mm^2
A_0, A_1	Flächen der Meßschenkel	mm^2
B	Energiekonstante	K
B	magnetische Induktion	T
G	Gewichtskraft	N
g	Erdbeschleunigung	m^2/s
H	Hub	mm
h	Höhendifferenz	mm
H_{100}	Nennhub	mm
–	Frequenzeinheit Hertz	Hz
I	Strom	A
I_m	Meßwerkstrom bei Vollausschlag	A
I_{max}	Maximalstrom	A
k	Isotropenexponent des Mediums im Druckraum	–
K	Übertragungsbeiwert	–
K	Dehnungsempfindlichkeit	–
K	Wärmekoeffizient	–
K_D	differentieller Übertragungsbeiwert	–
K_I	integraler Übertragungsbeiwert	–
k_o	Sprunghöhe	–
K_P	proportionaler Übertragungsbeiwert	–
$K_{P\,kritisch}$	proportionaler Übertragungsbeiwert an der Stabilitätsgrenze	–
K_{PR}	proportionaler Übertragungsbeiwert des Reglers	–
K_S	Übertragungsbeiwert der Strecke	–
k_V	Durchflußkennwert	m^3/h
k_{V100}	tatsächlicher Durchflußkennwert bei Nennhub	m^3/h
k_{VL}	Leckverlust einer Klappe	m^3/h
k_{VS}	für eine Bauserie zuerkannter Durchflußkennwert bei Nennhub	m^3/h

l	Länge	m
L_a	A-bewerteter Schalldruckpegel	dB
L_m	Mittelungspegel	dB
L_P	Schalldruckpegel	dB
L_r	Beurteilungspegel	dB
L_W	Schalleistungspegel	dB
M	molare Masse	kg/kmol
m	Masse	kg
$\dot{m}$	Massenstrom	kg/h
p	Druck	N/m^2, Pa
P	Leistung	W
p_0	Hörschwelle	Pa
p_0	Ansprechdruck	bar
p_1	Druck vor der Armatur	bar
p_2	Druck hinter der Armatur	bar
p_a	Gegendruck	bar
p_A	Arbeitsdruck	bar
p_{a0}	absoluter Gegendruck	bar
p_{abs}	absoluter Druck	N/m^2, Pa
p_{amb}	atmosphärischer Druck	N/m^2, Pa
p_C	Öffnungsdruck	bar
p_d	Wasserdampfdruck der feuchten Luft	mbar
p_e	Überdruck	N/m^2, Pa
p_f	Wasserdampfdruck bei Feuchtkugel-temperatur	mbar
p_S	Schließdruck	bar
P_V	Ventilautorität	–
Q	Wärmemenge	kWh
Q_m	theoretischer Ausflußmassenstrom	kg/h
q_m	abzuführender Massenstrom	kg/h
Q_{mc}	zuerkannter Ausflußmassenstrom	kg/h
Q_{min}	minimaler Volumenstrom	m^3/h
Q_N	Nennvolumenstrom	m^3/h
Q_t	Übergangsdurchfluß	m^3/h
R	Widerstand	Ω
R_0	universelle Gaskonstante	l/(kmol · K)
R_0	Grundwiderstand	Ω
R_1	Gaskonstante	l/(kg · K)
$R_{Abgleich}$	Abgleichwiderstand	Ω
R_{ges}	Gesamtwiderstand	Ω
R_i	Innenwiderstand	Ω
R_{Kl}	Widerstand des Kaltleiters	Ω
$R_{Leitung}$	Leitungswiderstand	Ω
R_N	Nebenwiderstand	Ω
R_{T1}	Widerstand bei Bezugstemperatur T_1	Ω

R_{T2}	Widerstand bei Bezugstemperatur T_2	Ω
R_V	Vorwiderstand	Ω
R_{warm}	Warmwiderstand	Ω
R_X	zu messender Widerstand	Ω
S	Schwierigkeitsgrad	–
S	Fläche um eine Schallquelle	m^2
S_{V0}	theoretisches Stellverhältnis	–
T	absolute Temperatur	K
T_1	Zeitkonstante	s
T_{an}	Anregelzeit	s
T_{aus}	Ausregelzeit	s
T_g	Ausgleichszeit	s, min
T_{Kl}	Temperatur am Kaltleiter	K
$T_{kritisch}$	Schwingungsdauer an der Stabilitätsgrenze	s, min
T_L	Lauf- oder Totzeit	s, min
T_{LE}	Ersatzlaufzeit	s, min
T_n	Nachstellzeit	s
t_{RL}	Rücklauftemperatur	°C
T_u	Verzugszeit	s, min
T_V	Vorhaltezeit	s
t_{VL}	Vorlauftemperatur	°C
t_Y	Stellzeit	s
U	Spannung	V
u	Schallschnelle	m/s
$U_{Leitung}$	Spannungsabfall über der Fernleitung	V
U_{Ref}	Referenzspannung/Vergleichsspannung	V
U_{RN}	Spannungsabfall über dem Nebenwiderstand	V
U_X	zu messende Spannung	V
v	Strömungsgeschwindigkeit	m/s
$\dot{V}$	Volumenstrom	m^3/h
$\dot{V}_N$	Nennvolumenstrom	m^3/h
v_Y	Stellgeschwindigkeit	–
w	Führungsgröße	–
x	absolute Feuchte	g/kg
x	Regelgröße	–
x_a	Ausgangsgröße, Ausgangssignal	–
x_d	Schaltdifferenz	–
x_e	Eingangsgröße, Eingangssignal	–
x_h	Regelbereich	–
x_i	Istwert	–
x_m	Überschwingweite	–
x_{ob}	oberer Schaltpunkt	–
X_P	Proportionalbereich	–
$X_{P\,opt}$	optimaler Proportionalbereich	–

x_S	Sollwert	–
x_u	unterer Schaltpunkt	–
x_w	Regelabweichung	–
x_{wb}	bleibende Regelabweichung	–
x_d	Schwankungsbreite	–
Y_h	Stellbereich	–
y	Stellgröße	–
Z	Zähigkeitszahl	–
Z	Realgasfaktor	–
z	Störgröße	–
Δl	Längenänderung	m
ΔL	Schallpegeldifferenz	dB
Δp	Differenzdruck	N/m^2, Pa
Δp_{ges}	Druckverlust	bar
Δp_{v100}	Druckverlust über dem vollgeöffneten Regelventil	bar
Δp_{vn}	Nenndruckverlust am Ventil von 0,1 bar	bar
ΔR	Widerstandsänderung	Ω
ΔT_a	Außentemperaturänderung	K
Δt_v	Vorlauftemperaturänderung	K
Δx_a	Ausgangsgrößenänderung	–
Δx_e	Eingangsgrößenänderung	–
$\Delta \upsilon$	Temperaturdifferenz	K
α	Ausflußziffer	–
α	Temperaturbeiwert	K^{-1}
α	Neigungswinkel	Grad (°)
α_d	zuerkannte Ausflußziffer	–
ε	relative Dehnung	–
ε	Emissionsgrad	–
ε_{rel}	relative Dielektrizitätskonstante	–
ε_λ	Spektralemissionsgrad	–
Φ	Stellwinkel	°
Φ_0	Anschlagwinkel	Grad (°)
Φ_{100}	Nennstellwinkel	Grad (°)
φ	relative Feuchte	%
ϱ	spezifischer elektrischer Widerstand	$\Omega \cdot mm^2/m$
ϱ_1, ϱ_2	Dichte der Medien	kg/m^3
–	Einheit der elektrischen Leitfähigkeit	µS
v	spezifisches Volumen	m^3/kg
v	kinematische Zähigkeit	mm^2/s
υ_f	Temperatur des feuchten Thermometers	°C
υ_{tr}	Temperatur des trockenen Thermometers	°C
Ψ	Ausflußfunktion	–

Stichwortverzeichnis

W

Z